新自动化——从信息化到智能化

控制系统设计方法与实例

孟范伟　李文超　庞爱平　沙晓鹏　编著

机械工业出版社

本书围绕特殊类型控制系统的设计问题阐述了6种设计方法。全书共分为7章。第1章介绍控制系统及技术的发展、主要分析方法和性能指标；第2章介绍不稳定对象的控制设计方法；第3章介绍挠性系统的控制设计方法；第4章介绍三明治系统的复合控制器设计方法；第5章介绍基于奇异值摄动的双连杆机械臂轨迹跟踪控制；第6章介绍超空泡航行体的控制设计方法；第7章介绍非线性多项式系统的SOS法分析和设计。

本书可作为控制理论研究人员的参考书，也可作为自动控制专业高年级本科生和研究生的教材。

图书在版编目（CIP）数据

控制系统设计方法与实例/孟范伟等编著. —北京：机械工业出版社，2023.8

（新自动化：从信息化到智能化）

ISBN 978-7-111-73366-9

Ⅰ.①控… Ⅱ.①孟… Ⅲ.①控制系统设计 Ⅳ.①TP273

中国国家版本馆CIP数据核字（2023）第112652号

机械工业出版社（北京市百万庄大街22号 邮政编码100037）

策划编辑：罗 莉 责任编辑：罗 莉 刘星宁

责任校对：张昕妍 张 薇 封面设计：鞠 杨

责任印制：单爱军

北京虎彩文化传播有限公司印刷

2024年1月第1版第1次印刷

184mm×260mm · 13.5印张 · 332千字

标准书号：ISBN 978-7-111-73366-9

定价：68.00元

电话服务	网络服务
客服电话：010-88361066	机 工 官 网：www.cmpbook.com
010-88379833	机 工 官 博：weibo.com/cmp1952
010-68326294	金 书 网：www.golden-book.com
封底无防伪标均为盗版	机工教育服务网：www.cmpedu.com

前　言

目前市场上已经出版了很多关于自动控制理论的书籍。本书不再更多地介绍控制理论，而是结合各种实际设计问题，来阐述一些控制设计方法的应用。作者在长期的教学和科研工作中发现，多数学生或研究人员，学完理论进行设计时，遇到具体问题往往不知如何入手。同时，关于控制系统设计的一些书籍中先进的设计方法在处理常规系统的设计方面都有很好的例子，但是在处理一些特殊类型系统的设计方面尚少有讨论或只有一些原理性的讨论。例如对不稳定对象、弱阻尼挠性系统、三明治系统、柔性关节机械臂、超空泡航行体以及非线性多项式系统设计等。这里指的是如何明确这些特殊类型系统的设计要求、设计限制和特点，以及 PID 和 H_∞ 等先进综合方法在满足这些特殊设计要求时理论上要进行的一些工作。本书的主要内容就是要将这些先进的设计方法推广到一些常见的特殊系统上，为这些系统提供一些实用的设计方法，同时又充实和发展一些新兴的设计理论。

本书共分为 7 章。第 1 章介绍控制系统及技术的发展、主要分析方法和性能指标；第 2 章介绍不稳定对象的控制设计方法；第 3 章介绍挠性系统的控制设计方法；第 4 章介绍三明治系统的复合控制器设计方法；第 5 章介绍基于奇异值摄动的双连杆机械臂轨迹跟踪控制；第 6 章介绍超空泡航行体的控制设计方法；第 7 章介绍非线性多项式系统的 SOS 法分析和设计。本书的基础主要是作者孟范伟博士期间的研究成果。然后根据全体作者们多年的教学和科研实践，又扩充了近年来控制系统设计方面的一些实例。本书由孟范伟、李文超、庞爱平、沙晓鹏共同编写，全书由孟范伟统稿。

本书介绍了大量的应用实例和较多的设计方法，因此本书对从事控制理论研究的人员具有一定的参考价值。阅读本书只需具备自动控制原理、现代控制理论以及一些基本的数学知识。本书也可作为自动控制专业高年级本科生和研究生的教材，适用于 32 学时。

本书得到了东北大学秦皇岛分校一流课程建设的专项资金支持。东北大学秦皇岛分校段洪君教授对书稿进行了仔细的评阅并提出了许多宝贵的意见。本书在完稿过程中得到了哈尔滨工业大学博士生成知宁的大力支持，他承担了大量的图稿制作工作。在此一并致谢。

作者
于东北大学秦皇岛分校

目　录

第1章　绪　论

1.1　本书的内容考虑

“控制”是指通过对某个装置或生产过程的某个或某些物理量进行操作，以达到使某个变量保持恒定或沿着某个预定轨迹运动的一个动态过程。其中装置和生产过程我们称之为被控对象，物理量我们称之为被控变量。为了使被控变量达到预定的理想状态，需要设计控制器。那么，控制器和被控对象构成一个相互作用的整体，称为控制系统。控制系统的种类繁多，按工作原理来说，可分为开环控制系统和闭环控制系统。闭环控制系统采用反馈控制，使系统的响应对外部的干扰和内部的参数变化不敏感。因此，本书以闭环反馈控制系统为研究对象来展开各种设计方法的学习。一个完整的闭环反馈控制系统结构如图 1-1 所示。

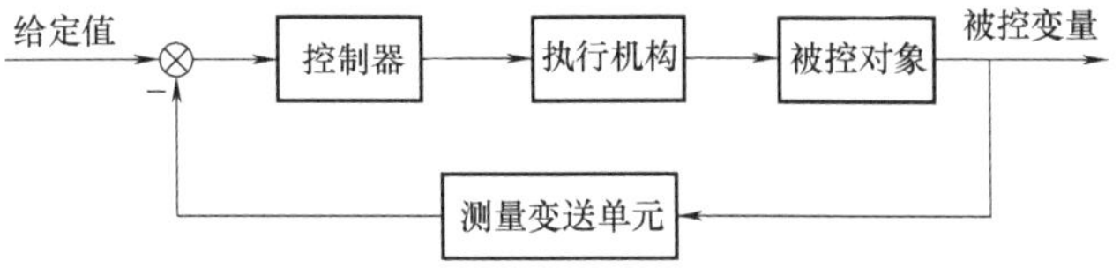

图 1-1　闭环反馈控制系统

图 1-1 中，测量变送单元包括测量元件和变送器。测量元件是将被测物理量转换成电量或位移量的元件，变送器再将电量或位移量转换成仪表系统能够接受的标准信号。执行机构的作用是将控制器的输出信号转换成对被控对象施加的控制信号。

自动控制系统工程设计完整的过程包括被控变量和控制参数的选取（被控对象的确定）、测量变送单元和执行机构的选取、控制方案的选取、控制器设计和参数的整定等四部分内容。本书将测量变送单元和执行机构两个环节在控制设计中认为是理想环节，例如理想状态下测量变送单元可等效成单位负反馈。因此本书设计中并不过多考虑这两个环节，研究的重点是控制方案的选取、控制器设计和参数的整定。

自动控制领域从古典控制理论、现代控制理论到智能控制理论，经历了漫长的发展。虽然诸多设计方法都很成熟，但是仍有尚未完善或者较好解决的一些问题。例如，成熟的设计方法中，权函数或权系数如何确定、如何确定适当的控制器结构来保证系统获得期望的性能、如何处理控制器求解过程中出现的数值病态问题、如何通过计算机软件寻找适合的 Lyapunov 函数来进行系统分析和设计、如何将通用的设计方法推广到一些特殊对象的控制设计中等。本书针对这些问题结合具体设计方法给出应用实例。

1.2 控制系统的发展

以反馈控制为主要内容的自动控制的发展史，若从目前公认的 1868 年第一篇理论论文 J. C. Maxwell（1831—1879）的《论调节器》算起，至今约有 150 余年。然而控制思想与技术的存在已有数千年的历史。其发展历程大体分为 5 个阶段，分别为古代阶段、1930 年以前、1930~1950 年期间、1950~1980 年期间、1980 年以后的时期。

1.2.1 古代阶段

早在古代，劳动人民就凭借生产实践中积累的丰富经验和对反馈的直观认识，发明了许多蕴含控制思想的伟大杰作。这方面最具有代表性的例子就是公元前 1400~前 1100 年，中国、古埃及和古巴比伦相继出现的能够实现自动计时的漏刻。漏是指带孔的壶，刻是指附有刻度的浮箭，也叫刻漏或漏壶。有泄水型和受水型两种。早期多为泄水型漏刻，水从漏壶孔流出，漏壶中的浮箭随水面下降，浮箭上的刻度指示时间。受水型漏刻，水从漏壶以恒定的流量注入受水壶，漏刻的浮箭在受水壶中，随水面上升指示时间。为了获得恒定的流量，首先要使漏壶的水位保持恒定。古代的方法是在漏壶上方多加几个补偿壶或者布置多级受水壶。保持水位恒定的系统属于自动控制系统分类中的恒值控制系统。

约在公元前 256 年，李冰父子修筑的都江堰水利工程充分体现了自动控制系统的观念，科学地解决了江水自动分流，以及控制进水流量等问题。

约在公元 120 年，著名的东汉科学家张衡提出用虹吸管和补偿壶解决计时不准确的问题。他用一套转动机械，把浑象和漏壶结合起来发明浑天仪。以漏壶流水控制浑象，使浑象与天球同步转动，以显示星空的周日视运动。

北宋天文学家苏颂（1020—1101）发明了水运仪象台。仪象台可通过动力装置控制漏壶的水流。

三国时期，马钧研制出了用齿轮传动的指南车，它成功地应用了自动控制的思想。车内有一种图 1-2 所示的自动离合的齿轮系定向装置，可保持木人的手臂始终指向南方。所谓自动离合的齿轮系是包括一个中心大轮和左右两个小轮，直行时，不接触。左右两个小轮都在上面。如果向右转，那么滑块滑到左边，右端的绳子拉紧，右端小轮上升，左端小轮下降，左端的小轮与中心大轮接触，插入到中心大轮和车轮的传动齿轮之间，三者发生转动，因此，中心大轮的转动控制了木人的转向。

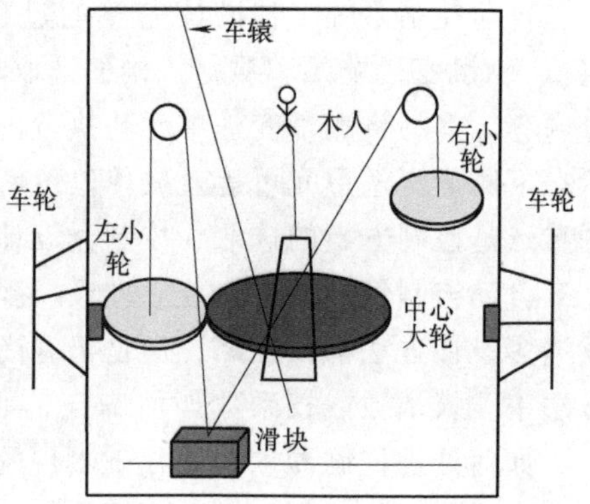

图 1-2 指南车右转工作原理图

17 世纪以后，随着生产的发展和科学的进步，在欧洲出现了各种自动装置。其中包括：1642 年法国物理学家 Blaise Pascal（1623—1662）发明了能自动进位的加法器；1657 年荷兰机械师 Christiaan Huygens（1629—1695）发明了钟表；1745 年英国机械师 E. Lee 发明了带有风向控制的风磨，这种风磨可以利用尾翼的调节作用使主翼对准风向；1765 年俄国机械师波尔祖诺夫发明了浮子阀门式水位调节器，可以自动控制蒸汽锅炉的水位。这一时期，自动控制技术都是由于生产发展的需求而产生的。

1.2.2 1930 年以前的时期

1788 年，詹姆斯·瓦特（James Watt）（1736—1819）发明离心调速器，用来控制蒸汽机的转速。自动控制在工业中的应用是从瓦特的离心调速器开始的。1783 年，瓦特经过 18 年的不断试验，开发出了一台可实际应用的蒸汽机。为了要使他的蒸汽机得到公众认可，1784 年瓦特签约承建伦敦的一家大型磨粉厂，并雇用了 John Rennie（1761—1812）作为工程监理。Rennie 本是一位修建风磨的专家。除了监理工作以外，他还做了一项关键性的创新，即采用离心调速器，用离心调速器控制一个轻质的节流阀（这是瓦特发明的）来进行调速。离心调速器工作原理如图 1-3 所示。

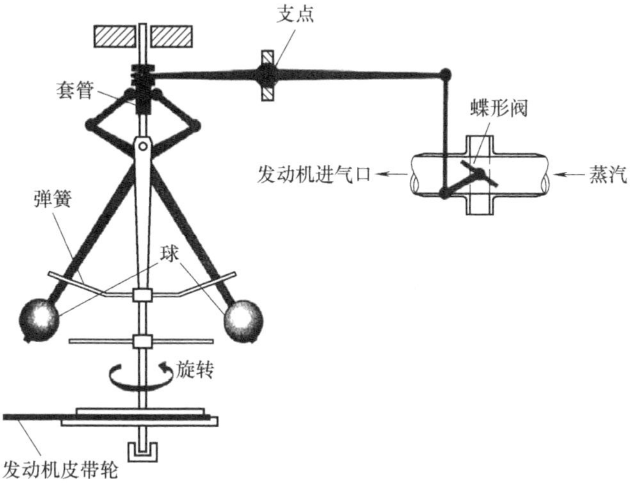

图 1-3 离心调速器工作原理图

图 1-3 所示的离心调速器根据发动机的期望转速和实际转速之差来调整进入发动机的蒸汽流量。当蒸汽机起动后，通过滑轮将转动传递到离心调速器的转轴上，带动连杆机构上的两个钢球绕转轴转动，钢球的惯性令其做离心运动，而弹簧则对两个钢球提供向心力。钢球的离心运动带动套管向上运动，杠杆将套管的运动传递到蝶形阀，调节阀门的开度，而阀门的开度又调节了蒸汽进给量，进而调节蒸汽机转速。在蒸汽机运转过程中，当转速超过设定转速时，弹簧的拉力小于钢球所需向心力，做离心运动，带动蒸汽阀门，减小开度，进气量降低，蒸汽机转速降低。当蒸汽机转速小于设定转速时，弹簧拉力大于钢球所需向心力，钢球向转轴靠拢，带动蒸汽阀门增大开度，进气量增大，蒸汽机转速增加。从而，离心调速器通过连杆和钢球所需的向心力达到调节蒸汽机转速的目的，令蒸汽机转速始终保持在一个稳定的设定值。

在整个速度控制系统中，被控对象是发动机，而被控变量是发动机的转速。期望转速与实际转速之间的差值形成误差信号。作用到发动机上的控制信号是蒸汽的流量。将离心调速器用于磨粉厂生产中，有效解决了磨面机速度不稳定的问题。使得瓦特的声名大振。现在一般都称这种离心调速器为瓦特的调速器。

调速器是一项技术发明，它促进了蒸汽机的普遍应用，从而才有产业革命、工业控制论的研究与发展、力学系统稳定性研究的开始和深入。因此了解调速器对理解控制论的历史，以及了解稳定性研究的历史都是十分重要的。

1868 年，J. C. Maxwell 发表《论调速器》，开辟了用数学方法研究控制系统的途径。瓦特的离心调速器出现以后，各地相继出现了类似的调速器，在应用中也出现了不稳定现象，Maxwell 在《论调速器》中建立了调速器的微分方程，并在平衡点对方程进行了线性化，指出系统的稳定性取决于特征方程的根是否具有负实部。在控制系统的分析中，对特征方程根分布的研究，具有重要的意义，因为特征方程的根将出现在响应特性的指数幂上，直接影响系统的稳定性。Maxwell 是第一个对稳定性进行分析的学者。由于 5 次以上的多项式没有直接的求根公式，Maxwell 研究了二阶方程和三阶方程，推导出了方程具有负实部根时方程系数需要满足的条件。

1872 年，俄国的 Иван Алексеевич Вышнеградский（1831—1895）对蒸汽机的稳定性问题进行研究。1876 年他发表《论调速器的一般原理》，由于文中从当时的工业实际出发，解决了当时工业中直接作用式调节器的设计问题。他和 Maxwell 一样采用线性化的方法简化问题，得到了比较完全的稳定性条件，所以 Вышнеградский 被视为自动调整理论的奠基人。

1877 年，数学家 Edward John Routh（1831—1907）把 Maxwell 的思想扩展到高阶微分方程描述的更复杂的系统中，给出了确定系统稳定性的判据。Routh 因此而得到 1877 年的 Adams 奖。这就是著名的 Routh（阵列）判据，可以不用求特征方程的根，只根据特征方程的系数来研究系统的稳定性，至今在控制系统设计和分析中仍占据着重要的地位。

1892 年，俄国数学家 A. M. Lyapunov（1857—1918）完成了博士论文《论运动稳定性的一般问题》，创立了用于分析系统稳定性的理论。Lyapunov 稳定性理论能同时适用于分析线性系统和非线性系统、定常系统和时变系统的稳定性，是更为一般的稳定性分析方法。主要有 Lyapunov 第一方法和第二方法，分别称为间接法和直接法。间接法是先求解系统的线性化微分方程，然后根据解的性质来判定系统的稳定性。直接法不需要求解系统的微分方程（或状态方程）就可以对系统的稳定性进行分析和判断。

1895 年，数学家 Adolf Hurwitz（1859—1919）发表了一篇关于稳定性的论文，当时他并不知晓 Maxwell 和 Routh 的工作。Hurwitz 判据是考察一系列行列式是否大于零。Hurwitz 判据在工程中应用较广。现在一般将具有负实部根的实系数多项式称为 Hurwitz 多项式。Hurwitz 判据在 1894 年成功应用于瑞士达沃斯（Davos）的 Spa Turbine Plant 的汽轮机控制设计。这是第一次将稳定条件应用于一个实际的控制系统设计。

从 19 世纪下半叶开始，航运业也迅速发展，随着船只的尺寸加大，需要有辅助的动力来操舵，即使用舵机来操纵船舵。初始的舵机是开环控制的，用蒸汽作为动力，到位置后就手动关闭闸门。后来才用图 1-4 所示的曲柄连杆机构（该结构装置将活塞的往复运动变为曲轴的旋转运用，把燃烧作用在活塞顶上的力矩转为曲轴的转矩，以向工作机构输出机械能）将舵的运动反馈回来关闭阀门，并首次使用“伺服机（servo-motor）”这一名称来称呼它（1873 年）。

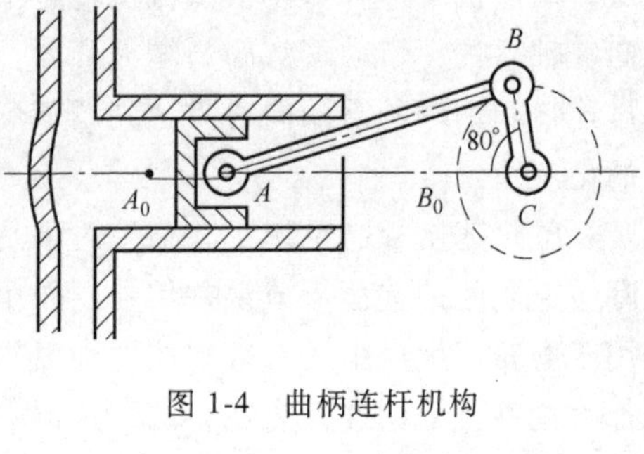

图 1-4　曲柄连杆机构

伺服源于希腊语，奴隶的意思。人们想把“伺服机构”当作得心应手的驯服工具，服从控制信号的要求而动作。伺服系统是使物体的位置、方位、状态等输出，能够跟随输入量（或给定值）的任意变化而变化的自动控制系统，又称随动系统。

这种用蒸汽作为动力的伺服机构很快得到了推广，法国和英国的海军将它用来控制炮塔的位置。后来因为蒸汽伺服机构在负载下的定位精度不够高，又开发了液压伺服系统，并且不断地进行改进。到20世纪初又开始了采用Ward Leonard的电机-发电机组的位置控制系统的试验。

20世纪，美国发明家Elmer Sperry（1860—1930）发明了回转仪，一种利用陀螺高速旋转时轴的方向不变的特性，制成的一种用于定向或者稳定的装置。然后Sperry用其制造了一个可测量俯仰角和滚动角的两自由度陀螺仪，用于稳定飞行中的飞机。Sperry在1914年的巴黎航展上展示了他的技术。当时飞机也刚发明不久，是一架双翼飞机。飞机由他儿子驾驶，后座上是机械师，当大家都能看见时，小Sperry从驾驶座上站立起来，并高举双手。他的机械师也同时站起来，并站到下机翼上，沿着下机翼走出6ft[㊀]远。当时观众本以为飞机会翻滚，但是他们却看到飞机的副翼在动作，Sperry的陀螺仪与副翼构成的反馈回路自动地在保持水平飞行。这恐怕是反馈控制系统的一次最富戏剧性的演示。

1922年，俄裔美国工程师Nicolas Minorsky（1885—1970）研制出用于船舶驾驶的伺服结构，并提出PID控制思想。Minorsky是俄国人，1911—1914年曾任教于圣彼得堡的帝国工业学校，后参加俄国海军，1918年移居美国。他在俄国海军从事自动舵的工作时，认识到除了角偏差信号外，系统还应该有航向偏差变化率的信号。后来他发明了一个能测偏航率的仪表，并说服了美国海军1923年对该系统进行测试。Minorsky用二阶微分方程来描述船的航向运动，他分析操舵手的操舵规律所对应的数学关系后指出，控制作用应由误差、误差的积分和误差的导数这三项来组成。他的论文是1922年发表的，第一次提出了PID控制律。但是这篇文章当时并没有受到重视，很可能是因为发明一个控制律并不难，难的是设计出相应的硬件。但是总的来说，1930年以前的控制系统都似乎是一些工程师兼发明家的成果，缺少理论上的依据。系统是靠经验来调试的，对结果的评价也只是停留在定性上。

1.2.3　1930~1950年期间

从20世纪初开始，控制理论就已经发挥了巨大的能动性，促使工业和国防的发展出现了巨大的飞跃。二战期间，反馈控制更是被广泛应用于飞机自动驾驶、火炮定位、雷达天线等军事用途上。这些系统的复杂性，以及更高的控制要求，都迫使控制理论要有进一步发展。

1927年，美国贝尔实验室的工程师Harold Black（1898—1983）发明负反馈放大器，首次提出了负反馈控制这一重要思想。当时，Black是贝尔实验室（Bell Labs）的一名年轻工程师。1927年8月2日Black在上班的渡轮上突然来了灵感，后来发明了负反馈放大器。原来贝尔实验室当时面临的课题是长途电话线路中（放大器的）电子管特性的非线性畸变和不稳定性。Black先是想要扩大电子管的线性工作段，后来想到要用前馈来补偿。这个想法实际上是一个跃进，因为已经不是从电子管本身来考虑了，而是承认它有畸变，想用输入输

㊀　1ft＝0.3048m。

出相减来取出畸变分量再进行补偿。但是这个效果也不好，所以他一直在进行思索。那天在渡轮上他突然有了想法，就在手头的报纸上进行了初步分析，相信用负反馈可以减少非线性畸变。他开始设计他的放大器并提出了专利申请。9 年后的 1937 年，直到 Black 和 AT&T 公司的同事们开发并提出了实用的放大器和负反馈理论后才颁发了这个专利。

从一个想法到实用的开发过程是漫长的。放大器开始出现尖叫声音，于是 Black 制定了设计法则来避免放大器的不稳定。1928 年 5 月，Harry Nyquist（1889—1976）等 AT&T 公司的通信工程师与 Black 研究要将他的反馈放大器用于一个新的载波系统。Nyquist 是 1917 年耶鲁大学毕业的物理学博士。他认为 Black 的设计法则过于严格，因而对负反馈进行了分析，于 1932 年提出了以频率特性为基础的“Nyquist（奈奎斯特）判据”，这是用于判断一个闭环控制系统稳定性的一种简便方法，其基本方法为检查对应开环系统的奈奎斯特图。使用奈奎斯特稳定判据则可避免计算闭环系统的极点，从而简易地判断闭环系统的稳定性。当时为具有高质量的动态品质和静态准确的军用控制系统提供了所需的分析工具。不仅可以判断系统的稳定性，而且还可以用来分析系统的稳定裕量，从而奠定了频域分析和综合法的基础。

1932 年，在开发 1MHz 带宽的同轴电缆载波系统时，为了要充分利用负反馈的优点，Hendrik Wade Bode（1905—1982）领导一组数学家专门对设计方法进行了研究。当时主要是为了扩展通信系统的带宽，总想要一个幅值在宽频带内能保持恒定而相位又很小的频率特性。Bode 得出了最小相位系统幅频特性和相频特性是有关系的著名 Bode（伯德）定理。Bode 引入了相位裕度和幅值裕度的概念，给出了根据希望频率特性来设计负反馈放大器的方法。1940 年，Bode 引入的半对数坐标系使频率特性的绘制工作更加适用于工程设计。1945 年，控制系统设计的频域方法（即 Bode 图法）已基本建立。

1930 年，美国麻省理工学院（MIT）的科学家 Vannevar Bush（1890—1974）研制出了世界上第一台大型模拟计算机。他后来成为美国罗斯福总统的科学顾问。这台模拟计算机是由一系列具有函数功能的伺服系统组成，利用伺服系统归零的性能实现运算。模拟机的运算有精度和速度的要求。Harold Locke Hazen（1901—1980）自 1926 年进入 Bush 的课题组以后解决了不少这些高性能伺服系统的设计问题，Bush 就建议他将伺服系统的理论整理出来，1932 年下半年至 1933 年，Hazen 用一年多的时间写出“伺服机构理论”等两篇文章，发表于 1934 年。在文章里 Hazen 还对伺服机构下了定义：一个功率放大装置，其放大部件是根据系统的输入与输出的差值来驱动输出的。Hazen 在文章中分析了继电型伺服系统的问题，他的工作标志着伺服系统的重点从继电型到连续系统的转变，开始了一种根据过渡过程的响应特性来设计系统的时代。Hazen 的课题组后来组建为 MIT 的伺服系统实验室承担国防科研任务。他们的基于算子的过渡过程分析法，可以说是 20 世纪 30 年代的 MIT 学派。一直到 1943 年他们才开始将过渡过程与频率响应联系起来，用 M 圆作为性能指标。

在过程控制方面虽然应该要用连续作用的控制器，但一直到 1930 年才在气动调节器上有了突破。Foxboro 公司的 Clesson E. Mason 在喷咀-挡板型放大器上成功地加上了负反馈，使之具有线性特性。后来又加上积分作用成为 PI 调节器。到 1940 年，几家大公司都已开始生产 PID 调节器。但是 PID 的推广还需解决参数整定问题。Taylor 仪器公司于是派刚毕业不久的 Nathaniel B. Nichols（1914—1997）去 MIT 用 Bush 的微分分析仪来研究参数的整定。1942 年 Ziegler 和 Nichols 在 ASME Transactions 上发表了著名的 Ziegler-Nichols 参数整定法则，迄今为止依然是工业界调整 PID 参数的主流方法。当时 MIT 的 Charles S. Draper 和 Gordon Brown 在调试火控系统的一个液压伺服系统时遇到了困难。Nichols 指出他们的问题是没有考虑到流体的可压缩性，帮助他们解决了系统的稳定性问题，给 MIT 的这个课题组留下深刻印象。Draper 和 Brown 就坚持留下了 Nichols，让他参加当时最先进的火控雷达 SCR - 584 的角度跟踪系统的研制。在研制过程中 Nichols 提出了至今仍很实用的图解设计工具——Nichols（尼柯尔斯）图。

1941 年，贝尔实验室赢得了美国陆军的研制火炮指挥仪的合同。这是一种基于伺服系统的解算装置。火控系统是由三大系统构成的：火控雷达，火炮指挥仪和火炮位置伺服。当时整个系统需要 14 人同时协调工作，不利于对付快速的飞行目标，所以要求从雷达到火炮的指向控制统一成一个系统。贝尔实验室是从频率响应起家的，而 MIT 的火控雷达和火炮伺服又是从时间响应来设计的。现在要统一，就需要将各自的系统从性能、带宽等指标协调到一起。这两种设计指标在处理时的协调和融合形成了今天大家所见到的经典理论。

1945 年，还是 MIT 学生的 GE 公司的 Bill Miller 对 Nichols 的设计思想深为欣赏，启动了一项系统设计工程，对 GE 公司为冷轧机配套的 20 多套主驱动系统和 100 多套辅助驱动系统进行再设计。到 1947 年 6 月所有冷轧机的反馈控制系统都已改装、调试完毕并投入生产。1948 年 AIEE 会议上认为这是反馈控制在工业生产上的第一次成功应用，对 Nichols 的贡献也作出了极高的评价。为永久纪念 Nichols，IFAC（国际自动控制联合会）于 1996 年决定设立 Nichols 奖，专门奖励在控制系统设计方面作出杰出贡献的人员。

1948 年，美国科学家 Walter Richard Evans（1920—1999）创立了根轨迹分析方法，并在控制系统的分析和设计中得到广泛的应用。当时 Evans 从事飞机导航和控制研究，其中涉及许多动态系统的稳定问题。因此又回到了 70 多年前 Maxwell 和 Routh 研究过的特征方程的工作。Evans 开创了新的思维和研究方法，用系统参数变化时特征方程根的变化轨迹来研究系统的稳定性，为简化特征方程的求根过程提供了一种有效的手段。用作图的方法表示特征方程的根与系统某一参数的全部数值关系。当这一参数取特定值时，对应的特征根可在上述关系图中找到。根轨迹法具有直观的特点，利用系统的根轨迹可以分析结构和参数已知的闭环系统的稳定性和瞬态响应特性，还可以分析参数变化对系统性能的影响。在设计线性控制系统时，可以根据对系统性能指标的要求确定可调整参数以及系统开环零极点的位置。根轨迹法被认为是构成经典控制理论的一大支柱。

1948 年，美国数学家 Norbert Wiener（1894—1964）写出划时代的著作《控制论》，至此形成了完整的以传递函数为基础的经典控制理论，主要研究单输入单输出、线性定常系统的分析和设计问题。在第二次世界大战期间，为了解决防空火力控制和雷达噪声滤波问题，1942 年 Wiener 提出了滤波理论，为设计自动防空控制火炮等方面的预测问题提供了理论依据，对自动化技术科学有重要的影响。1948 年《控制论》出版后，立即风行世界。Wiener 的深刻思想引起人们的极大重视。它揭示了机器中的通信和控制机能与人的神经、感觉机能的共同规律，为现代科学技术研究提供了崭新的科学方法，它从多方面突破传统思想的束缚，有力地促进了现代科学思维方式和当代哲学观念的一系列变革。现在控制论已有了许多重大发展，但 Wiener 用吉布斯统计力学处理某些数学模型的思想仍处于中心地位。他定义控制论为："设有两个状态变量，其中一个是能由我们进行调节的，而另一个则不能控制。

这时我们面临的问题是如何根据那个不可控制变量从过去到现在的信息，来适当地确定可以调节的变量的最优值，以实现对于我们最为合适、最有利的状态”。

进入20世纪50年代，一些相应的书籍也开始出版。1942年，Ed. S. Smith发表“Automatic Control Engineering”、1945年Bode发表“Network Analysis and Feedback Amplifer”、1945年L. A. MacColl发表“Fundamental Theory of Servomechanisms”，1954年我国著名科学家钱学森发表了《工程控制论》，将控制理论应用于工程实践。

1.2.4　1950~1980年期间

二战中，火炮、雷达、飞机以及通信系统的控制研究直接推动了经典控制的发展。20世纪50年代初期，反馈控制系统的理论似乎已经定型。然而由于航空航天技术的飞速发展，迫切要求解决更复杂的多变量系统、非线性系统的最优控制问题。例如火箭和宇航器的导航，跟踪和着陆过程中的高精度、低消耗控制，以及把宇宙火箭和人造卫星用最少燃料或最短时间准确发射到预定轨道的控制问题等。这些控制问题无法采用经典控制理论来解决。与此同时，1960年前后，因为泛函分析等现代数学和计算机的发展，进一步促使控制理论由经典控制理论向现代控制理论转变。主要研究具有高性能、高精度和多耦合回路的多变量系统的分析和设计问题。

1956年，苏联科学家Lev Semyonovich Pontryagin（1908—1988）提出极大值原理，解决了空间技术中出现的复杂的控制问题，并开拓了控制理论中最优控制理论这一新的领域。

1957年，美国数学家Richard Ernest Bellman（1920—1984）提出动态规划，广泛用于各类最优控制问题，建立了最优控制的理论基础。

Pontryagin等人提出的极大值原理和由Bellman提出的最优控制的动态规划，后来被共同称为现代控制理论的发展起点和基础。

1960年，美籍匈牙利科学家Rudolf Emil Kalman（1930—2016）引入状态空间法分析系统，提出了能控性和能观测性及Kalman滤波等概念，奠定了现代控制理论的基础。其中能控性和能观性尤为重要，成为控制理论两个最基本的概念。Kalman的滤波理论，有效地考虑控制问题中存在的随机噪声影响，从而将控制理论的研究范围扩大，包括了更为复杂的控制问题。

20世纪60年代初期，一套以状态空间法、极大值原理、动态规划、Kalman滤波为基础的分析和设计控制系统的新的原理和方法已经确立，这标志着现代控制理论的形成。控制理论的一些新的分支也开始出现。反馈控制系统的研究开始转向多变量系统，确切说是多入多出系统，或MIMO（Multiple Input Multiple Output）系统，提出了一些新的设计方法，例如最优控制的LQG法。英国现代控制理论学者H. H. Rosenbrock、D. H. Owens、G. J. MacFarlane等研究了使用计算机辅助控制系统设计的现代频域法理论，将经典控制理论传递函数的概念推广到多变量系统，并探讨了传递函数矩阵与状态方程之间的等价转换关系，为进一步建立统一的线性系统理论奠定了基础。其中，1969年，出现了以Rosenbrock的逆奈氏阵列（INA）法为代表的现代频域法。INA法的实质是一种近似解耦，将多入多出问题解耦成单入单出（Single Input Single Output，SISO），将MIMO系统视为SISO系统的特例。1973年，MacFarlane提出特征轨迹法，对推动多变量频域理论的形成和发展有较大影响。

现代控制理论的状态空间法直接对微分方程进行处理，适合于很多的空间控制问题，而且状态空间的一些概念对深入了解控制系统的性能也是非常有用的。总之，截至 20 世纪 80 年代，认为反馈控制的设计思路已经是成熟了，主要的工作都是在方法上下功夫。

1.2.5 1980 年以后的时期

反馈控制理论在 20 世纪 80 年代还是经历了重大的变化，无论是对问题的认识，或是所用的方法，都有重要的进展。这里有两个主要的推动因素，一是要解决模型的不确定性问题，即鲁棒性问题；二是解决多变量控制问题已有的方法出现了缺陷。

随着多变量系统的发展，逐渐暴露出 20 世纪 50 年代形成的反馈系统理论中的一个问题，即强调了响应特性，忽视了反馈特性。70 年代 Rosenbrock 将频域法推广用于多变量系统的设计，使频域法又开始蓬勃发展。然而好景不长，INA 法很快遇到了鲁棒性的挑战。1981 年前的多变量设计一直是以解耦作为设计目标。其实解耦是一种响应特性：每个输出量只受一个相应的输入量控制。可是解耦设计后的系统其稳定性（鲁棒稳定性）并不一定好。长期以来在设计中使用的阶跃响应特性也是响应特性。反馈特性是指系统的稳定性（包括鲁棒稳定性）、灵敏度和对扰动的抑制性能等，这些性能只有通过反馈才能对其进行改动或改善。而响应特性则可以不通过反馈，仅用前置滤波等开环控制的手段就可以对其进行改变。其实反馈特性才是为什么需要采用反馈控制的真正目的。当年 Black 发明负反馈放大器时就是要利用反馈来减少畸变。Black 考虑的正是灵敏度这个反馈特性。但是在随后形成的理论中却很少谈及这一点，更不用说其他的反馈特性了。这是因为经典理论的基础（或者说背景）是 Black 的反馈放大器和 Hazen 的解算装置中的伺服系统。当年的 Black 或 Hazen 都没有过处理现今复杂的控制工程问题的经验。

1981 年 J. C. Doyle 及 G. Stein 和 M. G. Safonov 发表文章 “Multivariable feedback design: concepts for a classical/modern synthesis” 和 “Feedback properties of multivariable systems: the role and use of the return difference matrix” 于 *IEEE Transactions on Automatic Control* 期刊上[1,2]。这两篇文献明确指出反馈特性应是反馈系统设计的首要考虑，这是对 1950 年代就形成的反馈控制理论的一个重要补充。Doyle、Stein 还详细分析了工程中的未建模动态，给出了鲁棒稳定条件。这个鲁棒稳定条件是设计在实际上能否实现（能否调试出来）的一个条件。1989 年 Stein 获 IEEE 的首位 Bode 奖。在颁奖的 Bode 讲座会上，Stein 作出了一个很重要的报告，指出控制系统的性能，即灵敏度函数要受到 Bode 积分的约束，他指出控制系统的一些设计上的困难都可用 Bode 积分来解释，并结合 X-29 战机驾驶仪的设计实例作了详细的介绍。Stein 的这篇报告，后来由 K. J. Åström 推荐，重新发表于 *IEEE Control Systems* 2003 年的第 4 期上[3]。Stein 于 1994 年被选入（美国）国家工程院。国际自控联（IFAC）为表彰他在控制系统设计方面的成就，于 1999 年授予他 Nichols 奖。

由此可见，控制理论虽然经历了数十年的发展，直到 1981 年才明确反馈控制的目的，以及究竟用什么特性来表示系统的反馈特性，使反馈控制理论走上了正确的发展道路。

20 世纪 60 年代以 LQG 最优控制理论为代表的现代控制理论，完全依赖于描述被控对象动态特性的精确数学模型。为解决在处理多变量系统时的鲁棒性问题，1980 年，加拿大学者 Zames 在其论文中引入 H_∞ 范数作为目标函数进行优化设计，标志着 H_∞ 控制理论的诞生。Zames 考虑了一个 SISO 系统的设计问题：假设干扰信号属于某一有限能量的已知信号集，要求设计一个反馈控制器，使闭环系统稳定，且干扰对系统的影响最小。要解决这样的问题，就必须在能够使闭环系统稳定的所有控制器中选出一个控制器，使之相应的灵敏度函数的 H_∞ 范数最小。直到 1984 年，Francis 和 Zames 才给出了 H_∞ 最优化问题最初的解法。但遗憾的是，最初的 H_∞ 控制理论的标准频域方法在处理 MIMO 系统时，无法进行数学求解和计算。

H_∞ 范数优化能有效地处理非结构不确定性问题，而对于结构不确定性问题则可能产生保守性。1982 年，Doyle 将结构奇异值引入到 MIMO 系统进行分析。结构奇异值理论主要分 μ 分析和 μ 综合。μ 分析是解决当模型存在结构不确定性时估计鲁棒性能的一种有效的分析工具。1985 年，Doyle 提出 D-K 迭代法，将 μ 分析与 H_∞ 优化结合，着眼于分散的不确定性可集中为一个对角阵，产生一种新的鲁棒控制方法——μ 综合。

1989 年，Doyle 等人，发表论文“State-Space Solutions to Standard H_2 and H_∞ Control Problems”于 *IEEE Transactions on Automatic Control* 第 8 期上，提出完全采用状态空间的概念来推导 H_∞ 控制的解的 DGKF 法，该法的命名由 4 位作者姓的首字母组成[4]。DGKF 法是 H_∞ 控制理论的一个里程碑，对状态反馈和输出反馈都给出了 H_∞ 标准控制问题有解的充要条件，只要求解两个 Riccati 方程，所得的控制器公式比较简单，类似于 LQG 问题中的分离结构。MATLAB 中的 H_∞ 控制器的算法都是以此文献的基础来编写的。

基于 Riccati 方程的 DGKF 法是一种解析法，其最优解是一条全通特性。因此可以通过指定权函数来实现所要求的性能。H_∞ 回路成形把经典控制理论与现代 H_∞ 优化控制相结合，通过选择权函数改善开环奇异值频率特性，在鲁棒性能指标和鲁棒稳定性之间进行折中，以实现系统的闭环全通特性。不但能保证系统的稳定性，而且还具有鲁棒性。H_∞ 回路成形设计中的对象是用互质因式分解来描述的，而互质因式不确定性又可以较为方便、清晰地描述贴近虚轴的弱阻尼极点的摄动，所以与 H_∞ 控制求解混合灵敏度相比较，H_∞ 回路成形法常常被用于弱阻尼挠性系统的设计。

随着控制理论的发展，非线性系统的分析和控制逐渐成为研究热点和难点。尽管经历多年研究，目前仍然没有通用的方法来分析非线性系统的稳定性和性能，就更无法进行非线性系统的稳定设计。最初，各种基于 Lyapunov 或存储函数（storage function）的分析和综合方法被提出来。然而没有易于处理的计算方法和手段来帮助我们进行构建这样满足要求的函数。

鲁棒控制是非线性控制理论的一个重要分支。非线性系统鲁棒控制主要利用 Lyapunov 理论、耗散理论以及由此发展起来的 H_∞ 控制方法，直接从非线性系统出发进行性能分析与控制器设计。耗散理论是基于能量耗散的角度来研究系统，其出发点和 Lyapunov 函数理论是相同的，确定耗散性的关键也是在于能否求得一个满足条件的存储函数。到 20 世纪 90 年代以后，非线性 H_∞ 控制成为非线性系统理论研究的一个热门，它借鉴传递函数概念提出了 L_2 诱导范数，在非线性系统中 L_2 诱导范数常称为 L_2 增益，故习惯上常说的非线性系统的 H_∞ 控制，更确切地说应该是 L_2 增益控制问题。关于这个控制问题，Van de Schaft 作出了很大的贡献，运用动态耗散理论，提出一种非线性 H_∞ 状态反馈的解决方法，这里讨论的是从扰动到性能输出的 L_2 增益，所以这样的问题也称之为扰动抑制（disturbance rejection）问题。非线性 H_∞ 状态反馈就是要求解 Hamilton-Jacobi 不等式。设计中也可将这个 Hamilton-Jacobi 不等式转化为一个特定形式的 Hamilton-Jacobi-Issacs（HJI）不等式，目前也没有统一的解析求解方法。实际上非线性 H_∞ 控制中的 Hamilton-Jacobi 方程（或不等式）类似于线性系统 H_∞ 理论中的 Riccati 方程，它将 L_2 增益和耗散性联系起来。这样就可以不用求解不等式，而是通过相关的途径去构造一个存储函数来得到 L_2 增益控制器。这又归结到函数的构造问题上[5]。

在很多情况下耗散理论的存储函数就是 Lyapunov 函数。我们都知道二次型 Lyapunov 函数，它将矩阵和多项式联系起来。因此如何构造存储函数也就是研究多项式。虽然非线性系统是用微分方程描述，但通过泰勒级数展开可将非线性方程表达成多项式的描述形式，阶次是 1 时的多项式就是线性化系统。耗散性中的存储函数是大于零的，对应于多项式考虑的则是正定性问题。

Parril 等人着手于如何构造 Lyapunov 函数对多项式进行研究，提出了 SOS（sum of squares）法，并在此理论研究基础之上开发了 SOSTOOLS 工具箱，这是一个借助第三方来求解 SOS 规划的 MATLAB 工具箱。该工具箱正是基于多变量的多项式 SOS 分解，有效地利用半定规划来进行计算。SOSTOOLS 工具箱是近些年来对 SOS 多项式感兴趣而带来的发展成果，主要是因为该技术为许多较难的问题，如全局约束和布尔优化等提供了凸松弛，从而为解决非线性系统的分析和控制设计问题提供一个有效的解决方法。实质上这个工具箱，是专门为控制学科研究的，因为研究该工具箱的出发点是在非线性系统的稳定性分析中，怎么样用一些程序去构造 Lyapunov 函数。自这一工具箱问世后，SOS 法渐渐被广泛用于吸引域估计和非线性系统的控制设计。哈尔滨工业大学王广雄教授提出了非线性 H_∞ 设计的 SOS 法。随着 SOS 理论的不断完善，在控制系统的设计中将会引起广泛的重视。

从古代的计时刻漏到漏壶流水控制浑象、从 Huygens 发明钟表到 Watt 的离心调速器、从人工控制的飞机舰船火炮到 Black 负反馈放大器的发明、从 Routh 和 Hurwitz 判据到 Nyquist 判据、从最初的登月到现在的太空发展、从简单的系统稳定性分析到具有多重性能的控制系统 H_∞ 设计，自动控制技术从瓦特的离心调速器开始经过将近两个多世纪的千锤百炼，已经成为人类科技文明的重要组成部分。控制系统的理论是非常丰富的。上面的 H_∞ 控制发展不可能包括控制理论的各个方面。这里介绍的只是本书中一些设计问题形成的历史背景，使读者能了解本书中所讨论问题的由来和意义。

1.3　控制系统的分析方法

自动控制系统的设计以系统分析方法，即控制系统稳定性理论为基础。整个设计过程既包括根据要求进行综合的过程，也包括根据理论分析对设计进行验证的过程。常用的系统分析方法包括古典控制的时域分析和频域分析。常用的有时域分析中的 Routh 稳定判据和频域分析中的 Nyquist 稳定判据。古典控制中的判据都是基于分析系统或频率特性方程的根在复平面上的分布，不必求解方程的特征根，而是直接由方程的系数或者频率特性曲线判断稳定性。但是这种直接判断方法，只适用于线性定常系统，不适用于时变系统和非线性系统。而经典控制理论中的稳定性一般指输出稳定性，Lyapunov 稳定性是基于系统的状态空间描述法，对单变量、多变量、线性、非线性、定常、时变系统稳定性分析皆适用的通用方法。它不仅描述了系统的外部特性，而且全面揭示了系统的内部特性。

1.3.1　Routh 稳定判据

设系统的特征方程式为

$$a_n s^n + a_{n-1} s^{n-1} + \cdots + a_1 s + a_0 = 0 \tag{1-1}$$

则 Routh 表如下所示

$$\begin{array}{ccccc}
s^n & a_n & a_{n-2} & a_{n-4} & \cdots \\
s^{n-1} & a_{n-1} & a_{n-3} & a_{n-5} & \cdots \\
s^0 & b_1 & b_2 & b_3 & \cdots \\
s^0 & c_1 & c_2 & c_3 & \cdots \\
\vdots & \vdots & \vdots & \vdots & \cdots \\
s^1 & d_1 & d_2 & & \\
s^0 & e_1 & & &
\end{array}$$

式中

$$\begin{array}{ccc}
b_1 = \dfrac{a_{n-1}a_{n-2} - a_n a_{n-3}}{a_{n-1}} & b_2 = \dfrac{a_{n-1}a_{n-4} - a_n a_{n-5}}{a_{n-1}} & \cdots \\
c_1 = \dfrac{b_1 a_{n-3} - b_2 a_{n-1}}{b_1} & c_2 = \dfrac{b_1 a_{n-5} - b_3 a_{n-1}}{b_1} & \cdots \\
\vdots & \vdots & \cdots
\end{array} \tag{1-2}$$

Routh 表的前两行元素根据特征方程式（1-1）的系数列写，以下各行元素由相邻的上面两行元素按照式（1-2）计算结果填写。在计算的过程中会出现两种特殊情况，分别是首列元素为零或整行元素为零。第一种情况，可以用一个小正数代替首行零元素继续计算。第二种情况可由上一行的元素构造辅助方程，并对其进行求取一阶导数得到一个降幂方程，由降幂方程的系数代替全零行的元素继续计算。

Routh 稳定判据：假若 Routh 表中第一列系数均为正数，则该系统是稳定的，即特征方程式（1-1）所有的根均位于根平面的左半平面。假若第一列系数有负数，则第一列系数符号的改变次数等于在右半平面上根的个数。

Routh 判据不仅可以判别系统稳定不稳定，即系统的绝对稳定性，而且也可以检验系统是否有一定的稳定裕量，即相对稳定性。另外 Routh 判据还可以用来分析系统参数对稳定性的影响和鉴别延滞系统的稳定性[6]。

1.3.2 Nyquist 稳定判据

设有图 1-5 所示的反馈控制系统，图中 K 为控制器，G 为被控对象。则称 KG 为系统的开环传递函数，使开环传递函数分母为零的根称为开环极点。开环传递函数的 Nyquist 曲线 $K(\mathrm{j}\omega)G(\mathrm{j}\omega)$ 如图 1-6 和图 1-7 所示。

设该系统的闭环传递函数用 T 表示，则

$$T = \frac{KG}{1+KG} \tag{1-3}$$

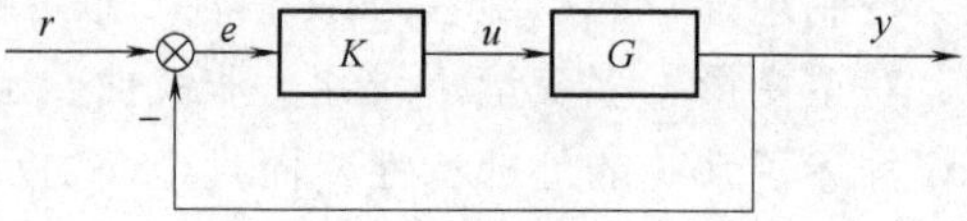

图 1-5　反馈控制系统

使闭环传递函数 T 的分母为零的根称为闭环极点。设 P 为系统开环传递函数的正实部开环极点的个数，N 为开环传递函数 KG 的 Nyquist 曲线包围（-1，j0）点的圈数（逆时针包围为

正），Z 为闭环传递函数的正实部闭环极点的个数。那么根据幅角原理有

$$N=P-Z \tag{1-4}$$

只有当 $Z=0$ 时闭环系统才是稳定的。因此，根据式（1-4）可知，当且仅当 $N=P$ 时闭环系统才是稳定的。

Nyquist 稳定判据：若系统开环不稳定，且有 P 个正实部开环极点，那么，如果开环传递函数 KG 的 Nyquist 曲线逆时针包围（-1，j0）点 P 圈，闭环系统是稳定的，否则不稳定。若系统开环稳定，则闭环系统稳定的条件为开环传递函数 KG 的 Nyquist 曲线不包围（-1，j0）点，否则闭环系统不稳定。

1.3.3 Lyapunov 稳定性

这里重点介绍 Lyapunov 第二法。该法适用于难以求解的非线性系统和时变系统。Lyapunov 第二法除了用于对系统进行稳定性分析以外，还可以用来求解参数最优化问题，因此在控制系统设计中有着非常广泛的应用[7]。

设系统存在状态矢量 $\boldsymbol{x}_e$，对所有 t，都使 $f(\boldsymbol{x}_e, t)\equiv 0$ 成立，则称 $\boldsymbol{x}_e$ 为系统的平衡状态。对于非线性系统，通常可以有一个或多个平衡状态，它们是由方程式 $f(\boldsymbol{x}_e, t)\equiv 0$ 所确定的常数解。稳定性问题都是相对于某个平衡状态而言的。线性定常系统由于只有唯一的一个平衡点，所以在以传递函数为基础的经典控制中都是笼统的叫系统的稳定性问题。对于线性定常系统以外的其他系统而言，由于可能存在多个平衡点，而不同的平衡点会有不同的稳定性，因此需要逐个分析研究。

Lyapunov 根据系统自由响应是否有界把系统的稳定性定义为：Lyapunov 意义下稳定、渐近稳定、大范围渐近稳定和不稳定 4 种情况。在经典控制理论中，只有渐近稳定的系统才称作稳定系统。而且从工程意义上，渐近稳定比稳定更重要。但是渐近稳定是一个局部概念，因为某个平衡状态的渐近稳定并不意味着整个系统就能正常运行。因此，如何确定渐近稳定的最大区域，并且尽量扩大其范围是尤为重要的。

当某系统受到激励后，系统的储能既不增加也不消耗，那么平衡点是 Lyapunov 意义下稳定的；如果系统的储能增加，那么平衡点是不稳定的；如果系统的储能随着时间推移逐渐衰减，这个平衡状态是渐近稳定的。可见从能量的观点进行稳定性分析是非常直观和方便的。但是因为系统的复杂性，难于找到一个能量函数来描述系统的能量变化情况。于是 Lyapunov 第二法借助一个正定的标量函数 $V(x)$ 的导数的符号特征来直接对系统平衡状态的稳定性作出判断。

Lyapunov 第二法：对于一个给定的系统，如果能找到一个正定的标量函数 $V(x)$，而 $\dot{V}(x)=\mathrm{d}V(x)/\mathrm{d}t$ 是半负定的，那么平衡状态是 Lyapunov 意义下稳定；$\dot{V}(x)=\mathrm{d}V(x)/\mathrm{d}t$ 是负定的，则平衡状态是渐近稳定的；$\dot{V}(x)=\mathrm{d}V(x)/\mathrm{d}t$ 是正定的，则平衡状态是不稳定的，这个 $V(x)$ 叫做 Lyapunov 函数。由此可见，Lyapunov 第二法的关键是如何寻找 Lyapunov 函数。过去寻找的方法主要是依靠经验和试探，现在随着计算机技术的发展，借助 MATLAB 等软件不但可以找到需要的 Lyapunov 函数，而且还能确定系统的稳定区域。本书第 7 章介绍的正是通过 SOS 法分析系统的稳定域和获得需要的 Lyapunov 函数。

1.4 控制系统的性能指标

控制系统的设计应该满足对系统提出的性能要求。控制系统的性能是指系统在实际工作时的误差大小，具体设计时可以有不同的评价指标，例如稳定裕度和灵敏度函数等。

1.4.1 稳定裕度

类似于 Routh 判据，在频域上不但可以根据开环频率特性 $K(j\omega)G(j\omega)$ 包围（−1，j0）点的圈数来判定闭环系统稳定性，也可以由开环频率特性 $K(j\omega)G(j\omega)$ 到（−1，j0）点的距离来判断闭环系统的相对稳定程度。考虑由系统增益或相位的变化分别引起包围（−1，j0）点的圈数变化的可能性，我们定义幅值稳定裕度 A_m 和相角稳定裕度 γ，如图 1-6 所示。通常情况下，这两个指标可以较好衡量系统的鲁棒性。

幅值稳定裕度 A_m 对应的是 Nyquist 图上的一个点，在这个点上，开环传递函数 $K(j\omega)G(j\omega)$ 必须穿过负实轴。这里定义了一个乘数来表示系统变得不稳定时的增益。幅值稳定裕度 A_m 定义为

$$A_m \left| K(j\omega_g)G(j\omega_g) \right| = 1 \tag{1-5}$$

因此

$$A_m = \frac{1}{\left| K(j\omega_g)G(j\omega_g) \right|} \tag{1-6}$$

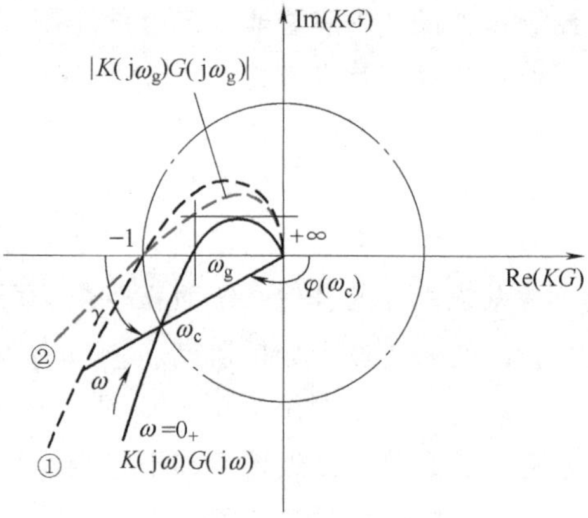

图 1-6 Nyquist 图及其稳定裕度

这里的频率 ω_g 是计算幅值稳定裕度 A_m 的频率，是开环传递函数的频率特性 $K(j\omega)G(j\omega)$ 相位为 −180°的频率点。系统模型存在不确定性的情况下闭环系统具有较好的鲁棒性，表明该设计容许静态增益有 A_m 倍的变化（图 1-6 中虚线①所示）。通常 $2 \leqslant A_m \leqslant 5$。

相角稳定裕度 γ 规定了系统相位延迟的程度。在图 1-6 所示的 Nyquist 图上，开环传递函数的频率特性 $K(j\omega)G(j\omega)$ 延迟 γ 度，将导致开环传递函数的频率特性穿越（−1，j0）临界点。图 1-6 显示了相角稳定裕度 γ 的分布情况，即

$$\arg[K(j\omega_c)G(j\omega_c)] - \gamma = -180° \tag{1-7}$$

所以

$$\gamma = 180° + \arg[K(j\omega_c)G(j\omega_c)] \tag{1-8}$$

这里的频率 ω_c 是计算相角稳定裕度 γ 的频率，是开环传递函数的频率特性 $K(j\omega)G(j\omega)$ 幅值为 1 的频率点。根据鲁棒性要求，如果系统建模存在误差，在系统变得不稳定之前，设计完的系统可以在 ω_c 处容许有 γ 度的附加相位延迟。通常 $30° \leqslant \gamma \leqslant 60°$。

1.4.2 灵敏度函数

控制系统的灵敏度函数定义为

$$S=\frac{\mathrm{d}T/T}{\mathrm{d}G/G} \tag{1-9}$$

表示的是闭环系统特性 T 的相对变化与对象 G 的相对变化的比值。式（1-9）表明系统的灵敏度定量表示了闭环的 T 对对象参数变化的敏感程度。如果系统的灵敏度低，就说明这个设计对（对象的）建模误差具有鲁棒性。

如果以 G 为变量，T 作为它的函数，对式（1-3）求导后，代入式（1-9）可得灵敏度表达式

$$S=\frac{G}{T}\frac{\mathrm{d}T}{\mathrm{d}G}=\frac{1}{1+KG} \tag{1-10}$$

除式（1-10）所表示的这种鲁棒性外，灵敏度函数还反映了系统的其他重要特性。

图 1-7 所示为一系统的 Nyquist 图 $K(\mathrm{j}\omega)G(\mathrm{j}\omega)$。

图中 p 为 KG 距（-1，j0）点的最小距离，根据图中的几何关系可知

$$p=\min|1+KG| \tag{1-11}$$

设灵敏度的最大峰值用 M_S 表示，则有

$$M_S=\max|S(\mathrm{j}\omega)|=1/p \tag{1-12}$$

M_S 越大，说明开环特性距离（-1，j0）点越近，这时如果被控对象 G 的参数有摄动，则容易导致系统不稳定，所以现在常将灵敏度函数的峰值 M_S 当做闭环系统鲁棒性的一个指标。

灵敏度与经典理论中的稳定裕度有一定的关系，如图 1-8 所示。

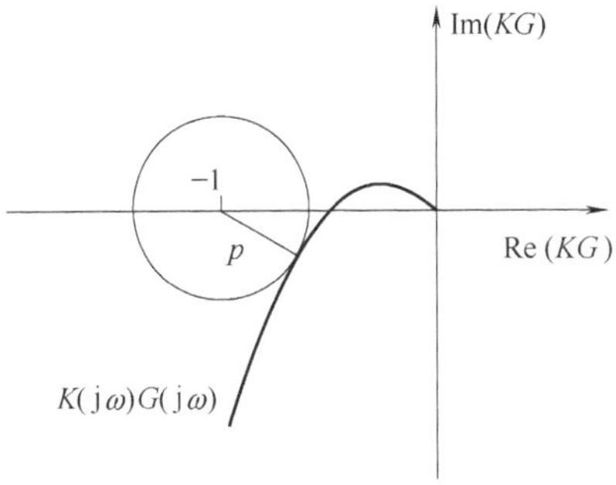

图 1-7 系统的 Nyquist 图

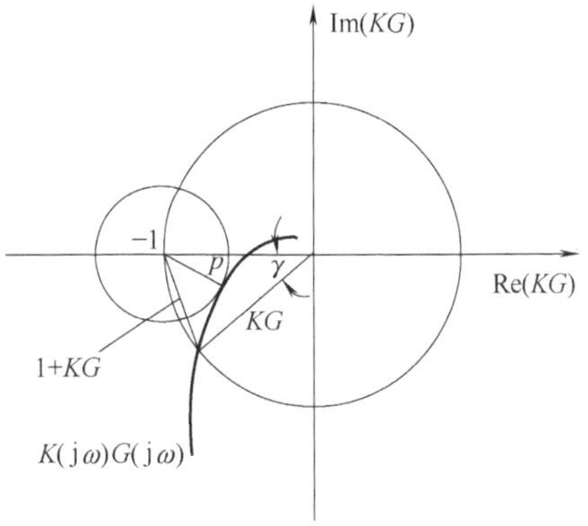

图 1-8 相位裕度 γ 与 p 的关系

根据图 1-8 可写得单位圆上灵敏度与相位裕度 γ 的关系为

$$\left|\frac{1}{S(\mathrm{j}\omega)}\right|=|1+KG|=2\left|\sin\frac{\gamma}{2}\right| \tag{1-13}$$

所以由图 1-8 可见

$$p\leqslant 2\left|\sin\frac{\gamma}{2}\right|$$

这表明相位裕度 γ 只能给出 p 的上限，并不能给出代表鲁棒性的 M_S 的真实值。事实上相位裕度和幅值裕度都很好的系统，M_S 有可能会很大而没有鲁棒性，所以灵敏度的最大值 M_S 才真正反映了系统的稳定程度，M_S 才是真正意义上的稳定裕度。这个峰值通常被认为是 1.2~2.0 之间为宜，如果设计后的系统有 $M_S=3$，那么就很难控制了[8]。

现在再来看式（1-10），S 的这个公式给出一种测量灵敏度的方法：图 1-9 是存在扰动 d 时的系统框图，把 S 看作是传递函数，从 d 到 y 的传递函数就是 S。S 小就表示输出对扰动不敏感，这是反馈削弱了扰动的影响，所以说灵敏度也是反馈控制系统的一个很重要的特性。当然，如果 $S>1$，这个系统反而将扰动给放大了。

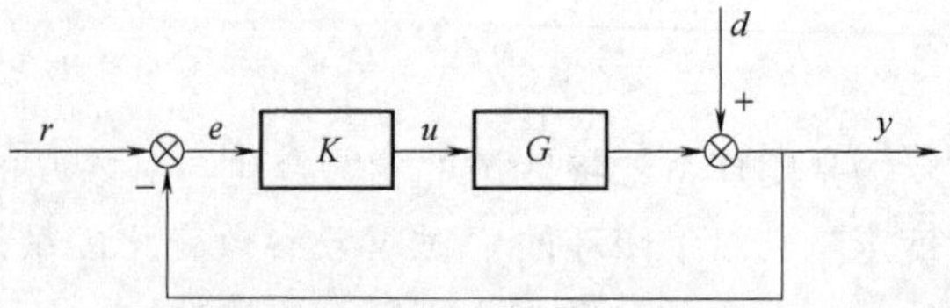

图 1-9　对输出端扰动 d 的抑制

从图 1-9 还可以看到，从参考输入 r 到误差信号 e 的传递函数也等于灵敏度，即

$$\frac{E(s)}{R(s)}=\frac{1}{1+KG}=S \tag{1-14}$$

所以灵敏度还表示系统跟踪输入信号的性能，S 越小跟踪误差就越小。

由此可见，灵敏度表示系统在 r 和 d 作用下的性能，其峰值还表示参数变化对系统稳定性的影响。故一般均以灵敏度函数来表示反馈系统的性能（performance），设计时要尽量压低其灵敏度。

1.5　数学准备

下面是本书所涉及关于 Taylor 级数展开的数学知识。

进行线性化是线性控制系统设计的第一步。在非线性方程进行线性化时，通常只限于取一阶导数的项，以含三个变量 x、y、z 的 Taylor 级数展开为例

$$F(x,y,z)\approx F(x_0,y_0,z_0)+\left(\frac{\partial F}{\partial x}\Delta x+\frac{\partial F}{\partial y}\Delta y+\frac{\partial F}{\partial z}\Delta z\right) \tag{1-15}$$

则得增量表达式

$$\Delta F(x,y,z)=F(x,y,z)-F(x_0,y_0,z_0)=\left(\frac{\partial F}{\partial x}\Delta x+\frac{\partial F}{\partial y}\Delta y+\frac{\partial F}{\partial z}\Delta z\right) \tag{1-16}$$

一般线性化后都去掉式（1-16）中的 Δ 符号。对非线性微分方程进行线性化时，利用式（1-16）总是很方便的。

1.6　本章小结

本章详述了控制系统及设计的发展历程，介绍了控制系统的三种分析方法，给出了控制系统的设计指标及建模时需要的数学准备。

第2章　不稳定对象的控制设计

在理论设计中往往会忽略实际系统所存在的约束，一般要到最后才会发现这个设计是无法实现的。线性系统设计中不稳定对象的设计要受到不稳定极点值的限制，如果设计之初没考虑到这一点，就调试不出来。例如，战机的性能指标标准是45°的相位裕度，但是X-29战机无论如何调试只能做到35°。还有磁悬浮球实验装置，实验中测得的灵敏度函数数据都会有一个较大的峰值，无论怎样调整控制参数，都无法改变这个峰值。实验的现象就是悬浮球被粘附磁铁或者掉落到支架上。H_∞ 设计作为一种综合方法大致可分为两个方向，一是基于互质分解的回路成形法，二是以 H_∞ 状态反馈和以 DGKF 法为代表的输出反馈。本章将结合磁悬浮系统来给出适合于不稳定对象的 H_∞ 状态反馈和 H_∞ 输出反馈两种设计方法。

2.1　不稳定对象的特点

大部分的控制对象都有自平衡的特性。例如发动机的力矩特性，当转速略有增加，则负载力矩增加，而发动机的力矩则是减小的，使转速回到工作点。实际上也有一些对象不具有自平衡特性。这类对象，一旦平衡工作状态受到扰动，就不可能再自建平衡状态，如锅炉的汽包水位调节。从控制的角度说，有自平衡的对象就是稳定对象，无自平衡的对象其传递函数中有个积分环节。

除了上一段提到的两种对象之外，还有一种不稳定的对象。例如倒立摆，一旦偏离垂直位置就会迅速倒下，这个不稳定对象可以看作是火箭起飞助推阶段的模型。又例如近代的战斗机，如果平衡状态下攻角有变化，则升力变化，因为升力的作用点设计在重心之前（为提高机动性能所特别设计的），就会有同一个方向的力矩产生，使姿态角进一步发散。再如前苏联切尔诺贝利核电站的设计中，将占空系数（热功率对占空比的梯度，占空比是指压力管中蒸汽对水的比例）设计为正，这样当压力管中蒸汽增多时，核反应产生的热功率更多，使之产生更多的蒸汽。又例如磁悬浮系统运行时，需要保持一定的气隙（例如4mm），但电磁吸力随着气隙的减小而增大，由于吸力的增大将使气隙进一步减小。这些都是不稳定对象的例子。

在线性系统中，被控对象可用式（2-1）的形式来描述：

$$G(s) = K\frac{\sum_{i=1}^{M}(s - z_i)}{\sum_{j=1}^{N}(s - p_j)} \tag{2-1}$$

式中，z_i 表示零点；p_j 表示极点。

对应的响应中会出现 $e^{p_j t}$ 的自由运动模态，若存在正实部的极点 $p_j(1\leqslant j\leqslant N)$，根据指数特性可知，不稳定对象的响应是发散的。对于不稳定对象来说，需要进行控制器设计。

2.2 不稳定对象的控制问题

从控制理论来说，即使是采用 Nyquist 判据，对不稳定对象的控制设计也不存在稳定上的问题。然而作为反馈控制系统的设计来说，设计时首要考虑的是反馈特性。低灵敏度和对扰动的抑制是一个系统之所以要采用负反馈来控制的真正理由，而鲁棒稳定性则是反馈控制系统必须具有的性能。设计的目的应该是使系统获得较好的反馈特性，即低灵敏度和较好的扰动抑制能力。

系统的综合设计中，常遇到的一个重要问题是系统性能所达到的程度。接下来将谈一下不稳定对象在设计上的性能限制问题。

定理【2-1】 设图 1-5 所示反馈控制系统的开环传递函数 $K(s)G(s)$ 有不稳定极点 p_1，…，p_N，系统的相对阶为 $\nu=n-m>1$，并设闭环系统是稳定的，则系统的灵敏度函数满足如下关系式：

$$\int_0^{\infty}\ln|S(\mathrm{j}\omega)|\mathrm{d}\omega=\pi\sum_{i=1}^{N}\mathrm{Re}(p_i) \tag{2-2}$$

定理中的 n 和 m 分别为开环传递函数分母和分子的阶次。这个定理被称为 Bode 积分定理，定理证明可见参考文献［3］。值得注意的是，Bode 积分定理是线性系统中的理论，也就是说线性系统的设计要受到这个积分约束。

如果对象是稳定的，那么这个积分等于零，即

$$\int_0^{\infty}\ln|S(\mathrm{j}\omega)|\mathrm{d}\omega=0 \tag{2-3}$$

由于这里谈的是对数，所以可以以 $S=1$ 为界，小于 1 时为负，大于 1 时为正，积分等于零是指对数灵敏度图上的正负面积相等。如果在某一频段上将灵敏度压下去（小于 1），则在另一频段上它就会冒出来（大于 1）。所以不可一味地将灵敏度往下压。这个定理说明，对数灵敏度的积分是一个常数。也就是说图 2-1 中的阴影部分面积为恒定的。

会有这样的感觉，Bode 积分不是一个真正的限制，因为你可以在要求的频段内将性能压的很低，而将 0dB 线以上的正面积在很宽的频段内分散开。即相当于要求在很宽的频段内做到 $\ln|S|=\varepsilon$，也就是要求开环传递函数的 Nyquist 曲线在以（−1，j0）为圆心，以半径大约为 $1-\varepsilon$ 的圆上。这就意味着开环传递函数在高频上不能简单的衰减。我们很熟悉开环频率特性不具备这样的形式，这是

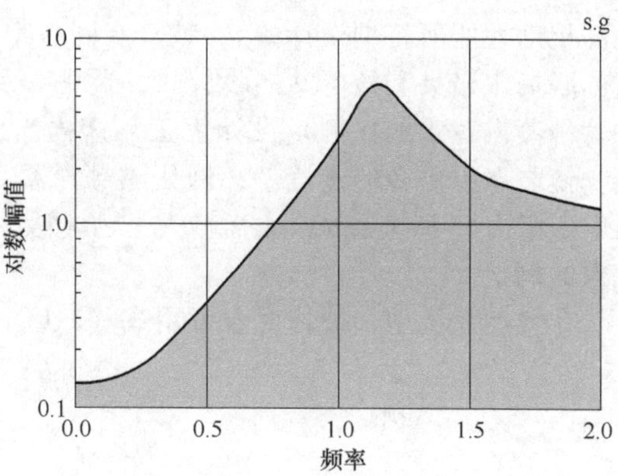

图 2-1 Bode 积分定理示意图

因为对象一般均有不确定性或未建模动态。

一般来说控制系统设计中可用带宽是有限的。设用 Ω_a 来表示系统的可用带宽，这是指在这个频率范围内未建模动态用乘性不确定性表示时，其摄动项要≪1，即系统的特性与设计所用的数学模型是一致的，超出这个频率后，一般就认为 $GK\ll 1$，根据灵敏度公式 $S=1/(1+GK)\approx 1$，即 Ω_a 以外的对数积分为零。这时 Bode 积分公式（2-2）变为

$$\int_0^{\Omega_a}\ln|S(\mathrm{j}\omega)|\mathrm{d}\omega = 0\ (\text{稳定的对象}) \tag{2-4}$$

$$\int_0^{\Omega_a}\ln|S(\mathrm{j}\omega)|\mathrm{d}\omega = \pi\sum_{i=1}^{N}\mathrm{Re}(p_i)\ (\text{不稳定的对象}) \tag{2-5}$$

这个可用带宽下的积分约束才是实际问题中的真正的约束。

由式（2-4）、式（2-5）可以看出积分约束对不稳定对象来说，要比稳定对象更为明显，因为式（2-5）要求正面积要大于负面积，也就是说，S 的峰值 M_S 会更大。这就是不稳定对象控制设计的难点所在。

虽然以上的分析并没有涉及具体的系统设计，即 Bode 积分定理的约束与设计方法无关。但是该定理可以用来指导设计过程。下面以磁悬浮系统为例研究不稳定对象的 PID 控制和 H_∞ 控制设计。

2.3 不稳定对象的 PID 控制

本节的讨论是结合一个磁悬浮实验系统来进行的，主要是使所得到的一些结果可以通过实验来进行验证。

图 2-2 所示是固高科技有限公司生产的磁悬浮实验系统的原理图，图中钢球的质量 $m=28\mathrm{g}$，电磁力与钢球的重量平衡，使钢球悬浮在空中。平衡时钢球与电磁铁的距离 $x=15.5\mathrm{mm}$。

系统中的电磁力虽然是可以计算的，其值大小与电磁铁线圈匝数以及横截面积有关。但是实际系统中电磁力公式中的一些常数还是需要实验测定的，所以常用 K_f 来概括所有的系数，而将电磁力表示为

$$F(i,x)=K_f\left(\frac{i}{x}\right)^2 \tag{2-6}$$

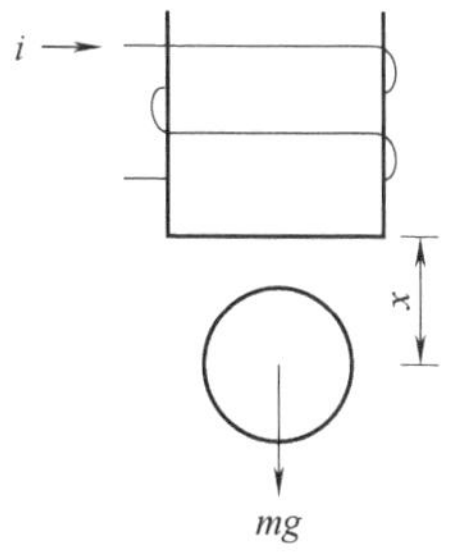

图 2-2 磁悬浮实验系统原理图

这时图 2-2 系统中钢球的运动方程式为

$$m\ddot{x}=mg-F(i,x) \tag{2-7}$$

根据式（2-7），平衡点的关系式为

$$mg=K_f\left(\frac{i_0}{x_0}\right)^2$$

$$K_f=\frac{mgx_0^2}{i_0^2} \tag{2-8}$$

利用式（1-16）将式（2-7）在平衡点上展开，可得

$$m\ddot{x}=-\left.\frac{\partial F}{\partial x}\right|_0\Delta x-\left.\frac{\partial F}{\partial i}\right|_0\Delta i \tag{2-9}$$

$$\left.\frac{\partial F}{\partial x}\right|_0=-\frac{2K_f i_0^2}{x_0^3}=-\frac{2mg}{x_0} \tag{2-10}$$

式（2-10）中的第二个等号是将式（2-8）代入而得到的。同法可得

$$\left.\frac{\partial F}{\partial i}\right|_0=\frac{2K_f i_0}{x_0^2}=\frac{2mg}{i_0} \tag{2-11}$$

将式（2-10）和式（2-11）代入式（2-9）得

$$\Delta\ddot{x}=\frac{2g}{x_0}\Delta x-\frac{2g}{i_0}\Delta i \tag{2-12}$$

对应的传递函数为

$$G(s)=\frac{\Delta X(s)}{\Delta I(s)}=-\frac{2g/i_0}{s^2-2g/x_0}=-\frac{2g/i_0}{s^2-\omega_0^2} \tag{2-13}$$

式（2-13）表明，这磁悬浮系统是个不稳定对象，在 s 的右半面有一个不稳定的正极点 p_1。

$$p_1=\omega_0=\sqrt{2g/x_0} \tag{2-14}$$

式中，$x_0=15.5\text{mm}$，则 $p_1=35.56\text{s}^{-1}$。

在系统中还有一个电感回路，所以此实验系统的对象传递函数应该是

$$G(s)=\frac{K_0\omega_0^2}{s^2-\omega_0^2}\cdot\frac{1}{\tau s+1} \tag{2-15}$$

式中，τ 是电感的时间常数（s）。

$$\tau=L/R=0.009\text{s}$$

式（2-15）中已将系统的增益（包括传感器、功放）归并为一个系数 $K_0=2.3409$，此实验系统采用 PID 控制，即控制器为

$$K(s)=K_p+\frac{K_i}{s}+K_d s=1+\frac{0.33}{s}+0.039s \tag{2-16}$$

式（2-16）的系数是该实验系统的实验指导书上提供的，图 2-3 是对应的阶跃响应的仿真曲线。从图 2-3 可见，系统的性能是很好的。但可惜这是理论上的设计，按照式（2-16）参数设置的控制器实际上是不能工作的，开机后钢球就被电磁铁吸住（系统不稳定的结果）。这个问题需要用 Bode 积分定理从根本上来进行说明。

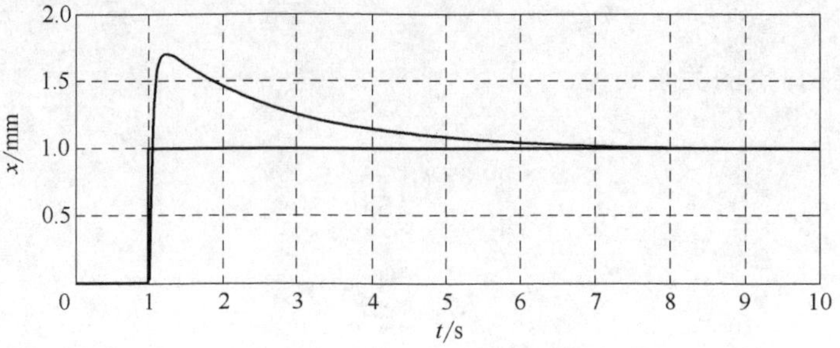

图 2-3　阶跃响应的仿真曲线

磁悬浮系统在平衡点上的运动方程一般都可以采用线性化方程，而且磁悬浮系统的气隙又是比较小的，所以磁悬浮系统的设计主要是性能问题，而不是稳定性问题。

由式（2-15）和式（2-16）组成的系统的 $M_S=1.8728$，所以理论上这个控制律式（2-16）也是满足性能要求的。但是设计中灵敏度函数不是可以任意指定的，灵敏度函数要受到上面的 Bode 积分定理的制约。

具体结合本例的磁悬浮系统来说，从式（2-13）可以看到，对象只有一个不稳定极点 $p_1=\omega_0=35.56\mathrm{s}^{-1}$。对应的 Bode 积分公式（2-5）为

$$\int_0^{\Omega_a}\ln|S(\mathrm{j}\omega)|\mathrm{d}\omega=\pi\times 35.56\approx 110 \tag{2-17}$$

这个磁悬浮系统的可用频带 Ω_a 可分析如下：首先应该指出的是式（2-15）本身是一次近似所得到的线性化方程，而且这里还假设电磁力是由电流决定的。事实上电磁力是由磁链决定的，这里忽略了电流与磁链之间的动态关系。还应该说明的是，列方程式时只考虑了垂直方向的力平衡关系。而事实上这个小球在悬浮状态下有横向飘动。若系统工作在低频段，这横向的飘动与低频的垂直方向的控制运动由于频带不同，可认为是解耦的。若工作在高频段，这横向飘动与垂直方向的运动就耦合了。由此可见，系统设计和分析所用的数学模型式（2-15）只是一种低频模型。从式（2-15）可以看到，这个对象有一个转折频率在 $\omega=1/\tau\approx 110\mathrm{rad/s}$，这个 $G(\mathrm{j}\omega)$ 在 $\omega=110\mathrm{rad/s}$ 后已大大衰减，所以可以认为这个系统的可用频段为

$$\Omega_a=110\mathrm{rad/s} \tag{2-18}$$

再注意到本系统中的 $K_i<1\mathrm{s}^{-1}$［见式（2-16）］，也就是说，系统灵敏度小于 1 的频段是在 1rad/s 以内。从 1rad/s 到 $\Omega_a=110\mathrm{rad/s}$ 的灵敏度都是大于 1 的，因此，式（2-5）的 Bode 积分可用图 2-4 的矩形面积来代替。

根据式（2-17）可得 $\Omega_a\cdot\ln|S|=110$，则

$$\ln|S|=110/\Omega_a=1$$

由此可得灵敏度峰值 M_S 为

$$M_S=e=2.718 \tag{2-19}$$

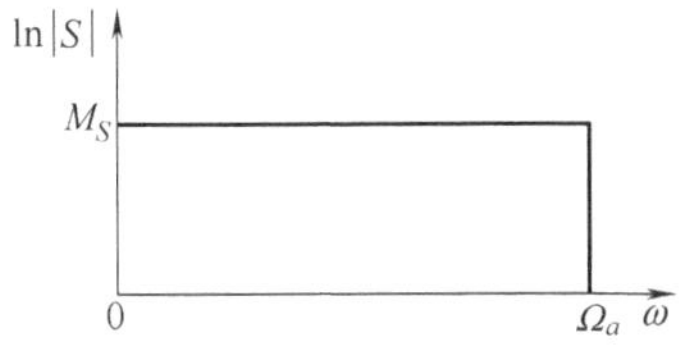

图 2-4　灵敏度函数的矩形近似

用矩形面积估算得到的是平均值，实际的峰值会高出平均值，所以式（2-19）给出的是该系统能做到的灵敏度峰值的最小值。式（2-19）表明，本系统的峰值 M_S 不可能再小于 2.718。而式（2-16）控制律对应的 $M_S=1.8728$，低于这个最小值 2.718，所以这样的设计实际上是不可能实现的。

注意到这里并没有对系统进行设计。Bode 积分约束是一种超脱于具体设计方法的性能约束，是任何实际系统都摆脱不了的。接下来对上面的分析进行实验验证。

由于式（2-16）的控制律不能工作，需要重新调试。不过对这个系统来说，无论怎样调试，最后能将钢球平衡悬浮时，PID 各个参数的差别都不是太大，较好的一组参数是

$$K(s)=0.48+\frac{0.167}{s}+0.03s \tag{2-20}$$

这里要说明的是实验系统上用的是数字控制器，相应的系数需要乘除一个采样时间 $\Delta t=3\mathrm{ms}$。图 2-5 是采用这个控制律下所测得的系统的灵敏度特性，这频率特性是利用装置自带的正弦信号发生器和根据屏幕显示的波形来计算的，正弦信号的幅值在 1rad/s 以上的频段

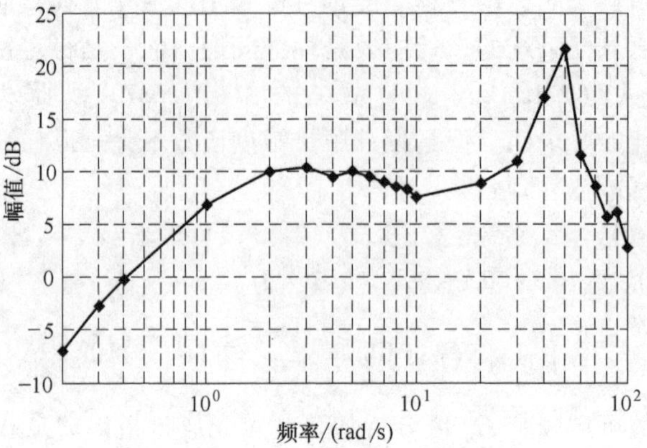

图 2-5　实测的灵敏度特性

时均为 0.1mm。从图可见，在小于 20rad/s 的频段内灵敏度峰值接近 10dB。

图 2-5 是一条代表性数据，实际上经过多次调试和测试，灵敏度峰值 M_S 都不低于 10dB，验证了上面大于 2.718（8.68dB）的结论。另外，从图 2-5 还可看到，在 40rad/s 到 60rad/s 之间出现谐振峰值。因为这是实测得到的频率特性，所以这个谐振特性不可能用上述的低频数学模型来得出。这实际上是由于悬浮钢球的水平飘动与垂直方向上的悬浮运动相互耦合而造成的。或者说，是由这个系统的未建模动态特性造成的。由于存在这个未建模的谐振特性，系统设计时的主导极点应配置在 5rad/s 之内的低频段。由于这个低频段的范围是很窄的，所以无论怎么调试，最后能稳定悬浮时，PID 的参数差别都不是太大。

图 2-6 是实验测得的阶跃响应曲线，输入方波的幅值为±0.1mm，超调量高达 500%，远远超出该实验系统的实验指导书中仿真所得的超调（见图 2-3）。这个超调也反映出系统的灵敏度峰值是很高的。

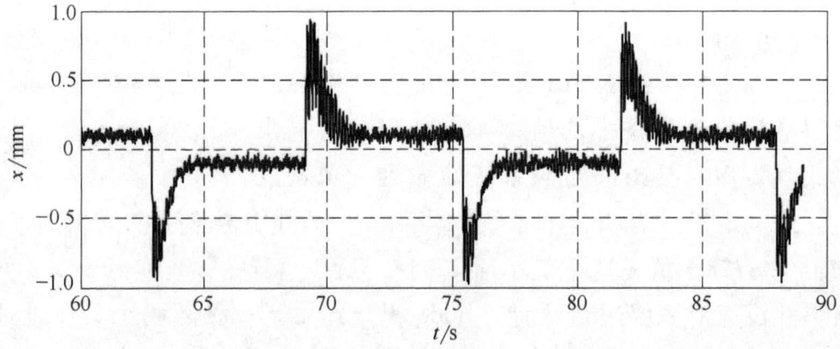

图 2-6　实测的阶跃响应曲线

理论设计往往会忽略实际系统所存在的约束，一般要到最后才会发现这个设计是无法实现的。Bode 积分定理是一个很重要的定理，它与具体的设计方法无关，可以在设计阶段就预见到系统所能达到的性能。

本节的意义不仅仅局限于一个实验装置的调试。要看到，如果系统的性能限制在 $M_S>3$，那么作为磁悬浮系统来说，它在工业上是无法应用的。这是因为磁悬浮的气隙一般都很小，如果 M_S 大就会发生碰撞。而这个 M_S 却受到 Bode 积分定理的制约，所以，可以预见实际的磁悬浮系统设计要比纯理论的探讨困难得多。

2.4　不稳定对象的 H_∞ 状态反馈设计

线性化模型建立的正确与否直接决定控制设计的成败，获得非线性系统的线性化模型并不只是泰勒展开那么简单。本节先给出对于复杂的非线性系统如何正确列写线性化模型。

值得注意的是，常规的线性化概念是按式（1-16）将非线性函数按 Taylor 级数展开，取其第一项，就可以得到线性化方程。但是对一般的非线性系统来说，从原始的方程式列取，到最终导出非线性方程，需要经过一系列的数学运算。如果不考虑这些中间过程，直接根据最终结果中的非线性关系项，采用泰勒级数来进行线性化，常常会得到错误的结果。见下面磁悬浮系统采用 Lagrange 方程法的建模过程。

动力学系统是由一些相互作用的装置所组成的一个整体。这个整体可以用随时间或空间变化的变量来描述，这类变量通常称为广义坐标。现在研究有 k 个广义坐标 q_1，…，q_k 的动力学系统，如果系统具有储藏动能 E_p，势能 E_k，按各种规律随时间变化的外力 $f_i(t)$，那么它的 Lagrange 方程式的形式为

$$\frac{\mathrm{d}}{\mathrm{d}t}\frac{\partial E_p}{\partial \dot{q}_i}-\frac{\partial E_p}{\partial q_i}=-\frac{\partial E_k}{\partial q_i}-\frac{\partial Q}{\partial \dot{q}_i}+f_i(t) \tag{2-21}$$

式中，Q 为瑞利耗散函数。

2.4.1　磁悬浮系统状态空间方程

磁悬浮系统的模型如图 2-7 所示[9]。

根据电磁理论可知电感表达式为

$$L=\frac{\mu_0 a_m N^2}{2z(t)} \tag{2-22}$$

式中　μ_0——真空磁导率，$\mu_0=4\pi\times10^{-7}$(H/m)；

a_m——有效磁极面积（m^2）；

N——电磁铁上线圈的匝数（匝）；

$z(t)$——电磁铁与轨道之间的间隙(m)。

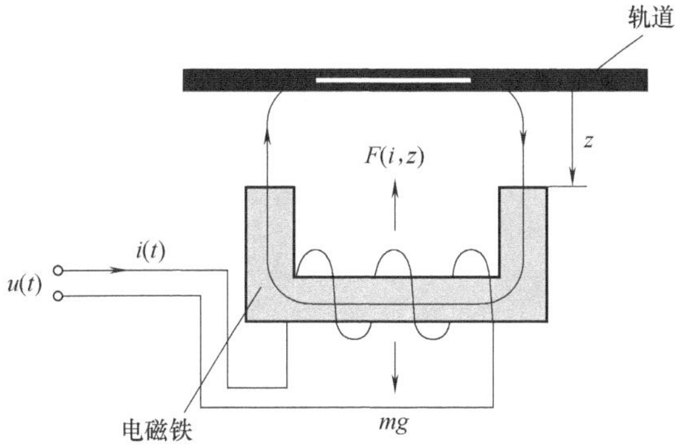

图 2-7　磁悬浮系统的模型结构

现在取磁悬浮控制系统的广义坐标为气隙 z 和电荷 q（注意到 $\dot{q}=i$），则系统的动能和势能分别为

$$E_p=\frac{1}{2}m\dot{z}^2+\frac{1}{2}L\dot{q}^2 \tag{2-23}$$

$$E_k=-mgz \tag{2-24}$$

$$Q=\frac{1}{2}R_m\dot{q}^2 \tag{2-25}$$

式中　m——悬浮的质量（kg）；

R_m——线圈的电阻（Ω）；

i——线圈中电流（A）。

将式（2-22）~式（2-25）代入式（2-21）中，可分别写得广义坐标 z 和 q 的方程式为

$$\frac{\mathrm{d}}{\mathrm{d}t}(m\dot{z})-\frac{1}{2}\dot{q}^2\left(-\frac{\mu_0 N^2 a_m}{2z^2}\right)=mg \tag{2-26}$$

$$\frac{\mathrm{d}}{\mathrm{d}t}\left(\frac{\mu_0 N^2 a_m}{2z}\dot{q}\right)=-R_m\dot{q}+u \tag{2-27}$$

式中，u 为线圈两端控制电压（V）。

式（2-27）左侧求导后为

$$\frac{\mathrm{d}}{\mathrm{d}t}\left(\frac{\mu_0 N^2 a_m}{2z}\dot{q}\right)=\frac{\mu_0 N^2 a_m}{2z}\frac{\mathrm{d}i(t)}{\mathrm{d}t}-\frac{\mu_0 N^2 a_m i}{2z^2}\frac{\mathrm{d}z(t)}{\mathrm{d}t} \tag{2-28}$$

这样，根据式（2-26）~式（2-28）最终可得此系统的非线性运动方程式为

$$\frac{\mathrm{d}^2 z(t)}{\mathrm{d}t^2}=-\frac{\mu_0 N^2 a_m}{4m}\left[\frac{i(t)}{z(t)}\right]^2+g \tag{2-29}$$

$$\frac{\mathrm{d}i(t)}{\mathrm{d}t}=\frac{i(t)}{z(t)}\frac{\mathrm{d}z(t)}{\mathrm{d}t}-\frac{2}{\mu_0 N^2 a_m}z(t)\left[R_m i(t)-u(t)\right] \tag{2-30}$$

式（2-29）和式（2-30）就是常用的分析磁悬浮系统时的方程式。式中 $m=15\mathrm{kg}$，$a_m=1.024\times10^{-2}\mathrm{m}^2$，$N=280$ 匝，$R_m=1.1\Omega$，g 为重力加速度。

设状态向量定义为

$$\boldsymbol{x}(t)=[z(t)\ \ \dot{z}(t)\ \ i(t)]^{\mathrm{T}}=[x_1\ x_2\ x_3]^{\mathrm{T}}\in R^3 \tag{2-31}$$

一般是把式（2-29）、式（2-30）中的各非线性项 $\left[\frac{i(t)}{z(t)}\right]^2$、$\frac{i(t)}{z(t)}$、$z(t)i(t)$ 视为非线性函数，分别用式（1-16）中的泰勒级数展开方法可得系统的线性化方程

$$\dot{\boldsymbol{x}}=\begin{bmatrix}0 & 1 & 0\\ \frac{\mu_0 a_m N^2}{2m}\frac{i_0^2}{z_0^3} & 0 & -\frac{\mu_0 a_m N^2}{2m}\frac{i_0}{z_0^2}\\ \left(-\frac{2R_m}{\mu_0 N^2 a_m}-\frac{\dot{z}_0}{z_0^2}\right)i_0 & \frac{i_0}{z_0} & -\frac{2R_m}{\mu_0 N^2 a_m}z_0+\frac{\dot{z}_0}{z_0}\end{bmatrix}\boldsymbol{x}+\begin{bmatrix}0\\ 0\\ \frac{2}{\mu_0 N^2 a_m}z_0\end{bmatrix}u \tag{2-32}$$

设名义工作点为 $z_0=4.0\times10^{-3}\mathrm{m}$，相应的工作电流 $i_0=3.0538\mathrm{A}$。则对应的线性化方程为

$$\dot{\boldsymbol{x}}=\begin{bmatrix}0 & 1 & 0\\ 4900.1 & 0 & -6.4184\\ -6659.4 & 763.45 & -8.7228\end{bmatrix}\boldsymbol{x}+\begin{bmatrix}0\\ 0\\ 7.9298\end{bmatrix}u \tag{2-33}$$

式（2-33）就是根据式（1-16）直接采用泰勒展开法得到的。这也是一般经常使用的线性化方法，但是经验证（见下面），这样所得出的线性化方程是不正确的。

当要进行线性化时就不应只根据这种导出的式（2-29）、式（2-30）来进行处理。因为在导出式（2-30）时已经求了一次偏导，线性化时这个偏导数就应该是对应该工作点的常数，即对应的是一个常系数而不是变量。因此，如果进行线性化，就应该对式（2-28）中的

各偏导数取相应的常数，即将式（2-28）改写成

$$\frac{\mathrm{d}}{\mathrm{d}t}\left(\frac{\mu_0 N^2 a_m}{2z}\dot{q}\right)=\frac{\mu_0 N^2 a_m}{2z_0}\frac{\mathrm{d}i(t)}{\mathrm{d}t}-\frac{\mu_0 N^2 a_m i_0}{2{z_0}^2}\frac{\mathrm{d}z(t)}{\mathrm{d}t} \tag{2-34}$$

将式（2-34）代入式（2-27）所得到的方程才是该方程式的线性化方程。至于式（2-29）中的$\left[\frac{i(t)}{z(t)}\right]^2$确实是非线性函数，可以采用泰勒展开法来得到其线性化关系

$$\frac{\mu_0 N^2 a_m}{4m}\left[\frac{i(t)}{z(t)}\right]^2=\frac{\mu_0 N^2 a_m}{4m}\left[\frac{i_0}{z_0}\right]^2+\frac{\mu_0 N^2 a_m}{2m}\left[\frac{i_0}{{z_0}^2}\right]\Delta i-\frac{\mu_0 N^2 a_m}{2m}\left[\frac{{i_0}^2}{{z_0}^3}\right]\Delta z \tag{2-35}$$

这样，将式（2-34）和式（2-35）代入式（2-27）和式（2-29）最终可得到的线性化方程为

$$\dot{\boldsymbol{x}}=\begin{bmatrix}0 & 1 & 0\\ \frac{\mu_0 a_m N^2}{2m}\frac{{i_0}^2}{{z_0}^3} & 0 & -\frac{\mu_0 a_m N^2}{2m}\frac{i_0}{{z_0}^2}\\ 0 & \frac{i_0}{z_0} & -\frac{2R_m}{\mu_0 N^2 a_m}z_0\end{bmatrix}\boldsymbol{x}+\begin{bmatrix}0\\0\\ \frac{2}{\mu_0 N^2 a_m}z_0\end{bmatrix}u \tag{2-36}$$

即

$$\dot{\boldsymbol{x}}=\begin{bmatrix}0 & 1 & 0\\ 4900.1 & 0 & -6.4184\\ 0 & 763.45 & -8.7228\end{bmatrix}\boldsymbol{x}+\begin{bmatrix}0\\0\\7.9298\end{bmatrix}u \tag{2-37}$$

显然式（2-37）与式（2-33）明显不一致，式（2-33）的状态矩阵第三行第一列的元素是 -6659.4，而在式（2-37）中这个位置的元素是 0。要注意这里的式（2-37）是增量方程式。为了验证本节提出的线性化方法，可以通过仿真的方法来直接进行验证。因为非线性系统当偏差非常小时应该是和线性化的结果相一致。仿真结果如图 2-8 所示。

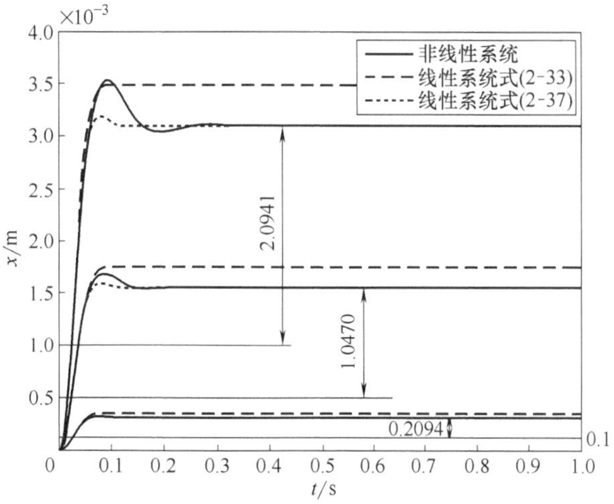

图 2-8 仿真结果的比较

图 2-8 中的实线为非线性系统的仿真结果，虚线为式（2-33）的仿真结果，点线为式（2-37）的仿真结果。输入的阶跃信号幅值分别为 0.1mm、0.5mm、1mm。从图中可以看出，式（2-33）的仿真结果明显与小信号下的非线性结果不一致，尤其是静差也不相等。图中小信号（0.1 mm）时，式（2-37）的点线基本与非线性系统的实线相重合。

因此，非线性系统的线性化不能仅仅根据导出的非线性方程，简单地采用泰勒展开式来进行。如果只根据导出的非线性方程采用泰勒级数来进行线性化，有可能得出错误的结果。上面的仿真结果已经很好的说明了这一点。

在控制设计中，经常需要对某些实际系统中的物理现象或过程进行建模，任何控制理论

分析和控制方法的设计，均依赖于对该系统的正确描述。若在错误的模型基础之上谈控制设计方法，就失去了应有的意义。

2.4.2 H_∞ 状态反馈设计

状态反馈是最基本的一种控制方式，H_∞ 状态反馈设计则是 H_∞ 控制中最简单的一种控制设计。但是状态反馈并不属于 H_∞ 标准问题，在设计上与 H_∞ 输出反馈设计有很大的不同，这在一般文献中均未见讨论，关于这一点见本节以下的讨论和下一节 H_∞ 输出反馈设计。一般讨论状态反馈的文献中只是关心状态反馈解与 H_∞ 范数 γ 的关系，例如有界实引理（Bounded Real Lemma），或非线性问题中的 HJI 不等式。但如果只局限于有界实引理或 HJI 不等式，还不能称作是真正的设计。本节将指出 H_∞ 状态反馈设计应该是在 Riccati 方程的求解条件上增加由 Bode 积分定理所规定的鲁棒性约束，才是一个完整设计。

下面将结合磁悬浮系统式（2-37）来说明 H_∞ 状态反馈的设计特点。式（2-38）是考虑了扰动时的线性化模型，w 为作用在磁悬浮系统上的外扰动力。

$$\dot{x}=Ax+B_1w+B_2u \tag{2-38}$$

式中，$A=\begin{bmatrix}0 & 1 & 0\\ 4900 & 0 & -6.4184\\ 0 & 763.45 & -8.7228\end{bmatrix}$，$B_1=\begin{bmatrix}0\\ 0.0667\\ 0\end{bmatrix}$，$B_2=\begin{bmatrix}0\\ 0\\ 7.9298\end{bmatrix}$。

图 2-9 为状态反馈作用下的系统的信号流图。

H_∞ 设计中先要确定一个加权的性能输出。设系统的性能输出 q 为

$$q=C_1\boldsymbol{x}+D_{12}u=\begin{bmatrix}\beta_1 & 0 & 0\\ 0 & \beta_2 & 0\\ 0 & 0 & \beta_3\\ 0 & 0 & 0\end{bmatrix}\begin{bmatrix}x_1\\ x_2\\ x_3\end{bmatrix}+\begin{bmatrix}0\\ 0\\ 0\\ W_u\end{bmatrix}u \tag{2-39}$$

式中，$\beta_i(i=1, 2, 3)$ 和 W_u 为相应的加权系数。其中 $C_1{}^{\mathrm{T}}D_{12}=0$，意味着 x 和 u 是各自独立的加权输出。

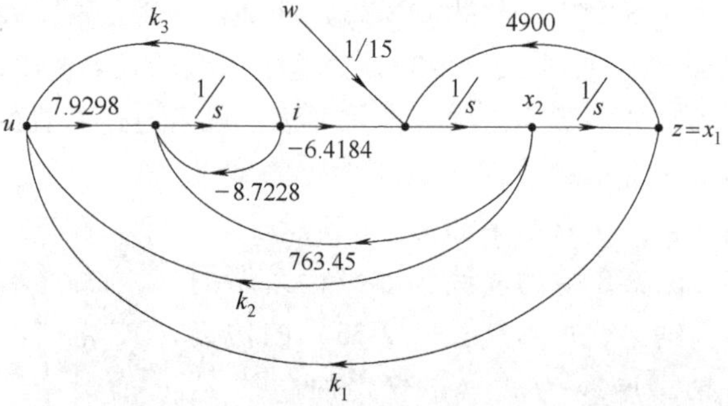

图 2-9 状态反馈作用下的系统的信号流图

设从输入 w 到输出 q 的传递函数为 T_{qw}，则 H_∞ 设计的目标是 T_{qw} 的 H_∞ 范数小于 γ，即

$$\|T_{qw}\|_\infty<\gamma \tag{2-40}$$

H_∞ 状态反馈的解也是 H_∞ 全信息问题的中心控制器。全信息问题中的 Riccati 方程为

$$A^{\mathrm{T}}P+PA+P(\gamma^{-2}B_1B_1^{\mathrm{T}}-B_2\rho^{-1}B_2^{\mathrm{T}})P+C_1^{\mathrm{T}}C_1=0 \tag{2-41}$$

式中，$\rho=D_{12}^{\mathrm{T}}D_{12}$。

定理【2-2】 设存在状态反馈控制律

$$u=Kx \tag{2-42}$$

能使系统渐近稳定，且设（C_1，A）是可检测的，则 $\|T_{qw}\|_\infty<\gamma$ 的充要条件是式（2-41）存在非负定的解 $P\geqslant 0$，且

$$K=-\rho^{-1}B_2^{\mathrm{T}}P \tag{2-43}$$

此定理已是一种标准结果，故证明略。

从定理【2-2】可知，如果式（2-39）的加权系数和 γ 值都已经确定，则利用 MATLAB 的全信息（Full Information）问题的函数 hinffi（）求解式（2-41），就可得出反馈控制律式（2-42）。所以 H_∞ 设计中的主要问题是确定加权系数和范数指标 γ。这里要指出的是，H_∞ 状态反馈中的范数指标 γ 不能随意取为 1，因为这个性能指标 γ 是有量纲的，式（2-38）中外扰动力 w 的量纲是牛顿（N），位移的量纲是米（m），γ 等于 1 是指 1N 对应 1m，即要求系统的性能小于 $1\mathrm{m/N}=10^3\mathrm{mm/N}$。这个要求对于用 mm 来衡量的系统来说是都能够达到的，或者说相当于对系统提出了一个 $\gamma=\infty$ 的设计指标，没有任何实际意义。

由此可见，性能指标 γ 应结合实际问题来确定。注意到性能输出 q 是 x 和 u 的加权输出［式（2-39）］。这里暂以 x_1（即位移量）为例来讨论。实际上位移量 x_1 是以 mm 来计算的，如果加权系数 β_1 取为 1000，那么 $\gamma=1$ 才相当于 1mm/N，所以取 $\gamma=0.1$ 或 $\gamma=0.2$ 才是一个比较合理的设计指标。

H_∞ 问题要求解的是一种优化问题。一个优化问题如果没有约束，虽然理论上可求得最优，但这个优化可能会失去实际意义。注意到 H_∞ 状态反馈设计只是求解一个 Riccati 方程式（2-41），所以式中的 γ 理论上可以取到最小值。但因为没有其他约束，这时的系统带宽就可能会大大超出正常值。所以设计中要再加上鲁棒性约束，才是一个完善的设计。鲁棒性设计有两方面的问题，一是未建模动态，二是建模误差（注：这里指模型参数的摄动）。未建模动态引起的鲁棒稳定性可以通过系统的带宽来控制，而对建模误差的鲁棒性则是通过系统的灵敏度 S 来表示的。因为前面已经给出 S 表示了 T 对 G 变化的敏感性，或者说表示了系统对建模误差的敏感性，即鲁棒性。

以下的 LQG 问题的相关说明，可以证明引入鲁棒性约束的基于定理【2-2】控制设计是可行的。

注意到 H_∞ 状态反馈是在状态反馈的框架下来考虑对扰动信号 w 的抑制作用，所以系统的带宽可以采用最优调节问题，即 LQR 问题中的方法来确定。LQR 问题中的对象模型为

$$\begin{cases}\dot{x}=Ax+Bu\\ y=Cx+Du\end{cases} \tag{2-44}$$

LQR 问题中的代价函数为

$$J=\int_0^\infty(x^{\mathrm{T}}Qx+u^{\mathrm{T}}Ru)\mathrm{d}t \tag{2-45}$$

其中，令 $Q=H^{\mathrm{T}}H$，$R^{\mathrm{T}}=R$。在 LQR 问题中这一性能指标不是设计的目的，而是一种手段，或者说是一个工具，通过不断地调节进而达到满意的要求。而上面 H_∞ 法设计的式（2-43）就能够使 J 达到最小值的要求。

LQR 问题要求解的状态反馈控制律 $u=K_cx$，使代价函数最小时

$$K_c=-R^{-1}B^{\mathrm{T}}P \tag{2-46}$$

式中 P 满足代数 Riccati 方程

$$A^{\mathrm{T}}P+PA-PBR^{-1}B^{\mathrm{T}}P+Q=0 \tag{2-47}$$

这已是一种标准结果。

为使状态空间与频域特性结合起来，在式（2-47）中引入频域变量 s，具体方法是在式（2-47）中将第一项加上 sP，第二项减去 sP，有

$$A^{\mathrm{T}}P+sP+PA-sP-PBR^{-1}B^{\mathrm{T}}P+Q=0$$

将上式进一步整理有

$$P(sI-A)+(-sI-A^{\mathrm{T}})P+PBR^{-1}B^{\mathrm{T}}P=H^{\mathrm{T}}H \tag{2-48}$$

根据式（2-48）的特点，左乘 $B^{\mathrm{T}}(-sI-A^{\mathrm{T}})^{-1}$，右乘（$sI-A)^{-1}B$，有

$$\begin{aligned}&B^{\mathrm{T}}(-sI-A^{\mathrm{T}})^{-1}[P(sI-A)+(-sI-A^{\mathrm{T}})P+PBR^{-1}B^{\mathrm{T}}P](sI-A)^{-1}B\\&=B^{\mathrm{T}}(-sI-A^{\mathrm{T}})^{-1}H^{\mathrm{T}}H(sI-A)^{-1}B\end{aligned}$$

整理后有

$$\begin{aligned}&B^{\mathrm{T}}(-sI-A^{\mathrm{T}})^{-1}PB+B^{\mathrm{T}}P(sI-A)^{-1}B+B^{\mathrm{T}}(-sI-A^{\mathrm{T}})^{-1}PBR^{-1}B^{\mathrm{T}}P(sI-A)^{-1}B\\&=B^{\mathrm{T}}(-sI-A^{\mathrm{T}})^{-1}H^{\mathrm{T}}H(sI-A)^{-1}B\end{aligned} \tag{2-49}$$

令 $\Phi(s)=(sI-A)^{-1}$，则 $\Phi(-s)=(-sI-A)^{-1}$，并考虑式（2-46），则式（2-49）可整理成

$$\begin{aligned}&B^{\mathrm{T}}\Phi^{\mathrm{T}}(-s)K_c{}^{\mathrm{T}}R+RK_c\Phi(s)B+B^{\mathrm{T}}\Phi^{\mathrm{T}}(-s)K_c{}^{\mathrm{T}}RK_c\Phi(s)B\\&=B^{\mathrm{T}}\Phi^{\mathrm{T}}(-s)H^{\mathrm{T}}H\Phi(s)B\end{aligned} \tag{2-50}$$

被控对象式（2-44）和控制器式（2-46）及 $u=K_cx$ 构成的闭环系统的开环传递函数阵为

$$L(s)=K_c(sI-A)^{-1}B=K_c\Phi(s)B \tag{2-51}$$

将式（2-51）代入式（2-50）

$$L^{\mathrm{T}}(-s)R+RL(s)+L^{\mathrm{T}}(-s)RL(s)=B^{\mathrm{T}}\Phi^{\mathrm{T}}(-s)H^{\mathrm{T}}H\Phi(s)B \tag{2-52}$$

将式（2-52）左右各加一个 R 阵并整理，可得

$$[I+L(\mathrm{j}\omega)]^{*}R[I+L(\mathrm{j}\omega)]=R+[H\Phi(\mathrm{j}\omega)B]^{*}[H\Phi(\mathrm{j}\omega)B]\geqslant R \tag{2-53}$$

式中，∗号表示复共轭转置。

若 $R=\rho I$，则有

$$\sigma_i[I+L(\mathrm{j}\omega)]\geqslant 1 \tag{2-54}$$

$\sigma_i[I+L(\mathrm{j}\omega)]$ 表示矩阵 $I+L(\mathrm{j}\omega)$ 的奇异值。对于单入单出系统来说，式（2-54）就成为

$$|1+L(\mathrm{j}\omega)|\geqslant 1 \tag{2-55}$$

式（2-55）表明，系统的开环 Nyquist 曲线 $L(\mathrm{j}\omega)$ 不会进入圆心为（−1，j0）的单位圆内，因此具有足够的相位裕度和幅值裕度。由此可见，从频率特性来说，求解 Riccati 方程的 LQR 状态空间最优控制法具有良好的鲁棒性和性能。

根据奇异值的定义可知，复共轭相乘的特征值 λ_i 的平方根等于奇异值 σ_i。则当 $R=\rho I$ 时，式（2-53）可整理成

$$\begin{aligned}\sigma_i[I+L(\mathrm{j}\omega)]&=\sqrt{\lambda_i\left[1+\frac{1}{\rho}[H\Phi(\mathrm{j}\omega)B]^{*}[H\Phi(\mathrm{j}\omega)B]\right]}\\&=\sqrt{1+\lambda_i\left[\frac{1}{\rho}[H\Phi(\mathrm{j}\omega)B]^{*}[H\Phi(\mathrm{j}\omega)B]\right]}\\&=\sqrt{1+\frac{1}{\rho}\sigma_i{}^2[H\Phi(\mathrm{j}\omega)B]}\end{aligned} \tag{2-56}$$

式（2-56）给出了加权阵 R 和 Q 与奇异值的关系。通过加权阵的选取可调整最大奇异值 $\overline{\sigma}$

和最小奇异值 $\underline{\sigma}$ 特性使之满足性能与鲁棒稳定性的要求。

就扰动抑制性能来说，主要关系到低频段。在低频段上，开环增益是较大的，即 $\underline{\sigma}[L(\mathrm{j}\omega)]\gg 1$。此时式（2-56）可以近似为

$$\sigma_i[L(\mathrm{j}\omega)]\approx\frac{\sigma_i[H\Phi(\mathrm{j}\omega)B]}{\sqrt{\rho}} \tag{2-57}$$

根据参考文献［1］，系统过 0dB 线的穿越频率 ω_c 为

$$\omega_c=\frac{\overline{\sigma}[HB]}{\sqrt{\rho}} \tag{2-58}$$

考虑对扰动信号 w 的抑制作用时，结合式（2-39）的加权输出，式（2-58）中 $H=C_1$，$B=B_2$，$\rho=W_u^2$，则

$$\omega_c=\frac{\overline{\sigma}[HB]}{\sqrt{\rho}}=\frac{\overline{\sigma}[C_1B_2]}{\sqrt{\rho}}=\frac{\overline{\sigma}[C_1B_2]}{W_u} \tag{2-59}$$

这样就可以根据选择适当的 β_1、β_2、β_3、W_u（即 C_1 和 B_2）来确定适当的 ω_c 值，使 $\overline{\sigma}_i[L(\mathrm{j}\omega)]$ 不进入不确定性所限制的区域，保证系统的鲁棒性能。

将式（2-38）、式（2-39）的数据代入（2-59），得

$$\omega_c=\overline{\sigma}\left(\begin{pmatrix}\beta_1 & 0 & 0\\ 0 & \beta_2 & 0\\ 0 & 0 & \beta_3\\ 0 & 0 & 0\end{pmatrix}\begin{bmatrix}0\\0\\7.9298\end{bmatrix}\right)\div W_u=\frac{7.9298\beta_3}{W_u} \tag{2-60}$$

如果取权系数

$$\beta_3=1,\quad W_u=0.12 \tag{2-61}$$

则有穿越频率

$$\omega_c=66.08\mathrm{rad/s} \tag{2-62}$$

这个 ω_c 值对本例来说是个合理的值。因为这个不稳定对象的固有频率 $\omega_0=70\mathrm{rad/s}$，如果系统的 ω_c 也是这个数量级，与名义系统的数学模型相匹配，系统的性能就不会受到高频未建模动态的困扰，即不会出现由于未建模动态引起的鲁棒稳定性问题。

如果如上所述，用式（2-61）的权系数控制住了系统的带宽，那么系统的鲁棒性主要就反映在灵敏度 S 上了。灵敏度的传递函数具体为

$$S(s)=\frac{1}{1+K(s)G(s)} \tag{2-63}$$

结合图 2-9 来说，系统的对象应该是指电磁铁线圈电流以后的这一段，即对象的控制输入是电流 i。功放级以及对各状态变量的取出和放大电路都是属于控制器（实物部件）的。也就是说，在鲁棒性分析中这个状态反馈系统的控制器方程式为

$$\frac{\mathrm{d}i}{\mathrm{d}t}=-8.7228i+7.9298(k_3i+k_2\dot{z}+k_1z) \tag{2-64}$$

对应的传递函数为

$$K(s)=\frac{I(s)}{Z(s)}=\frac{7.9298(k_1+k_2s)}{s+(8.7228-7.9298k_3)} \tag{2-65}$$

而对象的传递函数关系为

$$Z(s)=G(s)[I(s)+\alpha W(s)] \tag{2-66}$$

式中

$$G(s)=\frac{-6.4184}{s^2-4900} \tag{2-67}$$

α 为输入端的力和电流之间的折算系数

$$\alpha=-\frac{1/15}{6.4184}=-0.0104 \tag{2-68}$$

这里在列写对象传递函数式（2-67）时并没有包括耦合项［式（2-38）中的763.45］，这一项相当于是速率（$\dot{z}$）引起的反电势（见图2-9），在具体分析时是将其与反馈增益 k_2 合并在一起计算的。

用式（2-65）的 $K(s)$ 和式（2-67）的 $G(s)$ 来表示的灵敏度 S 称为对象输入端的灵敏度。这个 S 既反映了系统对建模误差的鲁棒性，又反映了这个系统的扰动抑制特性。这里先从鲁棒性来讨论对 S 所施加的限制。

前面已经说明灵敏度函数的峰值 $M_S=1/p$ 代表了系统对模型摄动的鲁棒性，但 M_S 不能任意取值，要受到Bode积分定理式（2-5）的约束。结合磁悬浮系统式（2-38）来说，对象 G 有一个不稳定极点 $p_2=\sqrt{4900}=70$，故式（2-5）右项等于 $\pi\times70=220\text{rad/s}$。这就是说，根据Bode积分定理，这个系统的灵敏度对数的积分等于220。即本例中

$$\int_0^{\Omega_{a1}}\ln|S(j\omega)|d\omega=220 \tag{2-69}$$

式（2-69）表明，对数灵敏度曲线下的面积是一个常数（本例中为220）。所以，代表性能的灵敏度不能随意压低，如果在某一频段上将 S 压下去了，在其他频段上 S 就会升上来，而 S 的峰值 M_S 恰恰就是系统鲁棒性的指标。由此可见，灵敏度特性呈矩形时（图2-4）的 S 值就是这个系统可能做到的最小 M_S 值，此时的鲁棒性最佳。式（2-5）对 M_S 的约束，不论采用何种设计方法都是无法改变的。结合本例来说，设计时就是要调整权系数，使对数灵敏度特性在系统的带宽内尽量呈水平特性，使系统具有最小的 M_S 值。

这里应该指出的是，H_∞ 状态反馈设计中 γ 只是一个设计参数，设计的真正目的应该是在带宽限制下使系统的灵敏度函数具有最小的峰值 M_S。根据上面的分析，本例中取 $\gamma=0.2$ 较为合理，此时 β_1 应该取1000。还有一个主要问题是要限制带宽，这时名义对象的模型［式（2-67）］才是适用的，不会出现高频未建模动态的问题，故根据式（2-61），$\beta_3=1$ 和 $W_u=0.12$ 也可确定下来。这样，设计中所需要的权系数除 β_2 外都已确定，选择不同的 β_2 值求解Riccati方程式（2-41）后，根据所得出系统的 $S(j\omega)$ 就可将最终的 β_2 确定下来。

图2-10所示就是在其他权系数确定后，选择 $\beta_2=25$ 而得到的一条较为平坦的灵敏度函数 $S(j\omega)$。现将这个设计中的各参数归纳如下：

$$\beta_1=1000,\ \beta_2=25,\ \beta_3=1 \tag{2-70}$$

当取 $\gamma=0.2$ 时，利用MATLAB的hinffi（）函数所得的状态反馈阵为

$$K=[30954.68 \quad 387.86 \quad -25.40] \tag{2-71}$$

图2-10即为对应的灵敏度函数，经过验算，其对数积分等于220，与式（2-69）是一致的。虽然实际特性并不是图2-4那种理想的矩形，不过也可将图2-10特性等效为一个矩形，

矩形的高度根据图 2-10 的平均高度可取 $M_S=1.9$（$20\lg1.9=5.57\text{dB}$）。这样，根据式（2-69）和图 2-4 可得此系统的等效带宽 $\Omega_{a1}=342.76\text{rad/s}$。这个 1.9 就是采用状态反馈所能达到的最小的灵敏度峰值。

当按照图 2-4 所示的平坦特性进行设计时，设不稳定对象只有一个不稳定极点 p_0，式（2-5）可变为

$$\int_0^{\Omega_a}\ln|S(\mathrm{j}\omega)|\mathrm{d}\omega=\Omega_a\ln M_S=\pi p_0 \tag{2-72}$$

则有

$$M_S=\exp\left(\frac{\pi p_0}{\Omega_a}\right) \tag{2-73}$$

根据式（2-73）可得灵敏度峰值与极点大小 p_0 的关系曲线，如图 2-11 所示。

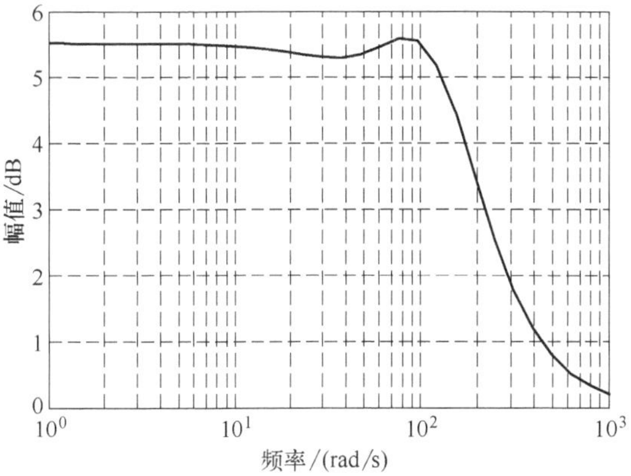

图 2-10　$S(\mathrm{j}\omega)$ 的 Bode 图

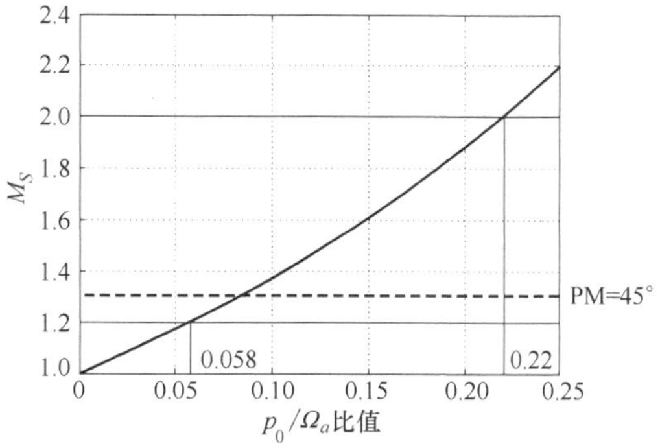

图 2-11　灵敏度峰值与极点大小 p_0 的关系曲线

为了能与习惯上通常用的裕度联系起来，图 2-11 中也标上了与 M_S 相对应的相位裕度［综合式（1-12）和式（1-13）］。标 PM＝45°线以上的相位裕度均小于 45°，同样在图 2-11 中可以标出幅值裕度。M_S 的值一般应在 1.2～2.0 之间，所以从图 2-11 上来说，就要求系统的 p_0/Ω_a 的比值应该在 0.058～0.22 之间。这个区间对应的相位裕度就是 29°～49°。

对于不稳定对象来说，Bode 积分约束下的 p_0/Ω_a 比值要求，或者相位裕度的区间要求，与设计方法无关，这是在设计的初始阶段就能预见到的。也就是说，利用这个约束可以对实际系统的性能指标做出评估。但值得注意的是，一般控制器中都有一个积分控制律，所以对应的灵敏度函数在低频上是一条+20dB/dec 的直线，设转折频率为 Ω_1，那么图 2-11 就变成一簇与 Ω_1/Ω_a 比值相关的曲线（这里不再详细讨论）。

图 2-11 不仅仅可以用来分析，还可以用来指导设计，这是因为不稳定极点的值常是在对象设计阶段通过论证而确定的。

参考文献［3］中谈的 X-29 战机的数学模型可以用式（2-13）来表示，存在 6rad/s 的不稳定极点。这是一个刚体模型，实际上存在 40rad/s 的一次挠性模态，这些数据对应的最佳灵敏度峰值 $M_S\approx1.73$。对于该战机来说，性能指标的标准是 45°的相位裕度。而最佳性能设计时，系统的相位裕度是 35°。事实证明，无论怎样调试，性能指标都无法提高了。

结合固高科技有限公司生产的磁悬浮球实验装置来说，系统的可用带宽是 110rad/s，则

根据上面的分析，该装置的不稳定极点应该按小于 $0.22\Omega_a$ 来设计，即应小于 24.2rad/s，但实际上生产的装置不稳定极点值是 35.56rad/s，所以无法调试成功。

本节的例子，不稳定极点数值与带宽的比是 70/342.76=0.204，满足 Bode 积分约束的要求。所以按照 Bode 积分约束的指导，在原有 H_∞ 状态反馈设计基础之上引入了鲁棒性约束，使得设计获得了最佳的性能（图 2-10）。

H_∞ 状态反馈要解决的是一种扰动抑制问题，即要求扰动输入 w 到输出 q 的范数小于 γ。本例设计时的 γ 值为 0.2。图 2-12 实线 1 是式（2-71）作用下所得到的闭环传递函数的奇异值特性 $\overline{\sigma}[T_{qw}]$，从图中可得系统实际上的范数值 $\|T_{qw}\|_\infty=-28\text{dB}$（换算后为 0.0398<0.2），不过 q 只是一个设计时用的加权输出，真正的输出应该是磁悬浮系统的位移量变化 z。由于 q 中的 $z=x_1$ 已经放大了 $\beta_1(=1000)$ 倍，为了便于比较，图 2-12 的点线 2 是乘上 β_1 后的输出特性 $\beta_1\cdot\overline{\sigma}[T_{zw}]$，其范数等于 -31.8dB，其数值上等于 0.0257。所以实际上的 $\|T_{zw}\|_\infty=0.0257\times10^{-3}\text{m/N}$，相当于扰动力波动 10N 时，该磁悬浮系统间隙的变化量小于 0.257mm。这是这个系统所能做到的最好性能。这是因为扰动抑制与灵敏度特性有直接关系。注意到扰动抑制的传递函数为［注意：按负反馈来考虑时，式（2-67）中的 $G(s)$ 表达式应该去掉负号］

$$T_{zw}(s)=\frac{G_w(s)}{1+K(s)G(s)}=G_w(s)S(s) \tag{2-74}$$

式中，$G_w(s)$ 是从扰动输入 w 到输出 z 的对象部分的传递函数

$$G_w(s)=\frac{1}{15(s^2-4900)} \tag{2-75}$$

由于 $G_w(s)$ 对一定对象是固定的，所以扰动抑制特性直接取决于灵敏度函数。图 2-12 中的虚线 3 就是式（2-75）的幅频特性（也同样乘上 1000 倍）。点线 2 和虚线 3 之差就是图 2-10 的灵敏度特性［参见式（2-74）］。由此可见，上面关于灵敏度 M_S 最小值设计就可直接导致扰动抑制的最佳性能。

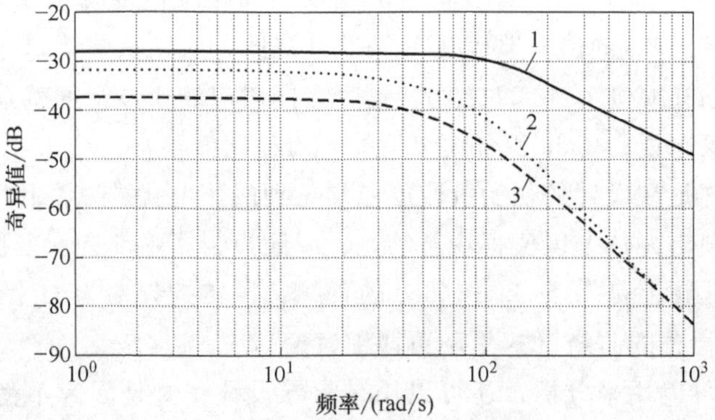

图 2-12　系统的扰动抑制性能

根据上面的讨论可以看到，H_∞ 状态反馈处理的是系统的扰动抑制问题，但如果 H_∞ 状态反馈设计仅仅是求解一个 Riccati 方程，进行优化设计常常导致无用的结果，所以要加上一个鲁棒性约束。在限制带宽的情况下，使灵敏度的峰值 M_S 最小才是扰动抑制的最佳设计。根据 Bode 积分定理可以知道，这个最佳性能是系统的性能极限，与所使用的设计方法

无关。从这一点上来说，H_∞状态反馈设计只是一种设计工具，设计计算中的γ值和各加权系数都是设计中的调试参数，设计的目的是使灵敏度的M_S达到最小值。

2.5　H_∞输出反馈设计

在设计中若有状态不可测，则可利用被控对象的输入量和输出量建立状态观测器来重构状态，然而 J. C. Doyle 和 G. Stein 指出带观测器的实现要比全状态实现的鲁棒性差，还需要做进一步的改善。此外，状态观测器在硬件实现中是控制器的一个组成部分，状态估计值只是控制器中的一个内部变量，而加到控制器上的信号一定是可以测得到的对象的输出，这时系统的结构其实仍是输出反馈的结构。所以说控制系统就是由对象和控制器两部分构成的。这种关于系统结构的观点，对于鲁棒性分析尤为重要。因为未建模动态、参数摄动都是针对对象来说的，并且鲁棒稳定性的充要条件也只适用于这种系统结构。所以，从实际的系统综合设计来说，输出反馈问题是一种更为普遍的问题。因此 DGKF 法中，是对输出反馈问题进行研究的，并且将输出反馈的解看成是由一些单个特殊问题所构成。只有当所有的状态都能测到时，单一的状态反馈问题才具有独立的意义。

从第 2.4 节的H_∞状态反馈设计可以看出，H_∞设计并不是追求H_∞范数指标γ的最小值，而是通过γ和加权系数这些调试参数来得到一个比较满意的设计结果。而在输出反馈设计中，则是利用权函数的合理选择来达到所要求的性能。因为H_∞设计是否成功主要取决于权函数的确定。对不稳定对象的H_∞控制来说，其权函数的确定还不同于一般的H_∞设计，需要特殊考虑。当然不稳定对象也不完全是一样的，有一类对象的数学模型所适用的频率段较不稳定模态要高出 10 倍或更高。例如，在一个典型的自动驾驶仪设计中，飞机的不稳定模态小于 1rad/s，而系统的带宽大于 40rad/s[3,10]，当对这类系统采用常规的H_∞设计时虽然有时会在概念上出现一些矛盾，但一般都不去深究。另一类对象的不稳定模态则与闭环系统的带宽相当，例如第 2.4.1 节的磁悬浮控制系统，不稳定模态为 60～70rad/s，而系统的带宽都约为 100rad/s。对于这后一类系统，不稳定对象的特色明显，采用H_∞设计时就一定要专门考虑。本节主要结合后一类对象来进行讨论，所得的结果也有助于对第一类对象设计结果的解释。接下来通过H_∞问题中典型的S/T混合灵敏度设计来说明不稳定对象设计的特殊性。

2.5.1　常规S/T混合灵敏度设计的加权函数

混合灵敏度设计是H_∞设计中最为典型的方法，在控制设计中有着很广泛的应用，因为在设计时可以对一些性能进行折中处理。

在图 2-13 所示的反馈控制系统中，$G(s)$为被控对象的传递函数，$K(s)$为控制器，y为系统输出信号，u为控制输入，r为参数输入，d为干扰输入，e为控制误差信号。分别定义从r到e、u、y的传递函数为如下形式

$$\begin{cases} S(s)=\dfrac{E(s)}{R(s)}=[I+G(s)K(s)]^{-1} \\ R(s)=\dfrac{U(s)}{R(s)}=K(s)[I+G(s)K(s)]^{-1}=K(s)S(s) \\ T(s)=\dfrac{Y(s)}{R(s)}=[I+G(s)K(s)]^{-1}G(s)K(s)=I-S(s) \end{cases} \tag{2-76}$$

式（2-76）中，三个表达式分别代表灵敏度、控制信号灵敏度和补灵敏度传递函数。在多变量控制系统中，这三个传递函数则是矩阵，分别代表不同的意义，同时对应于系统的不同性能。

设计时，首先是对应三个表达式选取三个加权函数，其中引入 W_1 对应的是抑制干扰，一般称之为性能权函数；引入 W_2 可以对控制作用进行限制；引入 W_3 表征系统的鲁棒稳定要求。适当地选取这三个加权，与实际被控对象组成图 2-13 所示的广义被控对象模型。在维数以及求解条件满足的情况下，则可用 H_∞ 标准问题来设计求解。

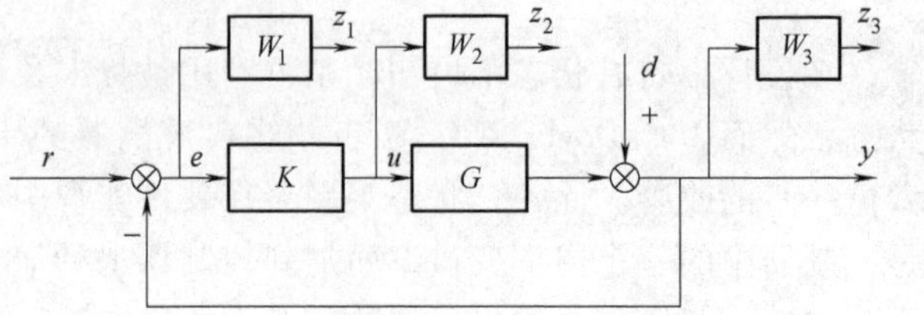

图 2-13　混合灵敏度控制系统的方框图描述

混合灵敏度设计，是设计出 K，使闭环系统稳定且其范数满足

$$\min\left\|\begin{matrix}W_1S\\W_2R\\W_3T\end{matrix}\right\|_\infty=\gamma_0 \text{ 或 } \min\left\|\begin{matrix}W_1S\\W_2R\\W_3T\end{matrix}\right\|_\infty\leqslant\gamma(\gamma>\gamma_0) \tag{2-77}$$

分别称为 H_∞ 最优化问题和次优化问题。式（2-77）中，是一种对应关系，所以可以做归一化处理，则有

$$\left\|\begin{matrix}W_1S\\W_2R\\W_3T\end{matrix}\right\|_\infty\leqslant 1 \tag{2-78}$$

的 H_∞ 优化问题。实际设计中，式（2-78）所示的三项并不是都要用到。因为混合灵敏度设计问题要处理的一般是一种折中问题，是在两者之间找一个最佳的折中。例如常见的 S/T 问题，一般第三项 W_2R 不用，用的时候也只是起一些辅助的作用。例如将 W_2 取为一个很小的常数，可以满足 H_∞ 设计中秩的条件。

混合灵敏度 S/T 问题是指求解下列的 H_∞ 优化问题

$$\gamma=\min\left\|\begin{matrix}W_SS\\W_TT\end{matrix}\right\|_\infty\leqslant 1 \tag{2-79}$$

式中 S 是指系统的灵敏度，表示系统的性能，T 是闭环传递函数，也称补灵敏度，W_S 和 W_T 为相应的权函数。

上述即为混合灵敏度极小化设计方法，设计中的主要问题是如何恰当地选择加权函数。因为这直接影响 H_∞ 设计是否成功，而且权函数的选择也直接决定了系统的性能。但是至今依旧是不同类别的对象有不同的设计经验，一般都需要反复仿真调试才能获取满意的控制作用。在实际设计时，目前只有一些指导性的选择原则，可以作为参考依据。S 代表性能要求，其范数越小越好，所以性能的权函数 W_S 要尽可能大。式（2-79）中的 W_TT 项在设计中是鲁棒稳定约束，其中的权函数 W_T 是对象不确定性的界函数，反映了被控对象本身的固有特性。系统模型的不确定性决定了 W_T 的选取规则，一般 W_T 应该具有高通的特性，并且 W_S 和 W_T 的频带不重叠。总的来说，应尽量选择结构简单的权函数实现系统的闭环性能指标的要求。在常规的稳定对象的优化求解过程中 W_T 是固定的，而反映性能的权函数 W_S 是可以变动的。

2.5.2　不稳定对象的加权函数

由于 H_∞ 设计可以保证系统的稳定性，而性能和鲁棒性又分别对应系统的低频段和高频段特性，所以 S 和 T 的权函数一般都只从低频段和高频段上的要求来考虑，而不专门考虑中频段的要求。但是对不稳定对象的控制来说就不一样了，因为根据 Nyquist 稳定判据，要求系统的频率特性逆时针包围-1 点，而这一频段恰好属于中频段。所以对不稳定对象来说，权函数应该考虑到中频段的这个性能特点。另外，系统的灵敏度特性要受到 Bode 积分定理的约束，对不稳定对象来说，这个约束更不可忽视。

状态反馈法中已经说明到高频时，当超出系统模型的适用频带（Ω_a）时，一般有 $|KG|\ll 1$，这时 $|S|\approx 1$（即 0dB）。因此 S 的积分面积只能按 $0\sim\Omega_a$ 来考虑。虽然系统的灵敏度特性可以有不同的形状和峰值，但是对每一个系统来说，其面积和 Ω_a 是一定的，并且有式（2-5）的限制，故矩形的高度 M_S（见图 2-4）是这个系统所能做到的灵敏度的最小值，即 $S_{\min}=M_S$。由式（2-69）和图 2-4 可以知道，为了方便起见，设 $\Omega_a=300\text{rad/s}$，则可得这个磁悬浮系统的灵敏度 $M_S=2$。

也就是说，图 2-4 的矩形特性对系统设计来说，可以认为是一种比较理想的特性。所以灵敏度的权函数 W_S 应根据这个特点来确定，其幅值在带宽前应保持平坦，而且不能大于 $1/M_S$，即

$$|W_S(j\omega)|\leqslant 1/M_S \tag{2-80}$$

图 2-14 为不稳定对象的 Nyquist 图。注意到在 Nyquist 图上，从（-1，j0）点到频率特性 $K(j\omega)G(j\omega)$ 上的点的向量 p 就是 $1+K(j\omega)G(j\omega)$。所以如果 $|S|$ 是图 2-4 所示的常值，那么 $\omega>0$ 时的系统的频率特性 KG 将是以（-1，j0）点为圆心的下半个圆周。当然这是理想情况，一般来说，不稳定对象系统的 Nyquist 曲线将处于图 2-14 的阴影区。这阴影区是由半径为 0.5 和 0.7 的两个环所构成，分别对应于 $S=2$ 和 $S=1.43$。这是因为受到 Bode 积分约束，S 不可能再做小，而 S 大于 2 的性能又是不希望的。图中还绘有单位圆，频率特性 KG 与单位圆交点处的频率为穿越频率 ω_c。从图中各曲线的布局可以看出，KG 距-1 点的最近点将出现在 ω_c 附近，即灵敏度 $S(j\omega)$ 在 ω_c 附近达到最大值 $S_{\max}$，随后就应逐渐衰减到 1。S 的权函数 W_S 还应该考虑到这一特点。

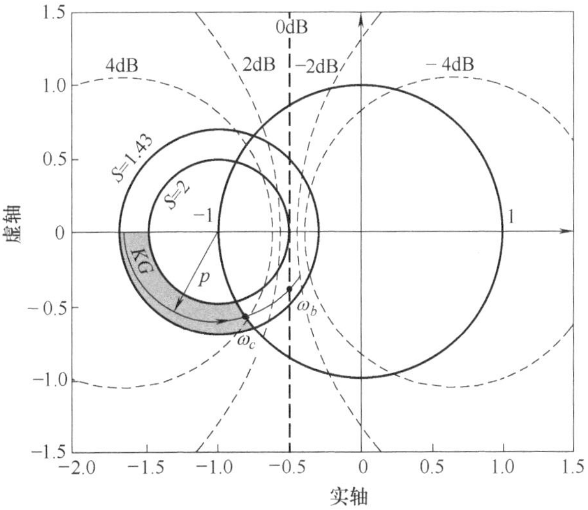

图 2-14　不稳定对象的 Nyquist 图

上面的说明中都是假定系统开环特性的起点（$\omega=0$）是在负实轴上，如图 2-14 所示。如果要求所设计的控制律具有积分规律，那么 $K(j\omega)G(j\omega)$ 将从第二象限开始，再进入到第三象限的阴影区。这阴影区是由性能要求和 Bode 积分约束共同规定的，是无法违背的。对应的灵敏度特性 $S(j\omega)$ 则是从 0 开始（对应静差为零），随着 ω 增加，控制律中的积分项逐渐减弱，S

则逐渐增加，随后的 S 图形就具有图 2-4 的平坦形状。注意到第二象限对应系统的低频段，一般小于 10rad/s，而系统的 Ω_a 可能达到 300rad/s，在 ω 为自然比例的坐标图中（图 2-4），这低频段与 Ω_a 相比是很窄的，所以系统的灵敏度特性仍可用图 2-4 来近似，也就是说上面基于图 2-4 和图 2-14 来讨论的系统的设计特点，对要求积分控制律的设计也是适用的，详见下面实例设计。

2.5.3 不稳定对象的 S/T 混合灵敏度设计

参照式（2-38）将磁悬浮系统的线性化方程写为

$$\boldsymbol{\Sigma}_1: \begin{cases} \dot{x}_1 = x_2 \\ \dot{x}_2 = 4900x_1 - 6.4184x_3 \\ \dot{x}_3 = 763.45x_2 - 8.7228x_3 + 7.9298v \end{cases} \tag{2-81}$$

标准 H_∞ 问题都是输出反馈问题。本例中若以 x_1 作为输出进行反馈，其 H_∞ 控制器在理论上是可以设计的。不过如果从工程实践的角度来考虑，这个系统应该加电流反馈以抑制电流回路中的各种干扰，改善电流（即电磁力）的响应特性。为此本例中先对该系统施加电流反馈，即令

$$v = -k_3x_3 + u \tag{2-82}$$

取反馈系数 $k_3=25$，这时电流回路的带宽为 206.97rad/s，见下面式（2-83）中的数据。对系统 $\boldsymbol{\Sigma}_1$ 来说，这是一个较宽的，又是一个可以实现的带宽。将式（2-82）代入式（2-81）可得加电流反馈后的系统的状态方程为

$$\boldsymbol{\Sigma}_2: \dot{\boldsymbol{x}} = \begin{bmatrix} 0 & 1 & 0 \\ 4900 & 0 & -6.4184 \\ 0 & 763.45 & -206.97 \end{bmatrix}\boldsymbol{x} + \begin{bmatrix} 0 \\ 0 \\ 7.9298 \end{bmatrix}u$$

$$\boldsymbol{y} = [1 \quad 0 \quad 0]\boldsymbol{x} \tag{2-83}$$

这个磁悬浮系统有一个 70rad/s 的不稳定极点，根据这个数据，如果系统的主导极点，或者说系统的带宽也设计成这个（70rad/s）数量级的话，那么在系统的工作频带内式（2-81）的数学模型是完全适用的，不会存在高频的未建模动态问题。基于这个考虑，并结合图 2-14 可以将本例中灵敏度的权函数 $W_S(s)$ 确定为

$$W_S(s) = \frac{0.65\times180}{s+180} \tag{2-84}$$

式中的 0.65 是要求灵敏度特性的水平段（见图 2-4），即 $M_S = 1/0.65 = 1.538$。这是在 Bode 积分约束下的一个较好的性能指标值。式（2-84）的 180 是要求 $|S(j\omega)|$ 在 180rad/s 前要开始衰减以限制系统的带宽。

常规的 S/T 混合灵敏度设计是靠 T 的权函数来限制带宽的，而令 S 的权函数达到最大以得到最佳性能。对于不稳定对象的控制来说，式（2-84）的权函数 W_S 就已经指定了系统的带宽。所以这里提出，应该将 W_T 作为一个可调整的权函数来达到上述的用 W_S 来控制 M_S 和带宽的目的。

具体来说，本例中的权函数 W_T 应取为

$$W_T(s)=\frac{s^2}{\eta^2} \tag{2-85}$$

式中 η 是 W_T 过 0 dB 线的频率，是一个可调的参数。H_∞ 设计中如果 η 值太大，则式（2-79）的解在很大频率段上都是由 W_SS 主导的。注意到 H_∞ 最优解是一条全通特性，如果由 W_SS 主导，当 ω 超出 180rad/s［见式（2-84）］后，则因为 $|W_S|$ 下降，所得到的 $|S|$ 必然会抬高来满足全通解的要求，使 $S_{\max}$ 高出所设定的 M_S 值。对于这种情况，就应该下调 η 值，用 W_TT 来填补 W_S 的下降频段，以维持全通解。确切说，最优解由两部分构成，二者互补，W_SS 的下降由 W_TT 来填补，使灵敏度特性比较平坦，且满足带宽要求。具体设计时就是保持式（2-84）的 W_S（s）不变，调整 W_T（s）中的 η 值，使式（2-79）的最优解 $\gamma\to1$。

图 2-15 是本例中 S/T 问题的框图，虚线框为广义对象 P，图中 G 就是系统 $\boldsymbol{\Sigma}_2$［见式（2-83）］，$W_S(s)$ 和 $W_T(s)$ 为相应的权函数，w 和 u 是广义对象的输入，$[z_1,\ z_2]^{\mathrm{T}}$ 和 y 是广义对象的输出。K 为待求的 H_∞ 控制器。

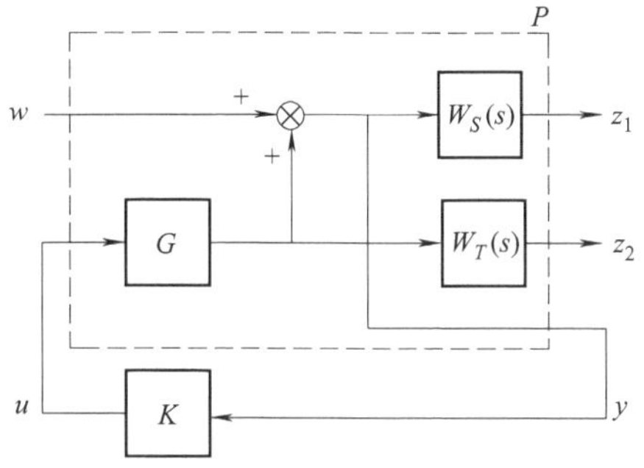

图 2-15　S/T 问题的框图

从图 2-15 可写的广义对象 P 的传递函数阵为

$$P(s)=\begin{bmatrix}P_{11}(s) & P_{12}(s)\\ P_{21}(s) & P_{22}(s)\end{bmatrix}=\left[\begin{array}{c:c}W_S & W_SG\\ G & W_TG\\ \hdashline I & G\end{array}\right] \tag{2-86}$$

注意到式（2-86）的 P_{12} 阵不能满足 D_{12} 阵的秩的要求，因为以 W_TG 来说，对象 G 的分母为三阶［见式（2-81）］，而 W_T 的分子为二阶［见式（2-85）］。为此在 $W_T(s)$ 上再加一小时间常数项（$0.001s+1$），使 $\mathrm{rand}\ D_{12}=1$。则权函数 $W_T(s)$ 可以选为

$$W_T(s)=\frac{s^2(0.001s+1)}{\eta^2} \tag{2-87}$$

根据式（2-84）、式（2-86）和式（2-87），求解 H_∞ 优化问题，利用 MATLAB 函数 hinfsyn（），得 $\gamma=1.0000$ 时的 $\eta=185.3248$。对应的略去 10^{10} 高频项后的 H_∞ 控制器为

$$K_1(s)=\frac{674833.866(s+173.1)(s+155.4)(s+95.3)}{(s+951.7)(s+307.2)(s+180)} \tag{2-88}$$

注意到控制器 $K_1(s)$ 的量纲是 V/m，如果换算到实际使用的 mm，则 $K_1(0)=32.873$V/mm，是一个可以正常实现的增益。

图 2-16 是初始条件 $x_1(0)$ 下的响应过程。图 2-17 是加上这个 H_∞ 控制器后的各条特性。图中 $\bar{\sigma}[T_{zw}]$ 是所得的最优解 $\gamma=1$，是 0 dB 的全通特性，$|W_SS|$ 和 $|W_TT|$ 是这个解的两个分量。图中还绘有此系统的闭环特性 $|T(\mathrm{j}\omega)|$ 和灵敏度特性 $|S(\mathrm{j}\omega)|$。在仿真中发现，通过增大 W_S 中的 0.65 可以降低灵

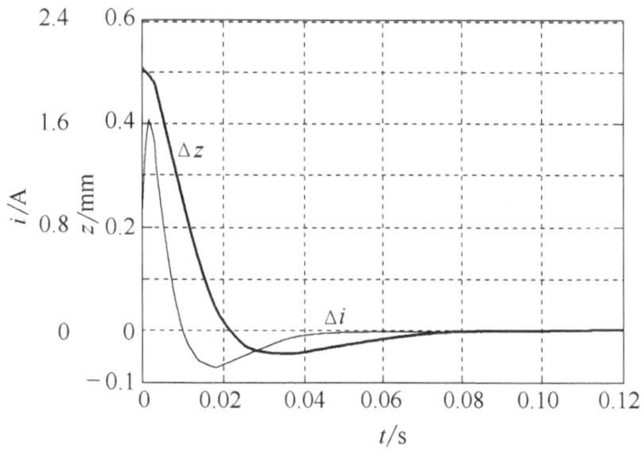

图 2-16　初始条件 $x_1(0)$ 下的响应过程

敏度低频部分的值，但是使之峰值加大。其中的 180 也有类似的作用。

此系统的开环幅频特性 $|KG|$ 过 0dB 线的穿越频率 $\omega_c=80\text{rad/s}$（图略）。灵敏度特性 S 基本上是平坦的，其峰值频率为 90rad/s，随后就缓慢下降。这是由于 $|W_T T|$ 项逐渐增大，对 $|W_S S|$ 项起到一种互补的作用。如果 W_T 中 η 的取值较大，图 2-17 中 $|W_T T|$ 特性将右移。这时由于全通解的要求会抬高 S 特性，在 ω_c 后会出现较大的峰值。此算例体现了将权函数 W_T 中的 η 作为 H_∞ 优化设计中的调试参数的思想。

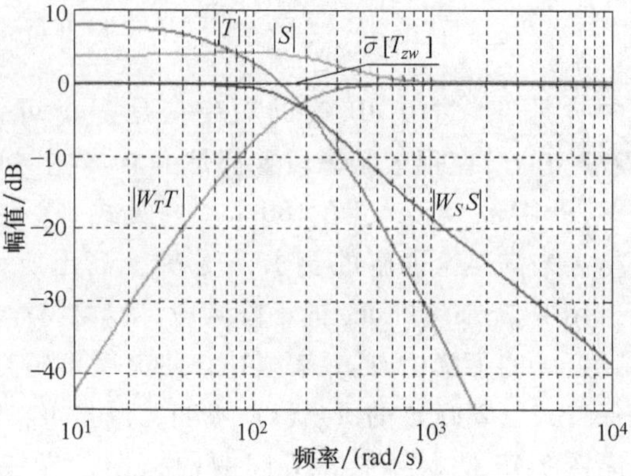

图 2-17　系统的奇异值特性

从图 2-17 可以看到，实际所得的 S 特性并不是理想矩形，过了带宽以后是平缓下降的。图 2-4 的矩形实际上是一种（面积）等效表示，是为了能更清楚地说明 Bode 积分限制和要求（带宽前）平坦的 S 图形。

上面是根据式（2-84）的权函数 W_S 来设计的，故控制器 $K_1(s)$ 中无积分控制律。如果需要加积分律，可在设计好的 $K_1(s)$ 上加 PI 律，得

$$K_2(s)=\left(1+\frac{k_i}{s}\right)K_1(s) \tag{2-89}$$

这里取 $k_i=1\text{s}^{-1}$。图 2-18 的特性②是加积分律后的灵敏度特性，特性①则是无积分律的原灵敏度特性。从图可见，加积分律后灵敏度的峰值略有提高。加大 k_i 值，灵敏度的峰值会更高，以至于会超出 6dB，降低了系统的鲁棒性。所以保持平坦的灵敏度特性应该是一种较好的设计选择。从图 2-18 可见，积分律主要影响 $\omega<10\text{rad/s}$ 时的特性。在图 2-4 的自然比例的坐标图中（注：$\Omega_a\geqslant 300\text{rad/s}$），这一频率段是很窄的，所以上面按图 2-4 来讨论的设计思想依然是适用的。

当然这种带积分控制的灵敏度特性在 H_∞ 设计中也可以通过指定适当的权函数来获得，例如取 $W_S(s)$ 为

$$W_S(s)=\frac{a}{s} \tag{2-90}$$

式中，a 为一设计参数。结合本例来说（图 2-18），可以取 $a=2\text{rad/s}$。设 $|W_S|$ 过 0dB 线的频率为 ω_{c1}，本例中 $\omega_{c1}=a=2\text{rad/s}$。设 ω_{c2} 是 $|W_T|$ 过 0dB 线的频率，本例中 $\omega_{c2}=\eta=185.32\text{rad/s}$［见式（2-85）］。常见的 H_∞ 混合灵敏度设计中，当达到最优解时，有 $\omega_{c1}\approx\omega_{c2}$。本例中这两个数却相差很大，就是因为不稳定对象对中频段有特殊的要求。也说明用式（2-90）的 $W_S(s)$ 的常规设计思路在这里会遇到困难。

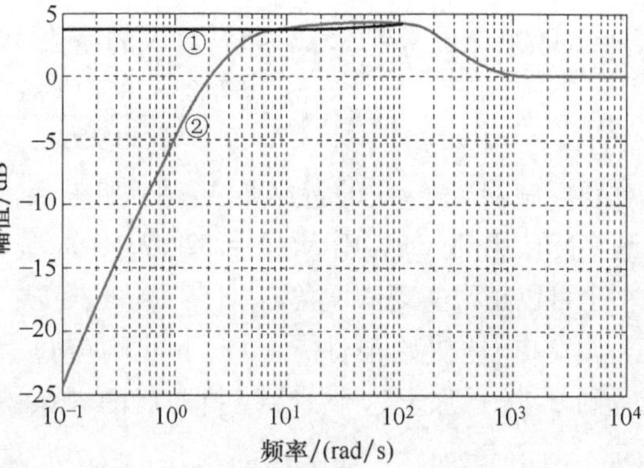

图 2-18　带积分控制律的灵敏度特性

如果不稳定对象属于第一类对象，即不稳定模态较小，当达到最优解时，ω_{c1} 和 ω_{c2} 虽有差别，但并不大，所以一般也不去深究其原因了。而对于这里讨论的不稳定模态较大的对象，常规的 S/T 设计将无法保证所需要的性能，就应该正面根据图 2-4 的平顶特性来确定权函数和进行 H_∞ 设计。

因此上面提出的基于图 2-4 灵敏度平顶特性的 H_∞ 综合方法是控制不稳定对象的特有的方法。对于控制稳定的对象来说，借鉴上面的思想能取得更好的性能。

2.6　不稳定对象的非线性 H_∞ 状态反馈设计

不稳定磁悬浮间隙控制，若轨道不够平直，相当于在系统的输出端加上一个周期性的扰动，导致状态变量大范围变化，而线性的设计仅能保证名义工作点小范围内的性能，所以系统的性能就不能保证。为此，本节研究非线性系统的控制设计。

非线性系统设计中，非线性 H_∞ 设计继承了线性系统中的 H_∞ 设计思想，可以解决一类非线性系统的设计问题。该设计方法需要求解一个适当的 HJI 偏微分不等式，但这个不等式一般不易求解，本节将结合第 2.4 节的磁悬浮系统给出一种解析方法来求解 HJI 不等式，并对非线性 H_∞ 设计结果进行验证，同时说明非线性控制律所起的作用。

2.6.1　仿射非线性系统

严格来说被控对象都有非线性特性，线性数学模型是在某一邻域内的近似描述，当这种描述的误差超过允许范围时，便不得不采用非线性模型来描述对象。此外，某些非线性特性在控制设计中是不允许忽略的，比如卫星大角度姿态机动下各速度之间耦合产生的非线性。

一般的非线性系统可以用式（2-91）的形式来描述

$$\begin{cases}\dot{x}=f(x,u)\\ y=h(x,u)\end{cases} \tag{2-91}$$

式中，$x\in\mathbb{R}^n$代表系统状态，$u\in\mathbb{R}^m$代表控制输入。而非线性系统中最常用的一种形式是仿射非线性系统。仿射非线性系统可以用式（2-92）来描述

$$\begin{cases}\dot{x}=f(x)+g(x)u\\ y=h(x)\end{cases} \tag{2-92}$$

它对状态变量 x 是非线性的，而对控制量 u 是线性的。通常 f 是光滑向量场并且 $f(0)=0$，$h(0)=0$，而且 $g(x)$ 也是$\mathbb{R}^n$上的光滑向量场。易知 $x=0$ 是该系统的平衡点。实际上这也是非线性系统控制理论中研究的主要系统。因为在实际工程上，许多非线性系统都可以写成这样的表达形式，比如第 2.4 节的磁悬浮系统，以及卫星大角度姿态机动控制系统和直升机动力系统等都属于仿射非线性系统。本节所研究的非线性系统都是这类仿射型的。仿射非线性系统在设计上的一个突出特点是，可以写成类线性（linear-like）的形式

$$\begin{cases}\dot{x}=A(x)x+B(x)u\\ y=C(x)x\end{cases} \tag{2-93}$$

这样在设计上就可以借鉴许多线性系统的设计思想。特别当 $f(x)=Ax$，$g(x)=B$，$h(x)=Cx$，这样就得到了线性系统，所以说线性系统是特殊的仿射非线性系统。

而对于非仿射（non-affine）非线性系统，在控制设计中，第一步往往都是先要将模型进行处理。常见的方法是 Hadamard 引理和 Taylor 级数展开，可将非仿射系统式（2-91）中的 $f(x,u)$ 在 $u=u_0(x)$ 进行级数展开

$$f(x,u)=f(x)+g(x)u+\Delta(x,u) \tag{2-94}$$

式中，$\Delta(x, u)$ 代表高阶部分。因此对非仿射系统的设计，大部分方法是将其转化为仿射非线性，或将其分解为仿射部分和非仿射部分。所以说对于仿射非线性系统的控制设计研究也不失一般性。

以磁悬浮系统式（2-29）和式（2-30）为例

$$\dot{\boldsymbol{x}}=f(x)+g(x)u=\begin{bmatrix} x_2 \\ -\left(\dfrac{\mu_0 N^2 a_m}{4m}\right)\left[\dfrac{x_3}{x_1}\right]^2 \\ \dfrac{-2R_m}{\mu_0 N^2 a_m}x_1x_3+\dfrac{x_2x_3}{x_1} \end{bmatrix}+\begin{bmatrix} 0 \\ 0 \\ \dfrac{2}{\mu_0 N^2 a_m}x_1 \end{bmatrix}u$$

要进行非线性 H_∞ 控制，就要将扰动 w 考虑进来

$$\dot{\boldsymbol{x}}=f(x)+g(x)u=\begin{bmatrix} x_2 \\ -\left(\dfrac{\mu_0 N^2 a_m}{4m}\right)\left[\dfrac{x_3}{x_1}\right]^2 \\ \dfrac{-2R_m}{\mu_0 N^2 a_m}x_1x_3+\dfrac{x_2x_3}{x_1} \end{bmatrix}+\begin{bmatrix} 0 \\ \dfrac{1}{m} \\ 0 \end{bmatrix}w+\begin{bmatrix} 0 \\ 0 \\ \dfrac{2}{\mu_0 N^2 a_m}x_1 \end{bmatrix}u \tag{2-95}$$

这样就得到了非线性 H_∞ 设计中仿射非线性系统的一般形式。注意这里的方程式（2-95）实际上是一个增量的方程式。

2.6.2 非线性 H_∞ 控制

非线性系统具有许多不同于线性系统的独特行为，首先不满足齐次性和叠加性原理，因此无法用传递函数的概念。非线性系统和线性系统的稳定性上的区别还在于是否与初始状态有关，因此线性系统的设计方法有时很难在非线性系统上得到应用。为了将线性系统的设计方法用于非线性系统，通常需要在设计时，将非线性系统在平衡点线性化，然后再针对所得到的线性系统进行控制设计。当扰动使状态变量在大范围内变化时，系统不一定能保持好的性能，甚至不稳定。因此说，这种线性化的近似处理可能影响系统的准确性。近年来，许多专家致力于提出新的控制方法来控制各种非线性系统。非线性控制之所以日益受到控制领域的广泛重视，主要是因为其可以提高系统的性能。而且在很多情况下，线性控制方法无法使系统正常工作，而非线性控制成为系统设计的唯一选择。H_∞ 控制在线性系统领域的研究已经很普遍，它在非线性系统领域的研究也取得了一些进步。非线性 H_∞ 设计继承了线性系统中的 H_∞ 设计思想，可以解决一类非线性系统的设计问题。

2.6.2.1 L_2 增益与耗散性

H_∞ 控制的提出是为了使受控对象对外部扰动具有一定的鲁棒性，其鲁棒性在线性系统研究中用 H_∞ 范数刻划。闭环系统从扰动 w 到输出 q 的传递函数 T_{qw} 的 H_∞ 范数见式（2-96）。

$$\|T_{qw}\|_\infty = \sup_{\omega\neq 0}\frac{\|q\|_2}{\|w\|_2} = \sup_{\omega}\sigma_{\max}[T_{qw}(\mathrm{j}\omega)] \tag{2-96}$$

式（2-96）第二个等号表示 H_∞ 范数是遍历所有 ω 时 $T_{qw}(\mathrm{j}\omega)$ 的所有奇异值的最大值。第一个等号表示的是输出与输入信号的 L_2 范数之比（这个比值一般称为 L_2 诱导范数或 L_2 增益）。而 L_2 范数指的则是信号的能量，是信号在时间上的积分。所以 H_∞ 范数表示的是能量的增益。线性系统里 H_∞ 设计的目标是 T_{qw} 的 H_∞ 范数小于 γ［见式（2-40）］，表示对扰动输入有抑制作用，γ 是小于 1 的正数。线性 H_∞ 控制问题是对给定的从扰动到输出的 H_∞ 范数 γ 寻找控制器 $u=Ky$。然而，在非线性系统理论中，因为频域方法失效，往往不能给出一个定义好的 H_∞ 范数，但是根据上面的分析，可知在非线性系统的设计中可以将 L_2 增益作为设计指标。因此，非线性控制问题成为寻找一个控制器，这个控制器可以满足对给定的从干扰到控制输出的 L_2 增益小于 γ。一般常沿用线性系统的习惯术语而称此类设计问题为非线性 H_∞ 控制。

因为在线性系统中，H_∞ 范数表示的是能量增益的界，所以非线性系统的 L_2 增益也是用不等式来定义的。

定义【2-1】 考虑仿射非线性系统式（2-92），若对于任意 $T\geqslant 0$ 和所有的 $u\in\mathbb{R}^m$，有式（2-97）成立，则称式（2-92）所示系统的 L_2 增益小于或等于 γ。

$$\int_0^T \|y(t)\|^2\,\mathrm{d}t \leqslant \gamma^2\int_0^T\|u(t)\|^2\,\mathrm{d}t \tag{2-97}$$

从耗散系统的概念来说，如果式（2-97）中的 $\gamma^2=1$，说明输出的能量比输入的能量小，系统消耗了能量，因此称耗散系统。可以在状态空间上定义一个存储函数（storage function）V，它需要满足三个条件：

1）$V\geqslant 0$；

2）$V(0)=0$；

3）$0\leqslant V[x(t)]-V[x(0)]\leqslant\int_0^T\left(\|y(\tau)\|^2-\gamma^2\|u(\tau)\|\right)\mathrm{d}\tau \qquad \forall T\geqslant 0$

可以证明，只要存在这样的存储函数，系统就是耗散的。

耗散系统还有一个一般定义

定义【2-2】 若存在半正定的存储函数 $V(x)$，使得

$$0\leqslant V[x(t)]-V[x(0)]\leqslant\int_0^T s[y(\tau),u(\tau)]\,\mathrm{d}\tau \qquad \forall T\geqslant 0 \tag{2-98}$$

对于任意的输入信号都成立，则称式（2-92）的系统对供给率 $s(y,u)$ 是耗散的。其中 $s(y,u)$ 代表单位时间内随输入信号注入系统的能量供给率（supply rate）。若供给率为

$$s(y,u):=\gamma^2\|u\|^2-\|y\|^2 \tag{2-99}$$

则这时就是上面 L_2 增益定义中的耗散系统。下面的这个定理是 L_2 增益小于或等于 γ 的重要定理。

定理【2-3】 考虑仿射非线性系统式（2-92），设 $\gamma>0$，则以下几项等价[16]：

1）式（2-100）的 Hamilton-Jacobi 方程存在一个光滑的解 $V\geqslant 0$。

$$\frac{\partial V}{\partial x}(x)f(x)+\frac{1}{2}\frac{1}{\gamma^2}\frac{\partial V}{\partial x}(x)g(x)g^{\mathrm{T}}(x)\frac{\partial V^{\mathrm{T}}}{\partial x}(x)+\frac{1}{2}h^{\mathrm{T}}(x)h(x)=0,\quad V(x_0)=0 \tag{2-100}$$

2）式（2-101）的 Hamilton-Jacobi 不等式存在一个光滑的解 $V\geqslant 0$。

$$\frac{\partial V}{\partial x}(x)f(x)+\frac{1}{2}\frac{1}{\gamma^2}\frac{\partial V}{\partial x}(x)g(x)g^{\mathrm{T}}(x)\frac{\partial V^{\mathrm{T}}}{\partial x}(x)+\frac{1}{2}h^{\mathrm{T}}(x)h(x)\leqslant 0,\quad V(x_0)=0 \tag{2-101}$$

3）式（2-102）的耗散不等式对于所有的 u 存在一个光滑的解 $V\geqslant 0$。

$$\frac{\partial V}{\partial x}(x)f(x)+\frac{\partial V}{\partial x}(x)g(x)u\leqslant\frac{1}{2}\gamma^2\|u\|^2-\frac{1}{2}\|y\|^2,\quad V(x_0)=0 \tag{2-102}$$

4）系统的 L_2 增益小于或等于 γ。

这个定理【2-3】说明，对于 L_2 增益问题需要去求解一个 Hamilton-Jacobi 不等式（2-101）。此外这个定理还将 Hamilton-Jacobi 不等式和耗散不等式（2-102）联系起来了，这样有时候就可以不去求解 Hamilton-Jacobi 不等式，而是通过相关的途径去构造一个存储函数来得到 L_2 增益控制器，可参见后续的设计过程。

2.6.2.2 非线性 H_∞ 状态反馈

现在将非线性系统式（2-92）换成 H_∞ 控制中常用的符号，其中 w 代表加到系统上的扰动信号

$$\dot{x}=A(x)+B_1w+B_2(x)u \tag{2-103}$$

同线性 H_∞ 状态反馈一样，此外还要定义一个性能输出 q，q 是对状态 x 和控制输入 u 的加权输出。

$$q=C_1x+D_{12}u\quad,\quad {C_1}^{\mathrm{T}}D_{12}=0 \tag{2-104}$$

对于给定对象式（2-103）和式（2-104），基于状态反馈的 L_2 增益设计问题可以叙述如下：对于给定的正数 γ，求状态反馈控制律

$$u=k(x)\quad,\quad k(0)=0 \tag{2-105}$$

使得闭环系统式（2-103）~式（2-105）的 L_2 增益小于或等于 γ。

考虑到扰动后，结合式（2-105）可知，式（2-103）中 $B_2(x)u$ 项可与 $A(x)$ 合并，等效为式（2-92）中的 $f(x)$。则对应式（2-98）和式（2-99）很容易得出式（2-106）的形式。

$$0\leqslant V[x(t)]-V[x(0)]\leqslant\int_0^T(\gamma^2\|w(t)\|^2-\|q(t)\|^2)\,\mathrm{d}\tau\qquad\forall T\geqslant 0 \tag{2-106}$$

现将式（2-106）求导

$$\dot{V}\leqslant\gamma^2\|w(t)\|^2-\|q(t)\|^2 \tag{2-107}$$

注意式（2-107）左侧存储函数的导数是一个行向量

$$\dot{V}=\frac{\partial V}{\partial x}\dot{x}=V_x(x)\dot{x} \tag{2-108}$$

将非线性系统式（2-103）~式（2-105）代入则式（2-107）可得 L_2 增益小于或等于 γ 的耗散不等式为

$$V_x(x)[A(x)+B_1(x)w+B_2(x)u]+[C_1x+D_{12}u]^{\mathrm{T}}[C_1x+D_{12}u]-\gamma^2w^{\mathrm{T}}w\leqslant 0 \tag{2-109}$$

因此可以通过构造满足式（2-109）的半正定存储函数 $V(x)$，来求得满足 L_2 增益要求的控制器。式（2-109）的左侧称为 Hamilton 函数，现在用 $H[x,V_x{}^{\mathrm{T}}(x),w,u]$ 来表示，方括号内均为列向量。

设计就是要求解不等式（2-109），解析的办法是寻找如下的 Hamilton 函数的鞍点 $(\widehat{w},\breve{u})$，即有

$$H[x,V_x^{\mathrm{T}}(x),w,\breve{u}]\leqslant H[x,V_x^{\mathrm{T}}(x),\widehat{w},\breve{u}]\leqslant H[x,V_x^{\mathrm{T}}(x),\widehat{w},u] \tag{2-110}$$

式中，$\widehat{w}$ 是使 $H(\cdot)$ 最大的最坏干扰输入；$\breve{u}$ 是使 $H(\cdot)$ 最小的控制输入。这也是 H_∞ 优化解的概念。这样根据式（2-110），Hamilton 函数 $H(\cdot)$ 分别对干扰和控制输入求取偏导数

$$\begin{cases}\dfrac{\partial H[x,V_x^{\mathrm{T}}(x),\widehat{w},\breve{u}]}{\partial w}=0\\[2mm]\dfrac{\partial H[x,V_x^{\mathrm{T}}(x),\widehat{w},\breve{u}]}{\partial u}=0\end{cases} \tag{2-111}$$

得

$$\frac{\partial H}{\partial u}=V_x(x)B_2(x)+2Du^{\mathrm{T}}=0$$

$$\frac{\partial H}{\partial w}=V_x(x)B_1(x)-\gamma^2\cdot 2w^{\mathrm{T}}=0 \tag{2-112}$$

式中，$D=D_{12}^{\mathrm{T}}D_{12}$，所以有

$$\breve{u}=\breve{u}\{x,V_x^{\mathrm{T}}(x)\}=-\frac{1}{2}D^{-1}B_2(x)^{\mathrm{T}}V_x^{\mathrm{T}}(x)$$

$$\widehat{w}=\widehat{w}\{x,V_x^{\mathrm{T}}(x)\}=\frac{1}{2}\gamma^{-2}B_1(x)^{\mathrm{T}}V_x^{\mathrm{T}}(x) \tag{2-113}$$

将式（2-113）代入式（2-109）有

$$H_*[x,V_x^{\mathrm{T}}(x)]=V_x(x)A(x)-\breve{u}^{\mathrm{T}}D\breve{u}+x^{\mathrm{T}}C_1{}^{\mathrm{T}}C_1x+\gamma^2\widehat{w}^{\mathrm{T}}\widehat{w}\leqslant 0 \tag{2-114}$$

如果再将 $\breve{u}$ 和 $\widehat{w}$ 的表达式代入，上式尚可整理成

$$H_*[x,V_x^{\mathrm{T}}(x)]=V_x(x)A(x)+$$
$$\frac{1}{4}V_x(x)\left[\frac{1}{\gamma^2}B_1(x)B_1(x)^{\mathrm{T}}-B_2(x)D^{-1}B_2(x)^{\mathrm{T}}\right]V_x^{\mathrm{T}}(x)+x^{\mathrm{T}}C_1^{\mathrm{T}}C_1x\leqslant 0 \tag{2-115}$$

式（2-114）和式（2-115）被称为 HJI 不等式。非线性 H_∞ 状态反馈就是求解这个 HJI 不等式，求得存储函数 $V(x)$ 后，代入到式（2-113）中，就可得到状态反馈控制律 u。若存储

函数高于3阶，则得到非线性控制律。因此非线性 H_∞ 状态反馈的关键就是求解这一不等式。其实这个 HJI 不等式也可根据 Hamilton-Jacobi 不等式来推导。但式（2-114）和式（2-115）的 HJI 不等式推导过程是从耗散不等式（2-98）和式（2-109）出发的，物理概念比较清楚。

理论上，常先给定一个 γ 值，如果存在 $V(x)\geqslant 0$ 满足式（2-114）和式（2-115），则系统的 L_2 增益小于 γ。逐渐减小这个 γ，可使系统接近最优值。这就是 H_∞ 最优控制问题。不过具体的设计并不像理论上说的这么简单，关于这一点，可见第2.4节的状态反馈设计。

2.6.3 求解 HJI 不等式

非线性 H_∞ 控制发展受限的主要原因就是式（2-114）和式（2-115）的 HJI 不等式难求解。为此已经提出很多方法，如模糊控制、滑模控制、神经网络控制等，都是通过不同手段来搜索满足不等式条件的存储函数。非线性系统的控制设计要解决的是扰动抑制问题，但是这些方法都有局限性，如模糊规则库的建立、滑模控制的抖阵、神经网络的运算复杂，而且都躲避了这个不等式的求解。这些问题限制了这些方法对扰动的抑制能力。本节将提出基于级数展的方法正面求解 HJI 不等式，以式（2-95）所示的仿射非线性磁悬浮系统为例。

设计的准备是将系统方程式（2-103）的各系统矩阵按泰勒级数展开，保留到增量的第二项，如

$$A(x)=A^{[1]}x+A^{[2]}(x) \tag{2-116}$$

式中，$A^{[1]}x$ 只包含泰勒级数展开式的第一项，即线性项。$A^{[2]}(x)$ 则包含泰勒展开式中的二次项。这里的展开过程一定要特别注意第2.4.1节的内容。则磁悬浮系统式（2-95）展开后的形式为

$$\begin{aligned}\dot{x}=&\begin{bmatrix}0 & 1 & 0\\ 4900.1 & 0 & -6.4184\\ 0 & 763.45 & -8.7228\end{bmatrix}x+\\ &\begin{bmatrix}0\\ -1837541.2787x_1{}^2-1.0509x_3{}^2+3209.1886x_1x_3\\ 0\end{bmatrix}+\\ &\begin{bmatrix}0\\ 1/15\\ 0\end{bmatrix}w+\begin{bmatrix}0\\ 0\\ 7.9298\end{bmatrix}u\end{aligned} \tag{2-117}$$

其中，

$$A^{[1]}=\begin{bmatrix}0 & 1 & 0\\ 4900.1 & 0 & -6.4184\\ 0 & 763.45 & -8.7228\end{bmatrix},\ B_1{}^{[1]}=\begin{bmatrix}0\\ 1/15\\ 0\end{bmatrix},\ B_2{}^{[1]}=\begin{bmatrix}0\\ 0\\ 7.9298\end{bmatrix},\ B_1{}^{[2]}=$$

$$\begin{bmatrix}0\\0\\0\end{bmatrix},\ B_2{}^{[2]}=\begin{bmatrix}0\\0\\0\end{bmatrix},\ A^{[2]}(x)=\begin{bmatrix}0\\ -1837541.2787x_1{}^2-1.0509x_3{}^2+3209.1886x_1x_3\\ 0\end{bmatrix}。$$

系统的性能输出同线性设计中的相同

$$q=C_1x+D_{12}u=\begin{bmatrix}1000 & 0 & 0\\0 & 25 & 0\\0 & 0 & 1\\0 & 0 & 0\end{bmatrix}x+\begin{bmatrix}0\\0\\0\\0.12\end{bmatrix}u \tag{2-118}$$

设计的第二步是确定所要构造的存储函数的形式。如果 $V(x)$ 是二次型，$V(x)=x^{\mathrm{T}}Px$，那么状态反馈中一般只能提供线性控制律，所以存储函数 $V(x)$ 也应该有高次项才能提供二次项以上的非线性控制律。因此可取

$$V(x)=x^{\mathrm{T}}Px+c_1x_1^3+c_2x_1^2x_2+c_3x_1^2x_3+\cdots+c_9x_2x_3^2+c_{10}x_3^3=V(x)^{[2]}+V(x)^{[3]} \tag{2-119}$$

式中 $V(x)^{[2]}$ 只包含各二次项，$V(x)^{[3]}$ 只包含三次项。

待定系数法是将泰勒级数展开的 $Ax^{[1]}$、$A(x)^{[2]}$、$B_1^{[1]}$、$B_1^{[2]}$、$B_2^{[1]}$、$B_2^{[2]}$ 和式（2-119）定义的 $V(x)$ 代入到 HJI 不等式（2-114）。这时这个不等式有二次项和三次项。将二次项归在一起，将三次项也归在一起，然后分别来考虑设计问题。

具体来说，以式（2-113）的 $\breve{u}$ 为例，根据式（2-113）可写得

$$\begin{aligned}\breve{u}&=-\frac{1}{2}D^{-1}B_2(x)^{\mathrm{T}}V_x^{\mathrm{T}}(x)\\&=-\frac{1}{2}D^{-1}(B_2^{[1]\mathrm{T}}+B_2(x)^{[2]\mathrm{T}})(V_x(x)^{[2]\mathrm{T}}+V_x(x)^{[3]\mathrm{T}})\\&=-\frac{1}{2}D^{-1}B_2^{[1]\mathrm{T}}V_x(x)^{[2]\mathrm{T}}-\frac{1}{2}D^{-1}[B_2^{[1]\mathrm{T}}V_x(x)^{[3]\mathrm{T}}+B_2(x)^{[2]\mathrm{T}}V_x(x)^{[2]\mathrm{T}}+\\&\quad B_2(x)^{[2]\mathrm{T}}V_x(x)^{[3]\mathrm{T}}]\\&=\breve{u}^{[1]}+\breve{u}^{[2]}\end{aligned} \tag{2-120}$$

上式中 $\breve{u}^{[1]}$ 中的 $B_2^{[1]\mathrm{T}}$ 是常系数，$V_x(x)^{[2]\mathrm{T}}$ 是二次型函数的偏导数，都是一次项，故 $\breve{u}^{[1]}$ 只有一次项，即是线性控制律。注意式（2-120）中 $B_2^{[2]}$ 为 0，故 $\breve{u}^{[2]}$ 中只有二次项 $B_2^{[1]\mathrm{T}}V_x(x)^{[3]\mathrm{T}}$。同理，我们可以知道扰动的表达形式为

$$\begin{aligned}\widehat{w}&=\frac{1}{2}\gamma^{-2}B_1(x)^{\mathrm{T}}V_x^{\mathrm{T}}(x)\\&=\frac{1}{2}\gamma^{-2}(B_1^{[1]\mathrm{T}}+B_1(x)^{[2]\mathrm{T}})[V_x(x)^{[2]\mathrm{T}}+V_x(x)^{[3]\mathrm{T}}]\\&=-\frac{1}{2}\gamma^{-2}B_1^{[1]\mathrm{T}}V_x(x)^{[2]\mathrm{T}}-\frac{1}{2}\gamma^{-2}[B_1^{[1]\mathrm{T}}V_x(x)^{[3]\mathrm{T}}+B_1(x)^{[2]\mathrm{T}}V_x(x)^{[2]\mathrm{T}}+B_1(x)^{[2]\mathrm{T}}\\&\quad V_x(x)^{[3]\mathrm{T}}]\\&=\widehat{w}^{[1]}+\widehat{w}^{[2]}\end{aligned} \tag{2-121}$$

将这样的 $\breve{u}$、$\widehat{w}$ 代入到 HJI 不等式（2-114）的 $\breve{u}^{\mathrm{T}}D\breve{u}$ 和 $\widehat{w}^{\mathrm{T}}\widehat{w}$ 后也只有二次项和三次项。式（2-114）中的 $V_x(x)A(x)$ 项也作类似处理。这样得到的 HJI 不等式中就只有二次项和三次项：

$$H_*[x,V_x^{\mathrm{T}}(x)]=H^{[2]}+H^{[3]}\leqslant 0 \tag{2-122}$$

$$H^{[2]}=V_x(x)^{[2]}A(x)^{[1]}-\breve{u}^{[1]\mathrm{T}}D\breve{u}^{[1]}+\gamma^2\widehat{w}^{[1]\mathrm{T}}\widehat{w}^{[1]}+x^{\mathrm{T}}C_1^{\mathrm{T}}C_1x \tag{2-123}$$

$$H^{[3]}=V_x(x)^{[2]}A(x)^{[2]}+V_x(x)^{[3]}Ax^{[1]}-\breve{u}^{[1]\mathrm{T}}D\breve{u}^{[2]}-\breve{u}^{[2]\mathrm{T}}D\breve{u}^{[1]}+\gamma^2\{\widehat{w}^{[1]\mathrm{T}}\widehat{w}^{[2]}+\widehat{w}^{[2]\mathrm{T}}\widehat{w}^{[1]}\}\tag{2-124}$$

将 $\breve{u}^{[2]}$ 和 $\widehat{w}^{[2]}$ 的表达式带入式（2-124）尚可以整理成如下的 $H^{[3]}$ 形式

$$H^{[3]}=V_x(x)^{[3]}(Ax^{[1]}+B_1{}^{[1]}\widehat{w}^{[1]}+B_2{}^{[1]}\breve{u}^{[1]})+V_x(x)^{[2]}(A(x)^{[2]}+B_1{}^{[2]}\widehat{w}^{[1]}+B_2{}^{[2]}\breve{u}^{[1]})\tag{2-125}$$

这样，式（2-123）中 $H^{[2]}$ 中只含二次项，例如第一项的 $V_x(x)^{[2]}$ 是二次型函数的偏导数，为一次项。乘上 $Ax^{[1]}$，即乘上一个一次项，乘积为二次项。式（2-124）和式（2-125）中 $H^{[3]}$ 中则都是三次项。

$H^{[2]}$ 中只含存储函数 V 的二次型部分 $V(x)^{[2]}$，$H^{[3]}$ 中则含有 V 中的三次项。所以 HJI 不等式（2-122）的求解可分两步来走，第一步先解不等式 $H^{[2]}\leqslant 0$，求得 $V(x)^{[2]}$ 和对应的 $\breve{u}^{[1]}$ 和 $\widehat{w}^{[1]}$。将第一步所得的这些结果代入式（2-125）的 $H^{[3]}$ 中，并令 Hamilton 函数中的这三次项部分 $H^{[3]}=0$ 来求 $V(x)^{[3]}$ 中的各系数 c_i。

注意式（2-123）和式（2-114）的形式是一样的，设 $V(x)^{[2]}=x^{\mathrm{T}}Px$，代入这个 HJI 不等式（2-123）后，得

$$H^{[2]}=A^{[1]\mathrm{T}}P+PA^{[1]}+P(\gamma^{-2}B_1^{[1]}B_1^{[1]\mathrm{T}}-B_2^{[1]}D^{-1}B_2^{[1]\mathrm{T}})P+C_1^{\mathrm{T}}C_1\leqslant 0\tag{2-126}$$

其实式（2-123）中保留的都是泰勒级数的第一项，即相当于是一个线性化的系统。而所得到的式（2-126）就是线性化系统的二次型 Riccati 不等式，设计的性能指标在第 2.4 节中均已确定，按 $\gamma=0.2$ 选择。由此可见，求解 $H^{[2]}\leqslant 0$ 就归结为求解线性化系统的 H_∞ 状态反馈问题。根据对应的 Riccati 方程的解 $P\geqslant 0$，便可得 $V(x)^{[2]}=x^{\mathrm{T}}Px$ 和 $\breve{u}^{[1]}$。

$$P=\begin{bmatrix}1.1720\times10^5 & 1.2871\times10^3 & -56.2114\\ 1.2871\times10^3 & 19.5519 & -0.7043\\ -56.2114 & -0.7043 & 0.0461\end{bmatrix}\tag{2-127}$$

$$\begin{cases}\breve{u}^{[1]}=30954.6775x_1+387.8584x_2-25.4018x_3\\ \widehat{w}^{[1]}=2145.1790x_1+32.5866x_2-1.1739x_3\end{cases}\tag{2-128}$$

将这第一步的解式（2-128）和式（2-119）中 $V(x)^{[3]}$ 的各偏导数 $V_x(x)^{[3]}$ 代入式（2-125），并令 $H^{[3]}=0$。而 $H^{[3]}=0$ 即要求各相应项均为零，这样就可得一组包括系数 c_i 的代数方程组。MATLAB 求解这样的方程很容易，得到的结果是

$$c_1=-1108700.889597$$

$$c_2=304541.249488$$

$$c_3=13013.62828$$

$$c_4=4624.3540$$

$$c_5=-11.575$$

$$c_6=-89.96547$$

$$c_7=0.8108838$$

$$c_8=-1.2059$$

$$c_9=-0.0185486$$

$$c_{10}=0.2539\times10^{-2}$$

这样就可求得 $V(x)$ 中的 $V(x)^{[3]}$。根据求得的 $V(x)=V(x)^{[2]}+V(x)^{[3]}$，将其代入式（2-120）便可求得最终的非线性控制律 $\breve{u}$。

$$
\begin{aligned}
\breve{u}(x)&=\breve{u}^{[1]}+\breve{u}^{[2]}\\
&=30954.6775x_1+387.8584x_2-25.4018x_3-\\
&\quad(4010591.235{x_1}^2-14470.422x_1x_2-6673.286x_1x_3-\\
&\quad 275.264{x_2}^2-13.427x_2x_3+2.147{x_3}^2)
\end{aligned}
\tag{2-129}
$$

式（2-129）的前三项就是第 2.4.2 节中的线性化系统的状态反馈律式（2-71）。为此，第 2.4 节的线性设计和本节的非线性设计也可以进行一下对比。

2.6.4　非线性设计仿真

设计的控制器实际上是作用在非线性系统上，现结合磁悬浮系统的非线性方程来说明非线性系统如何仿真。

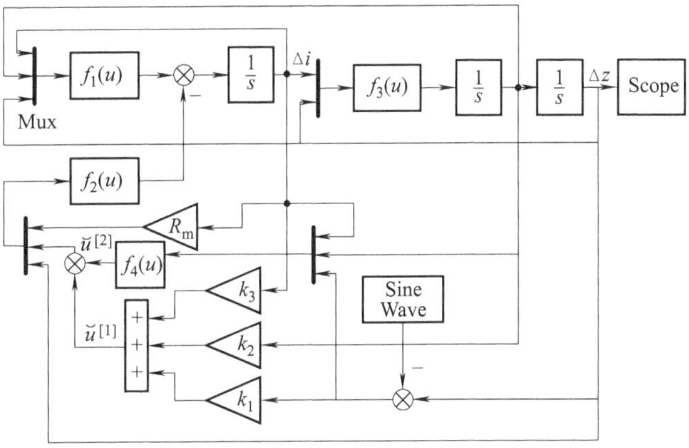

图 2-19　非线性系统的仿真模型

根据微分方程式（2-29）和式（2-30）搭建的非线性系统仿真模型如图 2-19 所示。Simulink 的非线性仿真中主要用到一个自定义函数模块 Fcn，此模块的功能是对输入进行符合 C 语言规则的数学表达式的处理。这些表达式可以由一个或多个成分组成。其中 u 为模块的输入，此模块支持向量化输入，如果 u 是一个向量，则 u[i] 表示向量的第 i 个元素，u[1] 或单独的 u 表示第一个元素。该函数模块可以同时进行数学运算（如加、减、乘、除）和关系运算（如恒等于、不等于、大于或等于等），以及三种逻辑运算。这些运算符的优先级符合 C 语言的规则。

在仿真图 2-19 上，由函数 $f_1(u)$、$f_2(u)$、$f_3(u)$ 组成了非线性系统式（3-29）和式（3-30），这里函数模块中的 u 表示的是来自 Mux 模块的一路信号。图 2-19 中 Mux 模块的作用是把若干路信号组织成一路信号 $[u(1)\quad u(2)\quad u(3)]$。在图 2-19 中各变量都用增量来表示，目的是便于与线性结果对比。

以图 2-19 中 $f_3(u)$ 模块来说，$f_3(u)$ 模块所要描述的是式（2-29）右侧的运算，注意到反馈控制信号应当是从 Δz、$\Delta\dot{z}$、Δi 处引出，所以 $f_3(u)$ 应设置成如下形式

$$
f_3(u)=-\frac{\mu_0N^2a_m}{4m}\left(\frac{\Delta i+i_0}{\Delta z+z_0}\right)^2+g \tag{2-130}
$$

其输入为两个变量：Δz，Δi。$f_3(u)$ 的设置如图 2-20 所示。

在图 2-20 中，1.6814 * (10^(-5)) 对应的是 $\frac{\mu_0 N^2 a_m}{4m}$ 的数值，9.8 是重力加速度 g 的取值，u(1)、u(2) 则是由模块 $f_3(u)$ 前面的 Mux 模块按一定顺序编排好的输入信号，这里 u(1) 对应 Δi，u(2) 对应 Δz，而 i_0、z_0 就是相应名义工作点的值。平衡点 i_0 和 z_0 值实际上是根据式（2-131）事先计算好的。

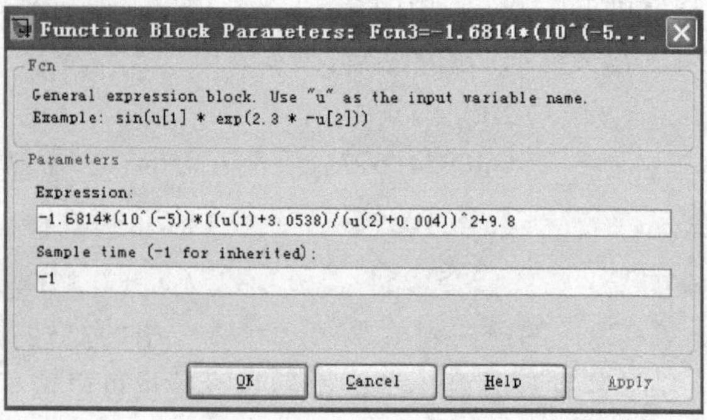

图 2-20　Fcn3 的对话框

$$m\ddot{z}(t) = -\frac{\mu_0 N^2 a_m}{4}\left(\frac{i_0}{z_0}\right)^2 + mg = 0 \tag{2-131}$$

而函数 $f_1(u)$ 和 $f_2(u)$ 描述的是式（2-30），分别设置为

$$\begin{aligned} f_1(u) &= \left(\frac{\Delta i + i_0}{\Delta z + z_0}\right)\Delta \dot{z} \\ f_2(u) &= \frac{2}{\mu_0 N^2 a_m}(\Delta z + z_0)(R_m \Delta i - \Delta u) \end{aligned} \tag{2-132}$$

在图 2-19 中，$[k_1 \quad k_2 \quad k_3]$ 表示的是控制律式（2-129）中的线性部分 $\breve{u}^{[1]}$，即

$$[k_1 \quad k_2 \quad k_3] = [30954.68 \quad 387.86 \quad -25.40] \tag{2-133}$$

而 $f_4(u)$ 模块内写入的函数对应的是式（2-129）中控制律的非线性部分 $\breve{u}^{[2]}$。在非线性系统中没有传递函数的概念，系统的频率特性可通过输入不同频率的正弦信号进行测量。图 2-21 是非线性系统式（2-29）和式（2-30）在控制器式（2-129）作用下测得的性能，这里考虑的输出端扰动（即图 2-19 中的正弦输入信号）到输出之间的频率特性，而图中的实心黑点和空心圆圈点，即是在不同频率下，输入输出信号的幅值比。其中虚线对应的是线性

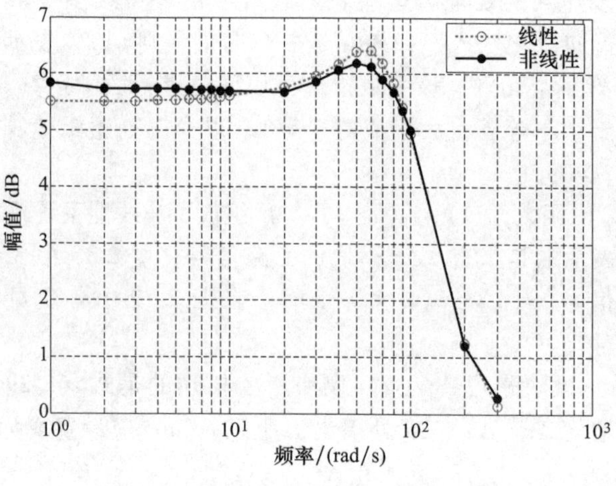

图 2-21　非线性系统性能

控制 $\breve{u}^{[1]}$，实线对应 $\breve{u}$，即引入二次项非线性控制。实际上 MATLAB 中 Simulink 仿真自带了非线性系统的频率特性计算功能，只要设置好输入和输出节点，就能给出图 2-21 的频率特性。本节给出的这种非线性仿真方法将工作点（设置）和增量变化分开，物理概念清楚，方便适用。

Bode 积分实际上只是线性系统中的限制，有研究认为非线性控制律可以将线性控制律无法压下来的灵敏度峰值压下来。而从图 2-21 中可以看出引入非线性控制律后，只是通过抬高低频来降低较高频段的幅值。这种基于二次型的设计在平衡点处的灵敏度特性依然是一个平坦的特性。可以尝试其他设计方法来改善不稳定系统的性能，比如神经网络等。接下来就研究一下，非线性 H_∞ 控制在非线性系统中所起的作用是什么。

实际上，式（2-115）所示的不等式左侧的 Hamilton 函数 $H[x,V_x^{\mathrm{T}}(x),w,u]$ 小于或等于 0 的要求，可用作对非线性 H_∞ 控制设计结果进行验证时的一个判据。

将式（2-117）、式（2-118）所示的对象和求得的 $V(x)=V(x)^{[2]}+V(x)^{[3]}$ 代入式（2-115）得到 Hamilton 函数。由于这个 Hamilton 函数含有三个变量，因此画立体图，人的视觉是不容易辨别的。这里提出的办法是先固定一个变量，画 Hamilton 函数关于另外两个变量的三维图，然后改动这个固定变量的值，这样得一簇曲线。本例中首先将三个状态变量中的速度变化量 x_3 变量看作是常值，取平衡点处的 0 值。这里选择电流变化量是常值，主要是因为电流存在反馈回路［见图 2-9］，系统对电流的变化本身就有抑制的能力。这样可以将 Hamilton 函数式（2-115）看作是只关于位移变化量 x_1 和速度变化量 x_2 两个变量的函数，这样则可绘制 Hamilton 函数网格图。图 2-22 为 $x_3=0$ 时，$V(x)$ 只选择 $V(x)^{[2]}$ 时 $H_*[x, V_x^{\mathrm{T}}(x)]$的情况。很明显，在这个区域上，$V(x)^{[2]}$ 获得的线性控制器 $\breve{u}^{[1]}$ 没有能够满足 HJI 不等式。在这个区域上也没有保证 L_2 增益小于 0.2。

求解 HJI 不等式，就是寻找满足条件的存储函数。为了接下来便于说明，这里选点描述，在一个区间 $\{-0.001\leqslant x_i\leqslant 0.001,\ i=1,\ 2\}$ 上选定 121 个点，则线性控制律作用的 $H_*\ [x,\ V_x^{\mathrm{T}}\ (x)\ ]$ 的情况情况可以由图 2-23 更直观地描述出来。

图 2-23 中，水平虚线表示的 0 线，垂直的直线表示的是 $H_*[x,V_x^{\mathrm{T}}(x)]$第一个达到 0 值的数据。从图上可以知道，$H_*[x,V_x^{\mathrm{T}}(x)]$的值在前 55 个坐标点上还不为 0，当在第 56 个坐标点上 $H_*[x,V_x^{\mathrm{T}}(x)]$达到 0 值。

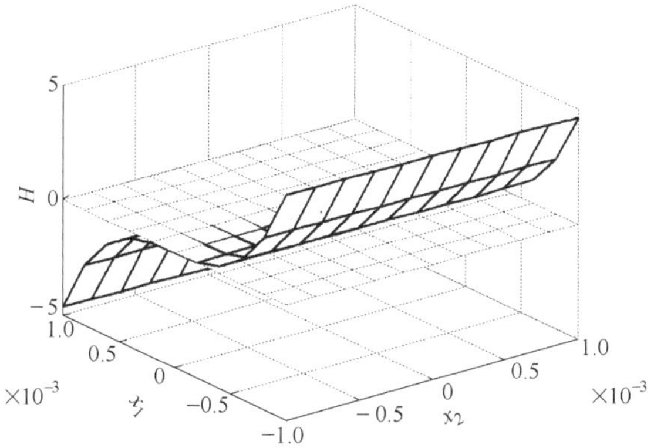

图 2-22　线性控制律下的 Hamilton 函数

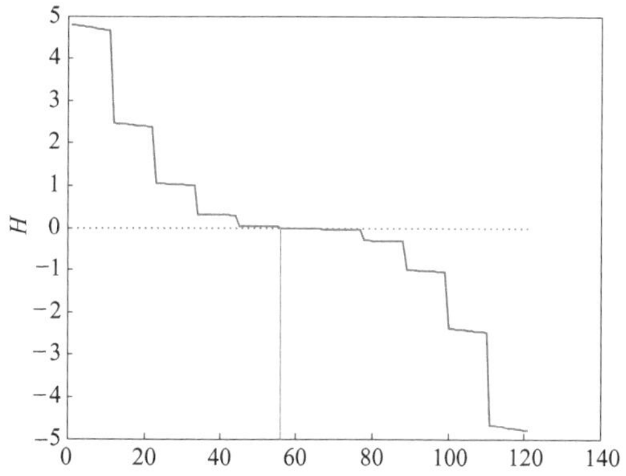

图 2-23　线性控制律下的 $H_*[x,V_x^{\mathrm{T}}(x)]$函数值

实际上，使 HJI 不等式（2-115）获得一个二次型的 $V(x)$ 是很容易做到的。但是常常这样得到的控制无法满足实际要求，而要使 HJI 不等式获得一个解析解是相当困难的。因此产生了一些近似的求解办法，其中一个典型的方法就是在二次型的基础上，引入神经网络控制。利用神经网络的广泛逼近特性，但是这种办法需要不断训练调整，而且还要在求解中引入安全裕度。

接下来看求得的非线性控制律的作用，取 $V(x)=V(x)^{[2]}+V(x)^{[3]}$，此时的 Hamilton 函数网格图如图 2-24 所示。

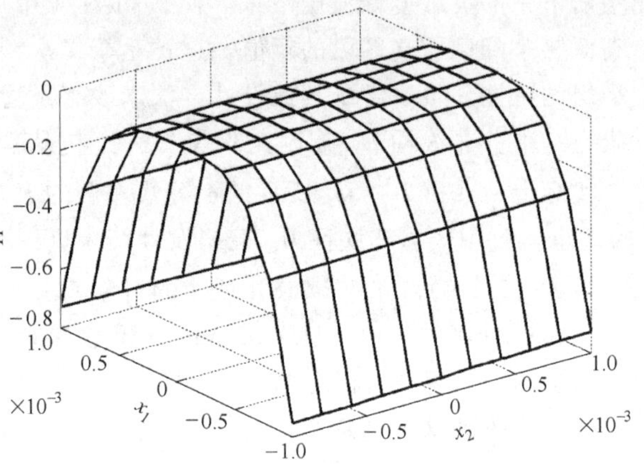

图 2-24 非线性控制律下的 Hamilton 函数

从图 2-24 上可以看出，对于所有的坐标点都有 $H_*[x,V_x^{\mathrm{T}}(x)]\leqslant 0$。说明引入非线性项 $V(x)^{[3]}$ 后，使整个区域所有坐标点的值都满足 HJI 不等式。使得设定好的 L_2 增益性能扩大到整个系统的工作范围。还有一点要注意的是，以上的讨论我们是将电流的变化量设置成了 0。所以这还不足以说明问题，为此需要变动 x_3，再来看上面讨论的结果。取 $x_3=1\text{A}$ 时如图 2-25 所示。

从图 2-25 中，可以看出 x_3 变化，只是使 $H_*[x,V_x^{\mathrm{T}}(x)]$ 在水平面内进行了平移，其值的大小并没有受到影响。原本三个状态变量之间就是同步变化的，因此才会有这样的平移。所以上面的讨论是合理的。

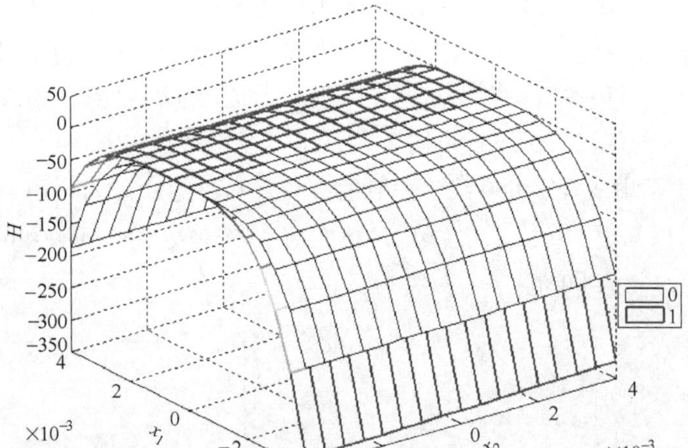

图 2-25 x_3 变化时非线性控制律下的 Hamilton 函数

因此，本节给出的分步求解办法中，求得 $V(x)^{[3]}$ 直接使得 $V(x)$ 满足了 HJI 不等式小于 0 的要求。

图 2-26 对应的是幅值为 0.2mm 的正弦扰动下状态 x_1 的输出信号。其中虚线对应的是线

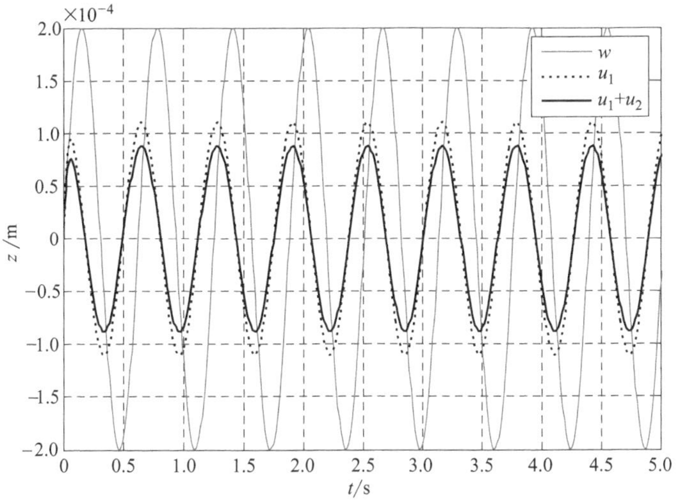

图 2-26 正弦扰动下状态 x_1 的输出信号

性控制器，粗实线对应的是非线性控制器。从图上看出，虽然线性控制器也可以使状态稳定，但非线性控制器有明显的抗干扰能力。

综上所述，引入非线性控制律后最佳性能设计的范围扩大了，扰动抑制能力提高。此外也可以对工作点附近的范围性能分析（图略），也能发现非线性控制律比线性控制律的性能更好。

2.7 本章小结

本章提出不稳定对象的设计要在 Bode 积分约束的指导下进行，给出了适合不稳定对象的 H_∞ 反馈和 H_∞ 输出反馈两种设计方法，并对常规设计思路上的缺陷进行了充实和改正。

H_∞ 状态反馈设计中提出在求解 Riccati 方程的基础上增加了一个 Bode 积分定理下的鲁棒性约束，这样才是完整的设计。提出设计中范数指标 γ 要按有量纲来处理，γ 值与加权参数都是调试参数，设计的目的应该是使灵敏度的峰值 M_S 达到最小值。设计结果表明本章提出的灵敏度最小值设计可直接导致扰动抑制的最佳性能。

H_∞ 输出反馈设计中，指出不稳定对象要特殊考虑中频段。提出按 Bode 积分约束下，既能保持平坦特性又能限制带宽来选择性能权函数，通过 H_∞ 优化设计获得全通特性来确定补灵敏度权函数。这样得到的加权函数，既避免反复尝试，又有选择的依据和实际意义。

虽然非线性 H_∞ 问题有一定的进展，但还没有一个完备的结果，尤其是 HJI 不等式难于求解。本章为非线性 H_∞ 控制中难于求解的 HJI 不等式提出了一种基于级数展开的解析求解方法，可以更快捷地获得满足要求的存储函数，而且求解过程清晰易懂。

通过 Hamilton 函数小于或等于零的判定，对设计结果进行了验证，仿真说明非线性 H_∞ 控制可以扩大系统运行时的稳定范围，增强了扰动抑制能力。因此，对于需要考虑非线性特性的被控对象来说，非线性 H_∞ 控制设计是更加有效的设计方法。

第3章 弱阻尼挠性系统的控制设计

挠性系统的谐振模态往往具有弱阻尼特性，因而挠性结构振动会延长系统响应时间，甚至造成系统的不稳定，其高阶谐振模态还可能产生模态溢出问题。因此控制系统的设计必须抑制这些动态特性的影响，或者至少在高频上避免激发这些模态的影响，使控制系统对参数摄动或高频未建模动态具有鲁棒性。

弱阻尼挠性系统的控制研究，无论是将挠性模态当作未建模动态的刚性系统设计，还是考虑了挠性模态的一些设计方法往往仅是镇定设计，而当要提高带宽时，控制器则是不稳定的。如何使衰减过程又快又平稳，即系统性能（带宽）是否可以做的更好并保证控制器本身是稳定的，这是控制系统设计的难点问题。

McFarlaned 提出的用于挠性系统的 H_∞ 设计方法已是公认的鲁棒性方法，也有权威文献[11] 可参考。然而对弱阻尼挠性系统来说 McFarlaned 提出的 H_∞ 设计方案实际上存在鲁棒性差和不稳定控制器等诸多需要解决的问题。根据 H_∞ 回路成形法传统的认识，无法对这些问题作出解释。本章从对象本身和设计方法两个方面说明。若从设计方法上来说，虽然 H_∞ 回路成形已经是定型的设计方法，但本章将通过弱阻尼挠性系统的设计表明，其 H_∞ 范数所代表的性能的含义、互质因子摄动所对应的鲁棒性的含义等均不同于常规概念。正确理解它们真正的含义对正确掌握 H_∞ 回路成形控制设计方法是很重要的。本章不但提出对 H_∞ 回路成形法的新认识，还将给出适用于挠性系统的基于相位及 μ 综合等 H_∞ 设计方法。

3.1 挠性系统的数学模型

挠性系统可以用图 3-1 的挠性梁来表示。

挠性梁的方程式是很复杂的。不过如果只关心其弯曲变形，那么从底部施加力矩到梁顶端的位移可以用如下的无穷维传递函数来表示

$$\sum_{i=0}^{\infty}\frac{c_i}{s^2+\omega_i^2} \tag{3-1}$$

加上阻尼后则为

$$\sum_{i=0}^{\infty}\frac{c_i}{s^2+2\zeta_i\omega_i s+\omega_i^2} \tag{3-2}$$

一般来说，最低次的模态幅值最大，所以控制设计中常用一次模态来近似一个挠性系统。图 3-2 所示就是用一次模态来近似的挠性系统的简化模型。

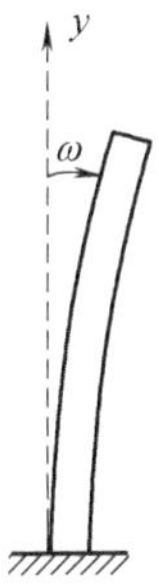

图 3-1　挠性梁的模型图

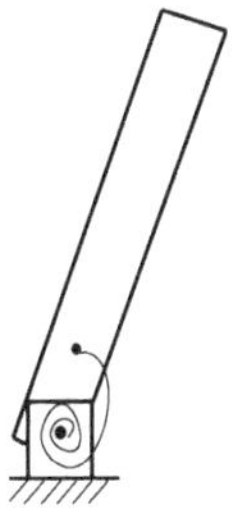

图 3-2　一次模态的简化模型

这里要说明的是在控制问题中，图 3-1 的梁底端并不是固定的，例如对于一个电机系统来说，施加力矩的这一端即电机的转子是自由的。图 3-3 是与图 3-2 相对应的自由转子的扭转系统的模型。

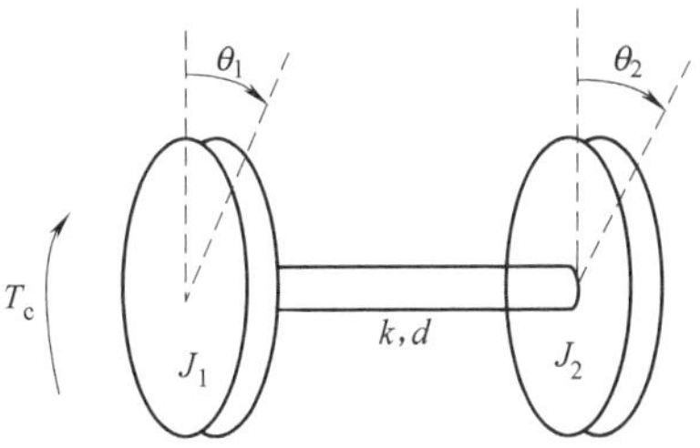

图 3-3　自由转子的扭转系统模型

其运动方程式为

$$J_1\ddot{\theta}_1+d(\dot{\theta}_1-\dot{\theta}_2)+k(\theta_1-\theta_2)=T_c \tag{3-3}$$

$$J_2\ddot{\theta}_2+d(\dot{\theta}_2-\dot{\theta}_1)+k(\theta_2-\theta_1)=0 \tag{3-4}$$

式中　J_1、J_2——相应的转动惯量（$\mathrm{kg\cdot m^2}$）；

d——阻尼系数；

k——力矩系数；

T_c——施加在转子上的力矩（N・m）。

设取状态向量为

$$\boldsymbol{x}=[\theta_2\quad \dot{\theta}_2\quad \theta_1\quad \dot{\theta}_1]^{\mathrm{T}}$$

可写得对应的状态方程式为

$$\begin{cases}\dot{\boldsymbol{x}}=\begin{bmatrix}0 & 1 & 0 & 0\\ -\dfrac{k}{J_2} & -\dfrac{d}{J_2} & \dfrac{k}{J_2} & \dfrac{d}{J_2}\\ 0 & 0 & 0 & 1\\ \dfrac{k}{J_1} & \dfrac{d}{J_1} & -\dfrac{k}{J_1} & -\dfrac{d}{J_1}\end{bmatrix}x+\begin{bmatrix}0\\0\\0\\\dfrac{1}{J_1}\end{bmatrix}u\\ y=[1\quad 0\quad 0\quad 0]\,x\end{cases} \tag{3-5}$$

式中　y——输出，$y=\theta_2(\mathrm{rad})$；

u——输入的控制力矩（N・m）。

设 $J_1=1$，$J_2=0.1$，则可得对应的传递函数为

$$G(s)=\frac{10ds+10k}{s^2(s^2+11ds+11k)} \tag{3-6}$$

注意到式（3-6）可分解为

$$G(s)=\frac{1}{1.1}\left(\frac{1}{s^2}-\frac{1}{s^2+11ds+11k}\right) \tag{3-7}$$

将式（3-4）左右各乘以10后减去式（3-3）得

$$(\ddot{\theta}_2-\ddot{\theta}_1)+11d(\dot{\theta}_2-\dot{\theta}_1)+11k(\theta_2-\theta_1)=-T_c \tag{3-8}$$

从式（3-8）可见，式（3-7）的第二项就是（$\theta_2-\theta_1$）的动态模型，而式（3-7）的系数(1/1.1)中的1.1就是J_1+J_2。由此可见，式（3-7）所表示的是一个J_1+J_2合在一起的刚体模型，再加上一个θ_2对于θ_1的相对运动。将式（3-7）和式（3-2）对比可知，这种自由转子的挠性系统的模型就是

$$\frac{c_0}{s^2}+\frac{c_1}{s^2+2\zeta_1\omega_1 s+\omega_1^2} \tag{3-9}$$

对于这种只考虑一次模态的近似模型（图3-3）来说，$c_1=-c_0$。对包含高次模态时的一般的自由转子的挠性系统来说，系统的模型将是

$$\frac{c_0}{s^2}+\sum_{i=1}^{\infty}\frac{c_i}{s^2+2\zeta_i\omega_i s+\omega_i^2} \tag{3-10}$$

式中的第一项为刚体模型。对于式（3-10）的一般的挠性系统来说，如果在系统设计中忽略其高次模态而按一次模态来计算，那么这时的c_1与c_0就不像式（3-9）那样简单的关系了。这时如果c_1较大，即系统的特性呈现明显的柔性，将会对系统的设计带来更多的问题。

式（3-2）或式（3-10）的模型一般是用有限元方法来建模的，或是用实验方法来测定，测定前几次模态的频率和阻尼比。

3.2 挠性系统的控制问题

挠性系统的控制设计与具体的挠性系统的特性有关，从控制的角度来说，可以将挠性系统分为三类。

第一类挠性系统是指轴系等传动机构，其模型如图3-3所示。这时式（3-6）中的k就是轴的扭转刚度，所以转轴的扭转谐振的频率是很高的，例如可高于200Hz（视具体结构而定）。在一些小位移的精密传动机构中这个频率还可更高，例如，计算机硬盘驱动器中读数臂的扭振的第一模态的频率约为4kHz。控制系统设计中对这种传动机构的挠性一般并不采取针对性的设计和补偿措施。因为这些轴系所属的产品一般都是批量产品（例如硬盘驱动器），如果要补偿的话，就需要对每一件产品进行测试和调试，这是不可能的。所以对于轴系的挠性，一般是按不确定性来处理的，设计时要使系统的开环特性在这一次模态的频率处有较大的衰减（大于20dB）。例如对4kHz的扭振频率来说，开环过0dB线的穿越频率就只能做到500Hz。如果采用这种不激起谐振模态的带宽设计，设计时就可以只考虑刚性模态，即对象的名义特性可取为$1/Js^2$。

第二类挠性系统是指桁架结构。桁架结构从外形上看似是一个刚体，但刚度很低，很容易弯曲。航天器上为了减轻重量一般均采用桁架结构。图3-4a所示就是这类结构的一卫星姿态控制的示意图。设一光学仪器舱处于桁架结构的顶端，光学仪器的指向为所要控制的姿态。这一系统的特点是执行机构和传感器分别处于此挠性结构的两侧，即不是同侧配置的(not collocated)，当只考虑其一次模态时，其动特性类似于图3-4b所示的扭振特性，等同于

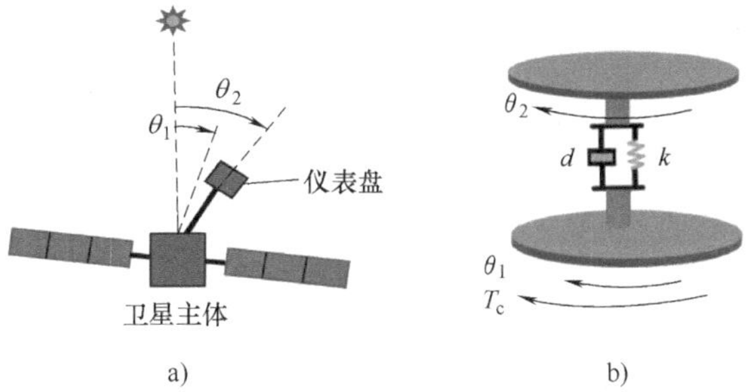

图 3-4　卫星及其双体示意图

图 3-3。但是由于桁架结构的刚度 k 很低［见式（3-6）］，故系统的固有频率很低，例如 $\omega_n = 1\text{rad/s}$。这类系统的阻尼比很低，一般 $\zeta = 0.02$。常规设计，例如 PD 控制常无法使其稳定。

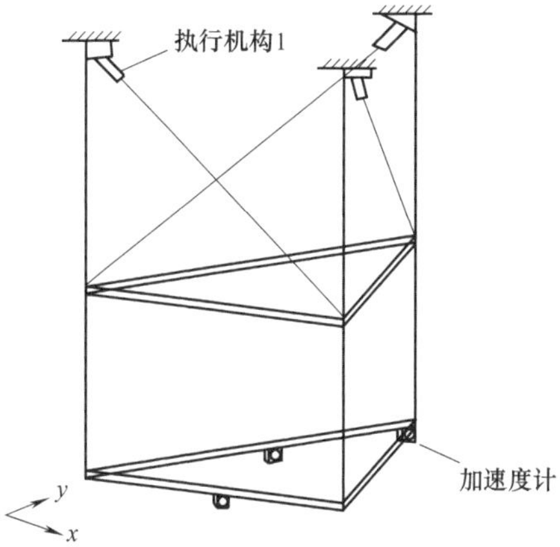

图 3-5　空间结构的例子

除了一类要控制其姿态（指向）的桁架结构，大型的空间结构由于阻尼太小很容易起振，这时也常要采用控制的手段来提高挠性模态的阻尼。虽然设计目的不一样，但这类桁架系统设计时的问题都是一样的。图 3-5 所示就是这类空间结构的一个例子。

这类挠性系统一般来说均含有多次弱阻尼的谐振模态，而且各模态频率之间的差距也不大，表 3-1 为图 3-5 结构的模态数据。

表 3-1　空间结构的各次模态

模态	固有频率/Hz	阻尼比	模态类型
1	1.17	0.018	x 向的一次弯曲模态
2	1.19	0.018	y 向的一次弯曲模态
3	2.26	0.010	一次扭转模态
4	2.66	0.016	x 向的二次弯曲模态
5	2.75	0.018	y 向的二次弯曲模态
6	4.43	0.009	二次弯曲模态

图 3-6 所示是这个空间结构的幅频特性。在同一平面的不同方向上共安放有三个传感器，即下端面的三个加速度计。图 3-6 所示是从执行机构 1 到这三个传感器的三条频率特性。

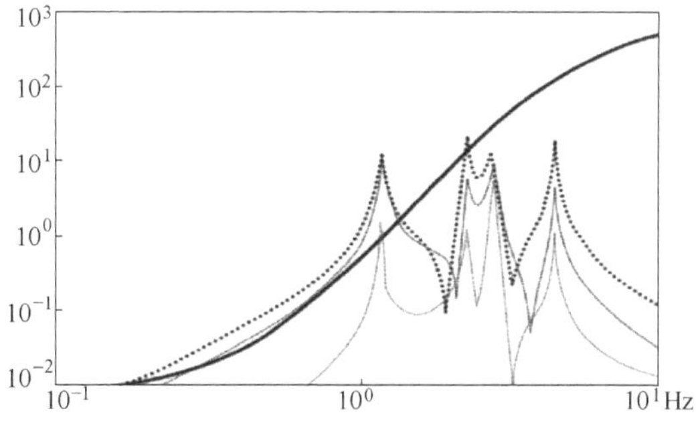

图 3-6　空间结构的幅频特性

挠性系统由于模态较多且相距较近，高次模态常影响系统的稳定性，所以挠性系统设计时常以一次模态为主，而将高次模态作为未建模动态来处理。具体设计时就要求控制器的增益在一次模态频率后迅速衰减，这样的设计要求一般要靠 H_∞ 设计来实现，这里先来说明这个设计要求以及相关的控制问题。结合图 3-6 和表 3-1 的这个空间的例子来说，就要求控制器的增益在结构的一次弯曲模态频率后迅速衰减下来，即要求在 1.2Hz 和 2.2Hz 之间穿过 0dB 线。图 3-6 中的粗实线就是 H_∞ 设计中对控制器加的权函数，对应于控制器增益的倒数，反映了控制器的设计要求。参考文献［12］中对挠性的磁轴承（Active Magnetic Bearing，AMB）系统的设计也是一个采用这种设计思想的实例。

根究上面的分析可以得出这类挠性系统的设计原则是，尽量增大系统的增益以抑制干扰，但控制器的增益在一次模态频率后要迅速衰减，以免激发起系统中的高次谐振模态。所以挠性系统设计时一般都以一次挠性模态为主，系统的带宽则要尽可能宽，但又不能超出一次模态的频率范围。

这种桁架结构的挠性系统，当按一次模态来考虑时，其模型就相当于图 3-3 所示的扭转谐振模型，其传递函数如式（3-6）所示。作为例子，设 $J_1=1$，$J_2=0.1$，$k=0.091$，$d=0.0036$，则系统的传递函数为［见式（3-6）］

$$G(s)=\frac{0.036(s+25)}{s^2(s^2+0.04s+1)} \tag{3-11}$$

则此系统的一次模态的谐振频率 $\omega_1=1\text{rad/s}$，阻尼比 $\zeta_1=0.02$。图 3-7 所示为此系统的幅频特性，其特点是有一个弱阻尼谐振模态引起的单峰。此例在经典的教材中，被用于陷波滤波器的应用研究。

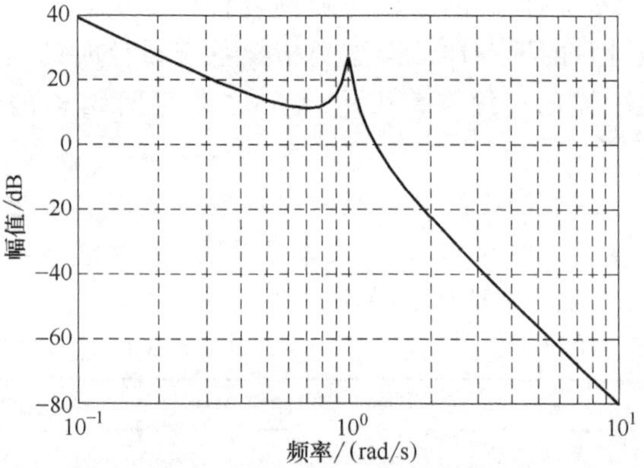

图 3-7　卫星姿态系统的幅频特性

第三类挠性系统是以太阳能电池帆板为代表的薄板型挠性系统，具有明显的挠性。从数学模型来说［见式（3-10）］，一次模态的 c_1 明显大于刚性模态的 c_0，而且谐振模态的阻尼比 ζ_n 也较第二类挠性系统的阻尼要小，一般为 0.003 或更小。

以具有两个太阳能帆板的卫星为例，当只考虑一次模态加一刚性模态时，系统的方程式为

$$P_0:\begin{cases}\dot{\boldsymbol{x}}=\boldsymbol{A}x+\boldsymbol{B}u+\boldsymbol{B}v\\ y=\boldsymbol{C}x\end{cases} \tag{3-12}$$

式中　u——控制力矩（N·m）；

v——扰动力矩（N·m）；

y——可测量的滚转角（rad）。

相应的矩阵为

$$\boldsymbol{A}=\begin{bmatrix}0&1&0&0\\0&0&0&0\\0&0&0&1\\0&0&-\omega_n^2&2\zeta_n\omega_n\end{bmatrix},\ \boldsymbol{B}=\begin{bmatrix}0\\1.7319\times10^{-5}\\0\\3.7859\times10^{-4}\end{bmatrix},\ \boldsymbol{C}=\begin{bmatrix}1\\0\\1\\0\end{bmatrix}^{\mathrm{T}}$$

式中，$\omega_n=1.539\text{rad/s}$，$\zeta_n=0.003$。

式（3-12）所对应的传递函数为

$$G(s)=\frac{1.7319\times10^{-5}}{s^2}+\frac{3.7859\times10^{-4}}{s^2+2\zeta_n\omega_n s+\omega_n^2} \tag{3-13}$$

从式（3-13）可以看到，此对象的增益比较小，控制设计时也要增大系统的增益以抑制可能存在的各种扰动，同时系统的带宽又不能超过一次模态所处的频率段。图 3-8 就是式（3-13）乘上增益 $K=10000$ 后的 Bode 图。

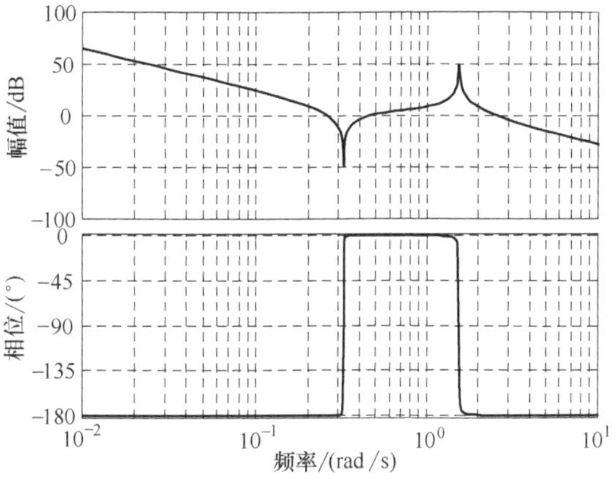

图 3-8 挠性系统式（3-13）的 Bode 图

从式（3-13）和图 3-8 可以看到，由于刚体模态分量较小，反映在低频段就是当 ω 过 0.3rad/s 后系统的特性就过渡给一次挠性模态。从设计的角度来说就是要求在幅频特性急剧下降的频段内保证系统的稳定性。这就是第三类挠性系统的设计难点。

除了太阳能帆板外，细长的杆沿轴方向的弯曲变形也有类似特性，ζ 也会小于 0.003，例如磁轴承中轴的挠性模态。

从上面对挠性系统控制问题的分析中可以知道，挠性系统的控制设计难点主要反映在图 3-8 所示的第三类挠性系统上。一般来说，H_∞ 控制理论作为一种综合理论，对这三类挠性系统都是适用的，不过 H_∞ 控制理论中的 H_∞ 成形法更适合处理图 3-8 所示的设计问题。这是因为互质因式摄动易于描述挠性系统的弱阻尼模态摄动，且 H_∞ 回路成形处理的恰恰是开环过 0dB 线这一频率段的稳定性问题。参考文献［11］是 H_∞ 回路成形法的经典著作，参考文献［11］在最后所举的三个应用实例中就有两个例子是挠性系统，其中包括系统式（3-13）。

3.3 H_∞ 回路成形法

若采用 H_∞ 回路成形法设计，首先要了解双互质因子分解、互质因子不确定性、参数化、H_∞ 标准问题和小增益定理等概念。

3.3.1 互质因子分解

存在两个实数的多项式 $f(s)$ 和 $g(s)$，若它们没有相同的零点，也就是说最大公因式为 1，则称 $f(s)$ 和 $g(s)$ 是互质的。可以证明 $f(s)$ 和 $g(s)$ 是互质，当且仅当存在多项式 $x(s)$ 和 $y(s)$ 使 Bezout 恒等式（3-14）成立

$$f(s)x(s)+g(s)y(s)=1 \tag{3-14}$$

设 H_∞ 中的实有理（阵）子空间用 $\mathbb{R}H_\infty$ 来表示。现在将上面这个结论应用到 $\mathbb{R}H_\infty$ 中的矩阵，并用于真有理函数阵 G 的互质分解。双互质因子分解分为右互质分解和左互质分解。以右互质分解为例。

定义【3-1】 矩阵 $\boldsymbol{M}$，$\boldsymbol{N}\in\mathbb{R}H_\infty$ 构成一个右互质分解（right coprime factorization），当且仅当

1）$G=NM^{-1}$；

2）M 是可逆的，即 $\|M^{-1}\|_\infty$ 有界；

3）存在 X，$Y\in\mathbb{R}H_\infty$ 使 Bezout 恒等式

$$[X\quad Y]\begin{bmatrix}M\\N\end{bmatrix}=XM+YN=I$$

成立。则称 M 和 N 是右互质的，其求解过程如下。

设 G 的一可镇定且可检测的状态空间实现为（$\boldsymbol{A}$，$\boldsymbol{B}$，$\boldsymbol{C}$，$\boldsymbol{D}$），对应的状态方程为

$$\begin{cases}\dot{x}=\boldsymbol{A}x+\boldsymbol{B}u\\ y=\boldsymbol{C}x+\boldsymbol{D}u\end{cases}\tag{3-15}$$

取一实数阵 $\boldsymbol{F}$，使 $\boldsymbol{A}_F:=\boldsymbol{A}+\boldsymbol{BF}$ 稳定。再定义一个输入向量 $\boldsymbol{v}:=u-\boldsymbol{F}x$ 和 $\boldsymbol{C}_F$ 阵，$\boldsymbol{C}_F:=\boldsymbol{C}+\boldsymbol{DF}$，将其代入式（3-15）可得

$$\begin{cases}\dot{x}=\boldsymbol{A}_Fx+\boldsymbol{B}v\\ u=\boldsymbol{F}x+v\\ y=\boldsymbol{C}_Fx+\boldsymbol{D}v\end{cases}\tag{3-16}$$

从式（3-16）中可得从 $\boldsymbol{v}$ 到 u 和 y 的传递函数阵分别为

$$\boldsymbol{M}(s):=\begin{bmatrix}\boldsymbol{A}_F & \boldsymbol{B}\\ \boldsymbol{F} & \boldsymbol{I}\end{bmatrix}\qquad \boldsymbol{N}(s):=\begin{bmatrix}\boldsymbol{A}_F & \boldsymbol{B}\\ \boldsymbol{C}_F & \boldsymbol{D}\end{bmatrix}$$

类似方法，同样可定义左互质分解为 $G=\widetilde{M}^{-1}\widetilde{N}$，存在 $\widetilde{X}$，$\widetilde{Y}\in\mathbb{R}H_\infty$ 使 Bezout 恒等式

$$[\widetilde{M}\quad \widetilde{N}]\begin{bmatrix}\widetilde{X}\\ \widetilde{Y}\end{bmatrix}=\widetilde{M}\widetilde{X}+\widetilde{N}\widetilde{Y}=\boldsymbol{I}$$

成立。可以证明一个真有理阵 G 都存在满足下列双互质分解的 8 个 $\mathbb{R}H_\infty$ 阵

$$G=NM^{-1}=\widetilde{M}^{-1}\widetilde{N}\tag{3-17}$$

$$\begin{bmatrix}\widetilde{X} & -\widetilde{Y}\\ -\widetilde{N} & \widetilde{M}\end{bmatrix}\begin{bmatrix}M & Y\\ N & X\end{bmatrix}=\boldsymbol{I}\tag{3-18}$$

对于标量系统而言，没有左互质和右互质之分，即

$$\widetilde{M}=M,\ \widetilde{N}=N,\widetilde{X}=X,\ \widetilde{Y}=Y\tag{3-19}$$

则标量系统双互质分解的 8 个 $\mathbb{R}H_\infty$ 阵满足的条件符合式（3-20）所示的等式

$$\begin{bmatrix}X & -Y\\ -N & M\end{bmatrix}\begin{bmatrix}M & Y\\ N & X\end{bmatrix}=\boldsymbol{I}\tag{3-20}$$

特别注意的是，在 H_∞ 回路成形设计中，要求采用的是标称互质分解（normalized coprime factorization），即定义【3-1】的 1）式中的 M，$N\in\mathbb{R}H_\infty$，还要满足

$$[N(-s)]^{\mathrm{T}}N(s)+[M(-s)]^{\mathrm{T}}M(s)=\boldsymbol{I}\tag{3-21}$$

这等价于要求 $\begin{bmatrix}N\\M\end{bmatrix}$ 是内矩阵。将式（3-21）写成一个与式（3-20）对应的关系式，即

$$\begin{bmatrix}M(-s) & N(-s)\\ -N(s) & M(s)\end{bmatrix}\begin{bmatrix}M(s) & -N(-s)\\ N(s) & M(-s)\end{bmatrix}=\boldsymbol{I}\tag{3-22}$$

将式（3-22）与式（3-20）对比，可得式（3-20）中的 X 阵和 Y 阵为

$$X(s)=M(-s),\ Y(s)=-N(-s)\tag{3-23}$$

3.3.2 互质因子不确定性

在回路成形设计中，进行标称互质分解的对象是已经按高低频段要求成形的传递函数。当成形后的对象 G_S 用右互质因式表示时，即 $G_S=NM^{-1}$，则摄动的对象可以用互质因式的加性摄动来表示，即

$$G_\Delta=(N+\Delta_N)(M+\Delta_M)^{-1} \tag{3-24}$$

式中，Δ_N、$\Delta_M\in RH_\infty$，且是稳定的传递函数。

图 3-9 中 G_Δ 就是用互质因子的加性摄动来表示对象摄动的，这个对象的不确定性是 1 入 2 出，对应的矩阵表达式为

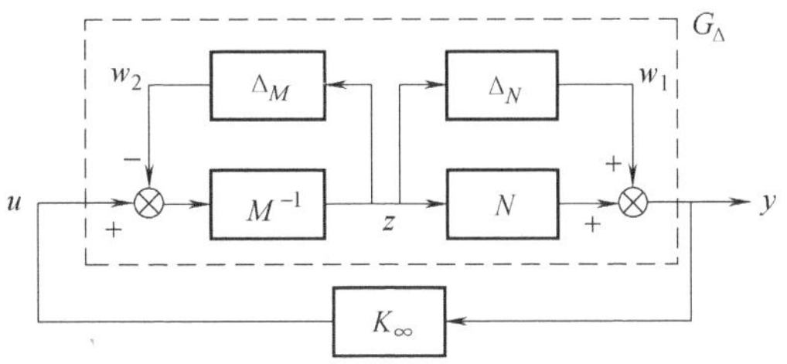

图 3-9 互质因子不确定性的系统

$$\Delta=\begin{bmatrix}\Delta_N\\ \Delta_M\end{bmatrix} \tag{3-25}$$

这种不确定性就称为互质因子不确定性。

3.3.3 H_∞ 标准问题

H_∞ 设计时一般都是将设计问题整理成一种标准形式的 H_∞ 优化问题，也称为标准问题。这里先说明标准问题中的对象以及传递函数阵，这对于应用 H_∞ 方法及利用 MATLAB 软件来求解控制器是很重要的概念。

标准问题中的对象称为广义对象，广义对象有两个输出（见图 3-10），一个是表示性能要求的加权输出 z，另一个是加到控制器上的输出 y，前者可能是某一种数学上定义的信号向量，而后者则是真实存在的，是可以测量到的输出信号向量。其对应的输入也有两个，一个是作用到对象上的所有外输入 $w=[w_1,\ w_2]^{\mathrm{T}}$，另一个则是控制器上的输出作用到对象上的控制输入 u。

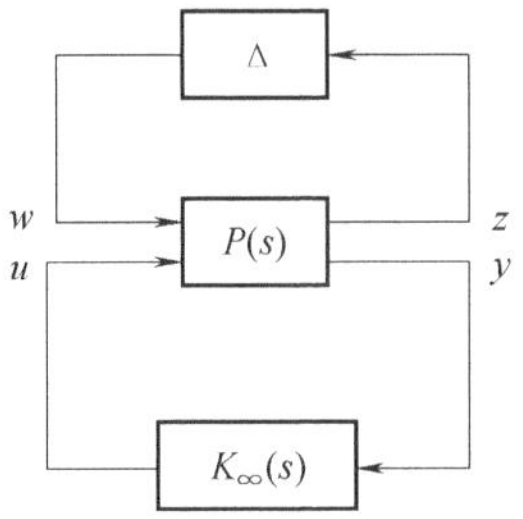

图 3-10 广义对象

设 P 是 G_Δ 中除去（Δ_N，Δ_M）余下的部分所构成的广义对象。广义对象传递函数阵的一般形式是

$$P(s)=\left[\begin{array}{c:c}P_{11}(s) & P_{12}(s)\\ \hdashline P_{21}(s) & P_{22}(s)\end{array}\right] \tag{3-26}$$

P 描述了对应的输入输出关系

$$z=P_{11}(s)w+P_{12}(s)u$$
$$y=P_{21}(s)w+P_{22}(s)u$$

控制器的输入输出关系为

$$u=K_\infty y$$

广义对象 P 与互质因式不确定性 Δ 构成上线性分式变换

$$F_u(P,\Delta)=(N+\Delta_N)(M+\Delta_M)^{-1}=P_{22}+P_{21}\Delta(I-P_{11}\Delta)^{-1}P_{12} \tag{3-27}$$

结合图 3-10 可知，存在摄动的系统，其状态空间模型是带摄动块的线性分式变换形式。

广义对象 P 与控制器构成下线性分式变换

$$F_l(P,K_\infty)=[P_{11}+P_{12}K_\infty(I-P_{22}K_\infty)^{-1}P_{21}] \tag{3-28}$$

下线性分式变换 $F_l(P,\ K_\infty)$ 就是不带摄动的名义系统从输入输出特性。如果系统从输入 w 到输出 z 的传递函数阵的传递函数 T_{zw} 用线性分式变换 $F_l(P,\ K_\infty)$ 来表示，就表明这个系统具有标准问题的结构。这样 H_∞ 优化问题就可以写成

$$\min_{K_\infty}\|F_l(P,K_\infty)\|_\infty$$

H_∞ 标准问题就是指在 K_∞ 镇定 P 的条件下求解一真有理的控制器 K_∞，使从 w 到的 z 的传递函数阵 $T_{zw}=F_l(P,\ K_\infty)$ 的 H_∞ 范数为最小。

这个 $F_l(P,\ K_\infty)$ 与互质因式摄动 Δ 形成鲁棒稳定性问题。

3.3.4 小增益定理

这里只谈应用于线性系统鲁棒稳定的小增益定理的简单形式。考虑如图 3-11 所示的单回路系统。

图 3-11 中传递函数 P 和 K_∞ 满足下面两个假设条件。

1）P 和 K_∞ 都是真有理的，且是稳定的传递函数；

2）P 和 K_∞（或两者）是严格真有理的（$s=\infty$ 时等于零）。

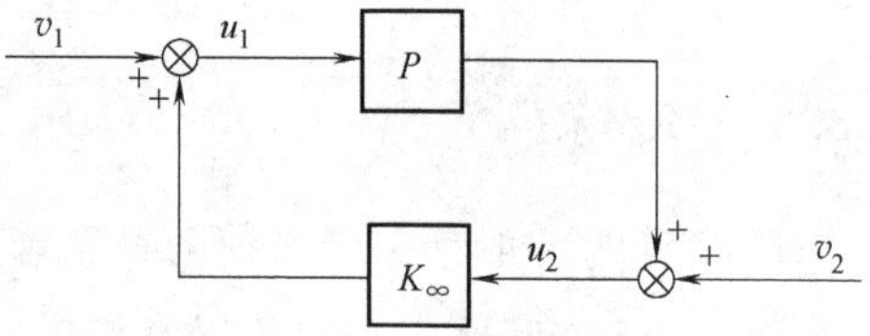

图 3-11　单回路系统

H_∞ 标准问题中的 K_∞ 镇定 P 是一个内稳定的要求。对于图 3-11 所示的系统，内稳定就是要求从 v_1 和 v_2 到 u_1 和 u_2 的四个传递函数阵都属于 $\mathbb{R}H_\infty$，即都应该是稳定的和真有理的。其中真有理由 1）和 2）保证。因而根据 Nyquist 判据和假设 1）可以知道，内稳定的充要条件是此系统的 Nyquist 图线 $-PK_\infty$（负反馈）不包围（-1，j0）点，因此可得内稳定的一个充分条件

$$\|PK_\infty\|_\infty<1 \tag{3-29}$$

上面就是小增益定理的简要内容。现将用于系统的鲁棒稳定分析。

需要注意的是 H_∞ 标准问题中，用 Nyquist 稳定判据推导的鲁棒稳定的条件是闭环系统的传递函数阵的最大奇异值要低于不确定性所规定的界限的倒数。这是鲁棒稳定的充要条件［可见式（3-36）］。对于图 3-10 所示的系统来说，若考虑鲁棒稳定性问题，则需要将互质因子不确定性单独列出来，可简化成图 3-12。

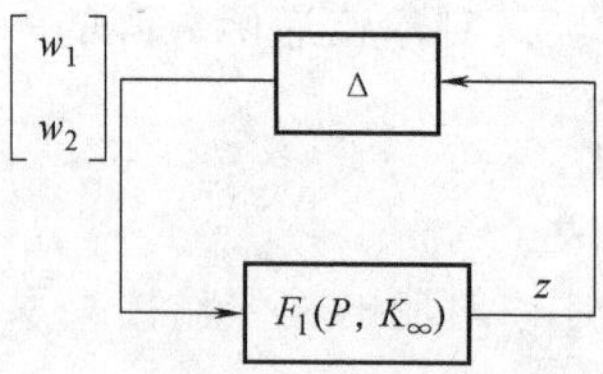

图 3-12　鲁棒稳定性分析的框图

此时，系统鲁棒稳定的充要条件为

$$\|F_l(P,K_\infty)\|_\infty\leqslant 1,\ \|\Delta\|_\infty<1 \tag{3-30}$$

因为如果 $\|F_l(P,\ K_\infty)\|_\infty>1$，就会存在 $\|\Delta\|_\infty<1$ 的摄动破坏稳定性。

进行 H_∞ 设计时，有

$$\min_{K_\infty}\|F_l(P,K_\infty)\|_\infty=\gamma \tag{3-31}$$

则根据小增益定理，如果互质因子不确定性的范数小于 γ^{-1}，即

$$\|\Delta\|_\infty = \left\| \begin{matrix} \Delta_N \\ \Delta_M \end{matrix} \right\|_\infty < \gamma^{-1} := \varepsilon \tag{3-32}$$

时，系统就是稳定的，即具有鲁棒稳定性。这个 ε 值就是允许的互质因式摄动值。ε 值越小，则允许摄动的参数越小，故 ε 也称为稳定裕度。设计时，一般取 $\varepsilon>0.2$，这个值对应的是 H_∞ 范数 γ 的倒数，所以 γ 值不大于 4~5。

3.3.5　参数化

H_∞ 设计要求解的就是式（3-31）所示的优化问题，这里将能使闭环系统稳定的控制器 $K_{\text{stabilizing}}$ 特别标注了出来，具体来写是 $\min\limits_{K_{\text{stabilizing}}} \|F_l(P,K_\infty)\|_\infty$，意指这个极小化应该是在所有使系统内稳定的控制器集合上来求极小，这是一个很严厉的约束。参数化是去掉约束的第一步，这里控制器的参数化是通过互质因式分解方法得到的。镇定 G 的真有理控制器 K_∞ 的参数化公式为

$$K_\infty = (Y-MQ)(X-NQ)^{-1} = (\widetilde{X}-Q\widetilde{N})^{-1}(\widetilde{Y}-Q\widetilde{M}),\qquad Q \in \mathbb{R}H_\infty \tag{3-33}$$

当 Q 在所有的稳定真有理阵上变化时，式（3-33）就给出了所有可能的内稳定控制器 K_∞，第一个等号表示右互质表示，后一个等号表示左互质表示。

3.3.6　H_∞ 回路成形设计的基本思路

通常来说，开环频率特性与闭环系统的稳态性能、动态性能（带宽）、噪声抑制性能等有着直接的关系，所以频域法设计控制系统时是选取适当的校正，使开环系统具有满意的频率特性。根据这一特点，先按要求来指定系统的高频段和低频段的特性，然后再设计控制器，进而达到保证系统稳定性和鲁棒性的目的，这是回路成形的基本思想。换句话说，回路成形就是按照要求给出系统的开环传递函数，这里的开环传递函数在英文术语中被称为回路传递函数（loop transfer function）。

在设计时对系统的低频段和高频段的要求或约束一般都是明确的，这些要求或约束可以通过加入补偿（校正）环节来满足，也称补偿环节的传递函数为权函数。这些权函数与对象的传递函数相乘得到的传递函数就具有要求的特性，称为成形后的对象（shaped plant），一般用 G_S 来表示

$$G_S = W_2 G W_1 \tag{3-34}$$

式（3-34）中的 W_1 和 W_2 就是根据性能要求和约束列写出来的权函数阵。对多入多出系统来说，传递函数相乘有左乘和右乘之分，故两个补偿分别称为前补偿和后补偿。

为了保证成形后的对象稳定，下一步就是对 G_S 进行 H_∞ 设计，求控制器 K_∞。用到的都是 H_∞ 的概念和基本方法，因此称为 H_∞ 回路成形（loop shaping）法，见图 3-13。

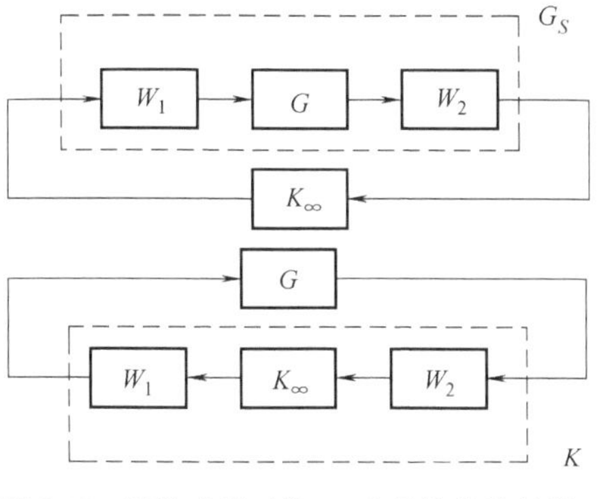

图 3-13　回路成形对象 G_S 和最终的控制器 K

这里要说明的是，设计之后的开环传递函数与成形时的传递函数是不同的，现在多了一个 K_∞ 控

制器，这个控制器主要是修正中频段的特性，保证系统的稳定裕度，对高低频段的影响不大，只要式（3-32）中 ε 不是≪1，附加进来的控制器对系统的特性影响都比较小。这也说明了 H_∞ 回路成形在保证系统稳定裕度的同时，还保证了系统的性能以及对未建模动态的鲁棒稳定性。

图 3-9 和式（3-28）的鲁棒性问题还可以有另外一种表达方式。注意到传递函数阵左乘一个内矩阵后其范数是不变的，所以式子（3-28）左乘 $\begin{bmatrix} N \\ M \end{bmatrix}$（在标称互质分解中 $\begin{bmatrix} N \\ M \end{bmatrix}$ 是内矩阵［见式（3-21）］）后 H_∞ 范数不变，因此有

$$\|F_l(P,K_\infty)\|_\infty = \left\|\begin{bmatrix} N \\ M \end{bmatrix} F_l(P,K_\infty)\right\|_\infty$$

原来的式（3-28）所表示的系统只有一个输出 z（见图 3-9），乘上内矩阵 $\begin{bmatrix} N \\ M \end{bmatrix}$ 后成为两个输出，第一个输出（z_1）是 z 乘上 N 阵，在 N 输出端输出（见图 3-14），第二个输出（z_2）是 z 乘上 M 阵，故输出点是在 M^{-1} 的输入端上。

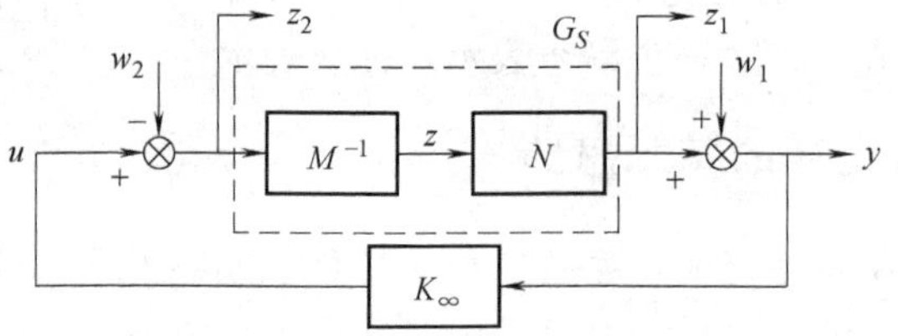

图 3-14　H_∞ 设计时的系统

图 3-14 所示已是一个 2 入 2 出的系统，其 H_∞ 范数仍是式（3-31）的 γ，图中已经没有互质因式的显示表达式，所以虽然回路成形设计是一种基于互质分解的思想，不过实际设计时并不需要去进行互质分解。

3.4　挠性系统的 H_∞ 回路成形设计

这里用第 3.1 节中的两个挠性系统模型式（3-11）和式（3-13）来探讨如何正确使用 H_∞ 回路成形法。这两个模型是 H_∞ 回路成形设计相关研究中常用的两个例子。其中薄板结构的挠性系统式（3-13），第 3.2 节的分析已经给出这个例子反映挠性系统的控制设计的难点，因此，选用这个例子来说明 H_∞ 回路成形法在挠性系统设计中是一个有效的方法。桁架结构的挠性系统式（3-11）对说明 H_∞ 回路成形法用于弱阻尼挠性系统设计的鲁棒性问题，特点明显，而且是一个简单的例子，便于计算和分析。本节将结合这两个例子研究 H_∞ 回路成形法的设计问题。

3.4.1　H_∞ 回路成形法的鲁棒性

建立正确的数学模型是进行各类研究的基础，但由于认识能力或表达方式有限，并且系统中的部件也可能随着周围环境的变化而变动，致使无法建立精确的数学模型，因此产生了不确定性这一概念。一个设计应该允许有这种不确定性。这样，设计好的系统才是能工作

的，能够实现设计的要求。如果一个设计不允许有不确定性，就意味着设计出的控制器是无法应用实际的。所谓允许不确定性可以理解为，要求按名义对象 $G_0(s)$ 设计的控制器当用在实际系统 $G(s)$ 中时仍是稳定的。这个性能称为鲁棒稳定性。当采用乘性不确定性时有

$$G(\mathrm{j}\omega)=[1+L(\mathrm{j}\omega)]G_0(\mathrm{j}\omega) \tag{3-35}$$

其中，$|L(\mathrm{j}\omega)|<l_m(\omega)$，$l_m(\omega)$ 表示了实际 $G(\mathrm{j}\omega)$ 偏离模型的相对值的界限。$G(\mathrm{j}\omega)$ 在设计时是不知道的，只有标称模型 $G_0(\mathrm{j}\omega)$ 和不确定性的界函数 $l_m(\omega)$ 是已知的。$l_m(\omega)$ 在低频段一般很小（≪1），其值随着 ω 而增大，到高频段时会超过 1。这主要是由于存在未建模动态特性的缘故。可推导鲁棒稳定性的条件相当于要求式（3-36）成立

$$\overline{\sigma}[G_0K(1+G_0K)^{-1}]<1/l_m \tag{3-36}$$

以式（3-13）这个弱阻尼挠性系统为例，设式（3-13）中弱阻尼谐振模态由 ω_n 摄动为 $\alpha\omega_n$，其中，当 $\alpha=1.08$，表示正摄动 8%。现在将名义对象式（3-13）和摄动系数 α 代入式（3-35），有

$$\frac{1.7319\times10^{-5}}{s^2}+\frac{3.7859\times10^{-4}}{s^2+2\alpha\zeta_n\omega_n s+\alpha^2\omega_n^2}=[1+L(s)]\left(\frac{1.7319\times10^{-5}}{s^2}+\frac{3.7859\times10^{-4}}{s^2+2\zeta_n\omega_n s+\omega_n^2}\right)$$

令 $c_0=1.7319\times10^{-5}$，$c_1=3.7859\times10^{-4}$，则经整理得

$$L(s)=\frac{2c_1\zeta_n\omega_n(1-\alpha)s^3+c_1\omega_n^2(1-\alpha^2)s^2}{\left(\begin{array}{c}(c_0+c_1)s^4+2\zeta_n\omega_n[\alpha(c_0+c_1)+c_0]s^3+\omega_n^2[c_0+\alpha^2(c_0+c_1)+4\alpha c_0\zeta_n^2]s^2\\+2c_0\zeta_n\omega_n^3(\alpha+\alpha^2)s+c_0\alpha^2\omega_n^4\end{array}\right)}$$

当 ω_n 摄动 8%，即 $\alpha=1.08$ 时，$L(s)$ 的频率特性如图 3-15 所示。

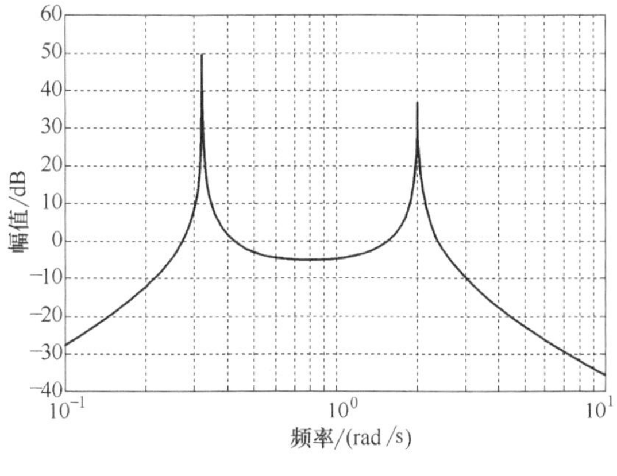

图 3-15 挠性系统式（3-13）的乘性不确定性界函数的 Bode 图

从图 3-15 上可以看出，在低频段出现 50dB 的峰值。对于此系统来说，相当于在低频率段上 $l_m>>1$，则根据式（3-36）可知，要求低频段上 $|G_0K|$ 是很小的。而根据性能要求，在低频段开环幅频特性 $|G_0K|$ 都是比较高的，所以对于控制设计来说，弱阻尼挠性系统的不确定性是无法用乘性来描述的。但用互质因子摄动来表示，就很方便，而且合理。将互质因式分解及其摄动纳入到 H_∞ 标准的框架下来研究，就形成了 H_∞ 回路成形法。

在 MATLAB7.0 以前的版本中，可利用 hinfsyn（）函数进行求解 H_∞ 控制器，乘上加权后即可得 H_∞ 回路成形法最终获得的控制器，该函数位于 μ 分析与综合工具箱中。随着 MATLAB7.0.1 版的推出，鲁棒工具箱合并了原来的鲁棒控制工具箱、μ 分析与综合工具箱与 LMI 工具箱，推出了全新的版本。在新版本的工具箱中，引入了新的不确定参数函数，

从而可以很容易表示不确定系统，并进行设计各种鲁棒控制器。其中 loopsyn（）函数可以直接给出 H_∞ 回路成形法的控制器，调用格式为

$$[K \quad CL \quad \gamma]=\text{loopsyn}(G_0, G_S) \tag{3-37}$$

现通过式（3-13）的模型来说明 H_∞ 回路成形设计中的问题。首先要选择成形的加权函数。一般设计中有扰动时，对输出、控制力矩及鲁棒稳定性等都有一定的指标要求。一般把对象上的干扰力矩可以看做是常值，所以要求有一个积分规律，设为 PI 控制

$$W_{\text{PI}}=\frac{s+0.4}{s} \tag{3-38}$$

这个 PI 控制律反映的是系统低频段的特性。而图 3-8 的分析给出当 ω 过 0.3rad/s 后系统式（3-13）的特性就过渡给一次挠性模态。

设计时，还有一个增益的要求。这个增益反映在系统的带宽上。一般低频段需要满足 $|(I-GK)^{-1}G|<\gamma|W|^{-1}$，并且在这一设计中有一要求是当扰动为 0.3N · m 时输出要小于 0.0007rad，所以有

$$|W|\geqslant\frac{\gamma}{0.0007/0.3}=435\gamma$$

注意一般 γ 不大于 4~5，因此这里增益可选择 10000。可以通过提高增益改善指向精度。

对于 SISO 系统来说，没有左乘和右乘之分，所以权函数可归为一起。则为指定成形特性而选择的权函数是

$$W=10000\,\frac{s+0.4}{s} \tag{3-39}$$

这个权函数是要求系统过 0dB 时的频率约为 1rad/s，与被控对象的挠性模态 1.539rad/s 相当，这是一般卫星姿态控制系统的要求。得成形的对象为

$$G_S(s)=WG(s)=\frac{4(s+0.4)(s^2+0.0004s+0.1036)}{s^3(s^2+0.0092s+2.369)} \tag{3-40}$$

由此可见，在 H_∞ 回路成形设计中权函数的选择较混合灵敏度 H_∞ 设计容易，可由开环特性直接指定。图 3-16 中的虚线为成形对象式（3-40）所对应的 Bode 图。

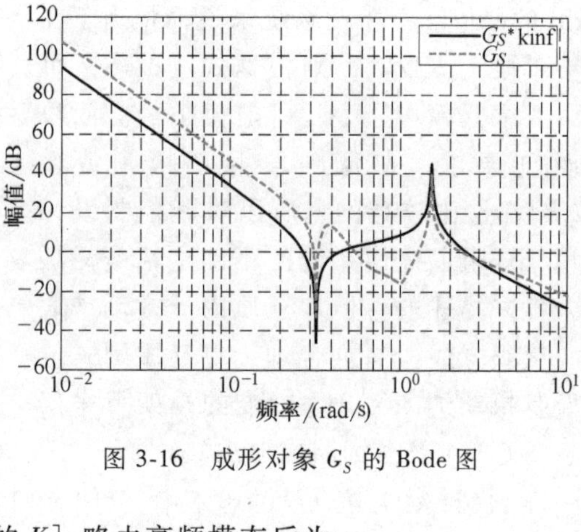

图 3-16　成形对象 G_S 的 Bode 图

图 3-14 中系统是一个标准 H_∞ 问题，可采用 MATLAB 的式（3-37）命令，对式（3-13）和式（3-39）进行 H_∞ 优化设计，得系统的 H_∞ 范数

$$\gamma_1=\|F_l(G,K_\infty)\|_\infty=2.4817 \tag{3-41}$$

$\gamma_1<4$，满足回路成形设计的鲁棒稳定性要求，也就是说，这个 G_S 具有要求的开环特性。对应的回路成形控制器［即式（3-37）中的 K］略去高频模态后为

$$K_1(s)=WK_{1\infty}(s)=\frac{22713(s+0.4)(s^2+0.2795s+0.04545)(s^2+0.1797s+1.041)}{s(s+4.417)(s+0.4048)(s^2-0.08855s+0.1365)} \tag{3-42}$$

有了控制器，就可以得到实际设计后系统的 Bode 图，如图 3-16 中的实线，可以看出 H_∞ 设计后对原先成形设计的 $G_S(s)$ 作了修正。

从式（3-42）可以看出，根据式（3-37）命令求的控制器，实际上包含了加权函数式（3-39），而对应的 H_∞ 控制器为

$$K_{1\infty}(s)=\frac{2.2713(s^2+0.2795s+0.04545)(s^2+0.1797s+1.041)}{(s+4.417)(s+0.4048)(s^2-0.08855s+0.1365)} \tag{3-43}$$

图 3-17 为设计后得到的 $K_{1\infty}(s)$ 的幅频特性，从图中可见，低频和高频没有多大影响，只是略微调整了一下增益。控制器仍然有积分规律，系统的带宽基本上也没有变化。

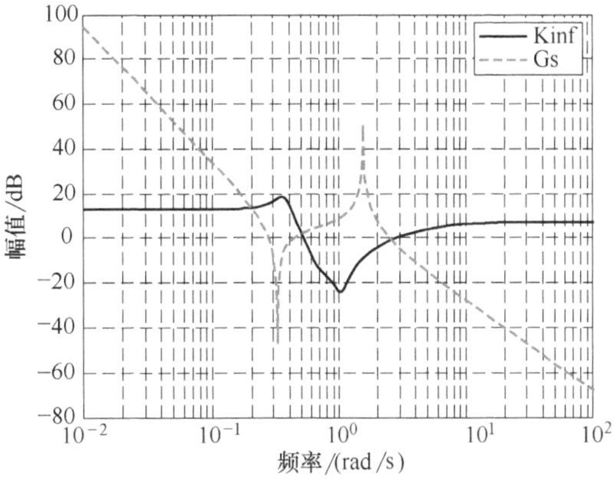

图 3-17 $K_{1\infty}(s)$ 的幅频特性

图 3-18 是式（3-42）控制器与式（3-13）的对象所构成的反馈控制系统在 0.3N·m 阶跃扰动力矩下（对象输入端）的控制输入 $u(t)$ 和系统输出 $y(t)$ 的响应曲线。响应曲线表明加反馈控制后，系统有足够的阻尼，又有积分控制律，所以稳态误差为零。

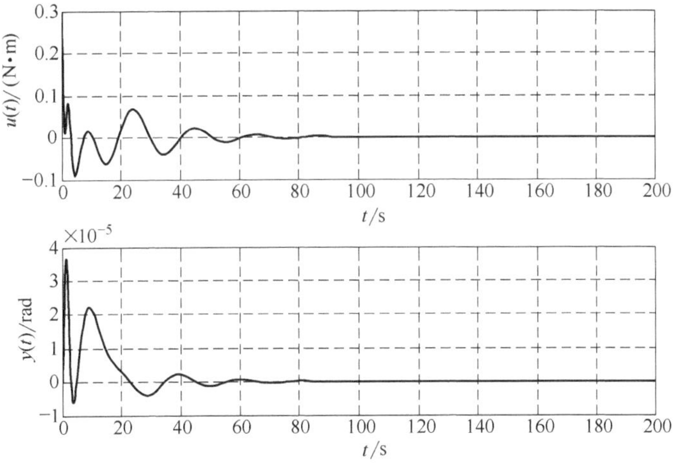

图 3-18 阶跃扰动力矩下系统的响应曲线

现在结合上面的设计结果，来分析 H_∞ 回路成形设计的鲁棒性。H_∞ 回路成形设计以允许的互质摄动范数 $\|\Delta\|_\infty$［见式（3-32）］为设计指标，若设计出的 $\|\Delta\|_\infty$ 大于或等于 0.2，则认为设计具有鲁棒性。本例中 $\|\Delta\|_\infty$ 约为 40.29%（γ_1 的倒数），而这说的是 H_∞ 回路成形设计对互质因子摄动有鲁棒性。实际上互质因子摄动只是设计中的一个工具，并不具备实际的物理概念。在实现上，要看的是系统实际允许的参数摄动是否有鲁棒性。经验证，当挠性模态的频率摄动 14%时，系统达到临界稳定状态。图 3-19 是挠性模态的频率摄动 14%时的系统输出响应曲线，即接近稳定边缘界限时的扰动响应曲线。说明这个 H_∞ 回路成形设计对参数摄动是有鲁棒性的，但是互质因式摄动范围与参数摄动范围是有差距的。

一般的 H_∞ 回路成形设计到此就结束了，都没有进一步的深入研究。若深入剖析，可以有以下三个方面的认识。

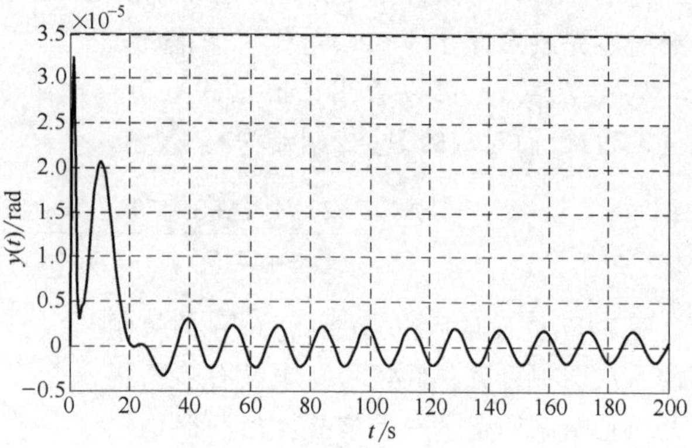

图 3-19　参数摄动时阶跃扰动下系统的响应曲线

（1）H_∞ 回路成形设计中的 H_∞ 范数

H_∞ 范数 γ 在一般的 H_∞ 设计中都是一种性能指标，但是在 H_∞ 回路成形设计中，根据小增益定理式（3-31）中的 γ 的倒数可被看作是稳定裕度，是一种鲁棒稳定性的指标。这个概念对正确认识回路成形法很重要。

（2）H_∞ 回路成形法的鲁棒性

一般的 H_∞ 设计给定 Δ（例如乘性摄动），然后根据指定的参数摄动范围确定相应加权函数，那么 H_∞ 设计后系统对这个 Δ 就具有鲁棒性。而从上面的设计过程可以看出 H_∞ 回路成形法却不是给定摄动下的设计，只有在设计完成后，才知道系统允许的参数摄动范围，如本例中参数摄动约为 14%。因此 H_∞ 回路成形法在鲁棒性设计这一概念上不同于一般的 H_∞ 设计。从这一点上讲，普遍认为 H_∞ 回路成形法具有较好的鲁棒性，是针对互质因式摄动而言的，但对参数摄动是否具有较好的鲁棒性，则要看互质因式摄动和参数摄动的关系。

（3）互质因式摄动与参数摄动的关系

有关文献中在介绍互质因子摄动时一般只是用一两个低阶的简单例子来说明这种摄动的优越性，并且所有有关的文献对互质因子摄动都没有再作进一步的讨论，都接受了互质因子摄动，并将其作为 H_∞ 回路成形法的基础。例如，一对象谐振模态存在摄动，即

$$G_\Delta=\frac{2\sqrt{2}}{s^2+1+\tau} \tag{3-44}$$

式中，τ 表示摄动。则所对应的标称互质分解为

$$\begin{bmatrix}N\\M\end{bmatrix}=\frac{1}{s^2+1.912s+2.828}\begin{bmatrix}2\sqrt{2}\\s^2+1\end{bmatrix} \tag{3-45}$$

则式（3-44）的摄动对象可写为

$$G_\Delta=\frac{2\sqrt{2}}{s^2+1.912s+2.828}\left(\frac{s^2+1}{s^2+1.912s+2.828}+\frac{\tau}{s^2+1.912s+2.828}\right)^{-1}$$

为此，可写得互质因式的摄动为

$$\begin{aligned}&\Delta_N=0\\&\Delta_M=\frac{\tau}{s^2+1.912s+2.828}\end{aligned} \tag{3-46}$$

根据式（3-46），可知当 $\tau=0.44$，即对象的固有频率变化 20%时，此对象的互质因式摄动的奇异值峰值为 0.166，即 $\|\Delta\|_\infty=0.166$。可见对象参数的变化与互质因式不确定性的范数上界相当。所以一般就认为 $\|\Delta\|_\infty$ 的摄动范围就基本代表了参数摄动。但是互质因子摄动的使用是有一定保守性的，否则即使是用 H_∞ 回路成形法，也不能保证系统对参数摄动具

有较好的鲁棒性。比如式（3-41）的设计中，互质因式摄动的范围是 40.29%，而实际的参数摄动被缩小为 14%。可见对于弱阻尼系统来说，二者有差别。如果我们以桁架型的弱阻尼例子式（3-11）来说，这种差别更明显，使参数摄动的鲁棒性变得很差。接下来就对这个问题进行具体分析。

3.4.2 互质因式摄动分析

选用桁架型挠性系统的例子式（3-11），主要是因为这个例子对于说明弱阻尼系统在设计时的互质因式摄动问题更有特色，而且便于分析计算。

有了上一节的设计，这节就是一个简单的控制问题了，式（3-11）只是根据对象模型所列出的传递函数，根据设计要求还需要加一补偿 W 以限制系统的带宽。设 $W=0.2$，得成形的对象为

$$G_{2S}=WG=\frac{0.0072(s+25)}{s^2(s^2+0.04s+1)} \tag{3-47}$$

这个 G_{2S} 就是 H_∞ 设计时图 3-14 的 G_S。

可采用 MATLAB 的 hinfsyn 函数进行 H_∞ 优化设计，得系统的 H_∞ 范数

$$\gamma_2=\|F_l(P,K_\infty)\|_\infty=3.2945 \tag{3-48}$$

相应的 H_∞ 控制器为

$$K_{2\infty}(s)=\frac{7492598.4335(s+0.1575)(s^2-0.03095s+0.9934)}{(s+2.387\times10^6)(s+0.9725)(s^2+0.5127s+1.585)} \tag{3-49}$$

最终的控制器应是乘上补偿 $W=0.2$ 后的控制器，即

$$K_2(s)=WK_{2\infty}(s)=\frac{1498519.6867(s+0.1575)(s^2-0.03095s+0.9934)}{(s+2.387\times10^6)(s+0.9725)(s^2+0.5127s+1.585)}$$

略去 10^6 的高频模态后的降阶控制器为

$$K_2(s)=\frac{0.6278\ (s+0.1575)(s^2-0.03095s+0.9934)}{(s+0.9725)(s^2+0.5127s+1.585)} \tag{3-50}$$

图 3-20 是式（3-50）这个控制器 $K_2(s)$ 与式（3-11）的对象 $G(s)$ 所构成的反馈控制系统在初始条件 $\theta_2(0)=0.2\mathrm{rad}$ 下的调节过程。

根据式（3-48）的设计结果，$\gamma_2^{-1}=0.3035$。根据小增益定理可知，这个系统允许 $\|\Delta\|_\infty$ 有 30%的摄动［见式（3-32）］，看似有足够的鲁棒性。而当式（3-11）的固有频率 ω_1 从 1 增加到 1.035rad/s，即 ω_1 的摄动仅为 3.5%时，系统就接近稳定的边缘了（见图 3-20b），说明这个设计实际上对名义对象参数 ω_1 摄动的鲁棒性很差。只有百分之几的摄动对于一个仅考虑名义系统稳定性的设计来说，也是很容易做到的。可见这个例子中，参数摄动范围被压缩的更加明显。

H_∞ 回路成形设计已是定型的设计方法，普遍认为该方法既保证了稳定性，又可使设计具有鲁棒性。本例按照正常的 H_∞ 回路成形设计，为何对系统参数摄动的鲁棒性较差？这就要从 H_∞ 回路成形法的基础互质因式摄动的特点来说明。

这里讨论互质因子摄动的特性，需要用到前面谈到的双互质因子分解和参数化控制的概念。现在用式（3-17）、式（3-18）和式（3-33）等来深入分析互质因子摄动，并研究其对

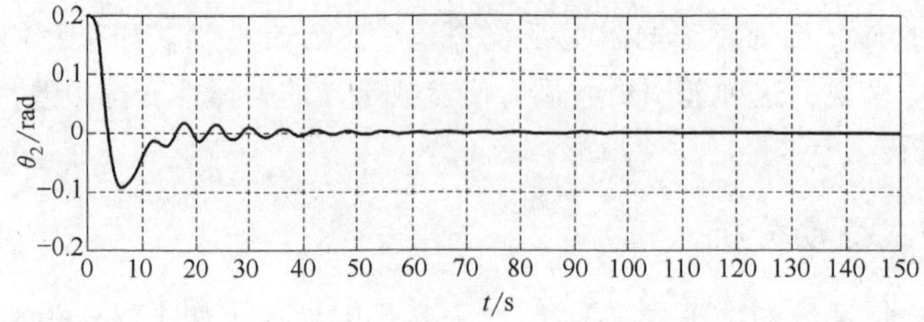

a) 名义系统回路成形设计

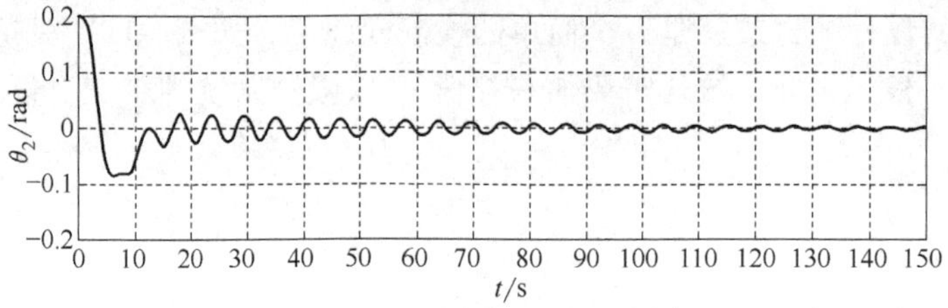

b) 摄动系统回路成形设计

图 3-20　摄动前后系统初始条件下的响应曲线

设计的潜在影响。

可以设参数阵 $Q=0$，将式（3-23）代入式（3-33），可得一能镇定被控对象 G_S 的控制器

$$K_{\infty}(s)=Y(s)X(s)^{-1}=-\frac{N(-s)}{M(-s)} \tag{3-51}$$

由 K_{∞} 和 G_S 所形成的反馈系统的回差阵为

$$1-K_{\infty}(s)G_S(s)=1+\frac{N(-s)N(s)}{M(-s)M(s)}=1+G_S(-s)G_S(s) \tag{3-52}$$

现在将传递函数改用分子分母多项式来表示，即设

$$G_S(s)=\frac{b(s)}{a(s)},\ M(s)=\frac{a(s)}{d(s)},\ N(s)=\frac{b(s)}{d(s)} \tag{3-53}$$

$$G_S(s)=N(s)M(s)^{-1}=\frac{b(s)}{d(s)}\left[\frac{a(s)}{d(s)}\right]^{-1} \tag{3-54}$$

这里用大写字母表示 RH_{∞} 函数，用小写字母表示多项式。

由式（3-52）可知，$1+G_S(-s)G_S(s)=0$ 是系统的特征方程式。现将式（3-53）代入，并考虑到式（3-21），可将此特征方程式整理成

$$d(-s)d(s)=0 \tag{3-55}$$

式（3-55）说明，回路成形设计中，成形对象 G_S 分解出来的两项 M 和 N 的分母多项式 $d(s)$ 与系统的特征方程式（加有参数化控制器［式（3-51）］）是有关的。这个对应关系对于下面的分析至关重要，也可以说是分析互质因子摄动的基础。

根据式（3-54）可将摄动对象表示为

$$G_{S\Delta}=(N+\Delta_N)(M+\Delta_M)^{-1}=\left[\frac{b(s)}{d(s)}+\frac{\Delta_b(s)}{d(s)}\right]\left[\frac{a(s)}{d(s)}+\frac{\Delta_a(s)}{d(s)}\right]^{-1} \tag{3-56}$$

由此可得相应的互质因子的摄动项为

$$\Delta_N=\frac{\Delta_b(s)}{d(s)},\ \Delta_M=\frac{\Delta_a(s)}{d(s)} \tag{3-57}$$

式中 $\Delta_a(s)$ 为对象 G_S 的分子项摄动，$\Delta_b(s)$ 对应的是分母部分的摄动。而式（3-56）中第一个等号后的 Δ_N 和 Δ_M 是加性摄动的描述形式。因此由式（3-57）可知回路成形法中摄动范围受互质因式分解项 M 和 N 的分母 $d(s)$ 的制约。

在根轨迹 $1+\rho G_S(-s)G_S(s)=0$ 问题中，$\rho=1$ 对应的分布问题就是系统的特征方程式（3-52）。$\rho=1$ 的根轨迹分布是一种对称形式。而式（3-52）进行化简得到式（3-55），所以 $d(s)=0$ 的根都位于左半平面的根轨迹上。成形对象 G_S 是已知的，根据 G_S 就可以计算出互质因子 M 和 N 的极点。对算例式（3-47）来说

$$d(s)=s^4+0.8415s^3+1.356s^2+0.7051s+0.184 \tag{3-58}$$

图 3-21 是算例式（3-47）的对称根轨迹，图中左半平面的圆圈点就是 $d(s)=0$ 的根，即互质因子摄动 Δ_N 和 Δ_M 的极点。

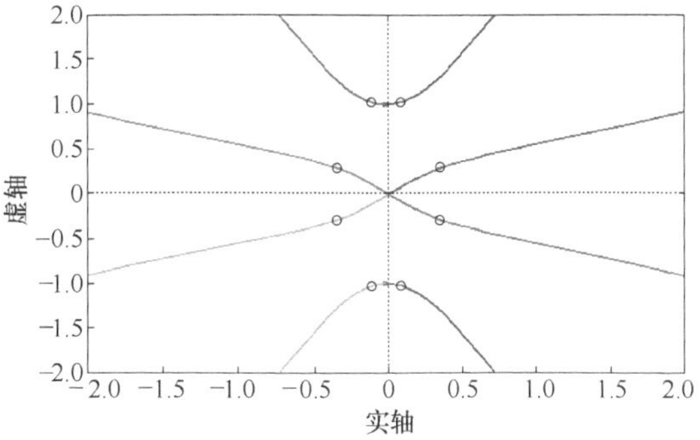

图 3-21 对称根轨迹

从图上可以看出，$d(s)=0$ 的根都位于对称根轨迹上，所以系统的特征方程式中的成形对象 G_S 若有弱阻尼极点，那么互质分解项的分母 $d(s)$ 中也必然有靠近虚轴的特征根（图 3-21 中左半平面靠近虚轴的一对圆圈点），从计算的角度来说，这是一种依赖关系。如果是高阶系统，那么表现的就更为突出。结合式（3-53）频率响应而言，系统中的弱阻尼影响了互质分解项的分母，从而将摄动进行了放大。

将式（3-53）代入式（3-21），并整理如下：

$$\begin{cases}\dfrac{b(-s)b(s)}{d(-s)d(s)}+\dfrac{a(-s)a(s)}{d(-s)d(s)}=1\\ b(-s)b(s)+a(-s)a(s)=d(-s)d(s)\end{cases} \tag{3-59}$$

现在来考察频率特性。考虑低频特殊情况，取极值 $s=0$。如果成形对象 $G_S(s)=b(s)/a(s)$的分母带有积分项，那么 $a(0)=0$，那么由式（3-59）可得

$$b_0=d_0 \tag{3-60}$$

式中 b_0 和 d_0 分别是 $b(s)$ 和 $d(s)$ 的常数项。现在假定常数项 b_0 变化 10%，即 $\Delta_b=0.1b_0$，则

$$\left.\frac{\Delta_b}{d(s)}\right|_{s=0}=\frac{0.1b_0}{b_0}=0.1$$

这样，与式（3-57）对应的互质因子摄动的奇异值特性在 $\omega=0$ 时的值为

$$\left.\bar{\sigma}\begin{bmatrix}\Delta_N(\mathrm{j}\omega)\\ \Delta_M(\mathrm{j}\omega)\end{bmatrix}\right|_{\omega=0}=0.1$$

从上面分析可知互质因子摄动反映了实际的参数摄动比例。如果回路成形法得到的 H_∞ 范数 $\gamma=5$，其倒数 $\gamma^{-1}=0.2$，则设计允许对象的分子分母可以摄动 20%。所以一般就将互质因式的摄动等同于对象参数摄动，但是如果被控系统中有弱阻尼模态，那么 $d(s)$ 中也有弱阻尼项，这个弱阻尼项会将式（3-57）的摄动严重地放大，因此，为了保证 H_∞ 范数设计指标就需要压缩对象的实际摄动 Δ_a 和 Δ_b。所以按照一般的范数指标要求，对带弱阻尼的系统采用回路成形设计鲁棒性会变差。拿本例来说，根据式（3-58）可知相应的互质因子为

$$N(s)=\frac{0.0072s+0.18}{s^4+0.8415s^3+1.356s^2+0.7051s+0.184} \tag{3-61}$$

$$M(s)=\frac{s^4+0.04s^3+s^2}{s^4+0.8415s^3+1.356s^2+0.7051s+0.184} \tag{3-62}$$

当对象式（3-11）的固有频率 ω_n 从 1 增加到 1.035rad/s，即 $\Delta\omega=0.035$rad/s 时，结合式（3-6）可知对应的加性摄动为

$$\Delta_N=\frac{0.000252s+0.01282}{s^4+0.8415s^3+1.356s^2+0.7051s+0.184} \tag{3-63}$$

$$\Delta_M=\frac{0.0014s^3+0.07122s^2}{s^4+0.8415s^3+1.356s^2+0.7051s+0.184} \tag{3-64}$$

图 3-22 就是摄动 $\Delta\omega=0.035$rad/s 下的奇异值特性 $\bar{\sigma}\begin{bmatrix}\Delta_N\\ \Delta_M\end{bmatrix}$，其峰值为 −9.55dB。从图 3-22 上可以看出，互质因子加性摄动的奇异值特性已经略超出 H_∞ 设计所得的 $\gamma^{-1}=1/3.2945$，即 −10.36dB。从小增益定理来说，系统已超出稳定的边缘。这说明，本例中 ω_n 的摄动为 0.035rad/s，即 ω_n 从 1→1.035rad/s 时系统就要不稳定了。图 3-20 所示是该系统摄动前后的过渡过程，摄动后实际系统已接近临界稳定状态。

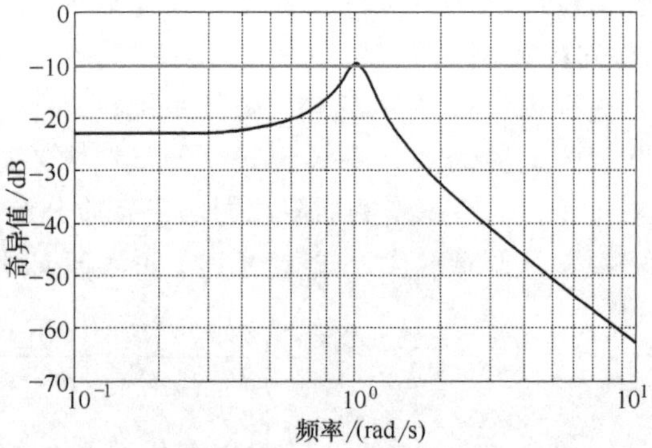

图 3-22　摄动 $\begin{bmatrix}\Delta_N\\ \Delta_M\end{bmatrix}$ 的最大奇异值 Bode 图

弱阻尼极点会使其传递函数的奇异值特性在谐振模态处的峰值增加，图 3-7 的单峰也很好地说明了这一点。由于式（3-63）和式（3-64）中的分母 $d(s)$ 中也有弱阻尼，同样也增加了谐振模态处的峰值。此外再考虑到一般谐振模态的常数项是 ω_n^2 [见式（3-11）]，对于 ω_n 的参数摄动来说，式（3-57）中 $\Delta_a(s)$ 所对应的 $\Delta(\omega_n^2)\approx 2\Delta\omega$，所以对于 ω_n 的摄动来说，这 2 倍（即 6dB）的关系再加上峰值上。所以图 3-22 中峰值增加了 14.55dB。

H_∞ 回路成形是用 H_∞ 设计来保证成形系统的稳定性和鲁棒性的，所以设计结果具有鲁棒性似乎是毋庸置疑的。不过 H_∞ 回路成形是用互质因子摄动来表示系统不确定性的。从上面的两个设计实例可以看出，弱阻尼模态会增加互质因子摄动的范数，因而压缩了实际允许

的摄动范围，使系统实际上对参数摄动的鲁棒性变差。所以按 H_∞ 回路成形设计，看似可满足鲁棒性要求，但不是给定摄动下的鲁棒设计，所以对于弱阻尼挠性系统的设计不一定具有较好的鲁棒性。因此，弱阻尼挠性系统 H_∞ 回路成形设计，需要设计出比较小的 γ，这样才能使允许的参数摄动范围大，提高鲁棒性。这是弱阻尼挠性系统在采用 H_∞ 回路成形法时特别需要注意的问题。

3.4.3 不稳定控制器的分析和避免

参考文献［11］为被控对象式（3-13）选择的加权函数式（3-39），McFarlaned 在选取这个加权函数时，设计的目的是提升带宽至一次模态之后。因此在设计成形对象时，先是乘上 $K=10000$，那么被控对象低频部分变为 $0.17319/s^2$，过 0dB 线时的频率为 $\sqrt{0.17319}\approx 0.42$，为了提升带宽 $W(s)$ 增加了一个零点，使得幅频特性在穿越 0dB 线之前抬高 20dB，达到一次模态时，再降 20dB 过 0dB 线。进而达到提升系统性能的目的。设计后系统的输入端扰动到输出传递函数 $G/(1+KG)$ 的幅频特性如图 3-23 所示，其中 $K=WK_{1\infty}$。

从 $G/(1+KG)$ 的 Bode 图看，过 0.3219rad/s（被控对象的第一个零点）后 $G/(1+KG)$ 与被控对象 G 重合，所以系统的有效带宽实际上也只是在 0.3219 之前。带宽实际上并没有提高，而所设计的 H_∞ 控制器却是不稳定的。

再看此系统的灵敏度特性 $S(j\omega)$，如图 3-24 所示。从图 3-24 中可以看出，$\omega=0.3$ 之后 $S\approx 1$，已经没有扰动抑制的能力。仅仅是在谐振峰值点处有抑制作用。说明系统实际上的带宽并没有增加。

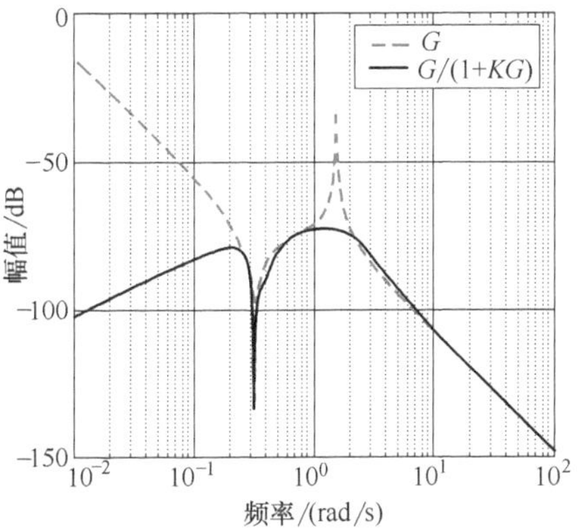

图 3-23 被控对象和扰动抑制幅频特性

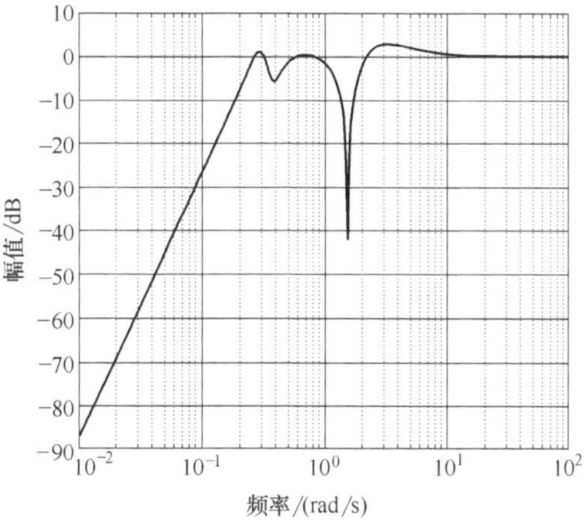

图 3-24 系统式（3-13）的灵敏度特性 $S(j\omega)$

接下来分析不稳定控制器的成因。设计后的 $W(s)G(s)K_{1\infty}$ 的 Nyquist 曲线如图 3-25 所示。谐振模态前有零点，那么谐振模态（$\omega_1=1.539$）是在 $W(s)G(s)K_{1\infty}$ 接近原点后再出现大圆（这样才能远离-1 点，保证鲁棒性）。但如果零极点的频率值相差较大，本例零点是 $\omega=0.3219$，即在 $\omega=0.3219$ 时 $KG(j\omega)$ 都已经接近原点了，这样 $W(s)G(s)K_{1\infty}$ 就只能再绕 -1 点逆时针转一圈等 $\omega_1=1.539$ 时接近原点，使谐振模态的大圆在过原点后再出现。这就要求控制器有一对不稳定极点。

如果对于谐振模态前没有零点的对象来说则人为在谐振模态前加一陷波，使谐振模态的大圆进到右半平面，增加鲁棒性。但总的来说，虽然有效带宽就在零点（0.3219）之前，后面的特性无助于带宽的提高，但因为使 $W(s)G(s)K_{1\infty}$ 大圆进到右半平面而鲁棒性得以提高，缺点是控制器是不稳定的。

如果把带宽限制在零点前（采用增益稳定），就可以不用不稳定控制器了。那么在同样具有鲁棒性下带宽到底能做到多宽？这就涉及如何选择加权函数。

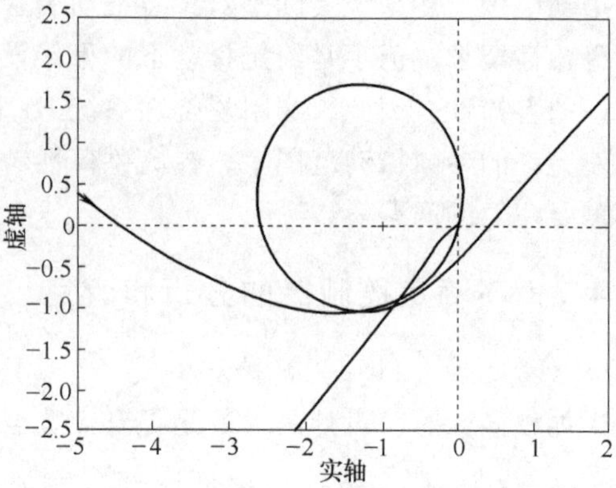

图 3-25　系统式（3-13）的 Nyquist 曲线

加权函数的选择问题始终是采用 H_∞ 设计方法的核心问题。H_∞ 理论中的状态反馈、输出反馈、以及回路成形等设计方法，都涉及加权函数（或加权系数）的选择。H_∞ 设计时，扰动抑制能力和鲁棒性分别对应系统的低频段和高频段特性，所以 H_∞ 设计中加权函数一般都只从低频段和高频段上的要求来考虑，而不专门考虑被控对象的中频段。McFarlaned 的回路成形法在加权函数的选择时就是如此，也正因此才产生了不稳定控制器、带宽以及鲁棒性等诸多问题。实际上，弱阻尼挠性系统的中频段上恰好包含着难于控制的多个弱阻尼谐振模态。所以可以考虑式（3-65）所示的加权选择方法。

$$W(s)=\alpha\frac{(s+r_1)^\beta}{(s+r_2)^\beta} \tag{3-65}$$

式中，$r_2=\sqrt{\omega_1{}^2/k}$；$r_1=kr_2$。这里有 k、β、α 三个参数需要确定。加权函数的幅频特性的第一个转折点 r_2 应该在零点 0.3219 之后，一次模态 $\omega_1=1.539$ 之前。第二个转转点 r_1 应该在 1.539 之后，且不能超出过多，否则带来高频的未建模动态的影响。因此可取 $k=10$，则有

$$r_2=0.4876,\ r_1=4.876 \tag{3-66}$$

其中 $(10)^\beta\alpha$ 对应于控制器增益的倒数，反映了系统的设计要求，即尽量增大系统的增益以抑制干扰，但控制器的增益在一次模态频率后要迅速衰减，以免激发起系统中的高次谐振模态。当取

$$\alpha=0.023,\ \beta=5 \tag{3-67}$$

时，系统具有最佳的灵敏度特性和带宽。其中灵敏度与图 3-24 基本一致。则 $(10)^\beta\alpha=2300$，在原 McFarlaned 法中这个开环增益数值为 4000。根据式（3-66）和式（3-67）所确定的加权进行回路成形设计，得到的 H_∞ 控制器为

$$K_{1\infty}(s)=\frac{4.6442(s+0.3633)(s+0.06993)(s^2+1.121s+0.3161)}{(s^2+1.79s+0.854)(s^2+0.1398s+0.0927)}\cdot\frac{(s^2+0.9438s+0.2322)(s^2+0.00923s+2.369)}{(s^2+0.9367s+0.5078)(s^2+0.001007s+2.731)} \tag{3-68}$$

可见根据式（3-65）的加权选择方式对 McFarlaned 法的设计改进，得到的控制器是稳定的，而且灵敏度特性和带宽并没有变差。图 3-26 是本节所提改进方法所得到的 H_∞ 控制器的 Bode 图。图 3-26 表示了 H_∞ 设计对原来成形设计的 $W(s)G(s)$ 所做的修正。从图中可见，主

要是中频段做出的修正，以保证稳定性和鲁棒性，低频段和高频段只是略微调整了一下增益。

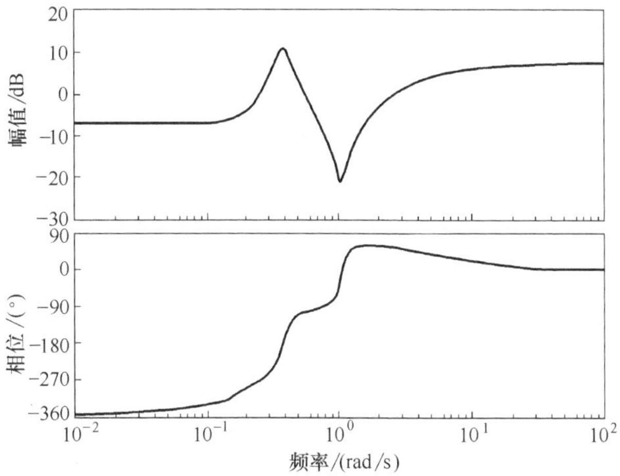

图 3-26 H_{∞} 控制器的 Bode 图

图 3-27 是反馈控制系统在初始条件下的控制信号的响应曲线。响应曲线表明加反馈控制后，系统具有足够的阻尼，而且稳态误差为 0。

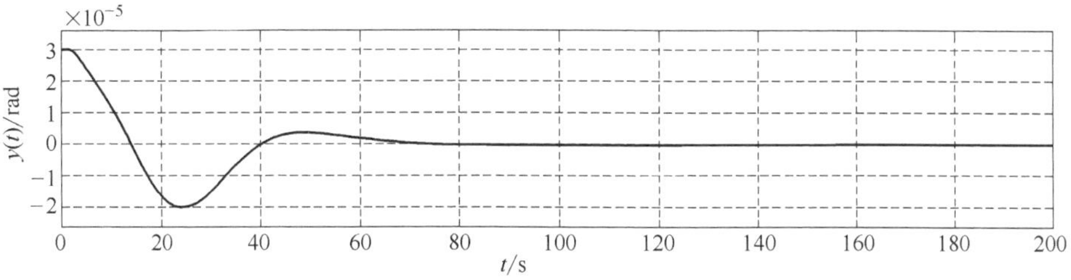

图 3-27 名义系统初始条件下系统的响应

这个 H_{∞} 回路成形设计对参数摄动也是有鲁棒性的。当挠性模态的频率由 1.539rad/s 摄动至 1.7rad/s，如图 3-28 所示。

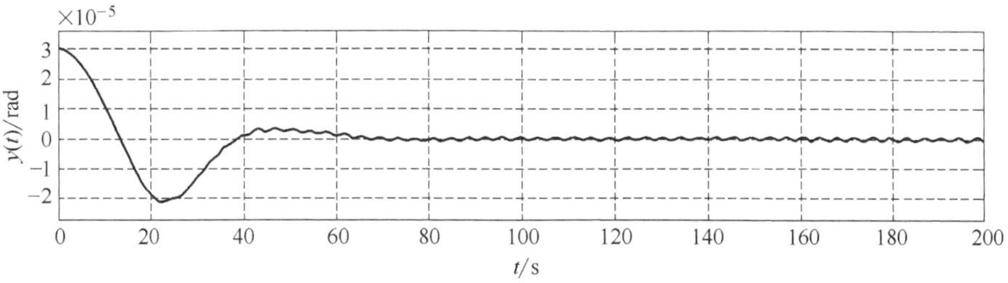

图 3-28 摄动后初始条件下系统的响应

3.5 混合灵敏度设计

系统的状态空间方程可见式（3-5），为了方便起见重写如下：

$$\begin{cases}\dot{\boldsymbol{x}}=\boldsymbol{A}x+\boldsymbol{B}u\\ y=\boldsymbol{C}x\end{cases} \tag{3-69}$$

式中，$\boldsymbol{A}=\begin{bmatrix}0 & 1 & 0 & 0\\ -\frac{k}{J_2} & -\frac{d}{J_2} & \frac{k}{J_2} & \frac{d}{J_2}\\ 0 & 0 & 0 & 1\\ \frac{k}{J_1} & \frac{d}{J_1} & -\frac{k}{J_1} & -\frac{d}{J_1}\end{bmatrix}$，$\boldsymbol{B}=\begin{bmatrix}0\\0\\0\\ \frac{1}{J_1}\end{bmatrix}$，$\boldsymbol{C}=[1\quad 0\quad 0\quad 0]$。

其中，k 和 d 的名义值为 $k_0=0.091$，$d_0=0.0036$。对应的传递函数如式（3-11）所示。

对式（2-79）的 H_∞ 设计，选择混合灵敏度设计中的 PS/T 问题，其框图如图 3-33 所示。设计中需要选择三个加权函数 W_1，W_2，W_3，以满足

$$\min\left|\begin{matrix}W_1PS\\ W_2T\end{matrix}\right| \tag{3-70}$$

式中 S 和 T 分别是系统的灵敏度和补灵敏度，如式（2-76）所示。

为了说明鲁棒性问题，先将对象 G 和加权函数合写成广义对象

$$P=\begin{bmatrix}P_{11}(s) & P_{12}(s)\\ P_{21}(s) & P_{22}(s)\end{bmatrix}=\left[\begin{array}{c:c}W_1G & W_1G\\ 0 & W_2\\ \hdashline G & G\end{array}\right] \tag{3-71}$$

W_1 表示扰动抑制能力，要求控制器具有积分规律，则

$$W_1(s)=\frac{\rho(s+0.2)}{s+0.0001} \tag{3-72}$$

式中增加的零点是为了使积分环节不影响中频段的稳定性，能在 0.2rad/s 后衰减；而 0.0001 是为了避免出现虚轴的极点而附加的一个较小的数；ρ 是优化设计中的待选参数。

W_2 用来限制带宽，以防止未建模动态的影响，取

$$W_2(s)=\frac{3s^2}{4(0.001s+1)^2} \tag{3-73}$$

式中取 s^2 是要求过带宽以后的闭环特性能按-40dB/dec 衰减。两个小时间常数 0.001 是为了使 $W_2(s)$ 的分子分母阶次相等，进而保证 H_∞ 设计中 P_{12} 满秩。

取 $W_3=10^{-6}$，这个很小的数是为了保证 H_∞ 设计中 P_{21} 满秩的条件。

现在广义对象式（3-71）已满足 H_∞ 对对象的假设要求。利用 MATLAB 的函数 hinfsyn ( )，就可来求解式（3-70）的 H_∞ 优化解。得 $\rho=0.1225$ 时 $\gamma=1.0008$，对应的 H_∞ 控制器为

$$K(s)=\frac{1.3344\times10^6(s^2+0.3183s+0.03436)(s^2-0.05213s+0.8609)}{s(s+1.795)(s^2+53.87s+742.3)(s^2+31.59s+1210)} \tag{3-74}$$

图 3-29 为 $K(s)$ 的 Bode 图，从图中可以看到 $K(s)$ 的积分特性在 0.2rad/s 后已消失，具有

事先由加权函数所指定的特性。图 3-29 呈现出明显的陷波滤波特性。这是挠性系统控制器所特有的性能。

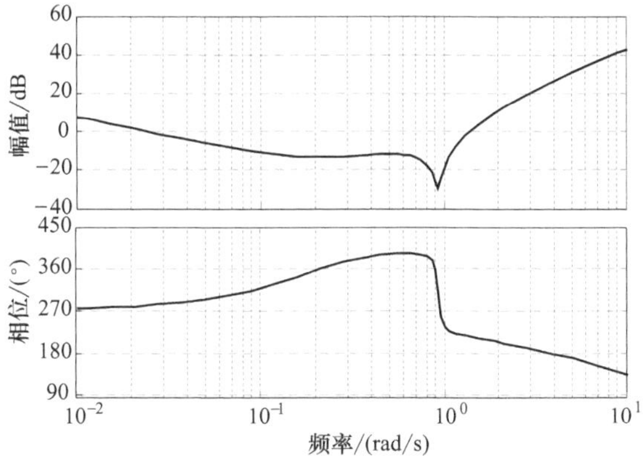

图 3-29　控制器 $K(s)$ 的 Bode 图

图 3-30 是本设计在 $\theta_2(0)=0.2$rad 下的调节过程，图 3-31 是参数摄动后的调节过程，对应卫星的谐振频率从 $\omega_1=1$ 变为 $\omega_1=2$rad/s。图 3-31 表明参数摄动后的系统仍是稳定的。所以对于弱阻尼系统来说，应该是根据谐振频率的最小值来进行设计，这样当参数摄动时仍可保持一定的性能。

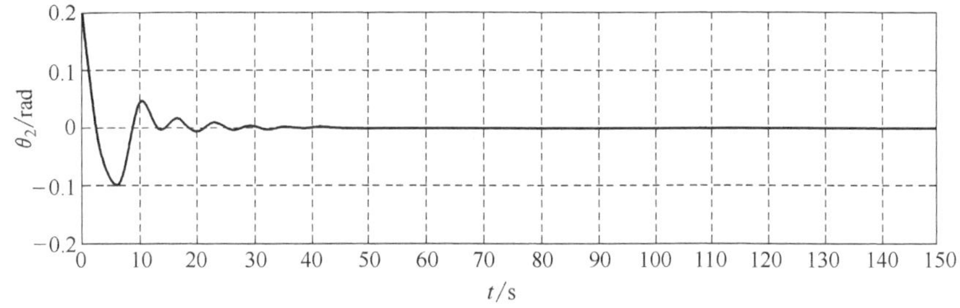

图 3-30　名义系统混合灵敏度设计后的调节过程

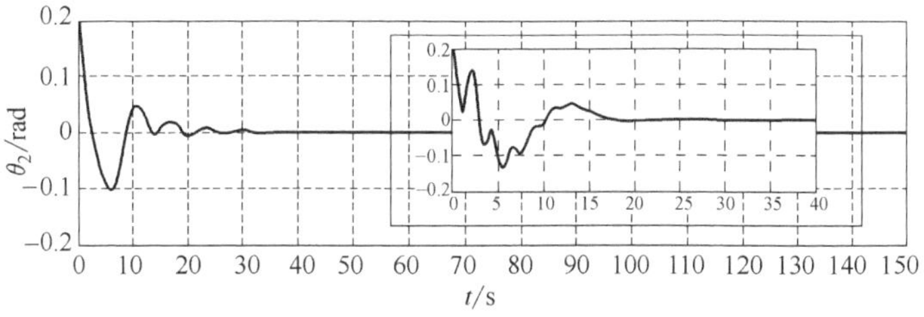

图 3-31　摄动系统混合灵敏度设计后的调节过程

3.6　H_∞ 回路成形中的 μ 综合法

在 H_∞ 回路成形中，成形被控对象的互质因式分解见式（3-24）。互质因式分解既可以是未建模动态，也可以是参数不确定性。图 3-14 对应的不确定性已是一个 2 入 2 出的 4 块结构，设用 Δ_{LS} 表示，则可将图 3-14 进一步简化成图 3-32。

图 3-32 表明，H_∞ 回路成形设计是首先按要求指定系统的高频段和低频段特性，然后设计控制器。剩下的就是一个单一的鲁棒稳定性问题，是互质因子摄动 Δ_{LS} 下的鲁棒稳定性问题。但要注意的是式（3-30）中的鲁棒稳定充要条件要求不确定性是范数有界不确定性，这是一种非结构化的不确定性。但如果规定了不确定性的结构，依然用 $\|F_l(P,K_\infty)\|_\infty \leqslant 1$ 来分析稳定性，就会带来保守性，这时应该用结构奇异值 μ 来分析。

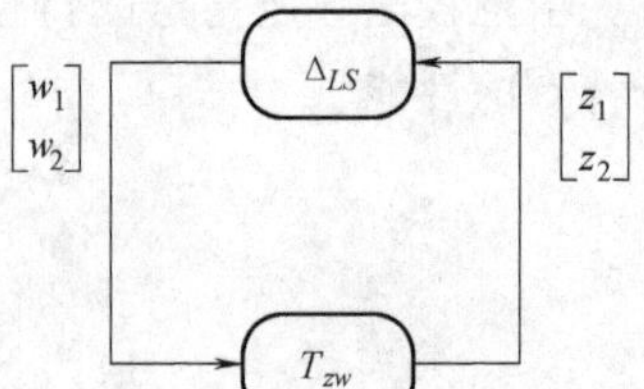

图 3-32　互质因子摄动下的 H_∞ 回路成形设计

3.6.1　结构奇异值和 μ 综合

如果被控对象的参数存在摄动，并要求在给定的参数摄动下保证系统的稳定性或性能，这样的控制问题叫鲁棒镇定或鲁棒控制。被控对象式（3-11）的 H_∞ 回路成形设计，采用 H_∞ 范数设计，允许的参数摄动范围是 3.5%。若设计指标要求在参数摄动 10%下保证系统的性能，显然回路成形法是做不到的。而结构奇异值恰好可以用来处理这类参数摄动下的系统设计问题。

结构参数随着温度有产生变化，即

$$k=k_0+\Delta k=k_0(1+\omega_k\delta_k) \tag{3-75}$$

式中 δ_k 是界为 1 的不确定性，$|\delta_k|\leqslant 1$；ω_k 为相对变化范围，取 $\omega_k=10\%$。模型式（3-5）中的 d 的值与 k 的关系如下：

$$0.038\sqrt{\frac{k}{10}}\leqslant d\leqslant 0.2\sqrt{\frac{k}{10}}$$

名义值取左侧极值，因此左侧按泰勒级数展开可取

$$d=d_0+0.02\Delta k \tag{3-76}$$

将式（3-75）和式（3-76）代入式（3-69）可得

$$\dot{x}=(A+A_\Delta)x+Bu=(A+B_0\Delta C_0)x+Bu \tag{3-77}$$

式中，$B_0=[0 \quad 10\omega_k k_0 \quad 0 \quad -\omega_k k_0]^{\mathrm{T}}$，$C_0=[-1 \quad -0.02 \quad 1 \quad 0.02]$。这里统一采用摄动块 Δ 来表示不确定性，$\Delta=\delta_k$，这个摄动块具有对角块阵的结构。式中 C_0x 表示作用到不确定性 Δ 的信号，图 3-33 中 $z_3=C_0x$。

在图 3-33 中，$y_2=y$，$u_2=u$。Δ 的输出 u_3 通过 B_0 与状态阵 A 相加。这样当不确定性单独列出时，系统的状态方程式就可以用矩阵的形式表示为

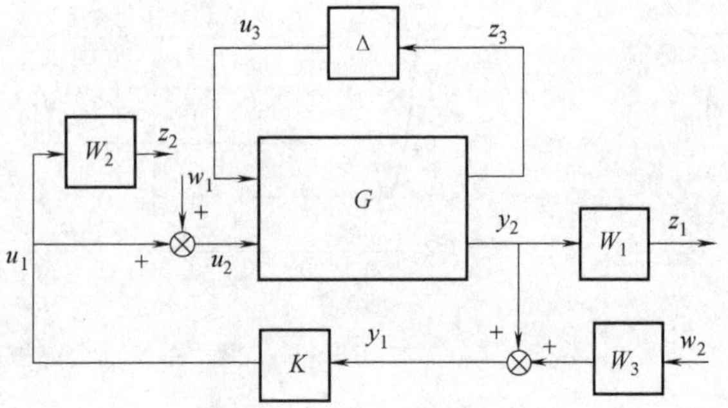

图 3-33　μ 综合系统框图

$$\begin{bmatrix} \dot{x} \\ y_2 \\ z_3 \end{bmatrix}=\begin{bmatrix} A & B & B_0 \\ C & 0 & 0 \\ C_0 & 0 & 0 \end{bmatrix}\begin{bmatrix} x \\ u_2 \\ u_3 \end{bmatrix} \tag{3-78}$$

而不确定性的方程式为

$$u_3 = \Delta z_3 \tag{3-79}$$

式（3-78）表明，当考虑参数摄动时，被控对象的输入由 u_2 和 u_3 两部分组成，输出也分为 y_2 和 z_3 组成，而表示参数摄动的不确定性 Δ 则和对象形成一种上线性分式变换的结构，如图 3-33 所示。如果 Δ = 0，则式（3-78）或者说不确定性 Δ 和对象构成的上线性分式变换描述的就是名义系统的输入输出特性。

接下来将存在参数摄动 Δ 的 μ 综合系统框图 3-33 整理成鲁棒性能的框图，如图 3-34 所示。实际设计时，不但要求系统在参数摄动下是稳定的，而且还要满足性能要求，图 3-34 中的 Δ_P 就表征了这个性能要求，$\|\Delta_P\|_\infty \leqslant 1$。

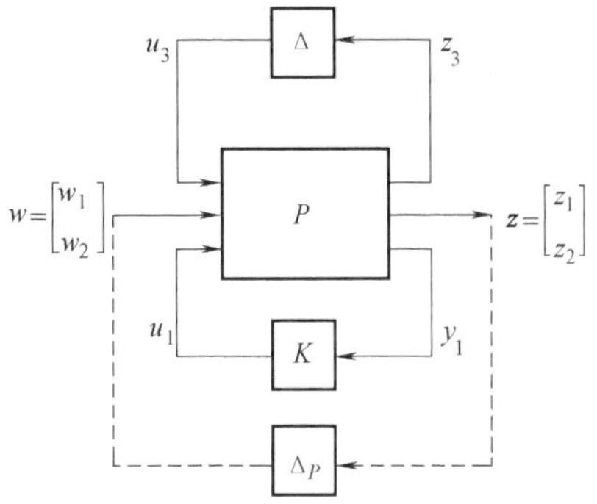

图 3-34　鲁棒性能问题描述 1

设用 M 来表示控制器 K 回路闭合后的闭环系统，$M = F_l(P,\ K)$。M 还可以表示成

$$M = \begin{bmatrix} M_{11} & M_{12} \\ M_{21} & M_{22} \end{bmatrix} \tag{3-80}$$

根据混合灵敏度设计可知，图 3-33 中 $W_3 = 10^{-6}$ 是为了保证满秩，所以对于双入双出的 M_{22} 阵可略去 w_2。根据图 3-33 有

$$M_{22} = T_{zw} = \begin{bmatrix} W_1 PS \\ W_2 T \end{bmatrix}$$

这个 M_{22} 阵在后续的优化求解中十分有用。

将图 3-34 整理成图 3-35。

那么在非结构化不确定性的条件下，$\|\Delta_P\|_\infty \leqslant 1$ 时，根据小增益定理，$\|F_u\ (M,\ \Delta)\|_\infty < 1$ 是这个系统稳定的充要条件。

将摄动块归到一起，图 3-35 就可整理成图 3-36 的形式。

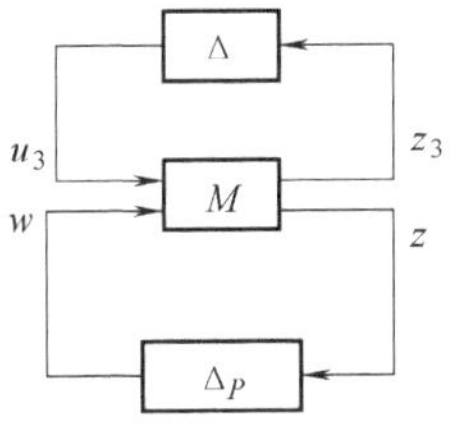

图 3-35　鲁棒性能问题描述 2

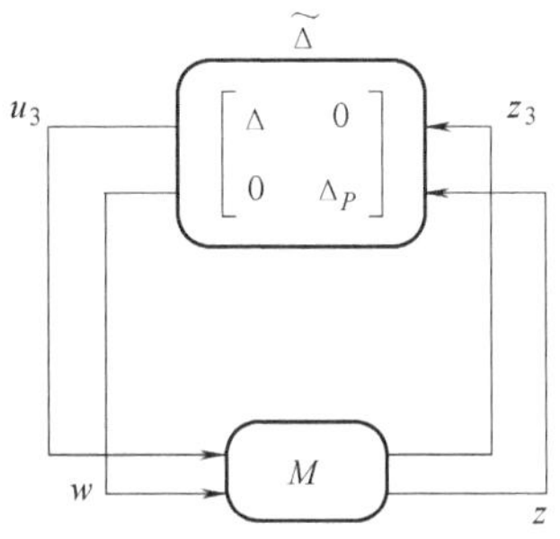

图 3-36　鲁棒性能问题描述 3

如果 $\widetilde{\Delta}$ 不是结构不确定性，而是一个满块的不确定性，若 $\|\widetilde{\Delta}\|_\infty \leqslant 1$ 时，根据小增益定理，$\|M\|_\infty < 1$ 是这个系统稳定的充要条件。这里要注意的是 $\|M\|_\infty = \overline{\sigma}\ (M)$，即 $\|\cdot\|_\infty$ 指的就是最大奇异值。

现在这是一个结构不确定性，即已经知道了$\widetilde{\Delta}$的结构信息，那么$\|M\|_\infty<1$就只是一个充分条件。也就是说$\|M\|_\infty\geqslant 1$时系统仍可能是稳定的。因此需要另一个函数来代替$\|\cdot\|_\infty$，这就是结构奇异值

$$\mu_{\widetilde{\Delta}}(M):=\frac{1}{\min\{\overline{\sigma}(\widetilde{\Delta}):\widetilde{\Delta}\in\Delta_R,\det(I-M\widetilde{\Delta})=0\}} \tag{3-81}$$

式中，Δ_R表示结构不确定性的集合，鲁棒稳定性分析中的$\widetilde{\Delta}$是Δ_R的范数有界子集。可以通过选取适当的加权阵，使得$\|\widetilde{\Delta}\|_\infty\leqslant 1$。$\mu_{\widetilde{\Delta}}(M)$表示的这个结构奇异值不仅是$M$阵的函数，还与不确定性的结构有关。为了书写方便，一般省略下角标$\widetilde{\Delta}$，简写成$\mu(M)$。如果$\mu(M)<1$，需要使$\overline{\sigma}(\widetilde{\Delta})$的最小值大于1，此时的$\widetilde{\Delta}$使（$I-M\widetilde{\Delta}$）成为奇异。更确切地说，$\mu(M)<1$要求使系统不稳定的摄动满足$\|\widetilde{\Delta}\|_\infty>1$。而鲁棒稳定性分析中的不确定性都是按$\|\widetilde{\Delta}\|_\infty\leqslant 1$来设计的。所以$\mu(M)<1$，系统一定是稳定的。这样就出现了$\mu$综合，即对于一个具有结构不确定性的系统设计一个控制K，使之满足鲁棒性能要求，即结构奇异值满足

$$\sup_\omega \mu[M(\omega)]<1 \tag{3-82}$$

式（3-81）只是一个定义，并不能用于计算。一般可通过上下界来求得，并且其上下界恰好对应于不确定性是非结构的和不确定性是标量的对角阵两种特殊情况。当用式（3-82）的上界来计算μ时，常用的就是采用D-K迭代法求解优化问题

$$c=\min_{K,D}\|D(\omega)M(\omega)D(\omega)^{-1}\|_\infty<1 \tag{3-83}$$

式中，$D(\omega)$也是一个频率函数。其求解过程为：当$D(\omega)$确定时，这是一个H_∞优化设计问题，可求得K。当K确定时，每一个ω下求D使$\overline{\sigma}[D(\omega)M(\omega)D(\omega)^{-1}]$最小，$D$代入下一步重复操作第一步，求解$H_\infty$优化设计问题。这样交替进行的求解过程称$D$-$K$迭代法。

MATLAB的μ-Tools中有2个D-K的迭代命令可用。分别是对话框命令dkitgui和脚本文件dkit。两者采用的设计思想是一致的。因为$D(\omega)$进入到了H_∞优化问题的求解最终获得17阶控制器。在实际应用中这是不理想的控制器。因为高阶的控制器会使计算量剧增。名义系统的控制效果如图3-37所示，这里对控制器做了降阶处理。10%摄动下的控制效果如图3-38所示。

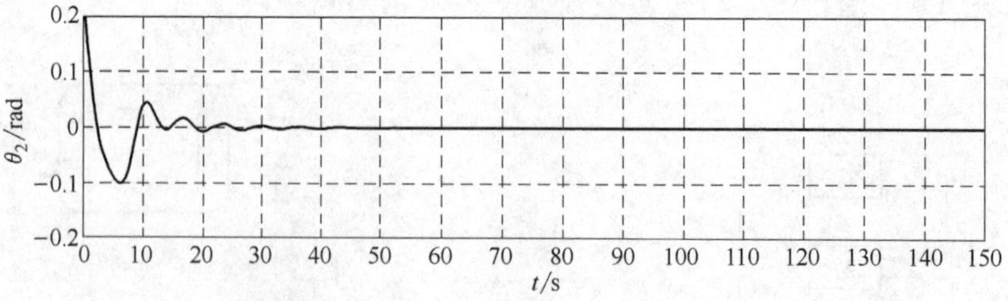

图3-37　名义系统μ综合设计后的调节过程

3.6.2　H_∞回路成形与μ综合结合

对于弱阻尼挠性系统的设计，采用H_∞回路成形设计对含有参数摄动的系统鲁棒性差，μ综合对于参数摄动问题有较好的鲁棒性，但是所得控制器阶次太高。参考文献［13］提出将H_∞回路成形和μ综合结合起来解决参数摄动下的鲁棒设计问题。

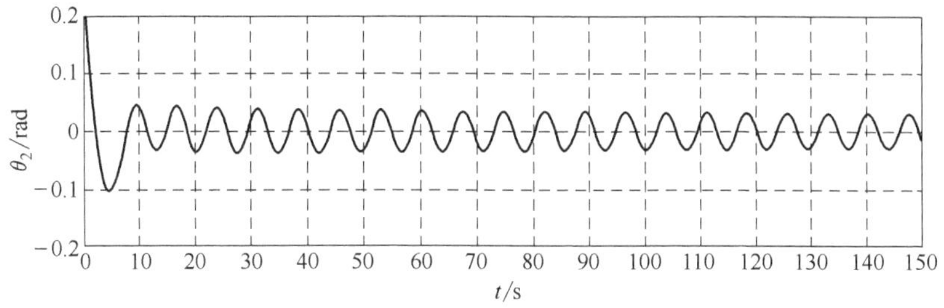

图 3-38 摄动系统 μ 综合设计后的调节过程

这里选取挠性系统式（3-13）为例

$$P_0:\begin{cases}\dot{\boldsymbol{x}}=\boldsymbol{A}x+\boldsymbol{B}u\\ y=\boldsymbol{C}x\end{cases} \tag{3-84}$$

相应的矩阵为

$$\boldsymbol{A}=\begin{bmatrix}0&1&0&0\\0&0&0&0\\0&0&0&1\\0&0&-\omega_n^2&2\zeta_n\omega_n\end{bmatrix},\ \boldsymbol{B}=\begin{bmatrix}0\\1.7319\times10^{-5}\\0\\3.7859\times10^{-4}\end{bmatrix},\ \boldsymbol{C}=\begin{bmatrix}1\\0\\1\\0\end{bmatrix}^{\mathrm{T}}$$

式中 $\omega_n=1.539\text{rad/s}$，$\zeta_n=0.003$。若挠性模态有摄动，即 $\omega=\omega_n(1+\delta\omega_\delta)$，其中 ω_δ 为摄动的权系数；δ 是不确定性部分，$|\delta|\leqslant1$。在以下的计算中忽略微小量 δ^2。
则系统的状态空间方程变为

$$P:\begin{cases}\dot{\boldsymbol{x}}=(\boldsymbol{A}+\boldsymbol{B}_1\boldsymbol{\Delta}\boldsymbol{C}_1)x+\boldsymbol{B}u\\ y=\boldsymbol{C}x\end{cases} \tag{3-85}$$

式中 $B_1=[0\quad0\quad0\quad1]^{\mathrm{T}}$，$C_1=[0\quad0\quad-2\omega_n^2\omega_\delta\quad-2\zeta_n\omega_n\omega_\delta]$。此时回路成形设计的框图如图 3-39 所示。

H_∞ 回路成形中的 μ 综合法是在 H_∞ 回路成形设计的基础之上加入结构奇异值 μ 并采用常规的 H_∞ 优化解的算法来求得控制器的方法。设计思路是先不考虑参数摄动，按常规的 H_∞ 回路成形设计鲁棒控制器。由 $\min\limits_K\left\|\begin{matrix}W_1PS\\W_2T\end{matrix}\right\|_\infty=\gamma$ 得出相应的稳定裕度 γ^{-1}。然后在 H_∞ 回路成形设计中加入 μ 综合。图 3-40 是回路成形加 μ 综合的设计框图。

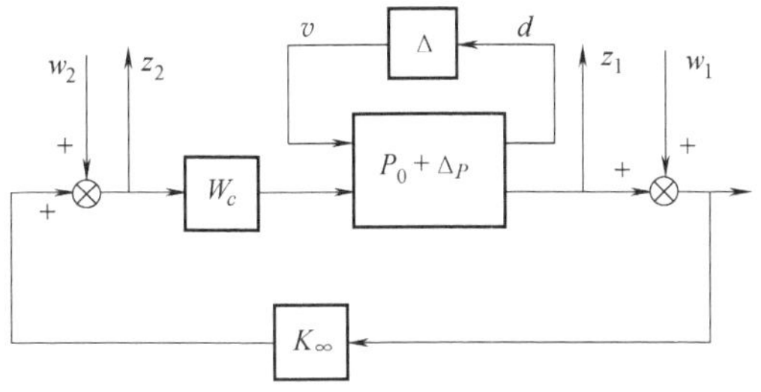

图 3-39 回路成形设计时的系统

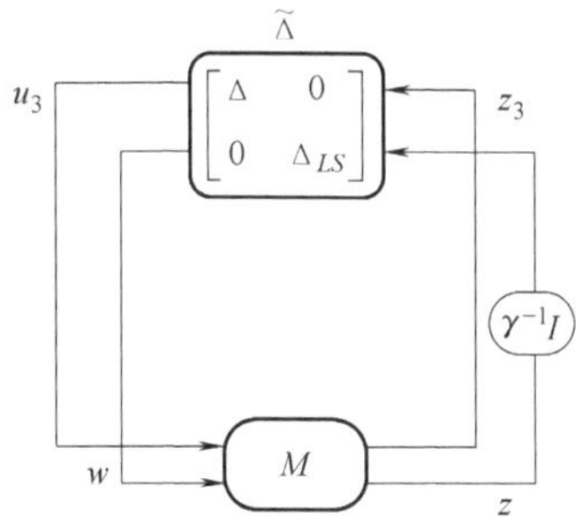

图 3-40 回路成形加 μ 综合的设计框图

图 3-40 中的 Δ 表示系统中谐振模态的参数摄动，Δ_{LS} 是回路成形设计中的互质因子摄动（见图 3-32），而 μ 综合设计中各摄动块的范数界限都是 1，所以需要对摄动块 Δ_{LS} 作归一化处理，为了保证系统的稳定性需要在回路成形通道中乘上 $\gamma^{-1}I$。计算方法依然是采用 $D-K$ 迭代算法求解鲁棒控制器。

求得的控制器为

$$K(s)=\frac{31075(s+0.4)(s^2+0.2573s+0.03278)(s^2+0.3155s+1.407)}{s(s+4.97)(s^2+0.4055)(s^2-0.3247s+0.2211)} \tag{3-86}$$

图 3-41 是式（3-86）控制器与式（3-84）的对象所构成的反馈控制系统在 0.3N · m 阶跃扰动力矩下（对象输入端）系统输出 $y(t)$ 的响应曲线。

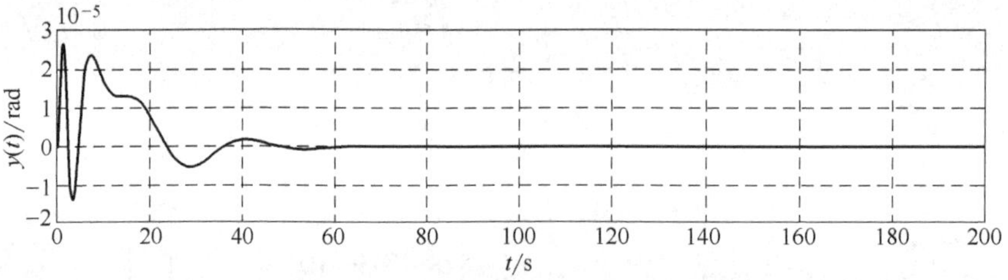

图 3-41　阶跃扰动力矩下系统的响应曲线

图 3-42 是当挠性模态的频率摄动 26.5%时的响应曲线，系统达到临界稳定状态。

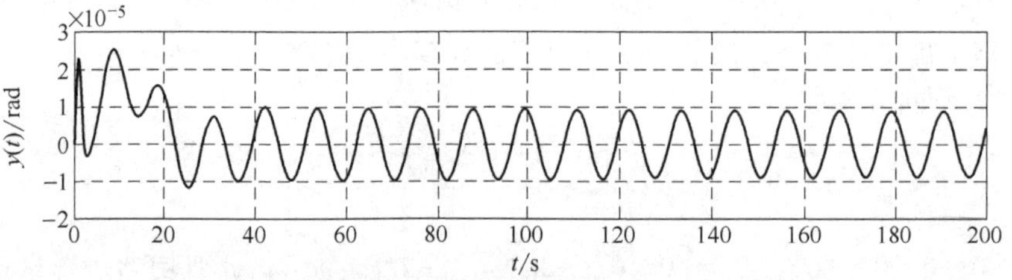

图 3-42　参数摄动时阶跃扰动力矩下系统的响应曲线

仿真结果表明，H_∞ 回路成形中的 μ 综合法，因为加进 μ 综合后对稳定裕度的值有影响，因此相对于 H_∞ 回路成形设计提高了参数摄动的鲁棒性。相对于 μ 综合法降低了控制器的阶次。

3.6.3　电动汽车动力总成系统的 H_∞ 回路成形中的 μ 综合法

电动汽车动力总成系统是为车辆提供动力并将动力传递到路面的一系列零部件的组合。动力总成系统的优劣决定着汽车的动力性、经济性以及舒适性。振荡是影响动力总成系统性能的原因之一，如何消除系统中存在的振荡从而提升系统性能是当前研究者面临的一大难题。振荡现象在加速度控制中表征为开环系统 bode 图中频段存在谐振，动力总成系统产生的谐振频率在人类可以感知的范围内（1~1000Hz，其中 1~80Hz 最为敏感，约为 500rad/s），从另一个角度分析，抑制振荡可以提高驾驶员的舒适性。动力总成系统中的传动轴属于挠性部件，含有挠性部件的系统同样需要解决参数摄动和未建模动态两类不确定性问题。

图 3-43 是电动汽车动力总成系统结构原理图。动力总成系统由电动机、输入轴、变速

器、输出轴、差速器以及车轮等组成。其中，输入轴和输出轴统称为传动轴。电动机为动力总成系统提供输入扭矩，经输入轴传递给变速器，然后经输出轴作用于差速器，最后通过半轴驱动车轮运动。

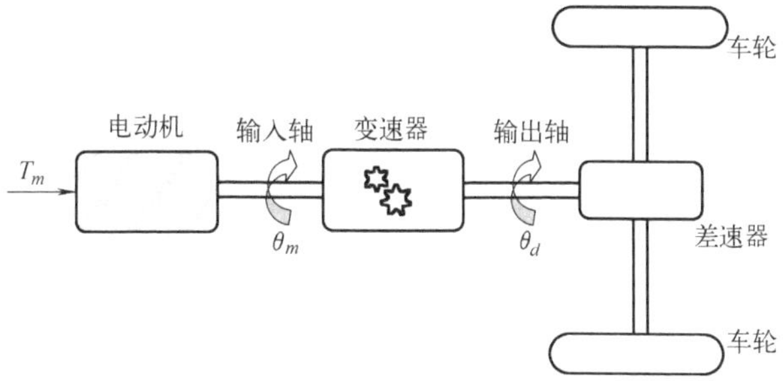

图 3-43 电动汽车动力总成系统结构原理图

应用牛顿运动学对动力总成系统列写方程如下：

$$\begin{cases} J_m\ddot{\theta}_m+k_m\theta+c_m\dot{\theta}+d_m\dot{\theta}_m=T_m \\ \theta=\dfrac{\theta_m}{g}-\theta_d \\ J_d\ddot{\theta}_d+d_d\dot{\theta}_d=k_d\theta+c_d\dot{\theta} \end{cases} \tag{3-87}$$

式中，J_m 表示电动机和输入轴的组合惯量；J_d 表示差速器、半轴、车轮以及车辆质量的组合惯量；θ_m 和 θ_d 表示输入轴和输出轴的角位移；T_m 为电动机产生的扭矩，也是动力总成系统的输入量；k_m 和 k_d 分别表示输入轴和输出轴的弹性；c_m、c_d 表示输入轴和输出轴的阻尼系数；d_m 表示电动机的粘滞阻尼系数；d_d 表示输出侧阻尼；g 为变速器的固定变速比。输入轴和输出轴的弹性系数和阻尼系数的关系如式（3-88）所示。

$$k_m=\frac{k_d}{g},\quad c_m=\frac{c_d}{g} \tag{3-88}$$

这里的加速度控制中选择状态向量 x、被控输入 u 和系统输出 y 分别定义为

$$\begin{cases} x=[\dot{\theta}_d\quad \ddot{\theta}_d\quad \theta\quad \dot{\theta}_m]^{\mathrm{T}} \\ u=T_m,\quad y=r_w\ddot{\theta}_d \end{cases} \tag{3-89}$$

式中，r_w 表示车轮半径。由式（3-89）可得系统的状态空间方程为

$$\begin{cases} \dot{x}=\boldsymbol{A}x+\boldsymbol{B}u \\ y=\boldsymbol{C}x \end{cases} \tag{3-90}$$

式中，

$$\boldsymbol{A}=\begin{bmatrix} 0 & 1 & 0 & 0 \\ \dfrac{c_m^2}{J_dJ_m} & -\dfrac{c_d+d_d}{J_d} & -\dfrac{c_mk_m}{J_dJ_m} & \dfrac{k_m}{J_d}-\dfrac{c_m^2}{J_dJ_mg} \\ \dfrac{d_d}{c_d} & \dfrac{J_d}{c_d} & -\dfrac{k_d}{c_d} & 0 \\ \dfrac{c_m}{J_m} & 0 & -\dfrac{k_m}{J_m} & -\dfrac{1}{J_m}\left(\dfrac{c_m}{g}+d_m\right) \end{bmatrix},\quad \boldsymbol{B}=\begin{bmatrix} 0 \\ \dfrac{c_m}{J_dJ_m} \\ 0 \\ \dfrac{1}{J_m} \end{bmatrix},\quad \boldsymbol{C}=\begin{bmatrix} 0 \\ r_w \\ 0 \\ 0 \end{bmatrix}^{\mathrm{T}} \tag{3-91}$$

式（3-91）是电动汽车动力总成系统的状态空间矩阵，系统中各参数值见表 3-2。其中参数 k_d、k_m、c_d、c_m 以及 J_d 的不确定性会对系统的性能产生影响，参数 J_d 考虑的不确定性主要是车辆质量的变化，包括燃油负荷和乘客的数量等。其中参数 k_d 和 k_m 的不确定性对系统鲁棒性和稳定性的影响较大，而参数 c_d、c_m 以及 J_d 的不确定性对系统的影响可以忽略不计。因此这里只考虑参数 k_d、k_m 对系统的影响。

表 3-2 标称参数值及其摄动范围

参数	单位	标称值	摄动
J_m	kg/m^2	0.3	0
d_m	Nm · s/rad	0.1	0
d_d	Nm · s/rad	0.1	0
g	—	6	0
r_w	m	0.3	0
k_d	Nm/rad	9000	50%
k_m	Nm/rad	1500	50%
c_d	Nm · s/rad	75	0
c_m	Nm · s/rad	12.5	0
J_d	kg/m^2	150	0

图 3-44 是含有参数 k_d 和 k_m 摄动范围为 50%的电动汽车动力总成系统的加速度控制开环 Bode 图。图中显示在 20~50rad/s 的频率范围内系统存在谐振。

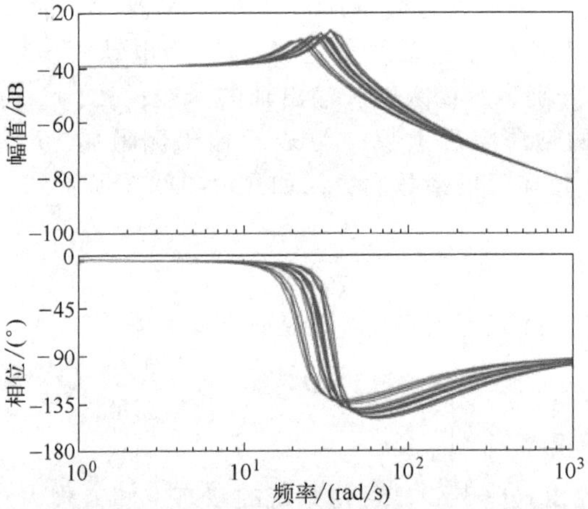

图 3-44 含有参数摄动的系统开环 Bode 图

图 3-45 所示的系统互连结构是一种二自由度控制结构，与单自由度结构相比，二自由度控制器在处理严苛的性能要求时，可以更好地权衡鲁棒稳定性和最小灵敏度。

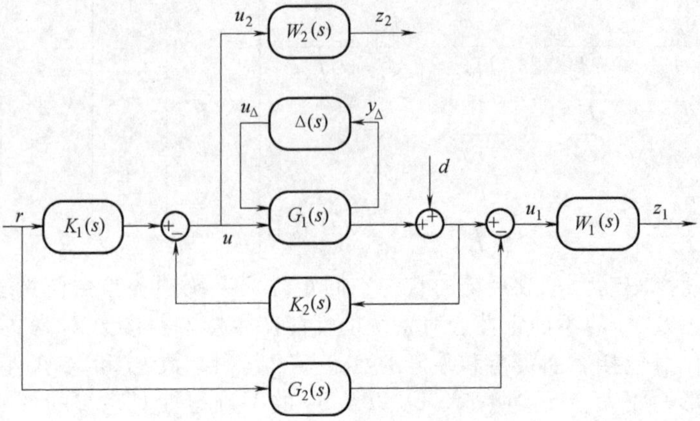

图 3-45 二自由度控制器的互连系统

二自由度控制器包含一个反馈控制器和一个前馈控制器，即

$$u=K(s)\begin{bmatrix} r \\ y \end{bmatrix}=K_1(s)r+K_2(s)y \tag{3-92}$$

式中，$K_1(s)$ 表示前馈控制器，$K_2(s)$ 表示反馈控制器。在二自由度控制结构中，允许控制器仅根据闭环内部稳定性要求独立地处理参考信号和测量信号。反馈控制器的设计是为了满足系统的鲁棒稳定性和干扰抑制规范，前馈控制器用以改善闭环系统的鲁棒模型匹配特性。图 3-45 中的 $G_1(s)$ 表示被控对象，即动力总成系统，$\Delta(s)$ 表示被控对象的参数摄动，$G_2(s)$ 表示参考模型，$W_1(s)$ 和 $W_2(s)$ 为系统加权函数。

将参数 k_d、k_m 表示为含有不确定性的形式为

$$\begin{aligned} k_d&=k_{d0}+k_{d\Delta}=k_{d0}(1+\omega_k\delta_k) \\ k_m&=k_{m0}+k_{m\Delta}=k_{m0}(1+\omega_k\delta_k) \end{aligned} \tag{3-93}$$

式中，k_{d0} 和 k_{m0} 表示标称值；$k_{d\Delta}$ 和 $k_{m\Delta}$ 表示参数的摄动；ω_k 为相对变化范围，取 $\omega_k=50\%$；δ_k 是界为 1 的不确定性，$|\delta_k|\leqslant 1$。将式（3-93）代入式（3-91）中的 $\boldsymbol{A}$ 矩阵中，可得状态阵 $\boldsymbol{A}$ 的摄动阵 $\boldsymbol{A}_\Delta$ 为

$$\boldsymbol{A}_\Delta=k_{d0}\omega_k\delta_k\begin{bmatrix} 0 & 0 & 0 & 0 \\ -\dfrac{1}{J_d} & 0 & -\dfrac{c_m}{J_dJ_mg} & \dfrac{1}{J_dg} \\ 0 & 0 & -\dfrac{1}{c_d} & 0 \\ 0 & 0 & -\dfrac{1}{J_mg} & 0 \end{bmatrix}=\boldsymbol{B}_0\Delta\boldsymbol{C}_0 \tag{3-94}$$

式中，$\boldsymbol{B}_0=k_{d0}\omega_k$；$\Delta=\delta_k$；$\boldsymbol{C}_0$ 表示余下的矩阵。则

$$\dot{\boldsymbol{x}}=(\boldsymbol{A}+\boldsymbol{A}_\Delta)x+\boldsymbol{B}u=(\boldsymbol{A}+\boldsymbol{B}_0\Delta\boldsymbol{C}_0)x+\boldsymbol{B}u$$

式中，$\boldsymbol{C}_0x$ 表示作用到不确定性 Δ 的信号；$y_\Delta=\boldsymbol{C}_0x$（见图 3-33）。$\Delta$ 的输出 u_Δ 通过 B_0 与状态阵 $\boldsymbol{A}$ 相加。当不确定性单独列出时，系统的状态方程式就可以用矩阵形式表示为

$$\begin{bmatrix} \dot{x} \\ y \\ y_\Delta \end{bmatrix}=\begin{bmatrix} \boldsymbol{A} & B & B_0 \\ \boldsymbol{C} & 0 & 0 \\ \boldsymbol{C}_0 & 0 & 0 \end{bmatrix}\begin{bmatrix} x \\ u \\ u_\Delta \end{bmatrix} \tag{3-95}$$

而不确定性的方程式为

$$u_\Delta=\Delta y_\Delta \tag{3-96}$$

式（3-95）表明，考虑参数摄动时，动力总成系统的输入将由 u 和 u_Δ 两部分组成，输出也可分为 y 和 y_Δ，而表示参数摄动的不确定性 Δ 则和被控对象形成上线性分式变换的结构。

在本例中选择参考模型为式（3-97）所示的二阶系统：

$$G_2(s)=\frac{625}{s^2+35s+625} \tag{3-97}$$

阻尼因子 $\zeta=0.7$ 是为了使系统在运动性和复杂性之间有一个较好的折中，自然频率 $\omega_0=25\text{rad/s}$ 的选择是为了系统在工作范围内不违反制动器约束（600N · m）。如果违反了制动器约束，可以通过缩放加权函数调整系统性能，这里选择如下加权函数：

$$\begin{aligned} W_1(s)&=4.5\frac{10^{-3}s+1}{2\times10^{-4}s+4.6}\\ W_2(s)&=1.7\times10^{-2}\frac{10^{-4}s+1}{0.1s+1.1}。\end{aligned} \tag{3-98}$$

式中，$W_1(s)$ 的作用是增加低频段的幅值，$W_2(s)$ 的作用是避免高频段不必要的控制动作。加权函数的缩放可以看作是校准参数，用于权衡系统的跟踪性能要求和输入约束。

在本节中利用 D-K 迭代算法求得 $\mu_{max}=0.994$，设计所得为 11 阶控制器，略去极点为 10^3 以上的高次项可得如下控制器

$$\begin{aligned} K_1(s)&=\frac{18012.4(s+11)(s+0.02301)}{(s+96.88)(s+12.49)(s+0.009694)}\\ K_2(s)&=\frac{3500.4(s+11)(s+0.02301)}{(s+96.88)(s+12.49)(s+0.009694)}\end{aligned} \tag{3-99}$$

图 3-46 所示是含有参数摄动的 H_∞ 回路成形控制器闭环系统 Bode 图，在中频段系统中存在的谐振与图 3-44 相比有所改善，在高频段系统相位滞后 90°。在鲁棒控制中相位滞后将导致系统响应时间增大，进而影响系统的性能。

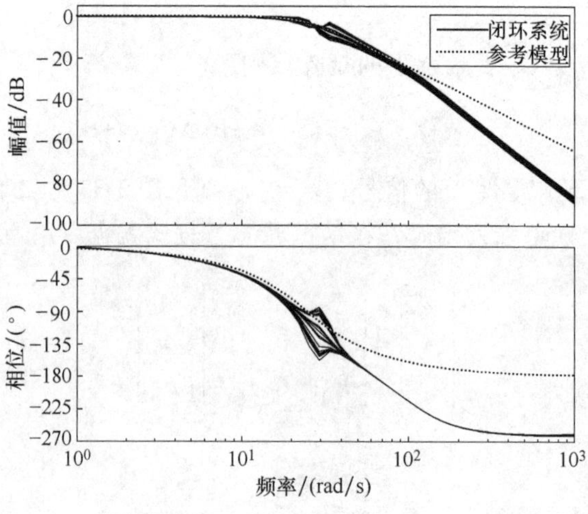

图 3-46 含有参数摄动的 H_∞ 回路成形闭环系统 Bode 图

图 3-47 是含有参数 k_d 和 k_m 摄动的 H_∞ 回路成形中的 μ 综合法设计的控制器闭环系统 Bode 图，与 H_∞ 回路成形设计相比，系统中频段的谐振明显消除，高频段与参考模型有很好的拟合效果。由此可知，H_∞ 回路成形中的 μ 综合法为系统提供了较好的闭环性能。

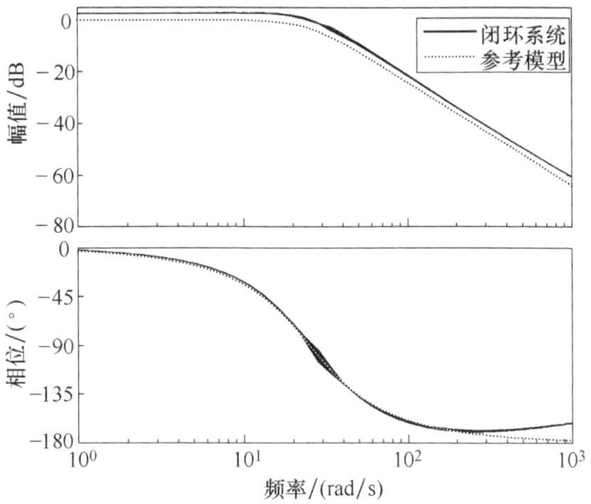

图 3-47 含有参数摄动的 H_∞ 回路成形中的 μ 综合法闭环系统 Bode 图

3.7 挠性系统基于相位控制的 H_∞ 鲁棒设计

本例的挠性系统以如下的挠性臂模型为例，其传递函数见式（3-100）。

$$G(s)=\frac{1.26}{s^2}-\frac{2.5527}{s^2+0.713s+27.9}+\frac{3}{s^2+0.4s+100}+\frac{3}{s^2+0.8s+400} \tag{3-100}$$

图 3-48 为挠性臂式（3-100）对应的 Bode 图。

从被控对象的传递函数式（3-100）和 Bode 图（见图 3-48）易知，该挠性臂具有弱阻尼模态，弱阻尼比为 $\zeta=0.02$。而且 Bode 图上可以清晰地看出，多个模态并未重叠，而是根据自己的频率分布。这样的模态分布特点为挠性系统的鲁棒控制提供了一种新的设计方法——可将多个挠性模态分别设计。

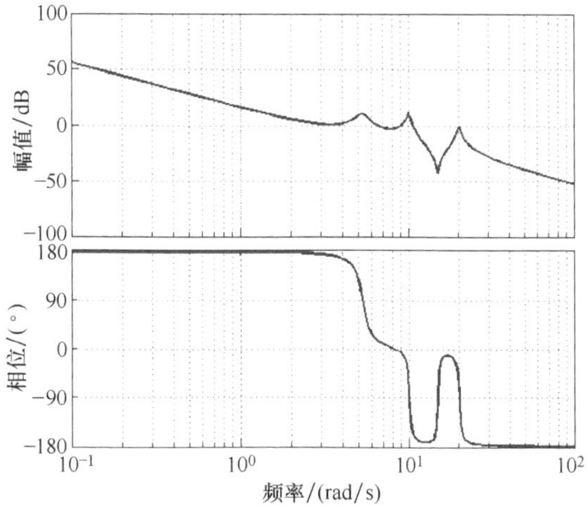

图 3-48 被控对象式（3-100）的 Bode 图

3.7.1 相位控制

H_∞ 设计中描述对象的不确定性为范数有界的传递函数，因而相应的设计方法以小增益定理为基础。H_∞ 鲁棒控制研究大多沿着该方向进行。因而忽视了系统中相位信息的重要性。在回路成形设计中，绘制 Bode 图时仅考虑幅频特性从未关注奈奎斯特曲线。H_∞ 回路成形设计中，不稳定控制器通过逆时针绕（-1，j0）一圈而保证系统闭环稳定。当谐振频率稍有摄动，包围（-1，j0）的圈将上移或者下移，直至不包围而使闭环系统不稳定，因此采用 McFarlaned 的 H_∞ 回路成形法的弱阻尼挠性系统的鲁棒性较差，所允许的参数摄动范围较小。而本节的相位控制就是针对改变系统的相频特性而进行的 H_∞ 设计研究。

相位控制是近年来新出现的适合挠性系统一种设计思想。以含有一个挠性模态的系统为例，在系统的 Bode 图上，由于弱阻尼的存在，挠性系统的幅频特性剧烈变化，可多次穿越 0dB 线，如图 3-48 所示。反映在奈奎斯特曲线上，弱阻尼模态的对应的曲线是一个大圆，参数摄动时，容易改变大圆包围（-1，j0）点的情况。相位控制要求与弱阻尼模态对应的那部分奈奎斯特曲线的顶点都落在正实轴上，那么参数摄动时系统具有较好的鲁棒性，其原理如图 3-49 所示，称之为严格正实设计。该控制思想的简单性和有效性，已经在硬盘存储系统中得到很好的运用。相位控制思想实质上与早期的正位置反馈控制（设计正位置滤波器）的思路是一致的。关于这一设计思想，如图 3-49 所示。但是严格正实要求，对系统的稳定性要求来说过于保守。

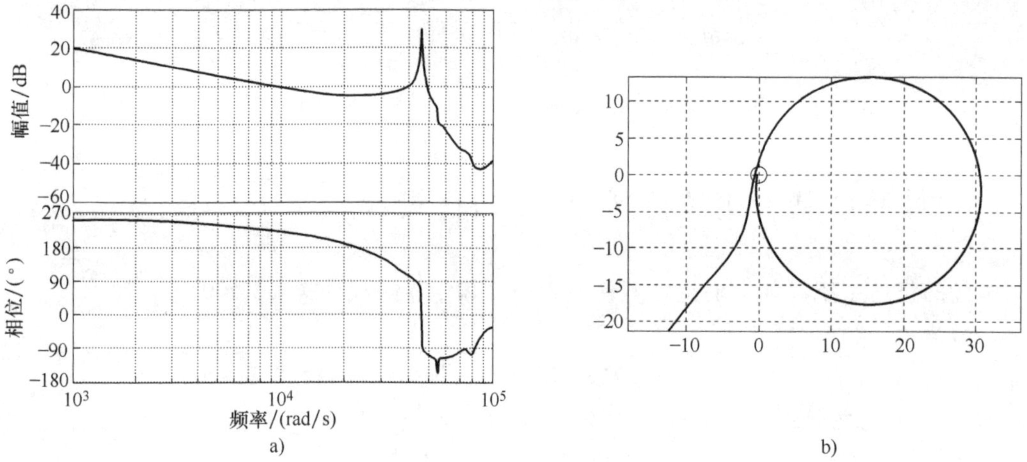

图 3-49　严格正实示意图

本节在设计中将严格正实的条件放宽，设计后只要使弱阻尼模态对应的奈奎斯特曲线的顶点（见图 3-50 中 * 所在的位置）处在右半平面就满足要求。图 3-50 中弱阻尼所对应的圆的顶点在右半平面，但却不在正实轴上。即使模型的参数（ζ_i，ω_i）有摄动，也不会使开环特性越过临界点而造成不稳定（见图 3-52），我们称之为局部正实设计。本节通过极点配置和 H_∞ 加权优化设计使 Nyquist 曲线达到图 3-50 所示的形式。这里的 H_∞ 加权优化设计方法更直接，物理概念清楚，且控制器阶次不高。

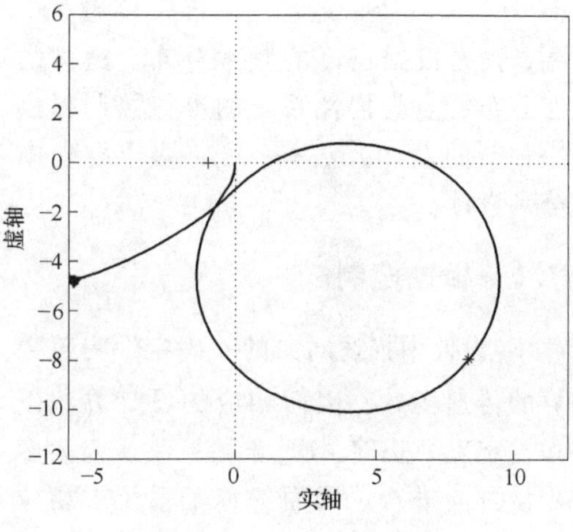

图 3-50　局部正实示意图

3.7.2　H_∞ 加权优化设计方法

设挠性系统的模型为 $G(s)=n_g(s)/d_g(s)$，一般 $d_g(s)$ 的阶次高于 $n_g(s)$ 的阶次。将被控对象的传递函数 $G(s)$ 表示成互质因子的形式，即

$$G(s)=\frac{N_g(s)}{D_g(s)}=\frac{n_g(s)/d_f(s)}{d_g(s)/d_f(s)} \tag{3-101}$$

式中，$N_g(s)$ 和 $D_g(s)$ 都是稳定的有理函数，多项式 $d_f(s)$ 与系统的特征方程式是有关的，且第一项 s^n 的系数是 1。注意这里大小写字母的区分，分别为有理函数和多项式。

同样，控制器 $K(s)$ 也写成如式（3-101）的形式

$$K(s)=\frac{N_k(s)}{D_k(s)}=\frac{n_k(s)/d_c(s)}{d_k(s)/d_c(s)} \tag{3-102}$$

式中，$d_c(s)$ 的第一项 s^n 的系数是 1，$d_c(s)$ 与系统的特征方程式也是有关的。

根据式（3-101）和式（3-102）计算出闭环传递函数 $T(s)$ 为

$$T(s)=\frac{N_g(s)N_k(s)}{D_g(s)D_k(s)+N_g(s)N_k(s)} \tag{3-103}$$

令 $T(s)$ 的分母用 $H(s)$ 表示

$$H(s)=D_g(s)D_k(s)+N_g(s)N_k(s)=\frac{d_g(s)d_k(s)+n_g(s)n_k(s)}{d_f(s)d_c(s)} \tag{3-104}$$

在式（3-104）中，$H(s)$ 的分子和分母分别表示对应系统的闭环特征方程和期望的特征方程，为此设计时使 $H(s)=1$ 才能让二者相等。那么若设计时式（3-104）中设定了期望极点，则可由 $H(s)=1$ 这一条件来求解控制器 $K(s)=n_k(s)/d_k(s)$，但这个条件不能在全频率段上都能满足，因此本节提出了加权设计的思路解决式（3-105）的 H_∞ 优化问题

$$\min_{K(s)}\|W(s)(1-H(s))\|_\infty \tag{3-105}$$

式中，$W(s)$ 为满足低频特性的加权函数，取

$$W(s)=\frac{1}{(10s+1)^2} \tag{3-106}$$

根据上述的分析可知，式（3-105）和式（3-106）构成的优化求解问题，可以通过使低频挠性模态对应的主导极点与期望的极点相等，而高频挠性模态存在不同，这样就可以实现在主导极点的频段上使 $H(j\omega)\to 1$。可见这样的设计就比经典控制理论中的极点配置方法要灵活许多。而且将极点配置与优化求解相结合。

在图 3-49 所示的严格正实设计中采用的是正实引理。而本节的局部正实设计中，式（3-105）优化问题可根据 H_∞ 控制理论中的有界实引理（Bounded Real Lemma）来求解。用 $[A_{WH},\ B_{WH},\ C_{WH},\ 0]$ 表示 $W(s)[1-H(s)]$ 的状态空间形式，则根据界实引理可知，$\|W(s)(1-H(s))\|_\infty\leq\gamma$ 的充要条件是存在 $X=X^{\mathrm{T}}>0$ 使矩阵不等式（3-107）成立，证明见参考文献［5］的引理 5.3。即

$$\begin{bmatrix} A_{WH}^{\mathrm{T}}X+XA_{WH} & XB_{WH} & C_{WH}^{\mathrm{T}} \\ B_{WH}^{\mathrm{T}}X & -\gamma I & 0 \\ C_{WH} & 0 & \gamma \end{bmatrix}<0 \tag{3-107}$$

当把传递函数 $W(s)[1-H(s)]$ 转换为状态的形式时，可发现控制器式（3-102）中的 $n_k(s)$ 和 $d_k(s)$ 的每项系数只包含在 C_{WH} 中，并且是线性的，因此式（3-107）是一个线性矩阵不等式（Linear Matrix Inequality，LMI）。所以式（3-105）的优化等价于线性矩阵不等

式（3-107）限制下 γ 的求解，即

$$\min_{K(s)} \gamma \tag{3-108}$$

上述的优化可借助 MATLAB 中现成的函数来求解。

以上分析主要考虑的是挠性系统中的低频上的弱阻尼模态，设计的目标是使弱阻尼模态对应的闭环极点具有负实部，并提高阻尼比。高频极点的配置要求可以通过 H_∞ 优化中的加权来放宽。而闭环系统其余极点配置策略是过零分贝线以后，使开环特性远离临界稳定点至右半平面。只有这样，以上的设计思想才是可行的。设计的具体步骤如下。

第一步确定期望的极点，即 $d_f(s)d_c(s)=0$ 的根。其中 $d_f(s)$ 表示被控对象的极点通过反馈形成的那部分闭环极点。被控对象式（3-100）第一项是双积分，对应的是闭环系统的主导极点。余下的三个挠性模态影响系统的稳定性，因此可将主导极点对应的阻尼比设置为 $\zeta=1$。根据设计指标需要，主导极点可选择为 $(s+1)^2$。传递函数中余下的三个弱阻尼模态对应的极点位于虚轴附近，闭环后应避免进入右半平面，但结合控制设计的理论可知，若将它们设置成向左更远的位置，控制输入又将过大。综上考虑，选择 $d_f(s)$ 如下

$$d_f(s)=(s+1)^2(s^2+1.2s+25.36)(s^2+s+100.3)(s^2+s+400.3) \tag{3-109}$$

由式（3-109）和式（3-100）可以看出，闭环极点提高了阻尼比。

式（3-104）中的 $d_c(s)$ 是控制器式（3-102）对应的闭环极点，因此 $d_c(s)$ 的阶次由控制器决定。将式（3-100）通分相加会发现，该挠性臂传递函数存在非最小相位零点（$s^2-7.932s+36.54$），非最小相位零点可使相角滞后，利于 Nyquist 曲线进入右半平面，有助于正实设计。而式（3-100）中的零点（$s^2+9.038s+36.64$）则完全相反，可设置适当的控制器极点进行补偿。稳定零极点对消与系统的性能优劣无关。不管是精确对消还是粗略对消，闭环传递函数都会存在与（$s^2+9.038s+36.64$）相当的极点，所以 $d_c(s)$ 可取为

$$d_c(s)=(s^2+9s+36)(s+2.5) \tag{3-110}$$

式中，$(s+2.5)$也是为使 Nyquist 曲线相角滞后而设置。由此式还可知设计的控制器为三阶。

确定 $d_f(s)$ 和 $d_c(s)$ 之后，式（3-107）和式（3-106）的优化问题可求。求得的控制器为

$$K(s)=\frac{3.7145(s+0.3753)(s^2+0.6289s+46.39)}{(s+5.652)(s^2+8.821s+36.17)} \tag{3-111}$$

从式（3-111）可见，该控制器是稳定的控制器。说明该设计解决了回路成形设计中的不稳定控制器问题。

3.7.3 仿真分析

被控对象式（3-100）和控制器式（3-111）组成的闭环系统的传递函数为

$$T(s)=\frac{17.6124(s+0.3753)(s^2+9.038s+36.64)(s^2-7.932s+36.54)(s^2+0.6289s+46.39)(s^2+0.4288s+223.1)}{(s+2.467)(s+1.02)(s+0.9823)(s^2+8.707s+35.24)(s^2+1.109s+407.8)(s^2+0.8979s+101.4)(s^2+1.203s+25.43)} \tag{3-112}$$

从式（3-112）可以看出，闭环极点与期望的 $d_f(s)d_c(s)$ 未精确吻合，这种差别是通过权函数 $W(s)$ 引入的。这正体现了本节所提方法的灵活性。

图 3-51 为设计后系统的开环特性。从图中可以看出，三个挠性模态相应三个圆形的顶

点都在右半平面，满足了弱化后的局部正实性的设计要求。图 3-51 中与挠性模态对应的曲线没有进入闭环幅值 M 圆图（图 3-51 中虚线部分）的 $M=0\text{dB}$ 的左侧。也可以绘制闭环传递函数的频率特性，可发现挠性模态对应的幅值也均是低于 0dB。这表明通过配置挠性系统中弱阻尼模态所对应的闭环极点，使得系统的开环特性远离临界稳定点而提高稳定性。且上述的设计方法与限制峰值的设计思路是相同的。

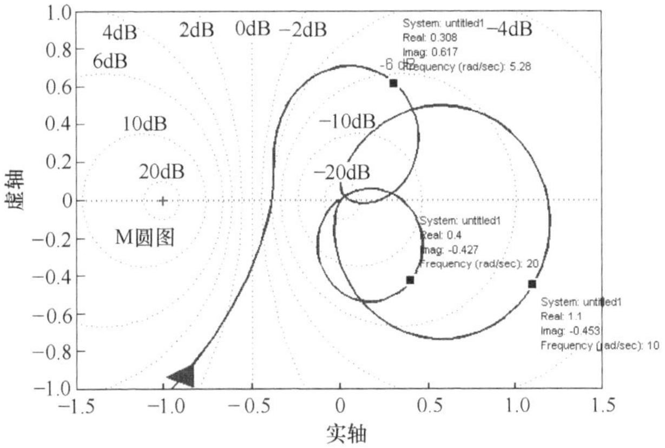

图 3-51　系统的开环特性

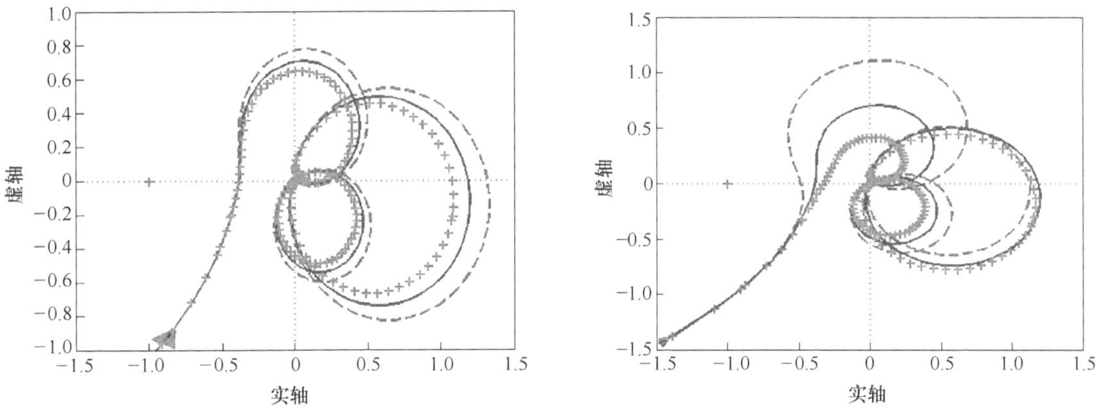

a) 阻尼摄动　　b) 频率摄动

图 3-52　参数变化时系统的 Nyquist 曲线

接下来试看闭环系统的鲁棒性。现将被控对象中的阻尼和频率分别变化 10%。图 3-52a 中实线对应被控对象式（3-100），带有+号线对应各个模态阻尼摄动增加 10%，虚线对应各阻尼摄动减小 10%，可以看出无论阻尼增加还是减小，摄动后开环特性中各模态所对应的圆分布不变，仅是大小有所改变。频率摄动时曲线如图 3-52b 所示，图中显示摄动后开环特性仍然远离临界稳定点（−1，j0）。可见本节所提的设计方法具有一定的鲁棒性。

以式（3-11）的卫星姿态控制系统的例子来说，采用回路成形法时，得到的是难以投入的不稳定控制器，而且允许的参数摄动范围仅为 3.5%。而采用本节方法得到的控制器为如式（3-113）所示的稳定控制器

$$K_1(s)=\frac{230089(s+0.3242)(s^2+0.1153s+0.7518)}{(s+36.14)(s^2+115.5s+3575)} \tag{3-113}$$

对照图 3-20 的仿真，绘制系统摄动后的阶跃响应曲线，结果表明，谐振频率从 $\omega_1=1$ 变为 $\omega_1=2\text{rad/s}$，系统仍然是稳定的。综上所述，本节所提出的极点配置下的 H_∞ 优化设计方法在保证鲁棒性的同时，获得了一个稳定的控制器。

3.8 本章小结

本章结合弱阻尼挠性系统的设计改善并充实了对 H_∞ 回路成形法的正确理解，提出了 H_∞ 回路成形法关于鲁棒性设计、互质因式摄动和不稳定控制器的新认识。

常规 H_∞ 设计都是指定摄动范围的设计，设计结果对参数摄动范围就具有很好的鲁棒性。而 H_∞ 回路成形法在鲁棒性设计这个概念上不同于常规的认识，它不是给定摄动范围的设计，设计结果是否具有较好的鲁棒性取决于互质因式摄动和参数摄动的关系。

传统认为互质因式摄动和参数摄动二者相当，但实际上弱阻尼模态将增加互质因式摄动的范数，因而会压缩系统实际允许的参数摄动范围，导致 H_∞ 回路成形法对参数摄动的鲁棒性变差。对弱阻尼挠性系统需要设计小的 H_∞ 范数才能获得较好的鲁棒性。

H_∞ 回路成形法设计中引入 μ 综合可有效改善系统参数摄动的鲁棒性。已有的 H_∞ 设计大多以增益控制为基础进行研究，在 H_∞ 设计中也可用相位条件来保证闭环系统的稳定性以及控制性能。极点配置配合加权函数的 H_∞ 优化方法可实现正实相位控制。

第4章　三明治系统的控制设计

许多系统具有这样的三明治结构：在两个动力装置之间存在非光滑的非线性。例如在挠性传动系统中引入齿轮结构，则构成一个带有死区特性的三明治系统。传统的控制设计可实现零稳态误差的高精度轨迹跟踪控制，但却使控制信号产生不希望的抖振现象，这将严重影响执行机构的使用寿命，甚至影响控制系统无法正常投入使用。

本章针对三明治系统的弱阻尼挠性模态引起的机械谐振问题及齿隙非线性因素的影响，给出了一种 PID-P 复合控制方法。系统中齿轮力矩反馈至齿轮前端经死区非线性后引起振荡加剧。为此提出将系统结构中的反馈齿轮力矩当作扰动信号来处理，设计基于对象输入输出的内环反馈扰动观测器。首先给出控制器未知参数配置的 CDM（Coefficient Diagram Method），该方法简单易懂且物理意义清晰。可验证外环 PID-P 控制和内环反馈型扰动补偿的复合控制策略可以很好地抑制由齿轮间隙引起的振荡，而且可以获得较好的扭矩传递性能。更重要的是相对于先进的控制设计理论来说，控制器易于实现。

CDM 虽然可以根据系统性能需求求取控制器未知参数，但依赖于系统控制策略的选取，如果设计控制器参数较多，则计算复杂，控制器可能无法求解。因此本章还将给出一种结构化 H_∞ 设计方法求解控制器参数，并给出相应的设计实例。

4.1　典型三明治系统模型

带有齿轮结构的电动机驱动系统（即，三明治谐振系统）的原理图如图 4-1 所示。

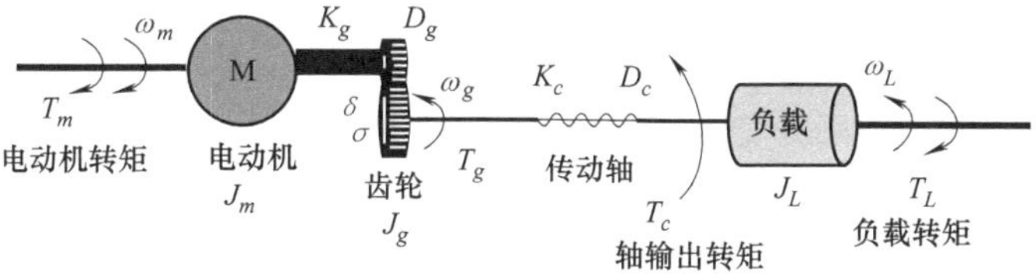

图 4-1　三明治谐振系统

图中，T_m 为电动机转矩，ω_m 为电动机转速，J_m 为电动机转动惯量，T_c 为轴输出转矩，K_c 为传动轴刚度，D_c 为传动轴的阻力系数，T_L 为负载转矩，ω_L 为负载转速，J_L 为负载转动惯量，δ 表示齿隙大小，σ 为齿轮非线性环节的输出，ω_m 为从动齿轮转速，K_g 为齿轮的刚度，J_g 为齿轮转动惯量，T_g 为齿轮力矩，D_g 为齿轮的阻力系数。该系统包括驱动电动机，以及通过齿轮和轴连接的负载。若考虑齿轮的惯性和齿隙的影响，则电动机驱动系统被称为三惯性谐振系统，具有三明治结构。齿隙的非线性会对传动系统的控制性能产生不利影响，如高频噪声与冲击，不但影响控制精度还缩短了设备使用寿命，严重时会导致系统不稳定，甚至振荡。

齿轮的死区模型为

$$\sigma=\begin{cases}\Delta\theta-\delta, & \Delta\theta>\delta\\ 0, & |\Delta\theta|<|\delta|\\ \Delta\theta+\delta, & \Delta\theta<-\delta\end{cases} \tag{4-1}$$

式中，$\Delta\theta=\theta_m-\theta_g$ 为非线性环节的输入，θ_m 为电动机输出的旋转角度，θ_g 为反馈回来齿轮的角度。死区模型的输入是主从子系统间的相对角度差，输出的是它们之间的传递转矩。死区模型考虑到了系统阻尼和刚度影响下的传动，符合齿隙效应的真实情况。

在图 4-1 中，从电动机输出转矩 T_m 到齿轮转矩 T_g 的动力学方程为

$$J_m\frac{\mathrm{d}\omega_m}{\mathrm{d}t}=T_m-T_g \tag{4-2}$$

电动机在转动过程中，由于传动装置的存在造成电动机转速 ω_m 与齿轮的转速 ω_g 不同，电动机转动角度 θ_m 与齿轮的转动角度 θ_g 存在角度差，得到的齿轮力矩为

$$T_g=D_g(\omega_m-\omega_g)+K_g(\theta_m-\theta_g) \tag{4-3}$$

同理，从齿轮力矩 T_g 到负载力矩 T_c 的数学模型为

$$\begin{cases}T_m-T_g=J_m\dfrac{\mathrm{d}\omega_m}{\mathrm{d}t}\\ T_c=D_c(\omega_g-\omega_L)+K_c(\theta_g-\theta_L)\\ T_c-T_L=J_L\dfrac{\mathrm{d}\omega_L}{\mathrm{d}t}\end{cases} \tag{4-4}$$

系统的数学模型式（4-1）~式（4-4）对应的结构框图如图 4-2 所示。

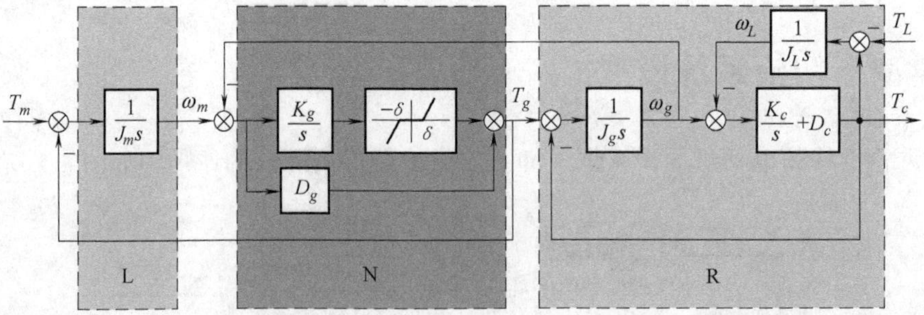

图 4-2　三明治系统的结构图

图 4-2 所示系统具有三明治系统的结构。其中 N 为非线性环节，L 和 R 分别为前后端线性子系统。参考文献［14］对三明治系统的定义是非线性特性内嵌在两个线性动态环节之间。但实际上，无论是 G. Brandenburg 在最初提出三明治系统这一概念时研究的机械手的定点控制[15]，还是参考文献［14］的作者 Tao G 在后续研究中的火炮传动系统控制，研究的对象都具有图 4-2 所示的三明治结构。即两个子系统 L 和 R 之间有信号连接，并不是相对独立的两个“面包片”，如图 4-2 所示，子系统 R 的输入信号 T_g 影响了子系统 L 的输入信号。

而“面包片”中间的 N 也不是一个单纯的非线性特性。这相对于国内目前已有的控制研究中的仅是依次串连的三明治系统，更具有真实性，设计难度更大。

图 4-2 中忽略间隙的影响，即 $\delta=0$ 时，从电动机转矩 T_m 到轴转矩 T_c 的开环传递函数为

$$G_p(s)=\frac{b_2s^2+b_1s+b_0}{c_4s^4+c_3s^3+c_2s^2+c_1s+c_0}=\frac{J_LD_gD_cs^2+J_L(K_gD_c+D_gK_c)s+J_LK_gK_c}{c_4s^4+c_3s^3+c_2s^2+c_1s+c_0} \tag{4-5}$$

式中，

$$\begin{cases}c_4=J_mJ_gJ_L\\c_3=J_L(J_m+J_g)D_g+J_m(J_g+J_L)D_c\\c_2=J_L(J_m+J_g)K_g+J_m(J_g+J_L)K_c+(J_m+J_g+J_L)D_cD_g\\c_1=(J_m+J_g+J_L)(D_cK_g+K_cD_g)\\c_0=(J_m+J_g+J_L)K_cK_g\end{cases} \tag{4-6}$$

由表 4-1 可知阻尼系数 D_c 和 D_g 的值相对于刚度系数较小，同时为了便于计算，可将式（4-5）简化为

$$\begin{aligned}G_0(s)&=\frac{M(s)}{N(s)}=\frac{q_0}{p_4s^4+p_3s^3+p_2s^2+p_1s+p_0}\\&=\frac{J_LK_cK_g}{J_mJ_gJ_Ls^4+[J_m(J_g+J_L)K_c+J_L(J_m+J_g)K_g]s^2+(J_m+J_g+J_L)K_cK_g}\end{aligned} \tag{4-7}$$

根据 $N(s)$ 的表达式可知，传动轴谐振频率和齿轮谐振频率分别为

$$\omega_1=\sqrt{(p_2-\sqrt{p_2^{\ 2}-4p_4p_0})/2p_4}$$

$$\omega_2=\sqrt{(p_2+\sqrt{p_2^{\ 2}-4p_4p_0})/2p_4}$$

图 4-2 系统中的参数见表 4-1。

表 4-1 系统参数

模型参数	取值	模型参数	取值
J_m	0.0641kg · m²	D_c	0.1N · m · s/rad
J_g	0.0868kg · m²	K_g	2000N · m/rad
J_L	0.0523kg · m²	D_g	0.2N · m · s/rad
K_c	242N · m/rad	δ	0.25°

对应后面的图 4-7 中的虚线为 $G_p(s)$ 的开环频率响应的曲线图。由于阻尼系数 D_c 和 D_g 的值比较小，因此在频率为 ω_1 和 ω_2 时出现了两个谐峰，且频率为 ω_1 的轴扭转振动和频率为 ω_2 的齿轮振动容易同时引起，从而使系统振荡。而在实际的控制系统中，齿隙的非线性影响也是不能忽略的。从图 4-2 可以看出，电动机转矩 T_m 在经过齿轮死区后产生的齿轮力矩 T_g，除了向后端的传动轴传输，还要反馈到前端与 T_m 作差，差值信号再次经过死区后不断反馈使系统的谐振加剧，所以开环系统的稳定性较差。

4.2 基于扰动观测器的 PID-P 复合控制

在三明治系统的控制设计中，若使用单一的 PID 控制器进行控制，因为系统中死区的

存在会使信号传递产生偏差，为了消除最终的稳态误差，控制器会频繁动作使传递信号振荡，进而使系统的稳定性变差。因此需要设计额外的装置对引起振动的控制信号进行补偿抑制。本节分析了扰动观测器的扰动抑制原理与设计原则，并引入了一种新的控制器参数确定方法，通过对闭环系统特征多项式系数的合理选择来保证系统的稳定性，然后再根据特征多项式的系数来确定控制器的各个参数。

4.2.1 复合控制策略

三明治系统的控制设计可采用图 4-3 所示的复合控制策略。控制器是由带前馈补偿的 PID 控制器（即 PID-P 控制器）和由扰动观测器估计的齿轮扭矩的反馈比例补偿组成的复合控制。图 4-3 中，外回路由 $G_c(s)$ 和 $F(s)$ 构成 PID-P 控制器，其中 $G_c(s)$ 为 PID 控制器，对整个系统进行频域校正，保证系统有较好的稳定性，$F(s)$ 为前馈比例环节，用来消除系统的稳态误差，提高转矩的传递效率。内回路采用反馈性扰动观测器对齿隙等非线性因素进行滤波抑制，消除振荡。

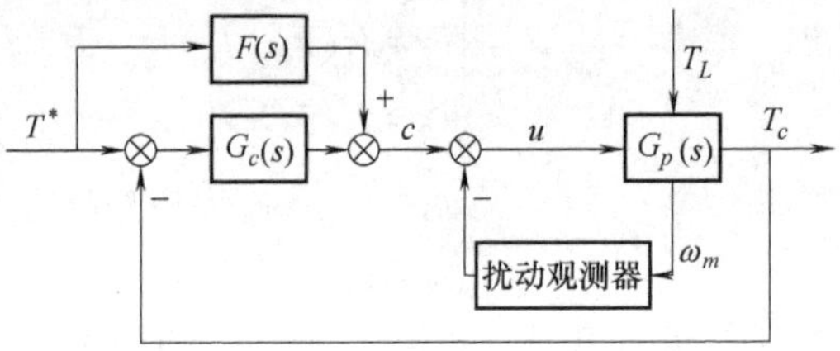

图 4-3 基于 PID-P 和扰动观测器的复合控制

确定控制器的结构后，闭环系统的特征多项式就包含了控制器的待确定的参数，其中包括扰动观测器的待定参数和 PID 控制器 $G_c(s)$ 的比例积分、比例微分 3 个参数（前馈控制不影响闭环系统的特征多项式）。而第 4.2.3 节的系数表正是直接对系统的特征多项式进行设计，所以就建立起了控制器参数与系数表法中定义的稳定指数之间的联系。因此，只要合适选取系数表法中稳定指数的值，就可以求得能够保证稳定的闭环系统的特征多项式的系数，进而获得相应的控制器的待定参数值。

4.2.2 扰动观测器设计

一般的控制系统上均有扰动的作用，例如生产过程中负载的变化。有些扰动则是对象运行中本身所带来的，例如直升飞机旋翼转子对机身带来的振动。采用反馈控制就是为了抑制这些扰动对系统的影响。不过，为了进一步提高控制系统的性能，还需对扰动进行补偿。对于工业上的伺服传动系统来说，由于采用齿轮传递力矩，从动齿轮对驱动电动机的反向力矩影响更直接，扰动抑制的要求更严格。PID 控制中的误差信号积分就是一种对扰动进行补偿的方法，但这种方法适合扰动不经常变化的场合。如果系统中的扰动经常变化，就需要采取专门的补偿手段。一般来说，需要建立一个扰动观测器，将得到的扰动估计值加到控制输出上来对扰动进行补偿。常见的扰动观测和补偿是将作用在系统上的扰动看作是另一个动态系统的输出，对这个附加系统的状态进行估计，从而得到扰动信号的估计值用于补偿。本节给出的反馈型扰动观测器补偿方案，是利用对象的输入输出数据对扰动进行估计和补偿，其原理如图 4-4 所示。

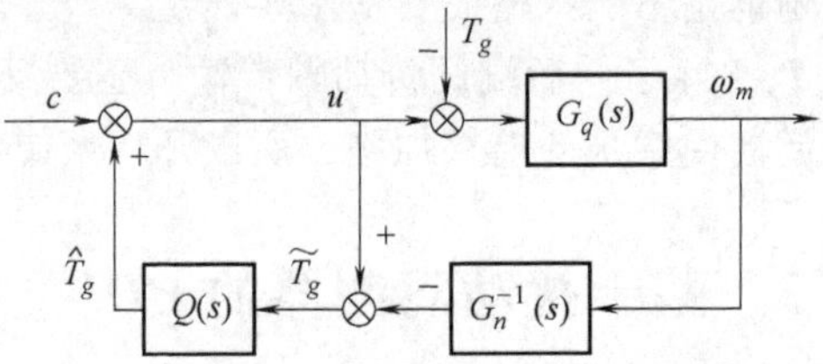

图 4-4 反馈型扰动观测器

图 4-4 中 c 为外回路控制器的输出（例如可以是一个 PID 控制器的控制输出，见图 4-3），u

是加到对象上的控制作用。图 4-4 中所示的观测器要解决的是后端子系统的信号 T_g 对前端子系统 L 的扰动。解决办法是前端子系统 L 通过反馈型观测器构成闭合回路抑制干扰，因此 $G_q(s)$ 表示了前端子系统的执行电动机，$G_n(s)$ 是其名义对象。$G_n(s)$ 一般为低阶次，这里取 $G_q(s)$ 的刚性部分，为纯积分环节。$G_n^{-1}(s)$ 是 $G_n(s)$ 的逆，电动机输出 ω_m 加到 $G_n^{-1}(s)$ 上，再从 $G_n^{-1}(s)$ 的输出中去掉 u 就能得到加在对象上的扰动 T_g 的估计值 $\widetilde{T}_g$。这个 $\widetilde{T}_g$ 还要经过一个低通滤波器 $Q(s)$，$\hat{T}_g$ 是滤波后的扰动估计值。

将图 4-4 的 $Q(s)$ 通过回路变换可得等效系统如图 4-5 所示。因为 $Q(s)$ 为低阶滤波器，在低频段 $Q(s)\to 1$，所以前向通道为高增益，可以抑制扰动 T_g 对输出的影响。由于是高增益，系统从输入 c 到输出 ω_m 的特性等于反馈通道的逆，所以在 $Q(s)$ 的频段内，从 c 到 ω_m 的闭环传递函数等于名义对象的特性 $G_n(s)$，并且 $G_n(s)$ 不随工作条件而改变。对于这样的系统，如果再采用前馈补偿来改善系统的带宽或跟踪精度也是有利的。

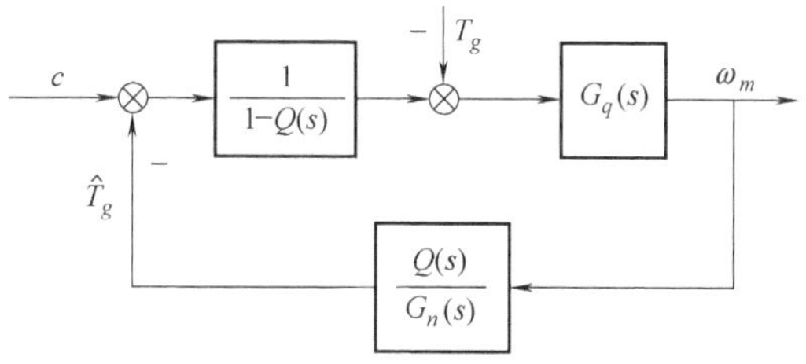

图 4-5　图 4-4 的等效系统

4.2.3　确定控制器参数的系数表法

设图 4-3 所示的闭环系统的特征多项式为

$$P(s)=a_ns^n+\cdots+a_1s+a_0 \tag{4-8}$$

式中各项系数均大于零。可以根据劳斯稳定判据来选择合适的系数保证闭环系统的稳定性。但是对于系统设计来说，仅保证稳定性是远远不够的，还需要考虑鲁棒性。因为特征多项式相同的系统，鲁棒性可能不同。为此日本东京大学的 Manabe 提出根据系数表法来确定闭环系统的特征多项式，兼顾稳定性、响应特性和鲁棒性。系数表法中定义稳定指数 γ_i 如下：

$$\begin{cases}\gamma_i=\dfrac{a_i^2}{a_{i+1}a_{i-1}}, i=1\sim n-1\\ \gamma_i^*=1/\gamma_{i+1}+1/\gamma_{i-1}, \gamma_n=\gamma_0=\infty\end{cases} \tag{4-9}$$

式中，γ_i^* 表示稳定限度，用来约束稳定指数的取值。在实际设计过程中主要用来保证其满足李雅普诺夫意义下的稳定条件。

稳定性可以通过选择满足李雅普诺夫稳定判据的稳定指数 γ_i 来保证。鲁棒性不同于系统的稳定性，主要考虑系统参数变化对极点变化速度的影响。具有不同结构的控制系统，即使有相同的特征方程，鲁棒性也可能不同。系统的鲁棒性只有在开环系统结构确定时才能确定。系数表法在应用上的一个重要特征就是可以同时设计控制器结构和特征多项式，通过控制器结构的设定来保证系统的鲁棒性。

若式（4-8）所对应的系统是三阶系统，根据 Routh 稳定判据可知，稳定性条件为 $a_2a_1>a_3a_0$。根据式（4-9）中的表达式，这等价于要求稳定指数满足 $\gamma_1\gamma_2>1$。同理，四阶系统的稳定条件为：$a_2>(a_1/a_3)a_4+(a_3/a_1)a_0$ 且 $\gamma_2>\gamma_2^*$。对于五阶及以上系统，李雅普诺夫给出了几种不同形式的稳定和不稳定的充分条件，其中适合系数表法的条件如下：如果系统所有的四阶多项式是稳定的且有 1.12 倍的裕度，则系统是稳定的；如果系统中部分三阶多项式

是不稳定的，则系统是不稳定的。系统的稳定性条件可以描述为

$$\begin{cases} a_i > 1.12\left[\dfrac{a_{i-1}}{a_{i+1}}a_{i+2} + \dfrac{a_{i+1}}{a_{i-1}}a_{i-2}\right] \\ \gamma_i > 1.12\gamma_i^{\ *}, i = 2 \sim n-2 \end{cases} \tag{4-10}$$

Manabe 已经证明，当取 $\gamma_i > 1.12\gamma_i^*$，且 γ_i 在 1~4 之间取值可以使系统获得较好的稳定性和响应特性。若稳定指数按 $\gamma_i > 1.5\gamma_i^*$ 选择，则是靠牺牲稳定性和响应特性来改善系统的鲁棒性。在此参数选取之上借助一些设计经验，设计者通过合理地选择控制器的结构和参数，就能同时兼顾稳定性、响应特性和鲁棒性。

4.2.4 控制器设计

为了抑制机械谐振，对整个系统进行频域校正，保证系统具有良好的稳定性。通常可以采用简单的 PID 进行控制，引入的 PID 控制器为

$$G_{c1}(s) = K_{p1} + \frac{K_{i1}}{s} + K_{d1}s \tag{4-11}$$

图 4-2 所示系统引入式（4-11）的 PID 控制器后，从 T^* 到 T_c 的闭环传递函数

$$\phi_1(s) = \frac{G_{c1}(s)G_p(s)}{1+G_{c1}(s)G_p(s)} = \frac{d_4s^4 + d_3s^3 + d_2s^2 + d_1s + d_0}{e_5s^5 + e_4s^4 + e_3s^3 + e_2s^2 + e_1s + e_0} \tag{4-12}$$

结合式（4-5）和式（4-6），可知引入 PID 控制器后闭环系统的特征多项式的系数为

$$\begin{cases} e_5 = c_4 \\ e_4 = c_3 + K_{d1}b_2 \\ e_3 = c_2 + K_{d1}b_1 + K_{p1}b_2 \\ e_2 = c_1 + K_{d1}b_0 + K_{p1}b_1 + K_{i1}b_2 \\ e_1 = c_0 + K_{i1}b_1 + K_{p1}b_0 \\ e_0 = K_{i1}b_0 \end{cases} \tag{4-13}$$

由于阻尼系数 D_c 和 D_g 的值较小，闭环系统特征多项式中的 e_4 趋近于 0，根据劳斯稳定判据，闭环系统趋于不稳定。同时，当齿隙 $\delta \neq 0$ 时，死区的存在会使控制器频繁动作，使系统的振荡加剧。为了解决系统的振荡问题，同时对死区传递的信号进行补偿抑制，在上述分析的基础上引入反馈型扰动观测器对齿隙等非线性因素进行滤波抑制，消除振荡。提出了 PID-P 加扰动观测器的复合控制策略。为了求解方便，这里 PID-P 中的 P 选择前馈控制。若 P 是前馈控制，加上扰动观测器作为反馈回路，增加了闭环特征方程中的未知参数的个数。这为使用系数表法求解闭环特征方程的未知参数带来了一定的难度。所以先用 PID 加扰动观测器来控制设计，再用前馈的 P 来补偿。原理图如图 4-6 所示。

在图 4-6 中，将死区前后两个子系统之间的连接信号 T_g 当作扰动信号，进行双回路复合控制。内回路采用反馈型扰动观测器进行扰动补偿，$\hat{T}_g$ 为通过扰动观测器对 T_g 的观测值。外回路借助 PID-P 控制器，用来对整个系统进行频域校正，保证系统有较好的稳定性。

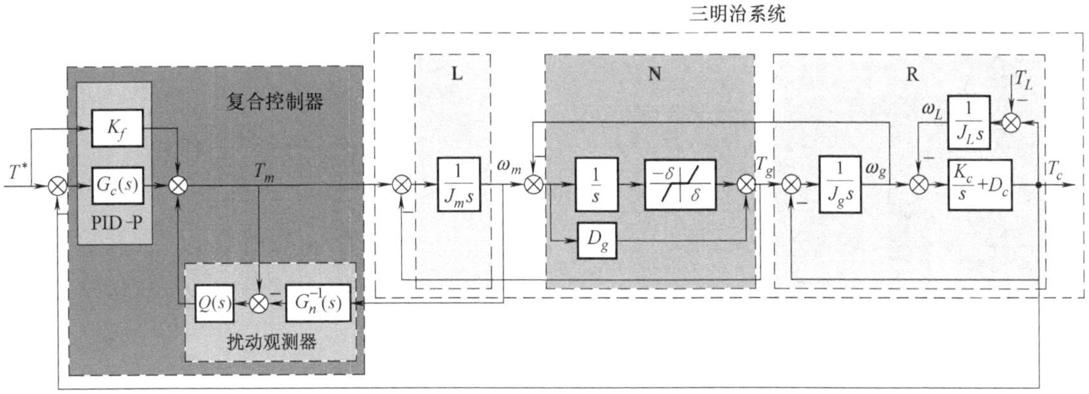

图 4-6 三明治系统转矩控制策略

为了便于工程上的实际应用，选取 PID 控制器为 $G_c(s)=K_p+\frac{K_i}{s}+\frac{K_d s}{1+T_d s}$。前馈环节 $F(s)$ 用来消除系统的稳态误差，提高转矩的传递效率。图 4-6 中所提出的控制器结构之所以能解决带死区的弱阻尼挠性传动系统控制中的振荡问题，主要是 PID 控制器和扰动观测器的反馈控制的状态信号分别取自死区前后两个子系统，并且内环的扰动观测器消除 L 和 R 间的相互影响。

为了便于计算，同时滤除高频扰动取低阶滤波器为一阶形式，$Q(s)=\frac{K_{fb}}{T_f s+1}$。使用系数表法时为了减少待定参数的个数令 $T_d=T_f=T_0$。根据图 4-4 所示的扰动观测器设计原则取 $G_n^{-1}(s)=J_m s$。同时，由于系统的阻尼系数较小，假设 $D_c=D_g=0$。前馈环节 $F(s)$ 主要是用来补偿系统的稳态精度而不影响系统的稳定性，先假设 $F(s)=0$。因此，当传动间隙 $\delta=0$ 时，图 4-6 三明治系统在 PID 和扰动观测器的控制下从给定指令 T^* 到轴转矩 T_c 的闭环传递函数为

$$\phi^*(s)=\frac{J_L K_g K_c[(K_d+T_0K_p)s^2+(K_p+T_0K_i)s+K_i]}{a_6s^6+a_5s^5+a_4s^4+a_3s^3+a_2s^2+a_1s+a_0} \tag{4-14}$$

式中，

$$\begin{cases} a_0=J_L K_c K_g K_i \\ a_1=[J_m+J_g+J_L+(J_g+J_L)K_{fb}+J_L(K_p+T_0K_i)]K_cK_g \\ a_2=[J_L(K_d+T_0K_p)+(J_m+J_g+J_L)T_0]K_cK_g \\ a_3=J_m(J_g+J_L)K_c+J_L(J_m+J_g)K_g+J_gJ_LK_gK_{fb} \\ a_4=[J_m(J_g+J_L)K_c+J_L(J_m+J_g)K_g]T_0 \\ a_5=J_mJ_gJ_L \\ a_6=J_mJ_gJ_LT_0 \end{cases} \tag{4-15}$$

对于六阶系统，将闭环特征方程的系数式（4-15）代入式（4-9）有

$$
\begin{cases}
K_p=\dfrac{1}{J_L}\left\{\alpha\left[\dfrac{\gamma_1\gamma_2\gamma_3\gamma_4\gamma_5-1}{\gamma_1\gamma_2^2\gamma_3^3\gamma_4^4\gamma_5^4K_cK_gT_0^2}+\dfrac{(J_g+J_L)(\gamma_4\gamma_5-1)}{\gamma_4\gamma_5J_gJ_LK_g}\right]-J_m-J_g-J_L\right\}\\
K_i=\dfrac{\alpha}{\gamma_1\gamma_2^2\gamma_3^3\gamma_4^4\gamma_5^4J_LK_cK_gT_0^3}\\
K_d=\alpha\left[\dfrac{\gamma_1\gamma_2^2\gamma_3^2\gamma_4^2\gamma_5^2-\gamma_1\gamma_2\gamma_3\gamma_4\gamma_5+1}{\gamma_1\gamma_2^2\gamma_3^3\gamma_4^4\gamma_5^5J_LK_cK_gT_0}-\dfrac{(J_g+J_L)(\gamma_4\gamma_5-1)T_0}{\gamma_4\gamma_5J_gJ_L^2K_g}\right]\\
K_{fb}=\dfrac{\alpha(1-\gamma_4\gamma_5)}{\gamma_4\gamma_5J_gJ_LK_g}\\
T_0=\sqrt{\dfrac{J_mJ_gJ_L}{\gamma_5\alpha}}
\end{cases}
\tag{4-16}
$$

式中，$\alpha=J_m(J_g+J_L)K_c+J_L(J_m+J_g)K_g$。根据式（4-10）的稳定性和响应特性要求，取 $\gamma_1=2.5$，$\gamma_2=\gamma_3=\gamma_4=2$，$\gamma_5=1.35$ 并代入式（4-16）可求得控制器的参数为

$$K_p=-0.2152,K_i=4.0037,K_d=0.0013,K_{fb}=-1.2442,T_0=0.0035 \tag{4-17}$$

图 4-7 中的虚线是在式（4-17）的控制参数下闭环系统的频率特性。可以看出，使用 PID 加扰动观测器形式的复合控制策略，能够很好地抑制三明治系统的机械振动。但是幅频特性曲线在 10~50rad/s 的频域范围内，系统仍有小的谐峰，闭环增益特性曲线大于 0dB，并且频率在 10~$\omega_1$rad/s 范围内，相位特性曲线远小于 0dB，转矩传递性能较差。

为提高三明治系统的转矩传递性能，减小系统的稳态误差，在上述的控制器中增加一个前馈环节补偿稳态精度，即 $F(s)\neq0$。图 4-8 是图 4-6 的简化框图。

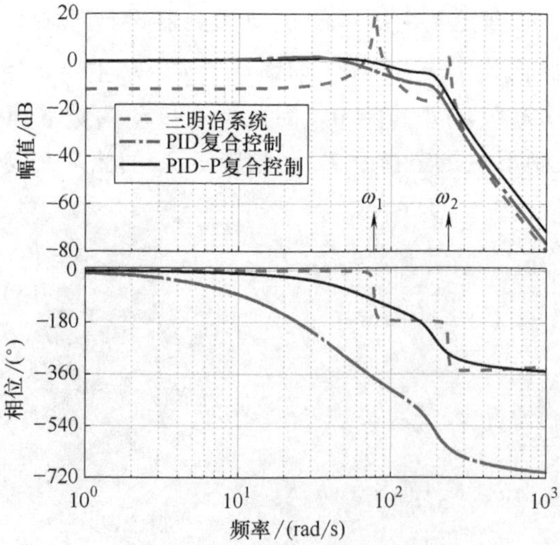

图 4-7 PID 加扰动观测器控制下闭环系统的频率特性

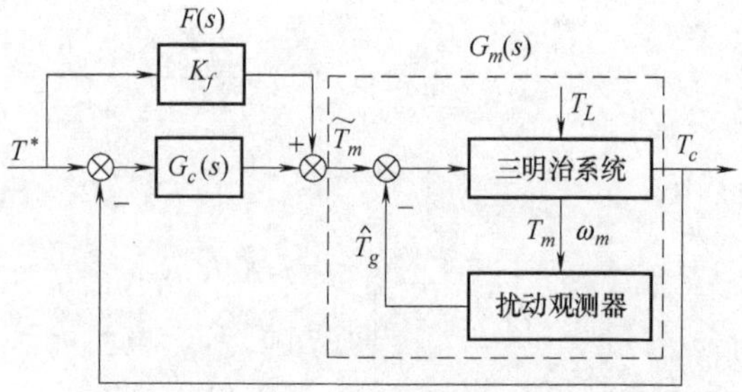

图 4-8 三明治系统转矩控制简图

图 4-8 中，$G_m(s)$ 是从 $\widetilde{T}_m$ 到轴转矩 T_c 的 5 阶传递函数，其形式如下：

$$G_m(s)=\frac{A(s)}{B(s)}=\frac{J_LK_cK_g(T_fs+1)}{f_5s^5+f_4s^4+f_3s^3+f_2s^2+f_1s+f_0} \tag{4-18}$$

式中，

$$f_5 = J_m J_g J_L T_f$$

$$f_4 = J_m J_g J_L$$

$$f_3 = [J_m(J_g+J_L)K_c + J_L(J_m+J_g)K_g]T_f$$

$$f_2 = J_m(J_g+J_L)K_c + J_L(J_m+J_g)K_g + J_g J_L K_g K_{fb}$$

$$f_1 = (J_m+J_g+J_L)K_c K_g T_f$$

$$f_0 = (J_m+J_g+J_L)K_c K_g + (J_g+J_L)K_c K_g K_{fb}$$

通过前馈补偿，误差传递函数为

$$\phi_e(s) = \frac{T^*(s) - T_c(s)}{T^*(s)} = \frac{1 - G_m(s)F(s)}{1 + G_m(s)G_c(s)} \tag{4-19}$$

从式（4-19）可以看出，如果让前馈补偿 $F(s) = 1/G_m(s)$，则闭环传递函数 $\phi_e(s) = 0$，系统将获得较好的转矩传递性能。但是 $G_m(s)$ 为 5 阶系统，为了使 $\phi_e(s) = 0$，前馈补偿器理论上应该是具有 5 阶的微分器，不容易实现。从实际角度出发，如果只强调在低频范围内提高转矩传递性能，则可以将前馈补偿器设计为比例补偿：

$$F(s) = K_{ff} = \frac{1}{G_m(0)} = \frac{B(0)}{A(0)} = \frac{J_m + J_g + J_L + (J_g + J_L)K_{fb}}{J_L} = 0.3608 \tag{4-20}$$

在控制器式（4-17）基础上增加式（4-20）的前馈补偿后，闭环系统的 Bode 图如图 4-7 的实线所示。可以看出，与单纯的 PID 和扰动观测器控制相比，在 10~50rad/s 的频域范围内，降低了闭环系统增益曲线的谐峰，使低频段维持在 0dB，系统的传递性能得到了明显的改善。

4.2.5　仿真验证

对三明治系统提出的 PID-P 和扰动观测器的复合控制策略进行相应的验证。设定输入 T^* 为在 $t = 0.2$s 时幅值为 5N · m 的阶跃信号，图 4-9 所示为齿轮齿隙 $\delta = 0°$ 和 $\delta = 0.25°$时系统的开环和闭环响应曲线。

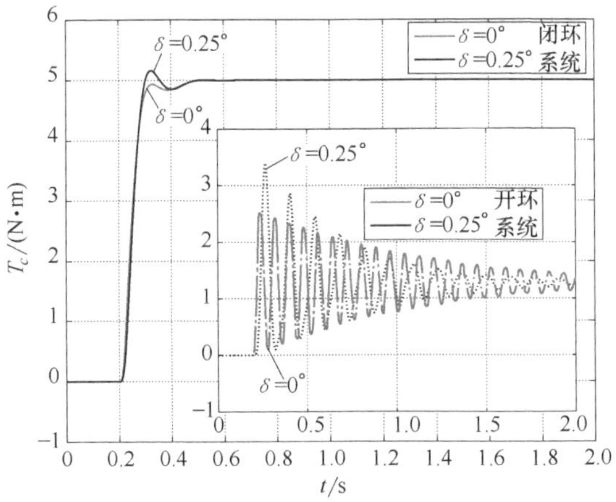

图 4-9　系统的开环和闭环响应曲线

可以看出，提出的转矩控制策略可以较好地抑制三明治系统的机械振荡和齿隙影响。且当齿隙参数发生变化时，系统仍具有较好的响应特性。灵敏度函数除了表征系统的鲁棒性以外，还表征了系统的误差跟踪能力以及系统的抗外干扰能力。图 4-10 为系统的灵敏度曲线，从图中可以看出在系统的工作频带内，灵敏度函数均低于 0dB 线，因此本节提出的控制策略还具有较强的抗干扰能力。

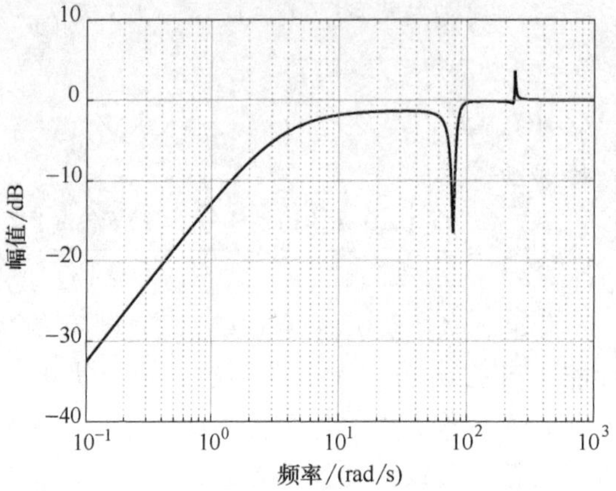

图 4-10　系统的灵敏度特性

4.3　结构化 H_∞ 控制

第 4.2 节中虽然可根据 CDM 法求取控制器未知参数，但如果控制器中待定参数较多，那么计算复杂，甚至可能无法求解。传统的 H_∞ 控制是一种综合的控制理论，可以综合考虑系统鲁棒稳定性、带宽、输出性能等多方面的设计要求。但其设计结果往往是阶次和复杂性都很高，且设计结果不透明，阶次高的控制器在实际应用中的造价是很高的，并且复杂的控制器也不适用于实际调节。

本节采用结构化 H_∞ 设计方法设计系统的控制器。结构化 H_∞ 控制不但保留了传统 H_∞ 综合设计理论的优点，设计时可以综合考虑多方面的性能要求，并且可以根据实际需求设计控制器的结构，保证控制器具有比较低的阶次和复杂度，具有现实的可应用性。为了说明结构化 H_∞ 控制的适用性，这里先给出同样具有三明治结构的电动助力转向（Electric Power Steering，EPS）系统的结构化 H_∞ 控制设计过程。

4.3.1　EPS 系统

根据助力位置的不同，EPS 系统可以划分为 3 种类型：转向柱型、小齿轮型和齿条型。本节以柱型 EPS 系统为例，它的动态模型如图 4-11 所示，主要由 4 部分组成：方向盘、立柱、电动机和齿条。方向盘和转向柱通过包含弹性扭力杆的扭矩传感器连接，电动机和齿条分别通过减速机构（此中为蜗轮蜗杆减速机构）和小齿轮连接到转向柱上。

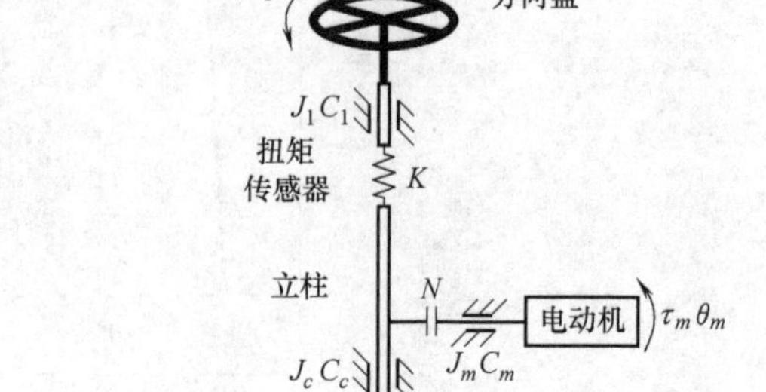

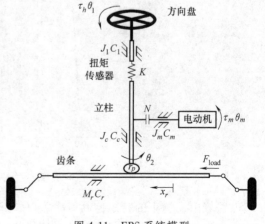

图 4-11　EPS 系统模型

根据牛顿第二运动定律，系统各部分的运动方程见式（4-21）~式（4-24）：

$$J_1\ddot{\theta}_1+C_1\dot{\theta}_1+K(\theta_1-\theta_2)=\tau_h \tag{4-21}$$

$$J_c\ddot{\theta}_2+C_c\dot{\theta}_2+K(\theta_2-\theta_1)=\tau_{\text{gear}}-\tau_{\text{pinion}} \tag{4-22}$$

$$J_m\ddot{\theta}_m+C_m\dot{\theta}_m=\tau_m-\tau_{\text{gear}}/N \tag{4-23}$$

$$M_r\ddot{x}_r+C_r\dot{x}_r=\tau_{\text{pinion}}/r_p-F_{\text{load}} \tag{4-24}$$

式（4-21）中，J_1 是方向盘转动惯量；θ_1 是方向盘转角；θ_2 是立柱转角；$\dot{\theta}_1$ 和 $\ddot{\theta}_1$ 分别是 θ_1 的一阶和二阶导数；C_1 是方向盘阻尼系数；K 是扭矩传感器扭矩刚度；τ_h 是方向盘转矩。式（4-22）中，J_c 是立柱的转动惯量；C_c 是立柱的阻尼系数；$\dot{\theta}_2$ 和 $\ddot{\theta}_2$ 分别是 θ_2 的一阶和二阶导数；τ_{gear} 和 τ_{pinion} 分别是减速机构和小齿轮作用在立柱上的扭矩。式（4-23）中，J_m 是电动机的转动惯量；C_m 是电动机阻尼系数；θ_m 是电动机转角；$\dot{\theta}_m$ 和 $\ddot{\theta}_m$ 分别是 θ_m 的一阶和二阶导数；τ_m 是电动机转矩；N 是齿轮齿数比。式（4-24）中，M_r 是机架质量；C_r 是齿条阻尼系数；x_r 是齿条位移；$\dot{x}_r$ 和 $\ddot{x}_r$ 分别是 x_r 的一阶和二阶导数；r_p 是小齿轮半径；F_{load} 为胎架负载。

方程式（4-25）表示齿条、小齿轮和蜗轮的传动比

$$r_p\theta_2=x_r, N\theta_2=\theta_m \tag{4-25}$$

由方程式（4-22）~式（4-24）可化简为一个集总质量方程如下：

$$J_2\ddot{\theta}_2+C_2\dot{\theta}_2+K(\theta_2-\theta_1)=\tau_a-\tau_l \tag{4-26}$$

式（4-26）中，J_2 是等效转动惯量，C_2 是等效阻尼系数；等效助力扭矩 τ_a 和等效负载扭矩 τ_l 如下：

$$\left.\begin{aligned}J_2&=J_c+N^2J_m+r_pM_r\\C_2&=C_c+N^2C_m+r_pC_r\\\tau_a&=N\tau_m\\\tau_l&=r_pF_{\text{load}}\end{aligned}\right\} \tag{4-27}$$

对于 EPS 系统所采用的各项参数见表 4-2。

表 4-2　系统模型参数

模型参数	值	模型参数	值
K	143.24	$J_2/(\text{kg}\cdot\text{m}^2)$	0.11
$J_1/\text{kg}\cdot\text{m}^2$	0.044	$C_2/(\text{N}\cdot\text{m}\cdot\text{s/rad})$	1.35
$C_1/(\text{N}\cdot\text{m}\cdot\text{s/rad})$	0.25	$\omega_m/(\text{rad/s})$	200π

EPS 系统的系统框图如图 4-12 所示，它描述了系统从外部输入（方向盘转矩和等效负载转矩）到系统状态变量（方向盘转角和转向柱转角）的关系。
图中 τ_s 为在扭矩传感器上的测量扭矩值，$\tau_{a,\text{ref}}$ 为控制器计算的助力转矩参考值

$$\tau_s=K(\theta_1-\theta_2) \tag{4-28}$$

$$\tau_{a,\text{ref}}=h(\tau_s) \tag{4-29}$$

式中，h 为含转向助力力矩图及补偿器的控制器。

从方向盘力矩（$\tau_h-\tau_s$）到输出角度 θ_1 的传递函数为

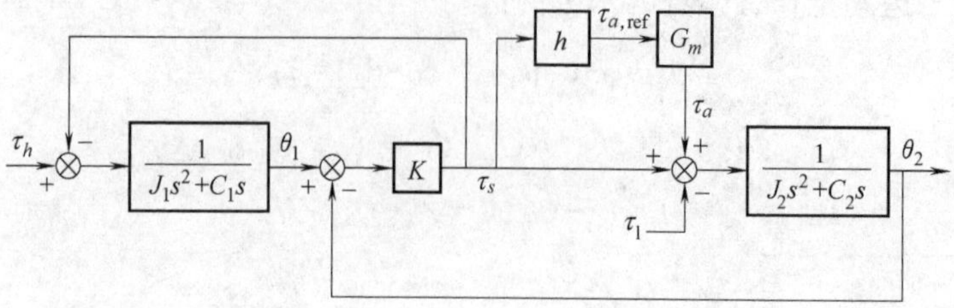

图 4-12　EPS 系统框图

$$G_w(s)=\frac{1}{J_1s^2+C_1s} \tag{4-30}$$

从转向柱力矩（$\tau_a+\tau_s-\tau_1$）到输出角度 θ_2 的传递函数为

$$G_c(s)=\frac{1}{J_2s^2+C_2s} \tag{4-31}$$

系统中电动机的数学模型可以表示为截止频率为 ω_m 的低通滤波器，即

$$G_m(s)=\frac{\tau_a}{\tau_{a,\mathrm{ref}}}=\frac{\omega_m}{s+\omega_m} \tag{4-32}$$

4.3.2　EPS 系统的结构化 H_∞ 控制设计

传统的 H_∞ 控制设计是以矩阵的最大奇异值为衡量指标的一种综合优化设计，将具有多个性能要求的控制问题归结为含有一个 H_∞ 控制器和一个经过加权的综合性能输出（即系统广义对象）的标准 H_∞ 优化问题。其优点在于可以综合考虑多方面的性能要求，但传统的 H_∞ 设计只有一个综合的加权性能输出，多个性能指标互相牵制，且对单个性能要求没有针对性。另外，传统的 H_∞ 设计所得到的控制器往往阶次很高，不适合实际系统的应用。

本例中的 EPS 系统的控制设计中涉及多个控制目标，本节采用结构化 H_∞ 的设计方案。相对传统的设计方法，其优越性在于可以预先设定控制器的阶次，给出一个相对低阶的结构化 H_∞ 控制器。既保留了传统 H_∞ 设计的综合性，又可以针对每一个性能要求进行加权设计，构成一个含有多维性能输出的对角矩阵，进行性能综合优化。

一个完整的结构化 H_∞ 控制设计一般可分为 3 个步骤：首先是要根据控制目标，对系统的性能要求进行分析；再根据具体的性能要求和优化目标选择适合的加权函数，将多个加权性能要求构成对角优化矩阵；最后，根据实际需求和设计目标确定一个参数可调的结构化控制器，求解最优控制器的参数，进而得到满足综合性能要求的结构化 H_∞ 控制器。

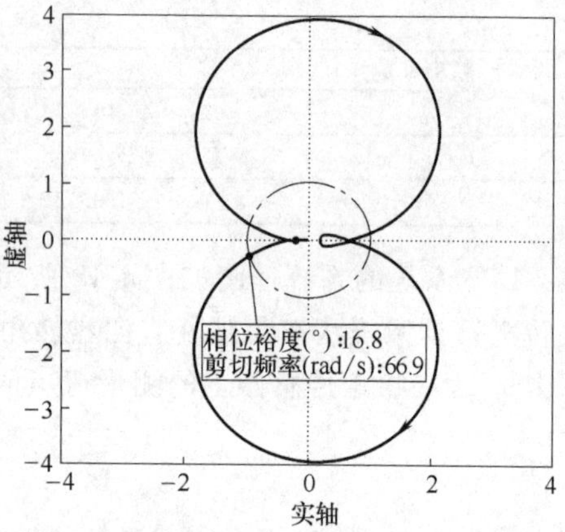

图 4-13　系统开环 Nyquist 曲线

4.3.2.1　系统性能要求

根据图 4-12 的 EPS 系统框图，可得系统的开环 Nyquist 曲线如图 4-13 所示。

由图 4-13 可知，该系统的稳定点的剪切频率

为 $\omega_c=66.9\mathrm{rad/s}$，相位裕度只有 $\gamma=16.8°$，系统的稳定裕度过小，为改善驾驶舒适度，需要提高它的稳定裕度。故该系统的第一个控制设计性能要求为稳定裕度要求。

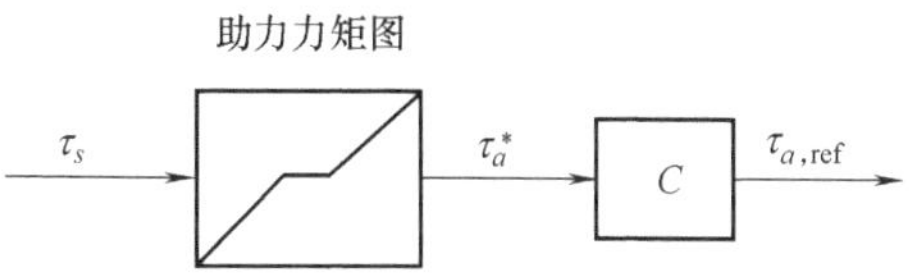

图 4-14　控制结构图

系统的控制结构图如图 4-14 所示，在 EPS 系统中，驾驶员由方向盘输入转向角度信号 θ_1，通过扭矩传感器得到转向柱测量力矩 τ_s 并将其输入到 EPS 系统的控制器中，得到期望的扭转助力力矩 $\tau_{a,\mathrm{ref}}$。

图中助力力矩在通过稳定控制器前的值 τ_a^* 由式（4-33）给出，

$$\tau_a^*=\begin{cases}0 & ,0\leqslant\tau_s\leqslant\tau_{s0}\\ K_v v_{\mathrm{car}}(\tau_s-\tau_{s0}) & ,\tau_{s0}<\tau_s\end{cases}\tag{4-33}$$

一般情况下 $K_v=35$，此时的助力力矩图如图 4-15 所示。

考虑到由于外界条件的不同，会使得 EPS 系统的助力力矩比 K_v 具有不确定性，并考虑到死区所具有的非线性，则图中的 τ_a^* 可表示为

$$\tau_a^*=\tau_s\left(\frac{K_v}{2}+\frac{K_v}{2}\delta\right),|\delta|\leqslant1\tag{4-34}$$

式中，δ 为摄动参数。

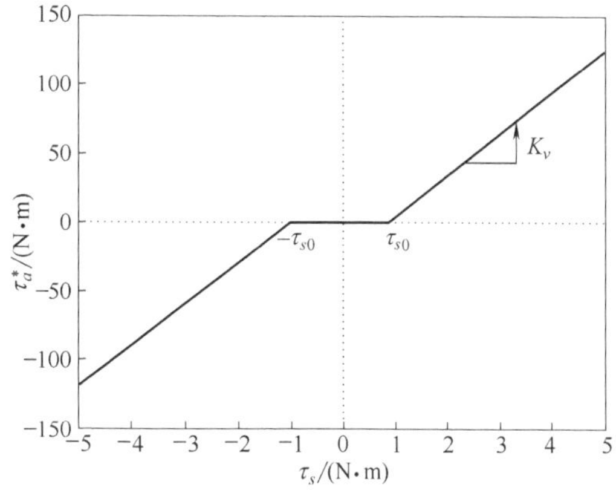

图 4-15　直线型助力力矩图

则依据式（4-34）系统的控制结构图如图 4-16 所示，图中 r 为扰动信号。

将除摄动参数 δ 外的系统框图进行化简合并，可得到从 w 到 z 的传递函数 T_{zw}，等效框图如图 4-17 所示。

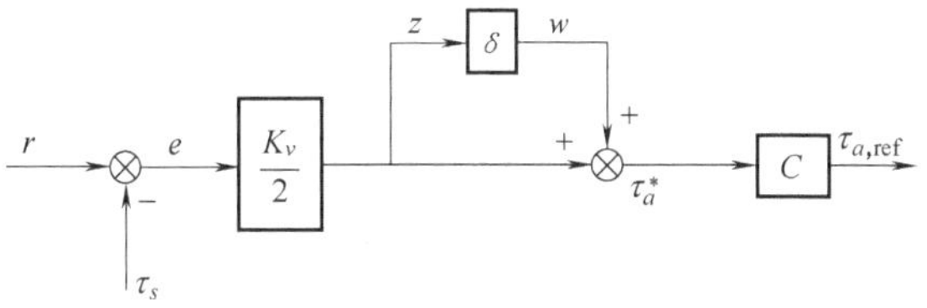

图 4-16　含不确定性的控制结构图

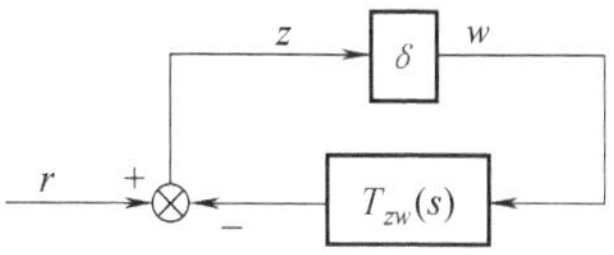

图 4-17　控制结构等效框图

根据最小增益原理，系统具有鲁棒稳定性需要满足式（4-35）的条件

$$\|T_{zw}\|_\infty<1\tag{4-35}$$

故该系统的第二个控制设计性能要求为鲁棒稳定性要求。

除了考虑系统的稳定性和鲁棒性要求外，同时还需要综合考虑系统的带宽问题，使系统具有合适的带宽。

4.3.2.2　H_∞ 加权函数选择

根据上文分析，该控制设计的性能要求有 3 个，即稳定裕度要求、鲁棒稳定性及系统带宽要求。下面即对以上的 3 个系统性能要求，分别选取适当的加权函数。

设 T_1 为 r 到 e 的传递函数，系统的稳定程度即传递函数 T_1 到临界稳定点的距离，也是灵敏度函数的增益上限，要求：

$$\|W_1(s)T_1(s)\|_\infty \leqslant \gamma \tag{4-36}$$

式中，γ 为范数指标；$W_1(s)$ 为加权函数。设计稳定裕度的上限为 0.8，即 $W_1(s)=0.8$。

设 T_2 为 w 到 z 的传递函数，对于系统的鲁棒稳定性要求：

$$\|W_2(s)T_2(s)\|_\infty \leqslant \gamma \tag{4-37}$$

式中，加权函数 $W_2(s)=1$。

设 T_3 为 τ_h 到 τ_s 的传递函数，系统的带宽要求为

$$\|W_3(s)T_3(s)\|_\infty \leqslant \gamma \tag{4-38}$$

为限定系统的带宽，可将加权函数 W_3（s）选为如下的高通滤波形式

$$W_3(s)=\frac{5s}{s+1500} \tag{4-39}$$

4.3.2.3 结构化 H_∞ 控制器

综合考虑系统的性能要求和控制器的实现成本问题，本例设计如式（4-40）所示的三阶控制器

$$C=\frac{a_3s^3+a_2s^2+a_1s+a_0}{b_3s^3+b_2s^2+b_1s+b_0} \tag{4-40}$$

式中，a_i、$b_i(i=0,1,2,3)$ 为待优化参数。

针对于上文分析，对于已设计好控制器结构和加权函数的结构化 H_∞ 优化问题，综合考虑 EPS 系统的控制性能要求，通过优化可调参数 a_i，$b_i(i=0,1,2,3)$ 得到满足式（4-41）的最小 γ 值，

$$\|H\|_\infty \leqslant \gamma \tag{4-41}$$

式中，$H=\mathrm{diag}(W_1T_1 \quad W_2T_2 \quad W_3T_3)$。此时所得到的可调参数即为系统控制器的最优参数。

在求取结构化 H_∞ 控制器中的最优参数时，将式（4-36）~式（4-40）中的 T_1、T_2、T_3 应用线性分式变换（Linear Fraction Transformation，LFT），提取含有参数的结构化控制器 C，表示成如下的线性分式形式 P_1、P_2、P_3 来进行参数优化

$$\begin{cases} T_1=F_l(P_1,C) \\ T_2=F_l(P_2,C) \\ T_3=F_l(P_3,C) \end{cases} \tag{4-42}$$

得到的结构化控制器最优参数如下：

$$a_0=1.25\times10^8,\quad b_0=1.23\times10^8,$$
$$a_1=1.16\times10^6,\quad b_1=7.43\times10^5,$$
$$a_2=7.39\times10^3,\quad b_2=1.49\times10^3,$$
$$a_3=14.93,\quad b_3=1$$

此时的范数指标 $\gamma=1.24$。

4.3.2.4 控制性能分析

在结构化 H_∞ 控制器式（4-40）作用下，系统的开环 Nyquist 曲线如图 4-18 所示，由图

可知，系统的稳定裕度较高，能够满足系统的稳定性要求。

图 4-19 为控制器式（4-40）作用下的频率特性曲线，图中的实线为传递函数 T_3 的 Bode 图，虚线对应加权函数 W_3 倒数的频率特性。从图中可见，$1/W_3$ 的频率特性在超过带宽 1500rad/s 后迅速抬升，系统在加权函数 W_3 的限制下，其整体幅值特性均在 $1/W_3$ 的幅频特性曲线之下，控制设计结果满足控制目标中的带宽限制。

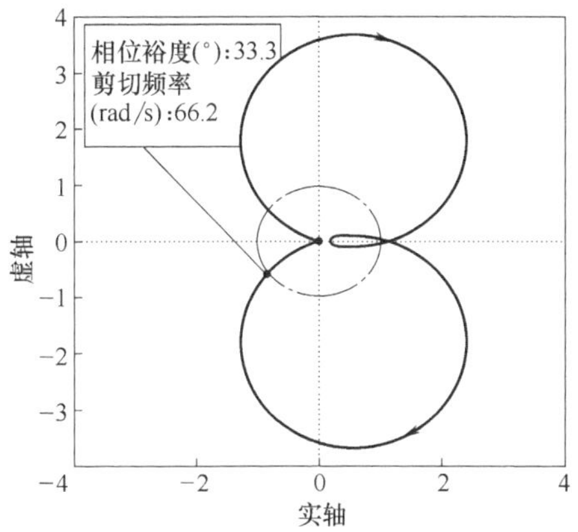

图 4-18　控制器下的系统开环 Nyquist 曲线

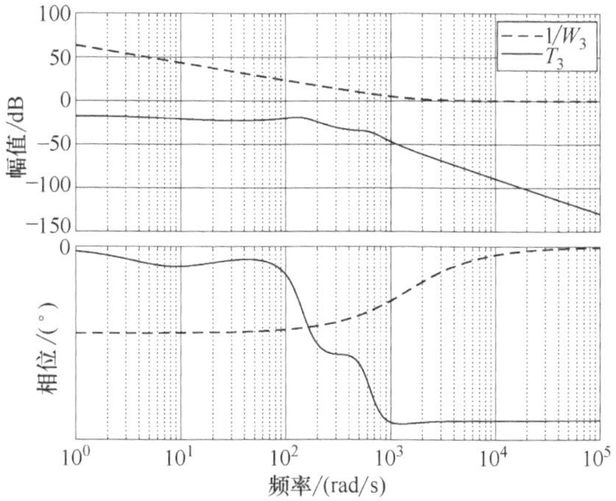

图 4-19　开环频域特性

为了验证所设计的控制器的鲁棒性能，取摄动参数 $\delta=0.86$，助力力矩比 $K_v=30$，同时在输入端 τ_h 给定一个幅值为 1.5、频率为 π 的正弦命令，图 4-20 为正弦输入和输出测量值 τ_s 的对比，图中虚线为给定的正弦输入，即方向盘的输入力矩，实线为转向柱的输出力矩。从图中可见这个控制设计具有良好的鲁棒性，所产生的振荡幅值在 0.3N · m 范围内，系统鲁棒稳定性良好。

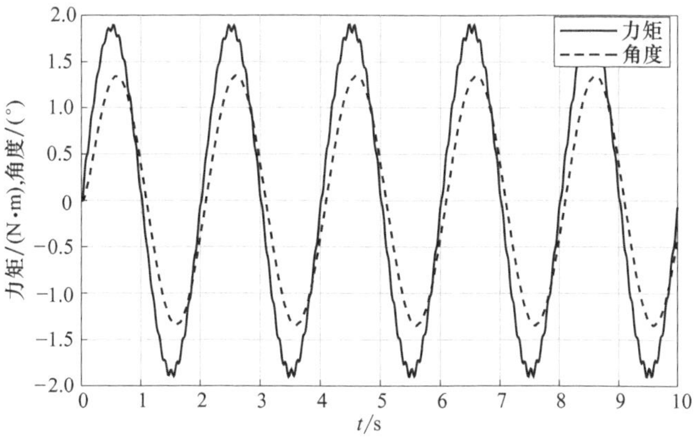

图 4-20　系统正弦响应

4.3.3　飞机纵向运动的结构化 H_∞ 控制设计

大型飞机的运动可分为侧向运动和纵向运动，虽然侧向运动和纵向运动也存在着微弱的耦合，但这些微弱的耦合基本是可以忽略的。对飞机的控制设计而言，可以将飞机的运动看作互相不耦合的运动，假设飞机的参考飞行速度为 V_{ref}，其沿水平方向的分量 $U_0=V_{\text{ref}}\cos\theta_0$，$\theta_0$ 为航迹倾角的参考值，根据刚体运动方程，其纵向运动的线性方程为

$$\begin{bmatrix}\dot{u}\\ \dot{w}\\ \dot{q}\\ \dot{\theta}\end{bmatrix}=\begin{bmatrix}X_u & X_w & -W_0 & -g_0\cos\theta_0\\ Z_u & Z_w & U_0 & -g_0\sin\theta_0\\ M_u & M_w & M_q & 0\\ 0 & 0 & 1 & 0\end{bmatrix}\begin{bmatrix}u\\ w\\ q\\ \theta\end{bmatrix}+\begin{bmatrix}X_{\delta m}\\ Z_{\delta m}\\ M_{\delta m}\\ 0\end{bmatrix}\delta_m \tag{4-43}$$

式中，u 为飞机沿水平方向的速度；w 为纵向速度；q 为角速度；θ 为航迹倾角；δ_m 为尾舵的偏转角，用以控制飞机的运动；X_u、X_w、$X_{\delta m}$、Z_u、Z_w、$Z_{\delta m}$ 分别为沿水平轴和纵向轴的空气动力对变量 u、w、δ_m 的偏微分；M_u、M_w、$M_{\delta m}$ 分别为纵向惯量对变量 u、w、δ_m 的偏微分；g_0 为重力加速度。

为了面向控制，还需要在纵向运动方程（4-43）中加入高度 h 的方程

$$\dot{h}=V_{\text{ref}}\sin\theta-w\cos\theta \tag{4-44}$$

在小倾斜角假设下，高度方程（4-44）线性化为

$$\dot{h}=V_{\text{ref}}\theta-w \tag{4-45}$$

取状态变量 $\boldsymbol{x}=[u \quad w \quad q \quad \theta \quad h]$，飞机的纵向运动方程可简写为

$$\dot{x}=\boldsymbol{F}\boldsymbol{x}+\boldsymbol{G}\delta_m \tag{4-46}$$

本节的设计是考虑重量为 637000lb[⊖]（288938.340kg）的大型喷气式飞机波音 747，在 20000ft[⊖]（6096m）的高空中，水平飞行速度为 $U_0=830\text{ft/s}$[⊖]（252.984m/s）时的运动，此时运动方程（4-46）中的各项系数为

$$\boldsymbol{F}=\begin{bmatrix}-0.00643 & 0.0263 & 0 & -32.2 & 0\\ -0.0941 & -0.624 & 820 & 0 & 0\\ -0.000222 & -0.00153 & -0.668 & 0 & 0\\ 0 & 0 & 1 & 0 & 0\\ 0 & -1 & 0 & 830 & 0\end{bmatrix},\boldsymbol{G}=\begin{bmatrix}0\\ -32.7\\ -2.08\\ 0\\ 0\end{bmatrix} \tag{4-47}$$

飞机是由尾舵的升降来实现飞行控制的，故本例中的控制输入为飞机的尾舵偏转角 δ_m。控制设计的目标之一是使飞机的过载能够按照给定的参考模型输出，故性能输出取纵向的过载 N_z，为了保证系统的稳定性，将 q 也作为输出变量。由于过载 N_z 的表达式比较复杂，在此用纵向加速度来近似表示，根据飞机运动方程式（4-46）和波音 747 的模型参数式（4-47）可得控制对象的传递函数为

$$G(s)=\begin{bmatrix}\dfrac{-32.7s^4-1728s^3-11.11s^2-6.069s}{s^4+1.298s^3+1.628s^2+0.01s+0.000175}\\ \dfrac{-2.08s^3-1.261s^2-0.01298s}{s^4+1.298s^3+1.628s^2+0.01s+0.000175}\end{bmatrix} \tag{4-48}$$

这个控制设计有 3 个主要的设计目标，分别为稳定性要求、带宽要求以及性能输出要求，即要求过载输出 N_z 能够跟踪参考信号，这里的参考输出模型 G_{ref} 为

⊖ 1 磅（lb）= 0.4536 千克（kg），1 英尺（ft）= 0.3048 米（m），1 英尺/秒（ft/s）= 0.3048 米/秒（m/s）

$$G_{\mathrm{ref}}=\frac{w_0^2}{s^2+2\zeta_0 w_0+w_0^2} \tag{4-49}$$

式中，$w_0=1.3$；$\zeta_0=0.7$。

根据控制目标，本例中的结构化控制器设计如图 4-21 所示。

图中的 w、n_q、nN_z、N_{zc} 是系统的扰动输入。图中虚线部分为待优化的可调控制器，由以下 4 个可调模块构成。

1）PI 控制器。这个控制器包括一个反馈增益 K_p 和一个积分控制器 Int。注意到本例中的飞机模型的传递函数 $G(s)$ 中有一个为零的零极点，为了避免零极点对消问题，此处的积分控制器不能使用纯积分，而是加入一个小的常数。

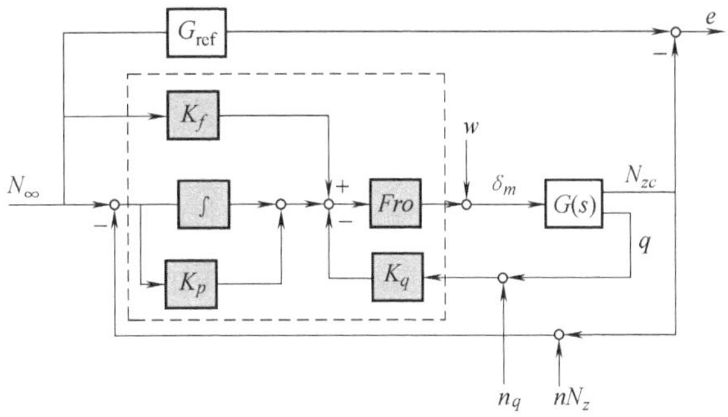

图 4-21　结构化控制框图

$$Int=\frac{K_i}{s+0.0001} \tag{4-50}$$

2）q 回路的反馈控制，这个反馈增益 K_q 用来确保系统的稳定性，提高阻尼响应。

3）前馈增益 K_f，这个增益用来提高系统的性能和减小反馈控制器的压力。

4）二阶滤波器 Fro

$$Fro=\frac{w_n^2}{s^2+2\zeta_n w_n+w_n^2} \tag{4-51}$$

这个设计的控制目标一，是输出信号 N_z 能够跟踪参考模型 G_{ref}，设 T_1 为 N_{zc} 到 e 的闭环传递函数，即要求

$$\| W_1(s)T_1(s)\|_\infty \leqslant 1 \tag{4-52}$$

式中，$W_1(S)$ 为权函数。为了保证良好的跟踪性能，可将权函数 $W_1(S)$ 设计为如下的一个通带滤波

$$W_1(s)=\frac{375s^2}{(s+5)^2(s+0.05)^2} \tag{4-53}$$

控制目标二，是系统的带宽要求，为了方便使用 Bode 图来分析设计的带宽，这里采用 δ_m 的开环单入单出传递函数来代替 n_q，nN_z 到 δ_m 的传递函数优化，设 T_2 为从 δ_m 处断开的开环传递函数，即要求

$$\| W_2(s)T_2(s)\|_\infty \leqslant 1 \tag{4-54}$$

式中，$W_2(S)$ 为权函数。为了确保设计系统的带宽要求，可将权函数 $W_2(S)$ 设计为二阶高通滤波

$$W_2(s)=\frac{s(0.0156s^2+0.1767s+1)}{(s+8)(1.56\times10^{-7}s^2+1.767\times10^{-3}s+1)} \tag{4-55}$$

控制目标三，是系统具有良好的稳定性，系统的稳定程度可以理解为开环传递函数到临界点的距离，也即灵敏度函数的增益的上限，设要求这个稳定裕度的距离上限为 $W_3(s)=$

0.8，T_3 是 w 到 δ_m 的传递函数，即要求

$$\|W_3(S)\,T_3(S)\|_\infty \leqslant 1 \tag{4-56}$$

综上 3 点优化目标，这个控制设计即是要优化可调参数，得到满足 $\|H\|_\infty \leqslant \gamma$ 的最小 γ 值，其中 $H=\mathrm{diag}(W_1T_1 \quad W_2T_2 \quad W_3T_3)$。

MATLAB 的鲁棒控制工具箱里提供了结构化 H_∞ 设计的工具，对于一个已设计好控制结构和加权函数的结构化 H_∞ 优化问题，可以将控制结构输入后，再用优化函数 hinf 求得最优解，也可以使用 Simulink 搭建控制设计的结构，在 Simulink 中直接优化，得到最优的控制器参数。本例是采用 Simulink 直接优化的方法。同样，结构化 H_∞ 设计的 T_1、T_2、T_3 应为式（4-43）的形式。根据设计的控制器结构和可调参数，本例中式（4-43）的矩阵 $\boldsymbol{C}$ 为

$$\boldsymbol{C}=\mathrm{diag}(Int \quad K_q \quad K_f \quad Fro) \tag{4-57}$$

公式（4-43）中 P_1、P_2、P_3 可根据图 4-21 中设计的控制结构来搭建的 Simulink，而由 Simulink 直接算得。

本例中，通过优化得到图 4-21 中的结构化控制器的最优参数如下：

$$\left.\begin{aligned} K_p=-0.0010,\ K_i=-0.0186,\\ K_f=-0.0803,\ K_q=-0.5865\\ w_n=16.5999,\zeta=995.9297 \end{aligned}\right\} \tag{4-58}$$

此优化的优化指标 $\gamma=2.04$，迭代次数为 Iterations = 125。

从最终得到的优化系数来看，注意到二阶滤波器 Fro 的阻尼过大，使得这个 Fro 可近似为一个一阶的控制器，说明在这个系统中，实际上一阶的控制器即可以达到控制设计的目标。

图 4-22 为这个控制设计的频率特性图。图中的实线为控制输入 δ_m 处的开环响应，即传递函数 T_2 的 Bode 图，虚线是对应权函数 W_2 倒数的频率特性。从图中可见，$1/W_2$ 的频率特性在超过带宽 10rad/s 后迅速下降，系统的开环特性在权函数的限制下，其整体幅值特性均在 $1/W_2$ 的频率幅值曲线之下，控制设计结果满足控制目标中的带宽限制。

为了验证所设计的式（4-59）的输出性能，在输入端 N_{zc} 输入一个正弦指令，图 4-23 为在正弦信号下的在参考模型 G_{ref} 下的参考输出和实际输出 N_z 的对比，从图中可见在扰动的情况下，系统可以跟踪参考输出，即满足过载控制所要求的性能。

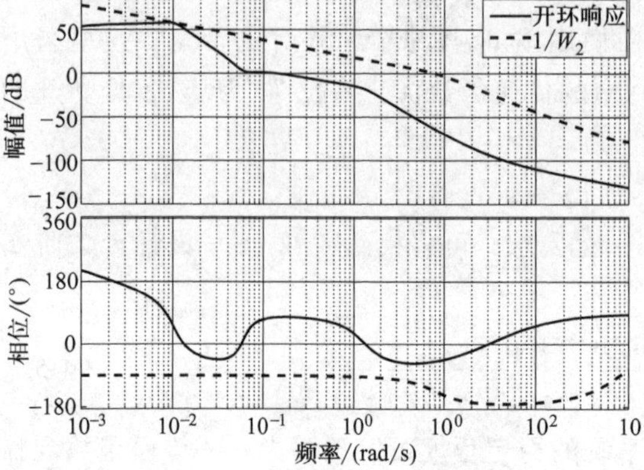

图 4-22　开环频率特性

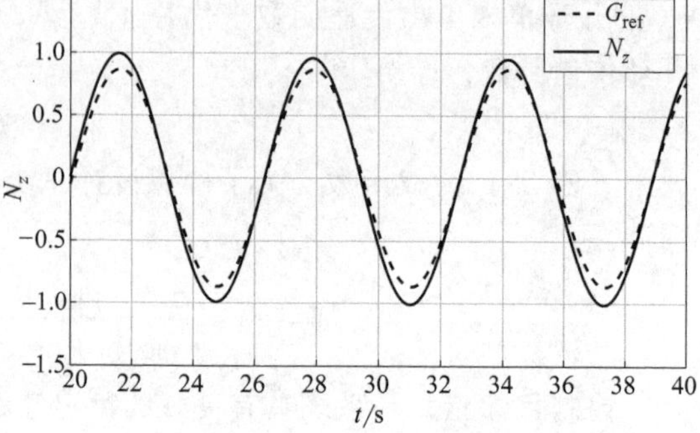

图 4-23　N_z 的正弦响应

4.4 本章小结

本章给出了一种基于PID-P控制器的转矩控制方法。针对三明治系统出现的振荡与非线性问题，提出了双回路的复合控制。外回路的PID-P控制器由PID和前馈比例环节组成，内回路采用反馈型扰动观测器对扰动进行估计与补偿。仿真结果表明，设计后的系统能够同时兼顾稳定性、响应特性与鲁棒性，当齿隙发生变化后，系统能够维持相似的动态性能，可以很好地抑制机械振动和齿隙非线性因素的影响，并且获得较好的转矩传递性能。控制器的参数均采用系数表法来设计，清晰易懂且易于实现。

结构化 H_∞ 控制，可以预先确定控制器的结构。这种新的控制策略，既保留了传统 H_∞ 设计具有综合性的优点，又避免了其在工程应用中的局限性。以低阶的 H_∞ 控制器满足系统的多重性能要求，更便于实际工程应用。

第5章　双连杆柔性关节机械臂的轨迹跟踪控制

机械臂的发展趋势之一是轻量化设计，在人与机械臂密切接触时亦可提升安全性。然而随着机械臂质量变轻，关节处柔性元件的影响就会相对变大，若将其忽略会严重影响机械臂性能。对于柔性关节机械臂，建立准确的动力学模型尤为重要。此外机械臂连杆角位移的高阶导数难以准确测量，会限制传统反馈控制律的实际应用，机械臂建模误差和工作时外界扰动产生的影响也将是控制器设计的一大挑战。

本章主要针对双连杆柔性关节机械臂的轨迹跟踪控制中，连杆角位移高阶导数不可测、存在未知外界扰动、关节刚度不足以及存在模型不确定性等问题进行研究。

5.1　双连杆柔性关节机械臂的动力学模型

在设计控制系统的过程中，动力学模型的选择和计算将严重影响控制系统的性能。对于特定的被控对象，既要充分考虑其内部工作过程和物理原理以提高动力学模型的完整精确度，又要在不影响控制系统性能的前提下，忽略影响动态性能的次要因素来做出简化和近似，可以有效降低控制器的设计难度和计算量。

双连杆柔性机械臂如图 5-1 所示。

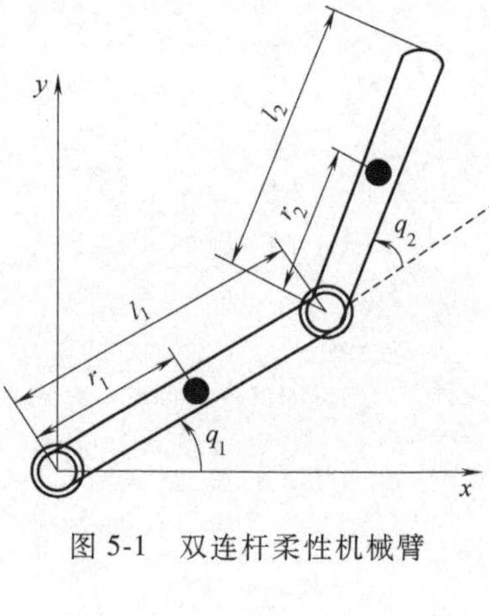

图 5-1　双连杆柔性机械臂

根据式（2-21）所示的 Lagrange 方程法建立柔性机械臂的动力学模型

$$\begin{cases} \boldsymbol{M}(\boldsymbol{q})\ddot{\boldsymbol{q}}+\boldsymbol{C}(\boldsymbol{q},\dot{\boldsymbol{q}})\dot{\boldsymbol{q}}+\boldsymbol{g}(\boldsymbol{q})+\boldsymbol{K}(\boldsymbol{q}-\boldsymbol{\theta})=0 \\ \boldsymbol{J}\ddot{\boldsymbol{\theta}}+\boldsymbol{K}(\boldsymbol{\theta}-\boldsymbol{q})=\boldsymbol{\tau} \end{cases} \tag{5-1}$$

式中，$\boldsymbol{M}(\boldsymbol{q})$ 为连杆惯性矩阵；矩阵 $\boldsymbol{C}(\boldsymbol{q},\dot{\boldsymbol{q}})$ 表征离心力和哥氏力对系统的影响；$\boldsymbol{K}$ 为关节刚度矩阵；$\boldsymbol{J}$ 为电动机惯性矩阵。该动力学模型清楚地表示了电动机输出力矩 $\boldsymbol{\tau}$ 与广义坐标连杆角位移 $\boldsymbol{q}$ 的动力学关系。本章在该动力学模型的基础上，探索如何设计 $\boldsymbol{\tau}$ 使得连杆角位移 $\boldsymbol{q}$ 按照理想的方式随时间变化，特别是设计控制律 $\boldsymbol{\tau}$ 使得 $\boldsymbol{q}$ 与参考轨迹 $\boldsymbol{q}_d$ 的误差以最快的速度缩减为 0 并能够克服机械臂工作环境中的扰动，此即为柔性关节机械臂的轨迹跟踪控制问题。

式（5-1）中的 $\boldsymbol{M}(\boldsymbol{q})=\begin{bmatrix} M_{11}(\boldsymbol{q}) & M_{12}(\boldsymbol{q}) \\ M_{21}(\boldsymbol{q}) & M_{22}(\boldsymbol{q}) \end{bmatrix}$，$\boldsymbol{C}(\boldsymbol{q},\dot{\boldsymbol{q}})=\begin{bmatrix} C_{11} & C_{12} \\ C_{21} & C_{22} \end{bmatrix}$，$\boldsymbol{q}=\begin{bmatrix} q_1 \\ q_2 \end{bmatrix}$，$\boldsymbol{\theta}=\begin{bmatrix} \theta_1 \\ \theta_2 \end{bmatrix}$，$\boldsymbol{\tau}=\begin{bmatrix} \tau_1 \\ \tau_2 \end{bmatrix}$，$\boldsymbol{J}=\begin{bmatrix} J_{r1}n_1^2 & 0 \\ 0 & J_{r1}n_1^2 \end{bmatrix}$，$\boldsymbol{K}=\begin{bmatrix} k_1 & 0 \\ 0 & k_2 \end{bmatrix}$，$\boldsymbol{g}(\boldsymbol{q})=\begin{bmatrix} g_1(\boldsymbol{q}) \\ g_2(\boldsymbol{q}) \end{bmatrix}$。

矩阵中元素的表达式分别为

$$
\begin{cases}
M_{11}(\boldsymbol{q})=m_{l1}r_1^2+m_{l2}l_1^2+m_{l2}r_2^2+2m_{l2}l_1r_2\cos(q_2)+I_2+I_1+m_{r2}l_1^2 \\
M_{12}(\boldsymbol{q})=m_{l2}l_1r_2\cos(q_2)+m_{l2}r_2^2+I_2 \\
M_{21}(\boldsymbol{q})=m_{l2}r_2^2+I_2+\mathrm{m}_{l2}l_1r_2\cos(q_2) \\
M_{22}(\boldsymbol{q})=m_{l2}r_2^2+I_2 \\
C_{11}=-2m_{l2}l_1r_2\sin(q_2)\dot{q}_2 \\
C_{12}=-m_{l2}l_1r_2\sin(q_2)\dot{q}_2 \\
C_{21}=m_{l2}l_1r_2\sin(q_2)\dot{q}_1 \\
C_{22}=0 \\
g_1(\boldsymbol{q})=(m_{r2}gl_1+m_{l1}gr_1+m_{l2}gl_1)\cos(q_1)+m_{l2}gr_2\cos(q_1+q_2) \\
g_2(\boldsymbol{q})=m_{l2}gr_2\cos(q_1+q_2)
\end{cases}
\tag{5-2}
$$

其中机械臂的相关参数变量及其意义见表 5-1。

对于 n 连杆柔性关节机械臂，其动力学模型也为式（5-1）的形式，对应的系数矩阵为 $n\times n$ 或 $n\times 1$ 的。在推导动力学模型过程中，可总结出该模型的如下性质。

性质 1　连杆惯性矩阵 $\boldsymbol{M}(\boldsymbol{q})$ 为正定对称矩阵且有界，即满足

$$\boldsymbol{M}(\boldsymbol{q})=\boldsymbol{M}(\boldsymbol{q})^{\mathrm{T}}>0 \quad M_m\leqslant \|\boldsymbol{M}(\boldsymbol{q})\|_2\leqslant M_M \tag{5-3}$$

式中，$\|\cdot\|_2$ 为矩阵的二范数；M_m 和 M_M 为正常数，$\boldsymbol{M}^{-1}(\boldsymbol{q})$ 为一致有界。

性质 2　矩阵 $\dot{\boldsymbol{M}}(\boldsymbol{q})-2\boldsymbol{C}(\boldsymbol{q},\dot{\boldsymbol{q}})$ 为反对称矩阵，即对于任意向量 $\boldsymbol{y}$ 满足

$$\boldsymbol{y}^{\mathrm{T}}[\dot{\boldsymbol{M}}(\boldsymbol{q})-2\boldsymbol{C}(\boldsymbol{q},\dot{\boldsymbol{q}})]\boldsymbol{y}=0 \tag{5-4}$$

性质 3　表征离心力和哥氏力的矩阵 $\boldsymbol{C}(\boldsymbol{q},\dot{\boldsymbol{q}})$ 上界，其满足

$$\|\boldsymbol{C}(\boldsymbol{q},\dot{\boldsymbol{q}})\|_2\leqslant C_M\|\dot{\boldsymbol{q}}\| \tag{5-5}$$

式中，C_M 是一个正常数。

这些性质将在柔性关节机械臂的轨迹跟踪控制器设计与稳定性证明时得到应用，有助于简化设计过程，提高控制系统性能。

5.2　角位移高阶导数不可测的双连杆机械臂滑模控制

滑模控制因其良好特性，被广泛应用至柔性关节机械臂的轨迹跟踪控制中。但是大多数滑模控制研究都是基于系统所有状态变量是准确可测的。然而对于柔性关节机械臂，连杆侧的状态变量在实际应用时难以准确测量。特别是连杆角位移的高阶导数值，通过对角位移数值多次求导的方式求取，其值容易受噪声影响而产生较大误差，通过动力学模型转换为电动机和连杆的角位移和速度，则计算繁琐且容易受参数摄动影响。扩张状态观测器可将包括连

杆角位移高阶导数值在内的完整状态变量估计出来，既可以减少计算量又可以获得良好的性能。本节以双连杆柔性关节机械臂为被控对象，将其动力学模型转换为完全由连杆角位移相关变量表示的形式，设计线性扩张状态观测器并证明每一个观测值可收敛至实际的状态变量，结合得到的状态变量值设计滑模控制器并证明整个系统的稳定性，最后进行仿真分析并与传统滑模控制器作出对比。

5.2.1 动力学模型转换

定义 $\boldsymbol{N}(\boldsymbol{q},\dot{\boldsymbol{q}})=\boldsymbol{C}(\boldsymbol{q},\dot{\boldsymbol{q}})\dot{\boldsymbol{q}}+\boldsymbol{g}(\boldsymbol{q})$ 并代入式（5-1），可得 $\boldsymbol{\theta}$ 用连杆角位移向量 $\boldsymbol{q}$ 表示

$$\boldsymbol{\theta}=\boldsymbol{q}+\boldsymbol{K}^{-1}[\boldsymbol{M}(\boldsymbol{q})\ddot{\boldsymbol{q}}+\boldsymbol{N}(\boldsymbol{q},\dot{\boldsymbol{q}})] \tag{5-6}$$

式（5-6）等号两边对时间二次求导可得

$$\ddot{\boldsymbol{\theta}}=\ddot{\boldsymbol{q}}+\boldsymbol{K}^{-1}[\boldsymbol{M}(\boldsymbol{q})\boldsymbol{q}^{(4)}+2\dot{\boldsymbol{M}}(\boldsymbol{q},\dot{\boldsymbol{q}})\boldsymbol{q}^{(3)}+\ddot{\boldsymbol{M}}(\boldsymbol{q},\dot{\boldsymbol{q}},\ddot{\boldsymbol{q}})\ddot{\boldsymbol{q}}+\ddot{\boldsymbol{N}}(\boldsymbol{q},\dot{\boldsymbol{q}},\ddot{\boldsymbol{q}},\boldsymbol{q}^{(3)})] \tag{5-7}$$

将式（5-1）中两式相加可得

$$\boldsymbol{J}\ddot{\boldsymbol{\theta}}+\boldsymbol{M}(\boldsymbol{q})\ddot{\boldsymbol{q}}+\boldsymbol{N}(\boldsymbol{q},\dot{\boldsymbol{q}})=\boldsymbol{\tau} \tag{5-8}$$

将式（5-7）代入式（5-8）可得到完全由连杆角位移向量 $\boldsymbol{q}$ 及其相关量表示的动力学模型为

$$\boldsymbol{q}^{(4)}=\boldsymbol{f}(\boldsymbol{q},\dot{\boldsymbol{q}},\ddot{\boldsymbol{q}},\boldsymbol{q}^{(3)})+\boldsymbol{g}(\boldsymbol{q})\boldsymbol{\tau} \tag{5-9}$$

式中，$\boldsymbol{f}(\boldsymbol{q},\dot{\boldsymbol{q}},\ddot{\boldsymbol{q}},\boldsymbol{q}^{(3)})$和 $\boldsymbol{g}(\boldsymbol{q})$ 分别为

$$\begin{aligned}\boldsymbol{f}(\boldsymbol{q},\dot{\boldsymbol{q}},\ddot{\boldsymbol{q}},\boldsymbol{q}^{(3)})=&-\boldsymbol{M}^{-1}(\boldsymbol{q})\boldsymbol{K}\boldsymbol{J}^{-1}[\boldsymbol{M}(\boldsymbol{q})\ddot{\boldsymbol{q}}+\boldsymbol{N}(\boldsymbol{q},\dot{\boldsymbol{q}})]-\boldsymbol{M}^{-1}(\boldsymbol{q})[\boldsymbol{K}+\ddot{\boldsymbol{M}}(\boldsymbol{q},\dot{\boldsymbol{q}},\ddot{\boldsymbol{q}})]\ddot{\boldsymbol{q}}\\&-2\boldsymbol{M}^{-1}(\boldsymbol{q})\dot{\boldsymbol{M}}(\boldsymbol{q},\dot{\boldsymbol{q}})\boldsymbol{q}^{(3)}-\boldsymbol{M}^{-1}(\boldsymbol{q})\ddot{\boldsymbol{N}}(\boldsymbol{q},\dot{\boldsymbol{q}},\ddot{\boldsymbol{q}},\boldsymbol{q}^{(3)})\\\boldsymbol{g}(\boldsymbol{q})=&\boldsymbol{M}^{-1}(\boldsymbol{q})\boldsymbol{K}\boldsymbol{J}^{-1}\end{aligned} \tag{5-10}$$

采用传统滑模控制方法实现轨迹跟踪可设计滑模函数为

$$\boldsymbol{s}=\boldsymbol{c}_1\boldsymbol{e}+\boldsymbol{c}_2\dot{\boldsymbol{e}}+\boldsymbol{c}_3\ddot{\boldsymbol{e}}+\boldsymbol{e}^{(3)} \tag{5-11}$$

式中，$\boldsymbol{e}=\boldsymbol{q}_d-\boldsymbol{q}$ 系数矩阵 $\boldsymbol{c}_i=\mathrm{diag}(c_{i1},c_{i2})(i=1,2,3)$，对滑模函数求导并将式（5-9）代入可得

$$\dot{\boldsymbol{s}}=\boldsymbol{c}_1\dot{\boldsymbol{e}}+\boldsymbol{c}_2\ddot{\boldsymbol{e}}+\boldsymbol{c}_3\boldsymbol{e}^{(3)}+\boldsymbol{q}_d^{(4)}-\boldsymbol{f}(\boldsymbol{q},\dot{\boldsymbol{q}},\ddot{\boldsymbol{q}},\boldsymbol{q}^{(3)})-\boldsymbol{g}(\boldsymbol{q})\boldsymbol{\tau} \tag{5-12}$$

当采用指数趋近律为

$$\dot{\boldsymbol{s}}=-\boldsymbol{w}\boldsymbol{s} \tag{5-13}$$

式中，$\boldsymbol{w}=\mathrm{diag}(w_1,\ w_2)$，且满足 $w_1>0$，$w_2>0$，则可设计控制律为

$$\boldsymbol{\tau}=\boldsymbol{g}^{-1}(\boldsymbol{q})[-\boldsymbol{f}(\boldsymbol{q},\dot{\boldsymbol{q}},\ddot{\boldsymbol{q}},\boldsymbol{q}^{(3)})+\boldsymbol{q}_d^{(4)}+\boldsymbol{c}_1\dot{\boldsymbol{e}}+\boldsymbol{c}_2\ddot{\boldsymbol{e}}+\boldsymbol{c}_3\boldsymbol{e}^{(3)}+\boldsymbol{w}\boldsymbol{s}] \tag{5-14}$$

滑模函数 $\boldsymbol{s}$ 可以指数方式收敛至滑模面 $\boldsymbol{s}=0$，控制律中选择合适的系数矩阵$\boldsymbol{c}_i(i=1,\ 2,\ 3)$ 使滑模函数满足 Hurwitz 条件，可使轨迹跟踪误差 $\boldsymbol{e}$ 快速收敛至 0。

通过分析，控制律式（5-14）在理论上是可行的，然而实际应用时实现该控制律需准确测量连杆角位移的高阶导数值即 $\ddot{\boldsymbol{q}}$ 和$\boldsymbol{q}^{(3)}$，这些高阶导数可通过测得的连杆角位移 $\boldsymbol{q}$ 多次求导获得，但容易受到噪声影响致使存在较大误差，通过动力学模型式（5-1）转换为 $\boldsymbol{q}$ 和 $\boldsymbol{\theta}$ 的低阶导数值时容易受到建模误差影响也会存在较大误差，这些误差相当于较大的外部扰动，需在控制律中加入增益较高的鲁棒项将其克服，这就会造成较大的抖振，所以控制律式（5-14）是难以实际应用的。

5.2.2 扩张状态观测器

为避免通过多次求导的方式求取 $\ddot{q}$ 和$\boldsymbol{q}^{(3)}$ 的值造成较大误差，扩张状态观测器提供一种理想的解决方案。可估计出连杆角位移 $\boldsymbol{q}$、角速度 $\dot{\boldsymbol{q}}$、角加速度 $\ddot{\boldsymbol{q}}$ 和角急动度$\boldsymbol{q}^{(3)}$ 的值。此外还可以扩张状态变量的形式估计出动力学模型中$\boldsymbol{f}(\boldsymbol{q},\ \dot{\boldsymbol{q}},\ \ddot{\boldsymbol{q}},\ \boldsymbol{q}^{(3)})$ 的值，并将这些估计值应用于控制律中。

在设计扩张状态观测器之前，首先令 $\boldsymbol{\tau}=\boldsymbol{g}^{-1}(\boldsymbol{q})\boldsymbol{v}$，则动力学模型式（5-9）可重新写为

$$\boldsymbol{q}^{(4)}=\boldsymbol{f}(\boldsymbol{q},\dot{\boldsymbol{q}},\ddot{\boldsymbol{q}},\boldsymbol{q}^{(3)})+\boldsymbol{v} \tag{5-15}$$

由于 $\boldsymbol{q}=[q_1\quad q_2]^{\mathrm{T}},\boldsymbol{v}=[v_1\quad v_2]^{\mathrm{T}}$，$\boldsymbol{f}(\boldsymbol{q},\dot{\boldsymbol{q}},\ddot{\boldsymbol{q}},\boldsymbol{q}^{(3)})=[f_1(\boldsymbol{q},\dot{\boldsymbol{q}},\ddot{\boldsymbol{q}},\boldsymbol{q}^{(3)})\quad f_2(\boldsymbol{q},\dot{\boldsymbol{q}},\ddot{\boldsymbol{q}},\boldsymbol{q}^{(3)})]^{\mathrm{T}}$，式（5-15）可写为

$$\begin{cases} q_1^{(4)}=f_1(\boldsymbol{q},\dot{\boldsymbol{q}},\ddot{\boldsymbol{q}},\boldsymbol{q}^{(3)})+v_1 \\ q_2^{(4)}=f_2(\boldsymbol{q},\dot{\boldsymbol{q}},\ddot{\boldsymbol{q}},\boldsymbol{q}^{(3)})+v_2 \end{cases} \tag{5-16}$$

定义变量 $z_{11}=q_1$、$z_{12}=\dot{q}_1$、$z_{13}=\ddot{q}_1$、$z_{14}=q_1^{(3)}$ 和 $z_{21}=q_2$、$z_{22}=\dot{q}_2$、$z_{23}=\ddot{q}_2$、$z_{24}=q_2^{(3)}$，将$f_1(\boldsymbol{q},\dot{\boldsymbol{q}},\ddot{\boldsymbol{q}},\boldsymbol{q}^{(3)})$ 和$f_2(\boldsymbol{q},\dot{\boldsymbol{q}},\ddot{\boldsymbol{q}},\boldsymbol{q}^{(3)})$ 分别定义为扩张状态变量 z_{15} 和 z_{25}。假设扩张状态变量可导且其导数是有界的，即 $\dot{z}_{15}=\gamma_1$，$\dot{z}_{25}=\gamma_2$ 且满足 $|\gamma_1|\leqslant h_1$，$|\gamma_2|\leqslant h_2$，h_1 和 h_2 为正实数，则式（5-16）可重新写为

$$\begin{cases} \dot{z}_{11}=z_{12} \\ \dot{z}_{12}=z_{13} \\ \dot{z}_{13}=z_{14} \\ \dot{z}_{14}=z_{15}+v_1 \\ \dot{z}_{15}=\gamma_1 \end{cases},\begin{cases} \dot{z}_{21}=z_{22} \\ \dot{z}_{22}=z_{23} \\ \dot{z}_{23}=z_{24} \\ \dot{z}_{24}=z_{25}+v_2 \\ \dot{z}_{25}=\gamma_2 \end{cases} \tag{5-17}$$

参考式（5-17）的形式，设计两个线性扩张状态观测器，分别估计出与连杆 1 和连杆 2 角位移相关的完整状态变量，观测器分别设计为

$$\begin{cases} \dot{\hat{z}}_{11}=\hat{z}_{12}+\alpha_{11}(z_{11}-\hat{z}_{11}) \\ \dot{\hat{z}}_{12}=\hat{z}_{13}+\alpha_{12}(z_{11}-\hat{z}_{11}) \\ \dot{\hat{z}}_{13}=\hat{z}_{14}+\alpha_{13}(z_{11}-\hat{z}_{11}) \\ \dot{\hat{z}}_{14}=\hat{z}_{15}+\alpha_{14}(z_{11}-\hat{z}_{11})+v_1 \\ \dot{\hat{z}}_{15}=\alpha_{15}(z_{11}-\hat{z}_{11}) \end{cases},\begin{cases} \dot{\hat{z}}_{21}=\hat{z}_{22}+\alpha_{21}(z_{21}-\hat{z}_{21}) \\ \dot{\hat{z}}_{22}=\hat{z}_{23}+\alpha_{22}(z_{21}-\hat{z}_{21}) \\ \dot{\hat{z}}_{23}=\hat{z}_{24}+\alpha_{23}(z_{21}-\hat{z}_{21}) \\ \dot{\hat{z}}_{24}=\hat{z}_{25}+\alpha_{24}(z_{21}-\hat{z}_{21})+v_2 \\ \dot{\hat{z}}_{25}=\alpha_{25}(z_{21}-\hat{z}_{21}) \end{cases} \tag{5-18}$$

式中，$\hat{z}_{1i}(i=1,\ 2,\ 3,\ 4,\ 5)$ 是式（5-17）中连杆 1 所有相关状态变量 $z_{1i}(i=1,\ 2,\ 3,\ 4,\ 5)$ 的估计值；$\hat{z}_{2i}(i=1,\ 2,\ 3,\ 4,\ 5)$ 是式（5-17）中连杆 2 所有相关状态变量 $z_{2i}(i=1,\ 2,\ 3,\ 4,\ 5)$ 的估计值；$\alpha_{1i}(i=1,\ 2,\ 3,\ 4,\ 5)$ 和 $\alpha_{2i}(i=1,\ 2,\ 3,\ 4,\ 5)$ 分别为待设计的两个扩张状态观测器增益，选择合适的观测器增益可使估计的状态变量 $\hat{z}_{1i}$ 和 $\hat{z}_{2i}$ 收敛到相对应的状态变量 z_{1i} 和 z_{2i}。

接下来证明观测器的收敛性。定义状态矢量$\boldsymbol{z}_1=[z_{11}\quad z_{12}\quad \cdots\quad z_{15}]^{\mathrm{T}}$，$\boldsymbol{z}_2=[z_{21}\quad z_{22}\quad \cdots\quad z_{25}]^{\mathrm{T}}$，则状态方程式（5-17）可分别写成矩阵形式为

$$\dot{\boldsymbol{z}}_1=\boldsymbol{A}\boldsymbol{z}_1+\boldsymbol{B}v_1+\boldsymbol{D}\gamma_1 \tag{5-19}$$

$$\dot{z}_2=\boldsymbol{A}z_2+\boldsymbol{B}v_2+\boldsymbol{D}\gamma_2 \tag{5-20}$$

式（5-19）和式（5-20）中的系数矩阵为

$$\boldsymbol{A}=\begin{bmatrix}0&1&0&0&0\\0&0&1&0&0\\0&0&0&1&0\\0&0&0&0&1\\0&0&0&0&0\end{bmatrix},\boldsymbol{B}=\begin{bmatrix}0\\0\\0\\1\\0\end{bmatrix},\boldsymbol{D}=\begin{bmatrix}0\\0\\0\\0\\1\end{bmatrix} \tag{5-21}$$

定义所设计扩张状态观测器的状态变量观测误差为 $\delta_{1i}=z_{1i}-\hat{z}_{1i}(i=1,2,3,4,5)$，$\delta_{2i}=z_{2i}-\hat{z}_{2i}(i=1,2,3,4,5)$，令 $\hat{\boldsymbol{z}}_1=[\hat{z}_{11}\quad \hat{z}_{12}\quad \cdots\quad \hat{z}_{15}]^{\mathrm{T}}$，$\hat{\boldsymbol{z}}_2=[\hat{z}_{21}\quad \hat{z}_{22}\quad \cdots\quad \hat{z}_{25}]^{\mathrm{T}}$，$\boldsymbol{\delta}_1=[\delta_{11}\quad \delta_{12}\quad \cdots\quad \delta_{15}]^{\mathrm{T}}$，$\boldsymbol{\delta}_2=[\delta_{21}\quad \delta_{22}\quad \cdots\quad \delta_{25}]^{\mathrm{T}}$，则两个扩张观测器状态方程式（5-19）和式（5-20）可分别写成矩阵形式为

$$\dot{\hat{z}}_1=\boldsymbol{A}\hat{z}_1+\boldsymbol{B}v_1+\boldsymbol{\alpha}_1\boldsymbol{T}\boldsymbol{\delta}_1 \tag{5-22}$$

$$\dot{z}_2=\boldsymbol{A}z_2+\boldsymbol{B}v_2+\boldsymbol{\alpha}_2\boldsymbol{D}\gamma_2 \tag{5-23}$$

式中，$\boldsymbol{\alpha}_1=[\alpha_{11}\quad \alpha_{12}\quad \cdots\quad \alpha_{15}]^{\mathrm{T}}$ 和 $\boldsymbol{\alpha}_2=[\alpha_{21}\quad \alpha_{22}\quad \cdots\quad \alpha_{25}]^{\mathrm{T}}$ 分别为两个扩张状态观测器的增益向量，$\boldsymbol{T}=[1\quad 0\quad 0\quad 0\quad 0]$。

式（5-19）减去式（5-22）可得

$$\dot{\boldsymbol{\delta}}_1=\boldsymbol{G}\boldsymbol{\delta}_1+\boldsymbol{D}\gamma_1 \tag{5-24}$$

式中，

$$\boldsymbol{G}=\begin{bmatrix}-\alpha_{11}&1&0&0&0\\-\alpha_{12}&0&1&0&0\\-\alpha_{13}&0&0&1&0\\-\alpha_{14}&0&0&0&1\\-\alpha_{15}&0&0&0&0\end{bmatrix} \tag{5-25}$$

矩阵 $\boldsymbol{G}$ 的特征方程 $|\lambda\boldsymbol{I}-\boldsymbol{G}|=0$ 为

$$\lambda^5+\alpha_{11}\lambda^4+\alpha_{12}\lambda^3+\alpha_{13}\lambda^2+\alpha_{14}\lambda+\alpha_{15}=0 \tag{5-26}$$

选择合适的增益 $\alpha_{1i}(i=1,2,3,4,5)$ 可使方程式（5-26）的根全为负实部，进而使矩阵 $\boldsymbol{G}$ 为 Hurwitz 矩阵，则对于矩阵 $\boldsymbol{Q}=\boldsymbol{Q}^{\mathrm{T}}>0$，存在对称正定矩阵 $\boldsymbol{P}$ 满足

$$\boldsymbol{G}^{\mathrm{T}}\boldsymbol{P}+\boldsymbol{P}\boldsymbol{G}=-\boldsymbol{Q} \tag{5-27}$$

定义 Lyapunov 函数为

$$V_1=\frac{1}{2}\boldsymbol{\delta}_1^{\mathrm{T}}\boldsymbol{P}\boldsymbol{\delta}_1 \tag{5-28}$$

对 V_1 求导得

$$\begin{aligned}\dot{V}_1&=\frac{1}{2}\dot{\boldsymbol{\delta}}_1^{\mathrm{T}}\boldsymbol{P}\boldsymbol{\delta}_1+\frac{1}{2}\boldsymbol{\delta}_1^{\mathrm{T}}\boldsymbol{P}\dot{\boldsymbol{\delta}}_1\\&=\frac{1}{2}(\boldsymbol{\delta}_1^{\mathrm{T}}\boldsymbol{G}^{\mathrm{T}}+\boldsymbol{D}^{\mathrm{T}}\gamma_1)\boldsymbol{P}\boldsymbol{\delta}_1+\frac{1}{2}\boldsymbol{\delta}_1^{\mathrm{T}}\boldsymbol{P}(\boldsymbol{G}\boldsymbol{\delta}_1+\boldsymbol{D}\gamma_1)\end{aligned}$$

$$=\frac{1}{2}\boldsymbol{\delta}_1^{\mathrm{T}}(\boldsymbol{G}^{\mathrm{T}}\boldsymbol{P}+\boldsymbol{PG})\boldsymbol{\delta}_1+\frac{1}{2}(\boldsymbol{D}^{\mathrm{T}}\boldsymbol{P}\boldsymbol{\delta}_1+\boldsymbol{\delta}_1^{\mathrm{T}}\boldsymbol{PD})\gamma_1$$

$$=-\frac{1}{2}\boldsymbol{\delta}_1^{\mathrm{T}}\boldsymbol{Q}\boldsymbol{\delta}_1+\boldsymbol{\delta}_1^{\mathrm{T}}\boldsymbol{PD}\gamma_1 \tag{5-29}$$

定义 $\lambda_{\min}(\boldsymbol{Q})$ 为矩阵 $\boldsymbol{Q}$ 所有特征值中的最小值，$\lambda_{\max}(\boldsymbol{P})$ 为矩阵 $\boldsymbol{P}$ 所有特征值中的最大值，由于 $\|\boldsymbol{D}\|=1$ 且扩张状态的变化率 $|\gamma_1|$ 满足 $|\gamma_1|\leqslant h_1$，则由式（5-29）可得

$$\dot{V}_1\leqslant-\frac{1}{2}\lambda_{\min}(\boldsymbol{Q})\|\boldsymbol{\delta}_1\|^2+\lambda_{\max}(\boldsymbol{P})h_1\|\boldsymbol{\delta}_1\|$$

$$=-\frac{1}{2}\|\boldsymbol{\delta}_1\|\left[\lambda_{\min}(\boldsymbol{Q})\|\boldsymbol{\delta}_1\|-2\lambda_{\max}(\boldsymbol{P})h_1\right] \tag{5-30}$$

由式（5-30）可知，当 $\|\boldsymbol{\delta}_1\|\geqslant2\lambda_{\max}(\boldsymbol{P})h_1/\lambda_{\min}(\boldsymbol{Q})$ 时有 $\dot{V}_1\leqslant0$，因此第一个扩张状态观测器的观测误差会收敛至集合 $\{\boldsymbol{\delta}_1\mid\|\boldsymbol{\delta}_1\|<2\lambda_{\max}(\boldsymbol{P})h_1/\lambda_{\min}(\boldsymbol{Q})\}$ 内，其观测误差是有界的，选择合适的增益可使该误差减小到原点附近。

由式（5-19）、式（5-20）和式（5-22）、式（5-23）可知，关于连杆 1 角位移 q_1 和连杆 2 角位移 q_2 的动力学模型以及所设计的两个扩张状态观测器状态方程的形式是一致的，仅观测器增益系数和扩张状态变化率不同，所以同理可得，对于式（5-23）所示的第二个扩张状态观测器，选择合适的增益 $\alpha_{2i}(i=1,2,3,4,5)$ 也可使观测误差 $\boldsymbol{\delta}_2$ 有界且能够减小到原点附近。

5.2.3 滑模控制器设计

由第 5.2.2 节的相关定义可知连杆 1 的轨迹跟踪误差为

$$e_1=q_{1d}-q_1=z_{11d}-z_{11} \tag{5-31}$$

式中，q_{1d} 和 z_{11d} 均为连杆 1 的参考轨迹输出角位移，对式（5-16）中的连杆 1 轨迹跟踪控制系统设计滑模函数为

$$s_1=c_{11}e_1+c_{12}\dot{e}_1+c_{13}\ddot{e}_1+e_1^{(3)} \tag{5-32}$$

式中，系数 c_{11}、c_{12} 和 c_{13} 的选择满足 Hurwitz 条件，对式（5-32）求导并将式（5-16）中关于连杆 1 角位移 q_1 的微分方程代入得

$$\dot{s}_1=c_{11}\dot{e}_1+c_{12}\ddot{e}_1+c_{13}e_1^{(3)}+q_{1d}^{(4)}-z_{15}-v_1 \tag{5-33}$$

已设计扩张状态观测器得到完整状态矢量 $\boldsymbol{z}_1$ 的观测值 $\hat{\boldsymbol{z}}_1$，为避免测量连杆 1 角位移高阶导数值，利用该观测值设计控制律 v_1 为

$$v_1=c_{11}\hat{\dot{e}}_1+c_{12}\hat{\ddot{e}}_1+c_{13}\hat{e}_1^{(3)}+q_{1d}^{(4)}-\hat{z}_{15}+\eta_1\hat{s}_1 \tag{5-34}$$

式中，$\hat{\dot{e}}_1=z_{12d}-\hat{z}_{12}$；$\hat{\ddot{e}}_1=z_{13d}-\hat{z}_{13}$；$\hat{e}_1^{(3)}=z_{14d}-\hat{z}_{14}$；$\hat{s}_1=c_{11}\hat{e}_1+c_{12}\hat{\dot{e}}_1+c_{13}\hat{\ddot{e}}_1+\hat{e}_1^{(3)}$；$z_{12d}$、$z_{13d}$ 和 z_{14d} 分别为连杆 1 参考轨迹的输出角速度、角加速度和角急动度。

同理利用第二个扩张状态观测器的观测值 $\hat{\boldsymbol{z}}_2$ 可设计控制律 v_2 为

$$v_2=c_{21}\hat{\dot{e}}_2+c_{22}\hat{\ddot{e}}_2+c_{23}\hat{e}_2^{(3)}+q_{2d}^{(4)}-\hat{z}_{25}+\eta_2\hat{s}_2 \tag{5-35}$$

式中，$\hat{\dot{e}}_2=z_{22d}-\hat{z}_{22}$；$\hat{\ddot{e}}_2=z_{23d}-\hat{z}_{23}$；$\hat{e}_2^{(3)}=z_{24d}-\hat{z}_{24}$；$\hat{s}_2=c_{21}\hat{e}_2+c_{22}\hat{\dot{e}}_2+c_{23}\hat{\ddot{e}}_2+\hat{e}_2^{(3)}$；系数 c_{21}、c_{22} 和 c_{23} 的选择满足 Hurwitz 条件；z_{22d}、z_{23d} 和 z_{24d} 分别为连杆 2 参考轨迹的输出角速度、角加速度和角急动度。

接下来进行稳定性证明。

首先分析连杆 1 轨迹跟踪控制系统的稳定性，定义 Lyapunov 函数为

$$V_2=\frac{1}{2}s_1^2 \tag{5-36}$$

对其求导并将式（5-33）代入得

$$\dot{V}_2=s_1\dot{s}_1=s_1(c_{11}\dot{e}_1+c_{12}\ddot{e}_1+c_{13}e_1^{(3)}+q_{1d}^{(4)}-z_{15}-v_1) \tag{5-37}$$

将式（5-34）的控制律 v_1 代入得

$$\begin{aligned}\dot{V}_2&=s_1[c_{11}(\dot{e}_1-\hat{\dot{e}}_1)+c_{12}(\ddot{e}_1-\hat{\ddot{e}}_1)+c_{13}(e_1^{(3)}-\hat{e}_1^{(3)})-z_{15}+\hat{z}_{15}-\eta_1\hat{s}_1]\\&=s_1[-(c_{11}\delta_{12}+c_{12}\delta_{13}+c_{13}\delta_{14}+\delta_{15})-\eta_1\hat{s}_1]\\&=-\eta_1s_1^2+s_1[-(c_{11}\delta_{12}+c_{12}\delta_{13}+c_{13}\delta_{14}+\delta_{15})+\eta_1\tilde{s}_1]\end{aligned} \tag{5-38}$$

由于 $\tilde{s}_1=s_1-\hat{s}_1=-(c_{11}\delta_{11}+c_{12}\delta_{12}+c_{13}\delta_3+\delta_{14})$，$-(c_{11}\delta_{12}+c_{12}\delta_{13}+c_{13}\delta_{14}+\delta_{15})+\eta_1\tilde{s}_1$ 的值与观测器对每个状态变量的观测误差有关。

由上节的分析和证明可知，扩张状态观测器的观测误差有界，则可得 $-(c_{11}\delta_{12}+c_{12}\delta_{13}+c_{13}\delta_{14}+\delta_{15})+\eta_1\tilde{s}_1$ 的值有界，取任意正常数 m 且满足 $m\geqslant|-(c_{11}\delta_{12}+c_{12}\delta_{13}+c_{13}\delta_{14}+\delta_{15})+\eta_1\tilde{s}_1|$，式（5-38）可进一步化简为

$$\begin{aligned}\dot{V}_2&\leqslant-\eta_1s_1^2+s_1m\\&\leqslant-\eta_1s_1^2+\frac{1}{2}(s_1^2+m^2)\\&=-\left(\eta_1-\frac{1}{2}\right)s_1^2+\frac{1}{2}m^2\\&=-(2\eta_1-1)V_2+\frac{1}{2}m^2\end{aligned} \tag{5-39}$$

引理【5-1】 对于任意 $V:[0,\infty)\in R$，不等式方程 $\dot{V}\leqslant-aV+b$，$\forall t\geqslant t_0\geqslant0$ 的解为

$$V(t)\leqslant e^{-a(t-t_0)}V(t_0)+\int_{t_0}^{t}e^{-a(t-\tau)}b(\tau)d\tau \tag{5-40}$$

证明：根据引理【5-1】，令 $a=2\eta_1-1$，$b=0.5m^2$，则方程式（5-39）的解为

$$\begin{aligned}V_2(t)&\leqslant e^{-a(t-t_0)}V_2(t_0)+b\int_{t_0}^{t}e^{-a(t-\tau)}d\tau\\&=e^{-a(t-t_0)}V_2(t_0)-\frac{b}{a}\int_{t_0}^{t}e^{-a(t-\tau)}d[-a(t-\tau)]\\&=e^{-a(t-t_0)}V_2(t_0)+\frac{b}{a}\left[1-e^{-a(t-t_0)}\right]\end{aligned} \tag{5-41}$$

取 $\eta_1>0.5$，则可得到

$$\lim_{t\to\infty}V_2(t)\leqslant\frac{b}{a}=\frac{m^2}{2(2\eta_1-1)} \tag{5-42}$$

选择合适的扩张状态观测器增益和足够大的 η_1 值可使 $\dot{V}_2\leqslant0$，也可保证 b/a 的值足够小，使连杆 1 轨迹跟踪误差 e_1 收敛至 0 附近一个很小的区间内，当 $t\to\infty$ 时，$e_1\to0$。同理可

得到连杆 2 的轨迹跟踪误差 e_2 也可以渐进收敛。证毕。

5.2.4 仿真分析

被控对象参数设置见表 5-1。

表 5-1　被控对象参数设置

符号	意义	数值	单位
l_1	连杆 1 长度	0.9	m
l_2	连杆 2 长度	0.7	m
r_1	连杆 1 质心距转子 1 质心的距离	0.45	m
r_1	连杆 2 质心距转子 2 质心的距离	0.35	m
m_{l1}	连杆 1 质量	5.4	kg
m_{l2}	连杆 2 质量	4.2	kg
g	重力加速度	9.8	m/s^2
m_{r1}	转子 1 质量	1.5	kg
m_{r2}	转子 2 质量	1.3	kg

关节刚度矩阵和电动机的惯量矩阵分别设置为

$$\boldsymbol{K}=\begin{bmatrix}1000 & 0\\ 0 & 1000\end{bmatrix},\ \boldsymbol{J}=\begin{bmatrix}1.3 & 0\\ 0 & 1.3\end{bmatrix} \tag{5-43}$$

扩张状态观测器的增益 α_{1i} 和 α_{2i}（$i=1,\ 2,\ 3,\ 4,\ 5$）均设置为多项式（$\lambda+5$）^{5} 展开后的 λ^4 到 λ^0 项的系数，滑模控制器 v_1 中参数 c_{11}、c_{12} 和 c_{13} 分别设置 125、75 和 15，v_2 中的参数 c_{21}、c_{22} 和 c_{23} 同样设置为 125、75 和 15，参数 η_1 和 η_2 均设置为 15，扩张观测器的状态矢量的初始值为 $\hat{z}_1(0)=\hat{z}_2(0)=[0\quad 0\quad 0\quad 0\quad 0]^{\mathrm{T}}$。

为验证本节控制器的优越性，与 PID 控制器和控制律为式（5-14）的传统滑模控制器作对比，将 PID 控制器参数调到最佳，传统滑模控制器式（5-14）中的参数与本节控制器中对应参数一致。首先设置连杆 1 和连杆 2 参考波形信号分别为 $q_{1d}=2\sin(0.5t)+3\cos(2t)$ 和 $q_{2d}=3\sin(2t)+2\cos(t)$，轨迹跟踪效果如图 5-2 和图 5-3 所示。

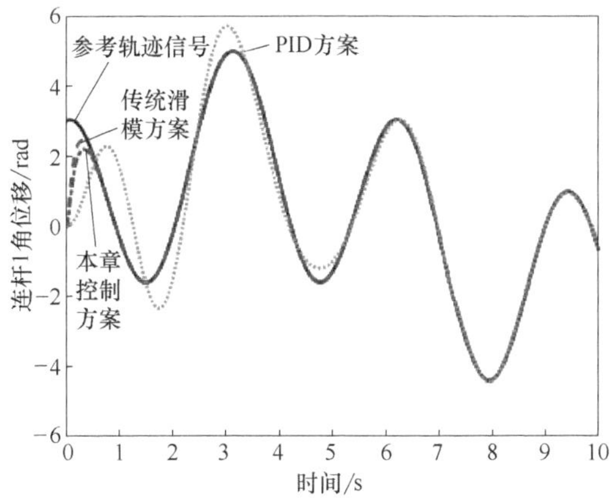

a) 连杆1跟踪效果

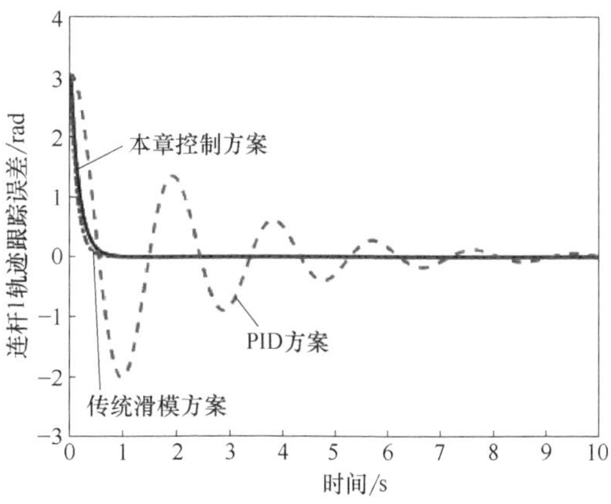

b) 连杆1跟踪误差

图 5-2　连杆 1 轨迹跟踪及误差效果图 1

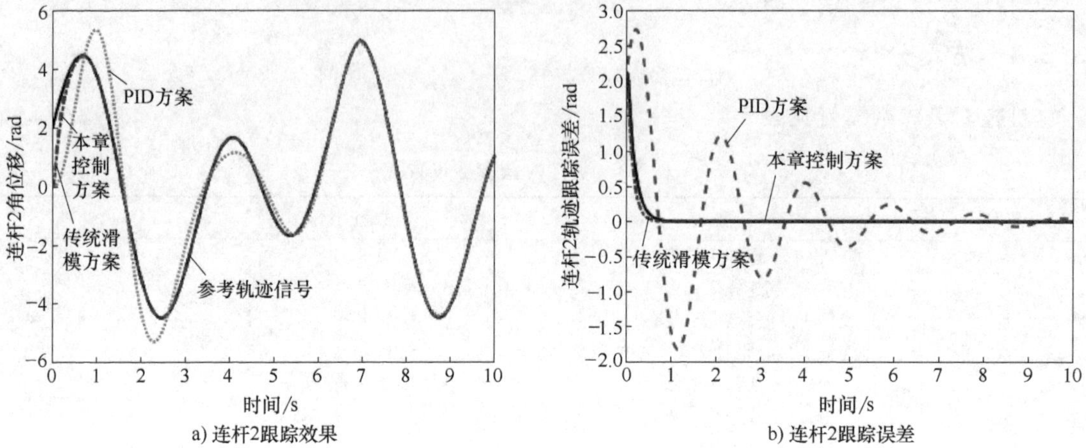

图 5-3 连杆 2 轨迹跟踪及误差效果图 1

由图 5-2 和图 5-3 可知，PID 控制方案的轨迹跟踪效果最差，采用这种控制器的输出角位移信号经过较长时间才能实现对参考角位移轨迹信号的跟踪，传统滑模控制方案和本节所设计的基于扩张状态观测器的方案可以较快速度实现轨迹跟踪且具有较小的稳态误差。此外，图中的轨迹跟踪效果显示传统滑模控制方案甚至略微优于本节所设计的控制方案，比本节方案具有更快的响应速度，这是因为仿真为纯理想情况，未考虑实际应用时角位移高阶导数会存在较大误差的问题。

为更直观比较 3 种控制律的性能，包括 3 种方案的瞬态性能和稳态性能，计算出每一种方案在连杆 1 和连杆 2 的平均误差调节时间（输出角位移上升并保持与参考轨迹角位移误差小于 0.1rad 的时间），和在 $t=1$s 以后的平均跟踪误差 E 定义为

$$E=\sqrt{\frac{1}{L}\sum_{i=1}^{L}(\|e(i)\|^2)} \tag{5-44}$$

式中，L 为仿真时的采样次数，取为 1000。3 种控制方案的轨迹跟踪性能指标对比见表 5-2。

表 5-2 轨迹跟踪性能指标对比

控制方案	误差调节时间	平均跟踪误差
PID 方案	7.52s	0.3712rad
传统滑模方案	0.51s	0.0002rad
本节控制方案	0.53s	0.0003rad

性能指标误差调节时间反映了控制系统的瞬态性能，$t=1$s 以后的平均跟踪误差反映了控制系统的稳态性能，由表 5-2 可知，PID 控制方案的误差调节时间为 7.52s，虽然能够保证控制系统的稳定性，但是由于误差调节时间过长，并不适于实际应用。传统滑模方案与本节控制方案相比 PID 控制方案都有了大幅度的性能提升，因为是在理想情况下假设连杆角位移高阶导数准确可测，本节控制方案由于加入了扩张状态观测器，状态变量虽能收敛至实际值，但存延迟，所以轨迹跟踪性能略微低于传统滑模控制方案。

为验证本节所设计控制方案在实际应用时具有更好的性能，通过动力学模型参数摄动来

模拟实际应用时对角位移多次求导带来的误差，将动力学模型中矩阵 $\boldsymbol{M}(\boldsymbol{q})$、$\boldsymbol{C}(\boldsymbol{q},\ \dot{\boldsymbol{q}})$ 和 $\boldsymbol{g}(\boldsymbol{q})$ 的元素设置为原值的 0.7 倍，$\boldsymbol{K}$ 和 $\boldsymbol{J}$ 设置为原值的 0.5 倍，再次同样设置连杆 1 参考轨迹信号为 $q_{1\mathrm{d}}=2\sin(0.5t)+3\cos(2t)$，连杆 2 的参考轨迹信号为 $q_{2\mathrm{d}}=3\sin(2t)+2\cos(t)$，传统滑模控制器和本节所设计的控制器保持不变，分别采用两种控制器的双连杆柔性关节机械臂的轨迹跟踪效果如图 5-4 和图 5-5 所示。

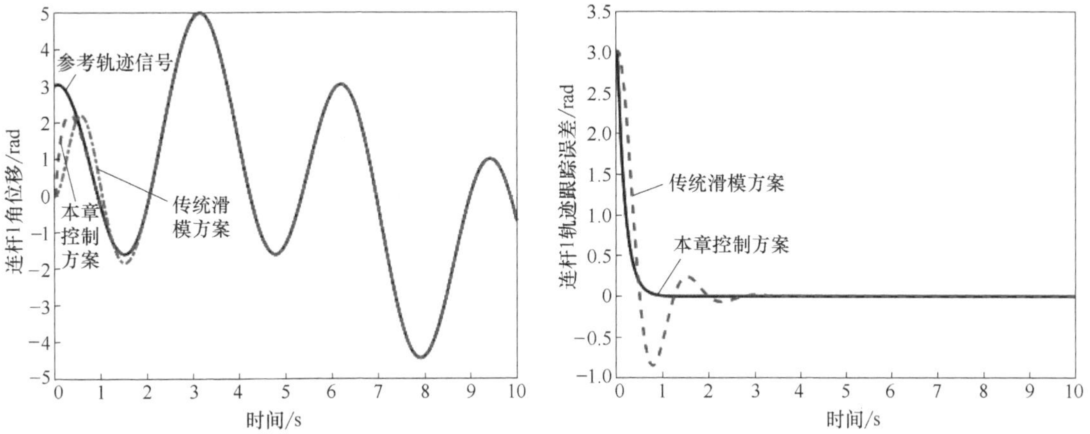

a) 连杆1跟踪效果　　b) 连杆1跟踪误差

图 5-4　连杆 1 轨迹跟踪及误差效果图 2

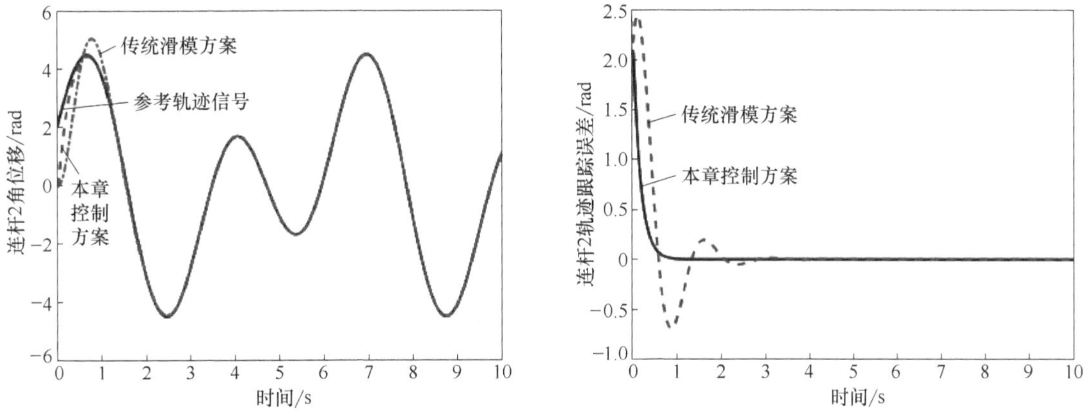

a) 连杆2跟踪效果　　b) 连杆2跟踪误差

图 5-5　连杆 2 轨迹跟踪及误差效果图 2

在模拟柔性关节机械臂的轨迹跟踪控制实际应用场景进行计算机仿真后，传统滑模控制方案和本节所设计控制方案的两连杆平均性能指标对比见表 5-3。

表 5-3　传统滑模方案和本节控制方案的轨迹跟踪性能指标对比

控制方案	误差调节时间	平均跟踪误差
传统滑模方案	2.23s	0.0753rad
本节控制方案	0.61s	0.0004rad

根据图 5-4、图 5-5 和表 5-3 的结果，考虑柔性关节机械臂实际工作时存在的误差，本

节所设计的控制方案轨迹跟踪效果明显优于传统滑模控制方案。

本节针对应用在柔性关节机械臂轨迹跟踪控制上的传统滑模控制方法存在的缺点提出了改进方法，设计了一种基于扩张状态观测器的滑模控制器，具有更好的动态性能和稳态性能。

5.3 存在未知外界扰动的机械臂奇异摄动鲁棒控制

为避免求取连杆角位移高阶导数值，第 5.2 节采用了扩张状态观测器对状态变量进行观测。奇异摄动法提供了另外一种理想的解决方案。该方法假设摄动参数（关节刚度平方根的倒数）足够小，将柔性关节机械臂动力学模型分解为两个不同时间尺度的简化模型，分别为快子系统和慢子系统，进而对这两个二阶子系统分别设计控制器，原系统的控制律即为两个子系统控制律之和，这种方法使得原系统的复合控制律仅需反馈连杆角位移的一阶和二阶导数，有效克服了直接设计控制律的缺点，降低了控制器的设计难度和计算量。另外机械臂工作环境中也存在未知外界扰动，若在控制器设计的过程中不加考虑这些问题将严重影响机械臂的轨迹跟踪性能。所以在设计控制系统的过程中需通过构造扰动观测器、加入抗扰动鲁棒项等方法克服其影响保证系统的稳定性。

5.3.1 奇异摄动的基本原理

在任意初始条件下，一类系统中不同状态变量在向平衡点运动的过程中速度差别很大，其状态方程可写成标准奇异摄动形式为

$$\begin{cases}\dot{\boldsymbol{x}}=\boldsymbol{f}(t,\boldsymbol{x},\boldsymbol{z},\boldsymbol{\varepsilon}) & \boldsymbol{x}(t_0)=\boldsymbol{\zeta}(\boldsymbol{\varepsilon})\\ \boldsymbol{\varepsilon}\dot{\boldsymbol{z}}=\boldsymbol{g}(t,\boldsymbol{x},\boldsymbol{z},\boldsymbol{\varepsilon}) & \boldsymbol{z}(t_0)=\boldsymbol{\kappa}(\boldsymbol{\varepsilon})\end{cases} \tag{5-45}$$

式中，$\boldsymbol{\varepsilon}$ 为奇异摄动参数且满足 $0<\boldsymbol{\varepsilon}\ll 1$；$\boldsymbol{x}\in\mathbb{R}^n$ 为慢变量；$\boldsymbol{z}\in\mathbb{R}^m$ 为快变量，其初始值分别 $\boldsymbol{\xi}(\boldsymbol{\varepsilon})$ 和 $\boldsymbol{\kappa}(\boldsymbol{\varepsilon})$。假设在该初始条件下，系统式（5-45）中快慢变量的状态轨迹分别为 $\boldsymbol{z}(t,\ \boldsymbol{\varepsilon})$ 和 $\boldsymbol{x}(t,\ \boldsymbol{\varepsilon})$。

令 $\boldsymbol{\varepsilon}=0$，则原系统中快变量的状态方程变成代数方程为

$$0=\boldsymbol{g}(t,\boldsymbol{x},\boldsymbol{z},0) \tag{5-46}$$

假设该代数方程的解为 $\bar{z}=\boldsymbol{h}(t,\boldsymbol{x})$，代入原系统中慢变量的状态方程中可得降阶模型为

$$\dot{\boldsymbol{x}}=\boldsymbol{f}(t,\boldsymbol{x},\boldsymbol{h}(t,\boldsymbol{x}),0),\ \boldsymbol{x}(t_0)=\boldsymbol{\xi}(0) \tag{5-47}$$

由于式（5-45）中快变量 z 的变化率 $\dot{z}=\boldsymbol{g}/\boldsymbol{\varepsilon}$ 很大，能够很快运动至平衡点，所以直接给定 $\boldsymbol{\varepsilon}=0$ 是合理的，这种近似处理的优点便是，使得原 $n+m$ 阶的系统降阶至式（5-47）的 n 阶系统，可显著降低计算量和控制器的设计难度。

式（5-47）系统即为慢子系统，假设该子系统在初始条件下的解为 $\bar{\boldsymbol{x}}(t)$，进而可求得 $\bar{z}(t)=\boldsymbol{h}(t,\bar{\boldsymbol{x}}(t))$，$\bar{z}(t)$ 称之为快变量 $\boldsymbol{z}(t,\ \boldsymbol{\varepsilon})$ 的准稳态，再找到 $\bar{\boldsymbol{x}}(t)$ 和 $\bar{z}(t)$ 分别与原系统实际状态轨迹 $\boldsymbol{x}(t,\ \boldsymbol{\varepsilon})$ 和 $\boldsymbol{z}(t,\ \boldsymbol{\varepsilon})$ 的关系，即可通过降阶模型的解求取原全阶模型的解。

为求取两种模型状态变量的关系，定义变量 $\boldsymbol{y}=z-\boldsymbol{h}(t,\ \boldsymbol{x})$ 代入式（5-45）中快变量状态方程可得

$$\varepsilon\dot{\boldsymbol{y}}=\boldsymbol{g}(t,\boldsymbol{x},\boldsymbol{y}+\boldsymbol{h}(t,\boldsymbol{x}),\varepsilon)-\varepsilon\frac{\partial\boldsymbol{h}}{\partial t}-\varepsilon\frac{\partial\boldsymbol{h}}{\partial\boldsymbol{x}}\boldsymbol{f}(t,\boldsymbol{x},\boldsymbol{y}+\boldsymbol{h}(t,\boldsymbol{x}),\varepsilon) \tag{5-48}$$

定义一个新的时间尺度 τ 并令 $\mathrm{d}\tau/\mathrm{d}t=1/\varepsilon$，式（5-48）中关于 y 的状态方程可写为

$$\frac{\mathrm{d}\boldsymbol{y}}{\mathrm{d}\tau}=\boldsymbol{g}(t,\boldsymbol{x},\boldsymbol{y}+\boldsymbol{h}(t,\boldsymbol{x}),\boldsymbol{\varepsilon})-\boldsymbol{\varepsilon}\frac{\partial \boldsymbol{h}}{\partial t}-\boldsymbol{\varepsilon}\frac{\partial \boldsymbol{h}}{\partial \boldsymbol{x}}\boldsymbol{f}(t,\boldsymbol{x},\boldsymbol{y}+\boldsymbol{h}(t,\boldsymbol{x}),\boldsymbol{\varepsilon}) \tag{5-49}$$

令 $\boldsymbol{\varepsilon}=0$，式（5-49）可化简为

$$\frac{\mathrm{d}\boldsymbol{y}}{\mathrm{d}\tau}=\boldsymbol{g}(t,\boldsymbol{x},\boldsymbol{y}+\boldsymbol{h}(t,\boldsymbol{x}),0) \tag{5-50}$$

式（5-50）即为边界层系统也称为快子系统，假设其解为 $\boldsymbol{y}(\boldsymbol{\tau})$，可得到如下定理。

引理【5-2】 若慢子系统式（5-47）在 $t\in[0,\ t_1]$ 有唯一解 $\bar{\boldsymbol{x}}(t)$，且边界层系统式（5-50）指数稳定，则存在正的常数 $\boldsymbol{\varepsilon}^*$，使所有满足 $\boldsymbol{\varepsilon}<\boldsymbol{\varepsilon}^*$ 的奇异摄动参数前提下，原系统的解 $\boldsymbol{x}(t,\ \boldsymbol{\varepsilon})$ 和 $z(t,\ \boldsymbol{\varepsilon})$ 可写为

$$\begin{cases}\boldsymbol{z}(t,\varepsilon)=\bar{z}(t)+\boldsymbol{y}(\boldsymbol{\tau})+\boldsymbol{o}(\varepsilon)\\ \boldsymbol{x}(t,\varepsilon)=\bar{\boldsymbol{x}}(t)+\boldsymbol{o}(\varepsilon)\end{cases} \tag{5-51}$$

式中，$\boldsymbol{o}(\varepsilon)$ 为 ε 的高次幂组成的向量。

该引理阐明了原系统和降阶系统状态变量之间的对应关系，在进行控制系统的设计时，可通过对降阶子系统设计控制律进而实现对原系统状态变量的控制。

5.3.2 柔性关节机械臂降阶模型

由于机械臂动力学模型式（5-1）中关节刚度矩阵 $\boldsymbol{K}$ 的元素远大于其他矩阵的元素，令 $\overline{\boldsymbol{K}}=\varepsilon^2\boldsymbol{K}$。定义变量 $\boldsymbol{\mu}$ 为关节处等效弹簧的弹力，即 $\boldsymbol{\mu}=\boldsymbol{K}(\boldsymbol{\theta}-\boldsymbol{q})$，则式（5-1）可重新写为

$$\boldsymbol{M}(\boldsymbol{q})\ddot{\boldsymbol{q}}+\boldsymbol{C}(\boldsymbol{q},\dot{\boldsymbol{q}})\dot{\boldsymbol{q}}+\boldsymbol{g}(\boldsymbol{q})=\boldsymbol{\mu}+\boldsymbol{d} \tag{5-52}$$

$$\varepsilon^2\boldsymbol{J}\ddot{\boldsymbol{\mu}}+\overline{\boldsymbol{K}}\boldsymbol{\mu}=\overline{\boldsymbol{K}}(\boldsymbol{u}-\boldsymbol{J}\ddot{\boldsymbol{q}}) \tag{5-53}$$

式中，$\boldsymbol{u}$ 可写为 $\boldsymbol{u}_s$ 和 $\boldsymbol{u}_f$ 的和，即 $\boldsymbol{u}=\boldsymbol{u}_s+\boldsymbol{u}_f$。

由式（5-52）可得

$$\ddot{\boldsymbol{q}}=\boldsymbol{M}^{-1}(\boldsymbol{q})[\boldsymbol{\mu}+\boldsymbol{d}-\boldsymbol{C}(\boldsymbol{q},\dot{\boldsymbol{q}})\dot{\boldsymbol{q}}-\boldsymbol{g}(\boldsymbol{q})] \tag{5-54}$$

为将动力学模型转化为形如式（5-45）的标准奇异摄动形式，将式（5-54）代入式（5-53）可得

$$\varepsilon^2\boldsymbol{J}\ddot{\boldsymbol{\mu}}+\overline{\boldsymbol{K}}\boldsymbol{\mu}=\overline{\boldsymbol{K}}\{\boldsymbol{u}-\boldsymbol{J}\boldsymbol{M}^{-1}(\boldsymbol{q})[\boldsymbol{\mu}+\boldsymbol{d}-\boldsymbol{C}(\boldsymbol{q},\dot{\boldsymbol{q}})\dot{\boldsymbol{q}}-\boldsymbol{g}(\boldsymbol{q})]\} \tag{5-55}$$

上式等号两边同乘 $\boldsymbol{J}^{-1}$ 并化简可得

$$\varepsilon^2\ddot{\boldsymbol{\mu}}+\overline{\boldsymbol{K}}[\boldsymbol{J}^{-1}+\boldsymbol{M}^{-1}(\boldsymbol{q})]\boldsymbol{\mu}=\boldsymbol{J}^{-1}\overline{\boldsymbol{K}}\boldsymbol{u}-\overline{\boldsymbol{K}}\boldsymbol{M}^{-1}(\boldsymbol{q})[\boldsymbol{d}-\boldsymbol{C}(\boldsymbol{q},\dot{\boldsymbol{q}})\dot{\boldsymbol{q}}-\boldsymbol{g}(\boldsymbol{q})] \tag{5-56}$$

式（5-56）和式（5-52）即为原动力学模型式（5-1）的标准奇异摄动形式，对应的慢变量 $\boldsymbol{x}=[\boldsymbol{q}\quad \dot{\boldsymbol{q}}]^{\mathrm{T}}$，快变量 $\boldsymbol{z}=[\boldsymbol{\mu}\quad \varepsilon\dot{\boldsymbol{\mu}}]^{\mathrm{T}}$，令 $\varepsilon=0$，可得到 $\boldsymbol{\mu}$ 的准稳态为

$$\bar{\boldsymbol{\mu}}=\boldsymbol{u}_s-\boldsymbol{J}\ddot{\boldsymbol{q}} \tag{5-57}$$

将其代入式（5-52）可得到降阶慢子系统为

$$[\boldsymbol{M}(\boldsymbol{q})+\boldsymbol{J}]\ddot{\boldsymbol{q}}+\boldsymbol{C}(\boldsymbol{q},\dot{\boldsymbol{q}})\dot{\boldsymbol{q}}+\boldsymbol{g}(\boldsymbol{q})=\boldsymbol{u}_s+\boldsymbol{d} \tag{5-58}$$

定义变量 $\boldsymbol{y}$ 为 $\boldsymbol{\mu}$ 与其准稳态的误差，即 $\boldsymbol{y}=\boldsymbol{\mu}-\bar{\boldsymbol{\mu}}$，将其代入式（5-56）可得关于 $\boldsymbol{y}$ 的方程

$$\varepsilon^2(\ddot{\boldsymbol{y}}+\ddot{\bar{\boldsymbol{\mu}}})+\overline{\boldsymbol{K}}[\boldsymbol{J}^{-1}+\boldsymbol{M}^{-1}(\boldsymbol{q})](\boldsymbol{y}+\bar{\boldsymbol{\mu}})$$

$$=-\overline{K}M^{-1}(q)[d-C(q,\dot{q})\dot{q}-g(q)]+J^{-1}\overline{K}u \tag{5-59}$$

由于准稳态$\overline{\mu}$是在令$\varepsilon=0$的情况下得到的，所以由式（5-56）可得$\overline{\mu}$满足

$$\overline{K}[J^{-1}+M^{-1}(q)]\overline{\mu}=J^{-1}\overline{K}u_s-\overline{K}M^{-1}(q)[d-C(q,\dot{q})\dot{q}-g(q)] \tag{5-60}$$

将式（5-60）代入式（5-59）可得到

$$\varepsilon^2(\ddot{y}+\ddot{\overline{\mu}})+\overline{K}[J^{-1}+M^{-1}(q)]y=J^{-1}\overline{K}u_f \tag{5-61}$$

式中，$u_f=u-u_s$。依然是引入新的快时间变量τ，令$\mathrm{d}\tau/\mathrm{d}t=1/\varepsilon$，则式（5-61）在快时间尺度$\tau$下可写为

$$\frac{\mathrm{d}^2y}{\mathrm{d}\tau^2}+\frac{\mathrm{d}^2\overline{\mu}}{\mathrm{d}\tau^2}+\overline{K}[J^{-1}+M^{-1}(q)]y=J^{-1}\overline{K}u_f \tag{5-62}$$

由于奇异摄动参数ε是很小的正数，快变量μ的变化速率远远大于慢变量。在τ时间尺度下，准稳态$\overline{\mu}$变化缓慢可视为常数，可令$\mathrm{d}^2\overline{\mu}/\mathrm{d}\tau^2=0$，则式（5-62）可重新写成边界层系统为

$$\frac{\mathrm{d}^2y}{\mathrm{d}\tau^2}+\overline{K}[J^{-1}+M^{-1}(q)]y=J^{-1}\overline{K}u_f \tag{5-63}$$

至此得到两个二阶子系统，其运动方程分别为式（5-58）和式（5-63），原系统的控制律为两个子系统控制律之和，即$u=u_s+u_f$，通过对u_s和u_f分别进行设计使原系统的复合控制律仅需连杆角位移和速度反馈成为可能。

5.3.3 控制器设计

5.3.3.1 慢子系统控制器设计

利用奇异摄动法已得到降阶慢子系统式（5-58），该子系统的控制器设计目标为使q与参考角度q_d的误差$e=q-q_d$快速收敛至0。令$D(q)=M(q)+J$，慢子系统可重新写为

$$D(q)\ddot{q}+C(q,\dot{q})\dot{q}+g(q)=u_s+d \tag{5-64}$$

扰动的存在将影响轨迹跟踪性能，为提高控制系统抗扰动能力，首先设计扰动观测器得到复合扰动的估计值并将其应用于控制律中补偿原扰动，观测器设计为

$$\begin{cases}\hat{d}=\omega+N^{-1}\dot{q}\\ \dot{\omega}=N^{-1}D^{-1}(q)[C(q,\dot{q})\dot{q}+g(q)-u_s]-N^{-1}D^{-1}(q)\hat{d}\end{cases} \tag{5-65}$$

式中，ω为辅助变量；$\hat{d}$为扰动d的估计值；N为待设计的常数可逆正定矩阵。

定理【5-1】 假设扰动的变化速率与式（5-65）中其他变量相比可忽略不计，则$\dot{d}=0$，扰动估计值$\hat{d}$可收敛至d的充分条件为N满足矩阵不等式

$$N+N^{\mathrm{T}}-N^{\mathrm{T}}\dot{D}(q)N\geqslant 0 \tag{5-66}$$

注：对于任意矩阵A，$A\geqslant 0$指矩阵A为半正定矩阵。

证明：由式（5-65）对扰动估计值$\hat{d}$求导得

$$\begin{aligned}\dot{\hat{d}}&=\dot{\omega}+N^{-1}\ddot{q}\\&=N^{-1}D^{-1}(q)[C(q,\dot{q})\dot{q}+g(q)-u_s]-N^{-1}D^{-1}(q)\hat{d}+N^{-1}\ddot{q}\\&=N^{-1}D^{-1}(q)[D(q)\ddot{q}+C(q,\dot{q})\dot{q}+g(q)-u_s]-N^{-1}D^{-1}(q)\hat{d}\\&=N^{-1}D^{-1}(q)d-N^{-1}D^{-1}(q)\hat{d}\end{aligned} \tag{5-67}$$

令扰动观测误差$\widetilde{\boldsymbol{d}}=\hat{\boldsymbol{d}}-\boldsymbol{d}$，由于假设$\dot{\boldsymbol{d}}=0$，所以有$\dot{\hat{\boldsymbol{d}}}=\dot{\widetilde{\boldsymbol{d}}}$，代入式（5-67）可得

$$\dot{\widetilde{\boldsymbol{d}}}=-\boldsymbol{N}^{-1}\boldsymbol{D}^{-1}(\boldsymbol{q})\widetilde{\boldsymbol{d}} \tag{5-68}$$

定义 Lyapunov 函数为

$$V_d=\widetilde{\boldsymbol{d}}^{\mathrm{T}}\boldsymbol{N}^{\mathrm{T}}\boldsymbol{D}(\boldsymbol{q})\boldsymbol{N}\widetilde{\boldsymbol{d}}=(\boldsymbol{N}\widetilde{\boldsymbol{d}})^{\mathrm{T}}\boldsymbol{D}(\boldsymbol{q})(\boldsymbol{N}\widetilde{\boldsymbol{d}}) \tag{5-69}$$

由于$\boldsymbol{D}(\boldsymbol{q})=\boldsymbol{M}(\boldsymbol{q})+\boldsymbol{J}$且$\boldsymbol{M}(\boldsymbol{q})$和$\boldsymbol{J}$均为对称正定矩阵，所以$\boldsymbol{D}(\boldsymbol{q})$也为正定矩阵，有$V_d\geqslant 0$。

对V_d求导得

$$\begin{aligned}\dot{V}_d&=\dot{\widetilde{\boldsymbol{d}}}^{\mathrm{T}}\boldsymbol{N}^{\mathrm{T}}\boldsymbol{D}(\boldsymbol{q})\boldsymbol{N}\widetilde{\boldsymbol{d}}+\widetilde{\boldsymbol{d}}^{\mathrm{T}}\boldsymbol{N}^{\mathrm{T}}\boldsymbol{D}(\boldsymbol{q})\boldsymbol{N}\dot{\widetilde{\boldsymbol{d}}}+\widetilde{\boldsymbol{d}}^{\mathrm{T}}\boldsymbol{N}^{\mathrm{T}}\dot{\boldsymbol{D}}(\boldsymbol{q})\boldsymbol{N}\widetilde{\boldsymbol{d}}\\&=-\widetilde{\boldsymbol{d}}^{\mathrm{T}}[\boldsymbol{D}^{-1}(\boldsymbol{q})]^{\mathrm{T}}(\boldsymbol{N}^{-1})^{\mathrm{T}}\boldsymbol{N}^{\mathrm{T}}\boldsymbol{D}(\boldsymbol{q})\boldsymbol{N}\widetilde{\boldsymbol{d}}-\widetilde{\boldsymbol{d}}^{\mathrm{T}}\boldsymbol{N}^{\mathrm{T}}\boldsymbol{D}(\boldsymbol{q})\boldsymbol{N}\boldsymbol{N}^{-1}\boldsymbol{D}^{-1}(\boldsymbol{q})\widetilde{\boldsymbol{d}}+\widetilde{\boldsymbol{d}}^{\mathrm{T}}\boldsymbol{N}^{\mathrm{T}}\dot{\boldsymbol{D}}(\boldsymbol{q})\boldsymbol{N}\widetilde{\boldsymbol{d}}\\&=-\widetilde{\boldsymbol{d}}^{\mathrm{T}}\boldsymbol{N}\widetilde{\boldsymbol{d}}-\widetilde{\boldsymbol{d}}^{\mathrm{T}}\boldsymbol{N}^{\mathrm{T}}\widetilde{\boldsymbol{d}}+\widetilde{\boldsymbol{d}}^{\mathrm{T}}\boldsymbol{N}^{\mathrm{T}}\dot{\boldsymbol{D}}(\boldsymbol{q})\boldsymbol{N}\widetilde{\boldsymbol{d}}\\&=-\widetilde{\boldsymbol{d}}^{\mathrm{T}}[\boldsymbol{N}+\boldsymbol{N}^{\mathrm{T}}-\boldsymbol{N}^{\mathrm{T}}\dot{\boldsymbol{D}}(\boldsymbol{q})\boldsymbol{N}]\widetilde{\boldsymbol{d}}\end{aligned} \tag{5-70}$$

由式（5-70）可知当$\boldsymbol{N}+\boldsymbol{N}^{\mathrm{T}}-\boldsymbol{N}^{\mathrm{T}}\dot{\boldsymbol{D}}(\boldsymbol{q})\boldsymbol{N}\geqslant 0$时，有$\dot{V}_d\leqslant 0$，进而得到扰动观测值$\hat{\boldsymbol{d}}$可收敛至机械臂慢子系统的实际扰动$\boldsymbol{d}$。证毕。

对慢子系统设计复合控制律$\boldsymbol{u}_s=\boldsymbol{u}_{s1}+\boldsymbol{u}_{s2}$，利用扰动观测值$\hat{\boldsymbol{d}}$和机械臂参考角度轨迹$\boldsymbol{q}_d$以及实际的连杆角位移$\boldsymbol{q}$设计$\boldsymbol{u}_{s1}$为

$$\boldsymbol{u}_{s1}=\boldsymbol{D}(\boldsymbol{q})\ddot{\boldsymbol{q}}_d+\boldsymbol{C}(\boldsymbol{q},\dot{\boldsymbol{q}})\dot{\boldsymbol{q}}_d-\hat{\boldsymbol{d}} \tag{5-71}$$

将其代入式（5-64）可得到以轨迹跟踪误差为状态变量的运动方程

$$\boldsymbol{D}(\boldsymbol{q})\ddot{\boldsymbol{e}}+\boldsymbol{C}(\boldsymbol{q},\dot{\boldsymbol{q}})\dot{\boldsymbol{e}}+\boldsymbol{g}(\boldsymbol{q})+\widetilde{\boldsymbol{d}}=\boldsymbol{u}_{s2} \tag{5-72}$$

式中，$\widetilde{\boldsymbol{d}}$可视为补偿后新的扰动信号，其绝对值小于原扰动。

对于向量$\boldsymbol{a}=[a_1\quad a_2\quad\cdots\quad a_n]^{\mathrm{T}}\in\mathbb{R}^n$和常数$b$，定义$\boldsymbol{a}^b$为$[a_1^b\quad a_2^b\quad\cdots\quad a_n^b]^{\mathrm{T}}$，为使系统稳定且具有较强的鲁棒性，定义系统式（5-72）的评价信号为

$$\boldsymbol{\eta}=\dot{\boldsymbol{e}}+\boldsymbol{\alpha}\boldsymbol{e}+\boldsymbol{\beta}\boldsymbol{e}^{m/n} \tag{5-73}$$

式中，$\boldsymbol{\alpha}=\mathrm{diag}[\alpha_1,\alpha_2,\cdots,\alpha_i,\cdots,\alpha_n]$，$\alpha_i>0$；$\boldsymbol{\beta}=\mathrm{diag}[\beta_1,\beta_2,\cdots,\beta_i,\cdots,\beta_n]$，$\beta_i>0$；$m$和$n$均为正奇数且$n>m$。当设计控制律使$\boldsymbol{\eta}$收敛至0时，误差$\boldsymbol{e}$也在有限时间内快速收敛至0。

在扰动$\widetilde{\boldsymbol{d}}$存在的情况下，$\|\boldsymbol{\eta}\|$的值越小意味着系统的抗扰动能力越强，定义鲁棒性能指标信号为

$$\xi=\sup_{\|\widetilde{\boldsymbol{d}}\|\neq 0}\frac{\|\boldsymbol{\eta}\|_2}{\|\widetilde{\boldsymbol{d}}\|_2} \tag{5-74}$$

式中，$\|\boldsymbol{\eta}\|_2=\left(\int_0^\infty\boldsymbol{\eta}^{\mathrm{T}}\boldsymbol{\eta}\,\mathrm{d}t\right)^{0.5}$，显然$\boldsymbol{u}_{s2}$的设计目标为使鲁棒性能指标$\xi$的值可以尽量小。

引理【5-3】 对于任意小的正数χ，式（5-74）中的鲁棒性能指标$\xi\leqslant\chi$的充分条件为存在光滑函数$V\geqslant 0$满足

$$\dot{V}\leqslant\frac{1}{2}\chi^2\|\widetilde{\boldsymbol{d}}\|^2-\frac{1}{2}\|\boldsymbol{\eta}\|^2 \tag{5-75}$$

慢子系统复合控制律中的$\boldsymbol{u}_{s2}$设计为

$$\boldsymbol{u}_{s2}=-\boldsymbol{D}\boldsymbol{\alpha}\dot{\boldsymbol{e}}-\boldsymbol{C}\boldsymbol{\alpha}\boldsymbol{e}+\boldsymbol{g}(\boldsymbol{q})-\left(\frac{1}{2\chi^2}+\frac{1}{2}\right)\boldsymbol{\eta}-\frac{m}{n}\boldsymbol{D}\boldsymbol{\beta}\mathrm{diag}(\boldsymbol{e}^{m/n-1})\dot{\boldsymbol{e}}-\boldsymbol{C}\boldsymbol{\beta}\boldsymbol{e}^{m/n} \tag{5-76}$$

定理【5-2】 当系统式（5-72）中的控制律 $\boldsymbol{u}_{s2}$ 为式（5-76）时，该系统定义为式（5-74）的鲁棒性能指标 ξ 可以小于或等于任意正数 χ。

证明：对评价信号式（5-73）求导得

$$\dot{\boldsymbol{\eta}}=\ddot{\boldsymbol{e}}+\boldsymbol{\alpha}\dot{\boldsymbol{e}}+\frac{m}{n}\boldsymbol{\beta}\mathrm{diag}(\boldsymbol{e}^{m/n-1})\dot{\boldsymbol{e}} \tag{5-77}$$

同时代入式（5-72）可得

$$\begin{aligned}\boldsymbol{D}\dot{\boldsymbol{\eta}}&=\boldsymbol{D}\ddot{\boldsymbol{e}}+\boldsymbol{D}\boldsymbol{\alpha}\dot{\boldsymbol{e}}+\frac{m}{n}\boldsymbol{D}\boldsymbol{\beta}\mathrm{diag}(\boldsymbol{e}^{m/n-1})\dot{\boldsymbol{e}}\\&=-\boldsymbol{C}\dot{\boldsymbol{e}}-\boldsymbol{g}(\boldsymbol{q})-\widetilde{\boldsymbol{d}}+\boldsymbol{u}_{s2}+\boldsymbol{D}\boldsymbol{\alpha}\dot{\boldsymbol{e}}+\frac{m}{n}\boldsymbol{D}\boldsymbol{\beta}\mathrm{diag}(\boldsymbol{e}^{m/n-1})\dot{\boldsymbol{e}}\\&=-\boldsymbol{C}\boldsymbol{\eta}+\boldsymbol{C}\boldsymbol{\alpha}\boldsymbol{e}+\boldsymbol{C}\boldsymbol{\beta}\boldsymbol{e}^{m/n}-\boldsymbol{g}(\boldsymbol{q})-\widetilde{\boldsymbol{d}}+\boldsymbol{u}_{s2}+\boldsymbol{D}\boldsymbol{\alpha}\dot{\boldsymbol{e}}+\frac{m}{n}\boldsymbol{D}\boldsymbol{\beta}\mathrm{diag}(\boldsymbol{e}^{m/n-1})\dot{\boldsymbol{e}}\end{aligned} \tag{5-78}$$

将控制律式（5-76）代入得

$$\boldsymbol{D}\dot{\boldsymbol{\eta}}=-\boldsymbol{C}\boldsymbol{\eta}-\widetilde{\boldsymbol{d}}-\left(\frac{1}{2\chi^2}+\frac{1}{2}\right)\boldsymbol{\eta} \tag{5-79}$$

定义函数 V 为

$$V=\frac{1}{2}\boldsymbol{\eta}^{\mathrm{T}}\boldsymbol{D}\boldsymbol{\eta} \tag{5-80}$$

对其求导得

$$\begin{aligned}\dot{V}&=\frac{1}{2}\dot{\boldsymbol{\eta}}^{\mathrm{T}}\boldsymbol{D}\boldsymbol{\eta}+\frac{1}{2}\boldsymbol{\eta}^{\mathrm{T}}\dot{\boldsymbol{D}}\boldsymbol{\eta}+\frac{1}{2}\boldsymbol{\eta}^{\mathrm{T}}\boldsymbol{D}\dot{\boldsymbol{\eta}}\\&=\boldsymbol{\eta}^{\mathrm{T}}\boldsymbol{D}\dot{\boldsymbol{\eta}}+\frac{1}{2}\boldsymbol{\eta}^{\mathrm{T}}\dot{\boldsymbol{D}}\boldsymbol{\eta}\\&=\boldsymbol{\eta}^{\mathrm{T}}\left(-\frac{1}{2\chi^2}\boldsymbol{\eta}-\frac{1}{2}\boldsymbol{\eta}-\widetilde{\boldsymbol{d}}\right)+\frac{1}{2}\boldsymbol{\eta}^{\mathrm{T}}(\dot{\boldsymbol{D}}-2C)\boldsymbol{\eta}\end{aligned} \tag{5-81}$$

由于 $\boldsymbol{D}=\boldsymbol{M}+\boldsymbol{J}$，且矩阵 $\boldsymbol{J}$ 为常数矩阵，所以有 $\dot{\boldsymbol{D}}=\dot{\boldsymbol{M}}$，根据柔性关节机械臂的性质 2 可得 $\boldsymbol{\eta}^{\mathrm{T}}(\dot{\boldsymbol{D}}-2\boldsymbol{C})\boldsymbol{\eta}=0$，则式（5-81）可进一步化简为

$$\dot{V}=-\frac{1}{2\chi^2}\boldsymbol{\eta}^{\mathrm{T}}\boldsymbol{\eta}-\frac{1}{2}\boldsymbol{\eta}^{\mathrm{T}}\boldsymbol{\eta}-\boldsymbol{\eta}^{\mathrm{T}}\widetilde{\boldsymbol{d}} \tag{5-82}$$

令 $I=0.5\chi^2\|\widetilde{\boldsymbol{d}}\|^2-0.5\|\boldsymbol{\eta}\|^2$，则可得到

$$\begin{aligned}\dot{V}-I&=-\frac{1}{2\chi^2}\boldsymbol{\eta}^{\mathrm{T}}\boldsymbol{\eta}-\frac{1}{2}\boldsymbol{\eta}^{\mathrm{T}}\boldsymbol{\eta}-\boldsymbol{\eta}^{\mathrm{T}}\widetilde{\boldsymbol{d}}-\frac{1}{2}\chi^2\|\widetilde{\boldsymbol{d}}\|^2+\frac{1}{2}\|\boldsymbol{\eta}\|^2\\&=-\frac{1}{2}\left(\frac{1}{\chi^2}\boldsymbol{\eta}^{\mathrm{T}}\boldsymbol{\eta}+2\boldsymbol{\eta}^{\mathrm{T}}\widetilde{\boldsymbol{d}}+\chi^2\|\widetilde{\boldsymbol{d}}\|^2\right)\\&=-\frac{1}{2}\left\|\frac{1}{\chi}\boldsymbol{\eta}+\chi\widetilde{d}\right\|^2\end{aligned} \tag{5-83}$$

由式（5-83）得 $\dot{V}-I\leqslant0$，即 $\dot{V}\leqslant0.5\chi^2\|\widetilde{\boldsymbol{d}}\|^2-0.5\|\boldsymbol{\eta}\|^2$，根据引理【5-3】可知定

理【5-2】得证。显然当采用本节所设计的控制律时，可使 $\|\boldsymbol{\eta}\|$ 的值收敛至很小的正数，进而使轨迹跟踪误差 $\boldsymbol{e}\to 0$，慢子系统稳定且具有较强的抗干扰能力。

5.3.3.2 快子系统控制器设计

已利用奇异摄动法降阶得到快子系统方程式（5-63），该系统为二阶非线性无阻尼系统，在控制律$\boldsymbol{u}_f$ 中加入阻尼项，设计控制律为

$$\boldsymbol{u}_f=-\varepsilon\overline{\boldsymbol{K}}^{-1}\boldsymbol{K}_1\dot{\boldsymbol{\mu}}=-\overline{\boldsymbol{K}}^{-1}\boldsymbol{K}_1\frac{\mathrm{d}\boldsymbol{\mu}}{\mathrm{d}\tau} \tag{5-84}$$

式中，$\boldsymbol{K}_1$ 为对角正定系数矩阵。

定理【5-3】 当快子系统（5-63）中的控制律$\boldsymbol{u}_f$ 为式（5-84）时，该系统是指数稳定的。

证明：由于在边界层系统 τ 时间尺度下，准稳态 $\overline{\boldsymbol{\mu}}$ 相对其他变量变化缓慢可视为常量且 $\boldsymbol{y}=\boldsymbol{\mu}-\overline{\boldsymbol{\mu}}$，控制律式（5-84）可重新写为

$$\boldsymbol{u}_f=-\overline{\boldsymbol{K}}^{-1}\boldsymbol{K}_1\frac{\mathrm{d}\boldsymbol{y}}{\mathrm{d}\tau} \tag{5-85}$$

将控制律代入式（5-63）可得

$$\frac{\mathrm{d}^2\boldsymbol{y}}{\mathrm{d}\tau^2}+\boldsymbol{J}^{-1}\boldsymbol{K}_1\frac{\mathrm{d}\boldsymbol{y}}{\mathrm{d}\tau}+\overline{\boldsymbol{K}}[\boldsymbol{J}^{-1}+\boldsymbol{M}^{-1}(\boldsymbol{q})]\boldsymbol{y}=0 \tag{5-86}$$

定义 Lyapunov 函数为

$$V_f=\frac{1}{2}\boldsymbol{y}'^{\mathrm{T}}\boldsymbol{y}'+\frac{1}{2}\boldsymbol{y}^{\mathrm{T}}\overline{\boldsymbol{K}}(\boldsymbol{J}^{-1}+\boldsymbol{M}^{-1})\boldsymbol{y} \tag{5-87}$$

式中，$\boldsymbol{y}'=\mathrm{d}\boldsymbol{y}/\mathrm{d}\tau$。另外在快时间尺度下，慢变量 $\boldsymbol{q}$ 变化缓慢可视为常量，所以可令 $(\boldsymbol{M}^{-1})'=0$，对 Lyapunov 函数在 τ 时间尺度求导得

$$\begin{aligned}\frac{\mathrm{d}V_\mathrm{f}}{\mathrm{d}\tau}&=\frac{1}{2}\boldsymbol{y}''^{\mathrm{T}}\boldsymbol{y}'+\frac{1}{2}\boldsymbol{y}'^{\mathrm{T}}\boldsymbol{y}''+\frac{1}{2}\boldsymbol{y}'^{\mathrm{T}}\overline{\boldsymbol{K}}(\boldsymbol{J}^{-1}+\boldsymbol{M}^{-1})\boldsymbol{y}+\frac{1}{2}\boldsymbol{y}^{\mathrm{T}}\overline{\boldsymbol{K}}(\boldsymbol{J}^{-1}+\boldsymbol{M}^{-1})\boldsymbol{y}'+\frac{1}{2}\boldsymbol{y}^{\mathrm{T}}[\overline{\boldsymbol{K}}(\boldsymbol{J}^{-1}+\boldsymbol{M}^{-1})]'\boldsymbol{y}\\&=\boldsymbol{y}'^{\mathrm{T}}\boldsymbol{y}''+\boldsymbol{y}'^{\mathrm{T}}\overline{\boldsymbol{K}}(\boldsymbol{J}^{-1}+\boldsymbol{M}^{-1})\boldsymbol{y}\\&=\boldsymbol{y}'^{\mathrm{T}}[-\overline{\boldsymbol{K}}(\boldsymbol{J}^{-1}+\boldsymbol{M}^{-1})\boldsymbol{y}-\boldsymbol{J}^{-1}\boldsymbol{K}_1\boldsymbol{y}']+\boldsymbol{y}'^{\mathrm{T}}\overline{\boldsymbol{K}}(\boldsymbol{J}^{-1}+\boldsymbol{M}^{-1})\boldsymbol{y}\\&=-\boldsymbol{y}'^{\mathrm{T}}\boldsymbol{J}^{-1}\boldsymbol{K}_1\boldsymbol{y}'\end{aligned} \tag{5-88}$$

由于矩阵 $\boldsymbol{J}^{-1}$、$\boldsymbol{K}_1$ 和$\boldsymbol{M}^{-1}$ 均为正定矩阵，所以有 $V_f\geqslant 0$，$\mathrm{d}V_f/\mathrm{d}\tau\leqslant 0$，当 $V_f'\cong 0$ 时，$\boldsymbol{y}'\cong 0$，根据拉塞尔不变性定理，当选择合适的增益时，边界层系统是指数稳定的。证毕。

至此已分别对两个降阶子系统设计控制律 $\boldsymbol{u}_s$ 和 $\boldsymbol{u}_f$ 使之稳定。根据 Tikhonov 定理在无穷区间上的推广，如果降阶慢子系统式（5-64）在 $t\in[t_0,\ \infty]$ 有唯一解 $\overline{\boldsymbol{q}}(t)$ 且边界层系统式（5-63）是指数稳定的，那么存在一个正的常数 ε_0，当 $0<\varepsilon<\varepsilon_0$ 时，原系统式（5-1）的输出 $\boldsymbol{q}(t)$ 在 $t\in[t_0,\ \infty]$ 满足

$$\boldsymbol{q}(t)=\overline{\boldsymbol{q}}(t)+\boldsymbol{o}(\varepsilon) \tag{5-89}$$

式中，$\boldsymbol{o}(\varepsilon)$ 是 ε 高次幂组成的向量。前文已分析过降阶慢子系统的输出可跟踪参考轨迹，所以本节设计的复合控制律 $\boldsymbol{u}=\boldsymbol{u}_s+\boldsymbol{u}_f$ 可使原系统中 $\boldsymbol{q}(t)$ 跟踪参考轨迹。

5.3.4 仿真分析

为验证本节所设计控制系统的轨迹跟踪效果，仍以表 5-1 所示的双连杆柔性关节机械臂为被控对象搭建控制系统。

首先设置第 5.3.3 节所设计控制器输出 $\boldsymbol{u}=\boldsymbol{u}_s+\boldsymbol{u}_f$ 中的参数，令奇异摄动参数 $\varepsilon=0.1$，准稳态系统所设计的控制律 $\boldsymbol{u}_s$ 中令 $\boldsymbol{\alpha}=\text{diag}(10,10)$、$\boldsymbol{\beta}=\text{diag}(10,10)$、$m=3$、$n=5$、$\chi=0.08$。在快子系统即边界层系统中所设计的控制律 $\boldsymbol{u}_f$ 中，令 $\boldsymbol{K}_1=\text{diag}(15,15)$。系统的输出即连杆的初始位置设定为 $\boldsymbol{q}=[0\quad 0]^{\mathrm{T}}$，关节刚度矩阵和电动机的惯量矩阵分别设置为式(5-43)。

为验证本节所提控制方案在柔性关节机械臂的轨迹跟踪控制中具有更好的效果，同时设计传统奇异摄动 PD 控制器并将参数调到最佳与本节方案作对比，PD 控制方案即为慢子系统采用 PD 控制方案，该控制方案中慢子系统的控制律为 $\boldsymbol{u}_s=\boldsymbol{K}_p\boldsymbol{e}+\boldsymbol{K}_d\dot{\boldsymbol{e}}$，快子系统与本节所设计的控制器一致。

无外界扰动时，本节设计控制器作用下两连杆的轨迹跟踪曲线如图 5-6 所示。其中连杆 1 和连杆 2 的参考轨迹都为幅值为 10 的阶跃信号。

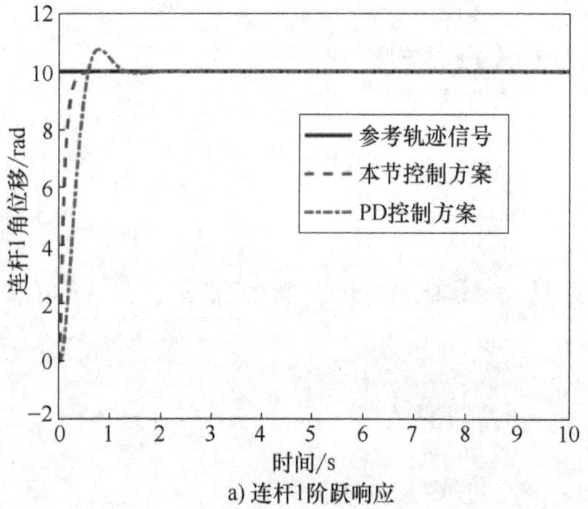

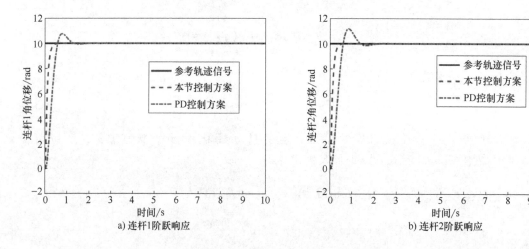

图 5-6 无扰动时阶跃信号轨迹跟踪效果图

为更加直观地比较两种控制方案对双连杆柔性关节机械臂的轨迹跟踪性能，分别计算出两种控制方案的上升时间、调节时间、超调量和稳态误差，这些性能指标反映了瞬态性能和稳态性能，经计算后的实际值见表 5-4。

表 5-4 性能指标对比

		上升时间/s	调节时间/s	超调量(%)	稳态误差/rad
本节方案	连杆 1	0.53	0.59	0	0.0001
	连杆 2	0.56	0.61	0	0.0001
PD 方案	连杆 1	0.70	1.20	8.3	0.002
	连杆 2	0.71	1.24	11.2	0.003

根据图 5-6 和表 5-4 的仿真结果，相比传统的奇异摄动 PD 控制方案，本节所设计的奇异摄动鲁棒控制方案具有更快的上升速度，上升时间和调节时间都明显更小，显示具有更良好的瞬态性能，输出角位移可更快地跟踪上参考轨迹，而且本节的控制方案没有超调量。

令参考轨迹信号为波形信号，连杆 1 的参考轨迹为 $q_{1d}=2\sin(t)+4\cos(2t)$，连杆 2 的参考轨迹为 $q_{2d}=\sin(2t)+2\cos(0.5t)$，采用本节设计方案和传统奇异摄动 PD 方案的两连杆轨迹跟踪曲线如图 5-7 所示。

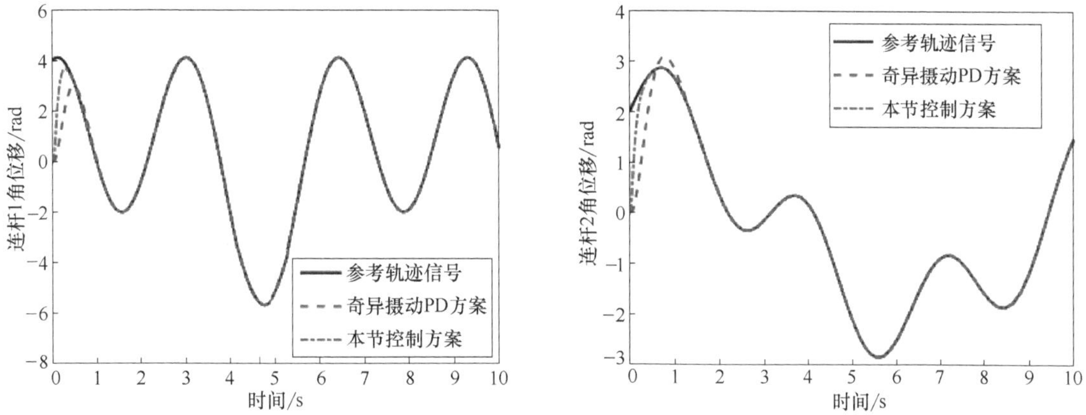

a) 连杆1　　b) 连杆2

图 5-7　无扰动时波形信号轨迹跟踪效果图

由图 5-7 可知，无论是瞬态性能还是稳态性能，本节所设计的奇异摄动鲁棒控制方案均优于传统的奇异摄动 PD 控制方案。

为验证本节所设计控制方案在控制系统中存在未知扰动的情况下，能够克服扰动并实现机械臂的轨迹跟踪，加入扰动信号令 $d_1=3+2\dot{q}_1$，$d_2=4+0.5\dot{q}_2$，连杆 1 的参考轨迹为 $q_{1d}=2\sin(t)+4\cos(2t)$，连杆 2 的参考轨迹为 $q_{2d}=\sin(2t)+2\cos(0.5t)$，参数矩阵 $\boldsymbol{N}$ 为 diag(2.46,3.72)，系统的输出即连杆的初始位置同样设定为 $\boldsymbol{q}=[0\quad 0]^{\mathrm{T}}$，同时与参考文献 [16] 所设计的奇异摄动滑模控制方案以及奇异摄动 PD 控制方案作对比，轨迹跟踪效果及误差如图 5-8 和图 5-9 所示。

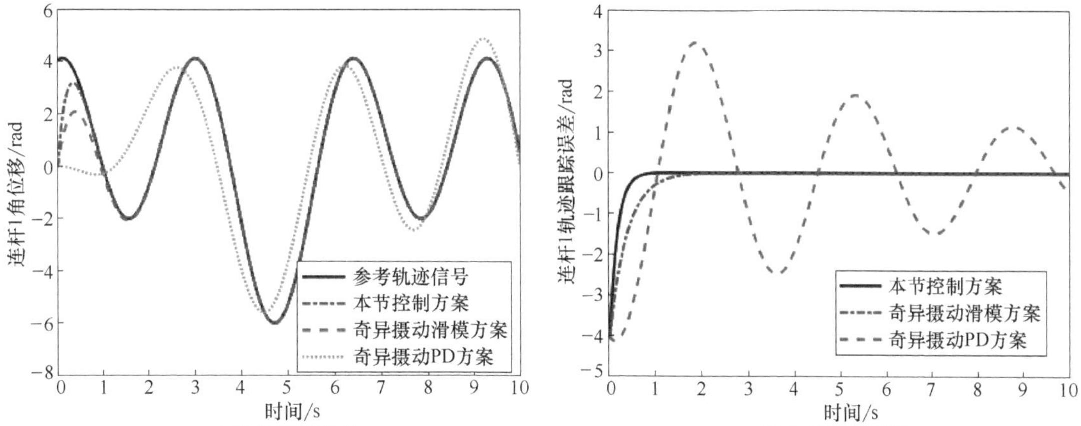

a) 连杆1跟踪效果　　b) 连杆1跟踪误差

图 5-8　扰动下连杆 1 轨迹跟踪及误差效果图

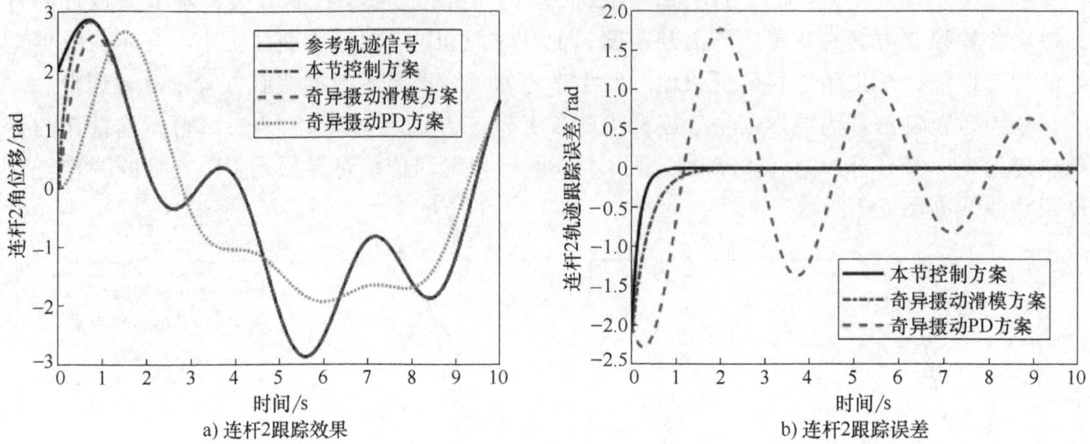

图 5-9 扰动下连杆 2 轨迹跟踪及误差效果图

在加入扰动后，根据图 5-8 和图 5-9 所示的仿真结果，传统的奇异摄动 PD 控制方案的抗扰动性能较差。本节所设计的奇异摄动鲁棒控制方案和参考文献 [16] 的奇异摄动滑模控制方案由于具有抗扰动的设计，轨迹跟踪效果均优于传统奇异摄动 PD 控制方案，能够以较小的稳态误差快速实现机械臂的轨迹跟踪。

为更直观地比较采用这两种具有抗扰动能力控制律的系统性能，计算出采用每一种控制律的系统在连杆 1 和连杆 2 轨迹跟踪的平均误差调节时间（输出角位移上升并保持与参考轨迹角位移误差小于 0.1rad 的时间）和平均跟踪误差 E，轨迹跟踪性能指标见表 5-5。

表 5-5 轨迹跟踪性能对比

控制方案	误差调节时间/s	平均跟踪误差/rad
奇异摄动滑模方案	1.55	0.0341
本节控制方案	0.62	0.0003

与奇异摄动滑模控制方案相比，本节设计的鲁棒控制方案由于采用全局快速终端滑模函数为评价信号，设计控制律时也依照较高的性能指标，保证了本节所设计控制律具有更快的收敛速度和更小的稳态误差，同时具有较高的轨迹跟踪精度。

利用奇异摄动法将柔性关节机械臂控制系统由原来的四阶系统降为两个二阶系统，降低了设计难度，减少了计算量。针对慢子系统设计了一种结合扰动观测器的鲁棒控制律，边界层子系统加入阻尼控制量使其稳定，仿真分析结果表明控制系统可使双连杆柔性关节机械臂有效跟踪参考轨迹，具有良好的跟踪性能和抗干扰能力。利用奇异摄动法将系统降阶处理虽有许多优势，但由于降阶模型是假设奇异摄动 $\varepsilon=0$ 的情况下得到的，与原模型存在原理性误差 $\boldsymbol{o}(\varepsilon)$，对于关节柔性比较弱的系统，可对其动力学模型进行改进，可通过柔性补偿等途径减小该误差。

5.4 关节刚度不足的机械臂改进奇异摄动终端滑模控制

对于柔性关节机械臂系统，当令连杆角位移为慢变量、关节等效弹簧弹力为快变量，将其动力学模型转化为标准奇异摄动形式时，奇异摄动参数 ε 的值与关节刚度系数矩阵 $\boldsymbol{K}$ 的元素的倒数正相关，只有矩阵 $\boldsymbol{K}$ 的元素足够大，ε 才足够小使得系统存在二时间尺度特性。在实际工程中对于一些关节柔性比较弱即关节刚度比较小的机械臂，使用奇异摄动法对其分析将会存在较大误差。此外实际工程中，也存在着建模不精准的问题。本节通过设计柔性补偿器，等效提高了关节刚度，可将奇异摄动法推广应用于较小关节刚度的柔性关节机械臂的控制中去，而不需要限制关节刚度的范围。此外通过 RBF 神经网络逼近未建模动态，并在控制律中加入神经网络的补偿值，在新的降阶慢子系统中设计一种基于新型趋近律的终端滑模控制律实现轨迹跟踪。

5.4.1　动力学模型的等效柔性补偿

将关节处等效弹簧的弹力 $\boldsymbol{\mu}=\boldsymbol{K}(\boldsymbol{\theta}-\boldsymbol{q})$ 代入式（5-1）的第二个式子可得

$$\boldsymbol{J}\boldsymbol{K}^{-1}\ddot{\boldsymbol{\mu}}+\boldsymbol{\mu}=\boldsymbol{u}-\boldsymbol{J}\ddot{\boldsymbol{q}} \tag{5-90}$$

当关节刚度矩阵 $\boldsymbol{K}$ 的元素足够大时，即表明变量 $\boldsymbol{\mu}$ 的变化速率远远大于变量 $\boldsymbol{q}$，系统存在二时间尺度特性。

然而对于关节刚度 $\boldsymbol{K}$ 元素较小的柔性关节机械臂，可先在控制律 $\boldsymbol{u}$ 中设计柔性补偿部分使其等效关节刚度系数足够大，$\boldsymbol{u}$ 可设计为

$$\boldsymbol{u}=\boldsymbol{K}_c\boldsymbol{u}_a+(\boldsymbol{I}-\boldsymbol{K}_c)\boldsymbol{\mu} \tag{5-91}$$

式中，$I\in\mathbb{R}^{n\times n}$ 为 n 阶单位矩阵；$\boldsymbol{u}_a$ 为补偿后新的控制量；$\boldsymbol{K}_c$ 为待设计的可逆对角系数矩阵。

将式（5-91）代入式（5-90）可得

$$\boldsymbol{J}\boldsymbol{K}^{-1}\ddot{\boldsymbol{\mu}}+\boldsymbol{K}_c\boldsymbol{\mu}=\boldsymbol{K}_c\boldsymbol{u}_a-\boldsymbol{J}\ddot{\boldsymbol{q}} \tag{5-92}$$

式（5-92）等号两边同时乘以 $\boldsymbol{K}_c^{-1}$ 可得

$$\boldsymbol{J}\boldsymbol{K}^{-1}\boldsymbol{K}_c^{-1}\ddot{\boldsymbol{\mu}}+\boldsymbol{\mu}=\boldsymbol{u}_a-\boldsymbol{J}\boldsymbol{K}_c^{-1}\ddot{\boldsymbol{q}} \tag{5-93}$$

令 $\boldsymbol{K}_n=\boldsymbol{K}\boldsymbol{K}_c$，式（5-93）可重新写为

$$\boldsymbol{J}\boldsymbol{K}_n^{-1}\ddot{\boldsymbol{\mu}}+\boldsymbol{\mu}=\boldsymbol{u}_a-\boldsymbol{J}\boldsymbol{K}_c^{-1}\ddot{\boldsymbol{q}} \tag{5-94}$$

对比式（5-94）与式（5-90）可知，经过设计柔性补偿控制律后，系统的等效关节刚度矩阵增大为 $\boldsymbol{K}_n$，设计足够大的 $\boldsymbol{K}_c$ 值可使奇异摄动参数足够小，进而使系统表现出二时间尺度特性，之后便可利用奇异摄动法进行降阶处理。

令 $\omega^2\boldsymbol{K}_n=\overline{\boldsymbol{K}}_n$，$\omega$ 为新的奇异摄动参数，式（5-94）可重新写为

$$\omega^2\boldsymbol{J}\ddot{\boldsymbol{\mu}}+\overline{\boldsymbol{K}}_n\boldsymbol{\mu}=\overline{\boldsymbol{K}}_n(\boldsymbol{u}_a-\boldsymbol{J}\boldsymbol{K}_c^{-1}\ddot{\boldsymbol{q}}) \tag{5-95}$$

式（5-95）中令 $\omega=0$，可得快变量 $\boldsymbol{\mu}$ 的准稳态为

$$\overline{\boldsymbol{\mu}}=\boldsymbol{u}_{as}-\boldsymbol{J}\boldsymbol{K}_c^{-1}\ddot{\boldsymbol{q}} \tag{5-96}$$

式中，$\boldsymbol{u}_{as}$ 为新的慢子系统的控制律。将式（5-96）代入式（5-1）可得到降阶的慢子系统为

$$[\boldsymbol{M}(\boldsymbol{q})+\boldsymbol{J}\boldsymbol{K}_c^{-1}]\ddot{\boldsymbol{q}}+\boldsymbol{C}(\boldsymbol{q},\dot{\boldsymbol{q}})\dot{\boldsymbol{q}}+\boldsymbol{g}(\boldsymbol{q})=\boldsymbol{u}_{as}+\boldsymbol{d} \tag{5-97}$$

由式（5-1）可知 $\ddot{\boldsymbol{q}}=\boldsymbol{M}^{-1}(\boldsymbol{q})[\boldsymbol{\mu}-\boldsymbol{C}(\boldsymbol{q},\dot{\boldsymbol{q}})\dot{\boldsymbol{q}}-\boldsymbol{g}(\boldsymbol{q})+\boldsymbol{d}]$，将其代入式（5-95）可得

$$\omega^2\boldsymbol{J}\ddot{\boldsymbol{\mu}}+\overline{\boldsymbol{K}}_n\boldsymbol{\mu}=\overline{\boldsymbol{K}}_n\{\boldsymbol{u}_a-\boldsymbol{J}\boldsymbol{K}_c^{-1}\boldsymbol{M}^{-1}(\boldsymbol{q})[\boldsymbol{\mu}+\boldsymbol{d}-\boldsymbol{C}(\boldsymbol{q},\dot{\boldsymbol{q}})\dot{\boldsymbol{q}}-\boldsymbol{g}(\boldsymbol{q})]\} \tag{5-98}$$

然后采用第 5.3 节同样的方法，将奇异摄动法应用于降阶系统的推导，可得到边界层系统的方程为

$$\frac{\mathrm{d}^2\boldsymbol{y}}{\mathrm{d}\tau^2}+\overline{\boldsymbol{K}}_n[\boldsymbol{J}^{-1}+\boldsymbol{K}_c^{-1}\boldsymbol{M}^{-1}(\boldsymbol{q})]\boldsymbol{y}=\boldsymbol{J}^{-1}\overline{\boldsymbol{K}}_n\boldsymbol{u}_{af} \tag{5-99}$$

至此得到经过柔性补偿后再利用奇异摄动法进行降阶的两个子系统分别为式（5-99）和式（5-97），分别对其设计控制律 $\boldsymbol{u}_{af}$ 和 $\boldsymbol{u}_{as}$，整个系统的复合控制律为 $\boldsymbol{K}_c(\boldsymbol{u}_{as}+\boldsymbol{u}_{af})+(\boldsymbol{I}-\boldsymbol{K}_c)\boldsymbol{\mu}$，由于该慢子系统为原系统经过柔性补偿得到的，其奇异摄动参数可满足使用奇异摄动法的条件，所以可用降阶子系统的连杆角位移来近似表示原系统的连杆角位移。

5.4.2 降阶慢子系统设计

经过柔性补偿后进行降阶处理得到的慢子系统为

$$\boldsymbol{D}(\boldsymbol{q})\ddot{\boldsymbol{q}}+\boldsymbol{C}(\boldsymbol{q},\dot{\boldsymbol{q}})\dot{\boldsymbol{q}}+\boldsymbol{g}(\boldsymbol{q})=\boldsymbol{u}_{as}+\boldsymbol{d} \tag{5-100}$$

式中，$\boldsymbol{D}(\boldsymbol{q})=\boldsymbol{M}(\boldsymbol{q})+\boldsymbol{J}\boldsymbol{K}_c^{-1}$，慢子系统的控制目标仍为使连杆角位移 $\boldsymbol{q}$ 与参考轨迹角位移 $\boldsymbol{q}_d$ 的误差 $\boldsymbol{e}=\boldsymbol{q}-\boldsymbol{q}_d$ 快速收敛至 0。

由于机械臂自身参数摄动或在动力学建模时可能存在误差，考虑模型中的参数矩阵包含不确定部分，慢子系统可重新写为

$$[\boldsymbol{D}_0(\boldsymbol{q})+\Delta\boldsymbol{D}(\boldsymbol{q})]\ddot{\boldsymbol{q}}+[\boldsymbol{C}_0(\boldsymbol{q},\dot{\boldsymbol{q}})+\Delta\boldsymbol{C}(\boldsymbol{q},\dot{\boldsymbol{q}})]\dot{\boldsymbol{q}}+\boldsymbol{g}_0(\boldsymbol{q})+\Delta\boldsymbol{g}(\boldsymbol{q})=\boldsymbol{u}_{as}+\boldsymbol{d} \tag{5-101}$$

式中，$\Delta\boldsymbol{D}(\boldsymbol{q})$、$\Delta\boldsymbol{C}(\boldsymbol{q},\dot{\boldsymbol{q}})$ 和 $\Delta\boldsymbol{g}(\boldsymbol{q})$ 为建模过程中参数矩阵的误差；$\boldsymbol{D}_0(\boldsymbol{q})$、$\boldsymbol{C}_0(\boldsymbol{q},\dot{\boldsymbol{q}})$ 和 $\boldsymbol{g}_0(\boldsymbol{q})$ 为名义模型参数矩阵。式（5-101）可进一步写为

$$\boldsymbol{D}_0(\boldsymbol{q})\ddot{\boldsymbol{q}}+\boldsymbol{C}_0(\boldsymbol{q},\dot{\boldsymbol{q}})\dot{\boldsymbol{q}}+\boldsymbol{g}_0(\boldsymbol{q})=\boldsymbol{u}_{as}+\boldsymbol{f} \tag{5-102}$$

式中，$\boldsymbol{f}=-\Delta\boldsymbol{D}(\boldsymbol{q})\ddot{\boldsymbol{q}}-\Delta\boldsymbol{C}(\boldsymbol{q},\dot{\boldsymbol{q}})\dot{\boldsymbol{q}}-\Delta\boldsymbol{g}(\boldsymbol{q})+\boldsymbol{d}$ 为集总扰动，假设系统的集总扰动是有界的，即存在正实数 h，使得其满足 $\|\boldsymbol{f}\|\leqslant h$。

5.4.3 RBF 神经网络

人工神经网络在控制领域的广泛应用，主要得益于其对非线性泛函映射特性，可以利用未知非线性对象的输入和输出信号来不断训练神经网络调节其内部权值，使其输入输出特性与未知非线性对象趋于一致。对于如式（5-102）的柔性关节机械臂降阶子系统，$\boldsymbol{f}$ 为大小未知的集总扰动，若不加考虑将严重影响控制系统性能，可采用人工神经网络并设计自适应算法调整内部权值对该误差值进行逼近，在控制律中加入神经网络的输出值对其进行补偿改善控制系统性能。

RBF（Radial-Basis-Function）神经网络是一种以径向基函数作为激活函数的单隐含层前馈神经网络，其结构如图 5-10 所示。

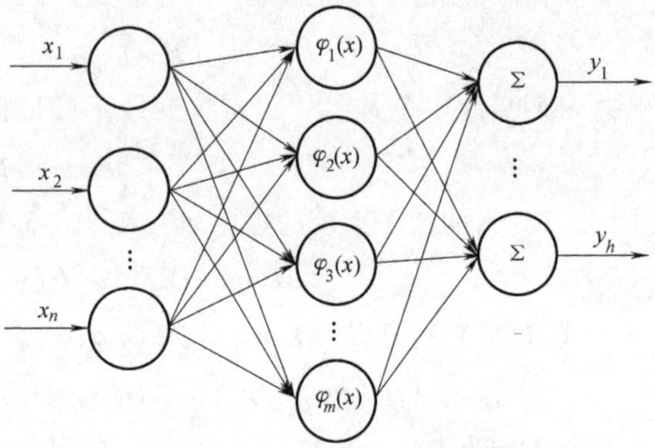

图 5-10 RBF 神经网络结构图

RBF 神经网络三层结构分别为输入层、隐含层和输出层。在输入层，神经元数目与输入向量维数相同，该层神经元不做任何数据计算只将数据传输到隐含层。隐含层实现从输入空间到更高维度空间的非线性映射，以径向基函数（通常为高斯

基函数）为激活函数，假设隐含层一共有 m 个神经元，第 j 个神经元的输出为

$$\varphi_j(\boldsymbol{x})=\exp\left(-\frac{\|\boldsymbol{x}(t)-\boldsymbol{c}_j\|^2}{2\phi_j^2}\right),j=1,2,\cdots,m \tag{5-103}$$

式中，$\boldsymbol{x}=[x_1x_2\cdots x_n]^{\mathrm{T}}$ 为输入层的 n 维输入向量；$\boldsymbol{c}_j=[c_{1j}c_{2j}\cdots c_{nj}]^{\mathrm{T}}$ 和 ϕ_j 分别为第 j 个神经元的中心向量和宽度参数。

神经网络输出层对隐含层输出值进行线性简单加权求和，假设输出层一共有 h 个神经元，第 i 个神经元的输出为

$$y_i=\sum_{j=1}^{m}w_{ij}\varphi_j,i=1,2,\cdots,h \tag{5-104}$$

式中，w_{ij} 为从隐含层第 j 个神经元映射到输出层第 i 个神经元的权值。定义

$$\boldsymbol{y}=\begin{bmatrix}y_1\\y_2\\\vdots\\y_h\end{bmatrix},\boldsymbol{\varphi}=\begin{bmatrix}\varphi_1\\\varphi_2\\\vdots\\\varphi_m\end{bmatrix},\boldsymbol{W}=\begin{bmatrix}w_{11}&w_{12}&\cdots&w_{1h}\\w_{21}&w_{22}&\cdots&w_{2h}\\\vdots&\vdots&\vdots&\vdots\\w_{m1}&w_{m2}&\cdots&w_{mh}\end{bmatrix} \tag{5-105}$$

整个神经网络的输出向量为

$$\boldsymbol{y}=\boldsymbol{W}^{\mathrm{T}}\cdot\boldsymbol{\varphi} \tag{5-106}$$

对于机械臂系统模型不确定项 $\boldsymbol{f}$ 可采用 RBF 神经网络逼近，神经网络输出值 $\hat{\boldsymbol{f}}$ 和其真实值满足

$$\begin{cases}\hat{\boldsymbol{f}}=\hat{\boldsymbol{W}}^{\mathrm{T}}\cdot\boldsymbol{\varphi}\\\boldsymbol{f}=\boldsymbol{W}^{*\mathrm{T}}\cdot\boldsymbol{\varphi}+\boldsymbol{\rho}\end{cases} \tag{5-107}$$

式中，$\boldsymbol{W}^*$ 为理想的神经网络权值矩阵；$\boldsymbol{\rho}$ 为对应的逼近误差。可设计自适应律使 $\hat{\boldsymbol{W}}$ 收敛至理想权值矩阵 $\boldsymbol{W}^*$ 使逼近误差最小。

引理【5-4】 对于任意一个很小的正数 ρ_N，总存在理想权值矩阵 $\boldsymbol{W}^*$，使得最小逼近误差满足 $\|\rho\|\leqslant\rho_N$。

5.4.4 终端滑模理论

终端滑模在滑模面中引入非线性项，这种滑模面既保持了线性滑模面抗扰动能力强的优点，又能实现系统状态在滑模面上以有限的时间收敛，终端滑模控制的基本原理可以简单介绍如下。

对于任意二阶系统设计控制律使其状态变量收敛至 0，系统状态方程为

$$\begin{cases}\dot{x}_1=x_2\\\dot{x}_2=f(x_1,x_2)+b(x_1,x_2)u(t)\end{cases} \tag{5-108}$$

式中，x_1、x_2 为系统状态变量；$f(\cdot)$ 和 $b(\cdot)$ 是状态变量的函数；$u(t)$ 为控制输入。

为使状态变量在滑模面上有限时间内收敛，非线性终端滑模面可设计为

$$s=x_2+\beta x_1^{q/p} \tag{5-109}$$

式中，$\beta>0$；q 和 p 均为正奇数且满足 $p>q$。当设计控制律 $u(t)$ 使系统运动至滑模面 $s=0$ 时，系统状态变量满足 $\dot{x}_1=-\beta x_1^{q/p}$。已经证明，如果状态变量 x_1 在 $t=0$ 的值满足 $x_1(0)\neq0$，那么经过有限时间 t_1 状态变量 x_1 将收敛至 0，t_1 的值为

$$t_1 = -\beta^{-1}\int_{x_1(0)}^{0}\frac{dx_1}{x_1^{q/p}} = \frac{|x_1(0)|^{1-q/p}}{\beta(1-q/p)} \tag{5-110}$$

对滑模面式（5-109）求导并代入式（5-108）可得

$$\dot{s} = f(x_1,x_2)+b(x_1,x_2)u+\beta\frac{q}{p}x_1^{q/p-1}x_2 \tag{5-111}$$

当采用等速趋近律时的控制律为

$$u=-\frac{1}{b(x_1,x_2)}\left[f(x_1,x_2)+\beta\frac{q}{p}x_1^{q/p-1}x_2+\eta\text{sgn}(s)\right] \tag{5-112}$$

由于 $q/p-1<0$，控制律式（5-112）中括号内 $\beta(q/p)x_1^{q/p-1}x_2$ 项出现了 x_1 的负指数幂，当 $x_1=0$、$x_2\neq 0$ 时该项将会无穷大存在奇异问题。

为解决奇异问题，可采用如下非奇异终端滑模面（NTSM）

$$s=x_1+\frac{1}{\beta}x_2^{p/q} \tag{5-113}$$

式中，$\beta>0$；q 和 p 均为正奇数且满足 $1<p/q<2$。当系统状态位于这种滑模面 $s=0$ 上时，式（5-113）与式（5-109）等价，状态变量可以同样在有限的时间内收敛。

对该非奇异终端滑模面求导可得

$$\dot{s}=x_2+\frac{1}{\beta}\frac{p}{q}x_2^{p/q-1}(f(x_1,x_2)+b(x_1,x_2)u) \tag{5-114}$$

当趋近律采用等速趋近律时的控制律为

$$u=-\frac{1}{b(x_1,x_2)}\left[f(x_1,x_2)+\beta\frac{q}{p}x_2^{2-p/q}+\eta\text{sgn}(s)\right] \tag{5-115}$$

由于 $2-p/q>0$，采用这种滑模面的控制律中将不会出现奇异项并保持了滑模面上状态变量有限时间收敛。状态变量在这种滑模面上运动时满足 $\dot{x}_1=-(\beta x_1)^{q/p}$，虽可以在有限时间收敛，但是相比线性滑模面 $q/p=1$ 的情况，其提升了在 $|x_1|<1$ 时的收敛速度，但在 $|x_1|>1$ 时收敛速率较慢，为改善滑模面在 $|x_1|>1$ 时的收敛速率，一种非奇异快速终端滑模面为

$$s=x_1+\lambda_1 x_1^{g/h}+\lambda_2 x_2^{p/q} \tag{5-116}$$

式中，$\lambda_1>0$；$\lambda_2>0$；q 和 p 均为正奇数且满足 $p>q$；g 和 h 均为正奇数且满足 $g/h>p/q$。这种滑模面相比式（5-113）中由于引入了 $\lambda_1 x_1^{g/h}$ 项，滑模面上的状态变量在 $|x_1|>1$ 时也可以以较快的速度运动，实现全局快速收敛，本节将采用这种滑模面设计控制律。

采用滑模控制方法的系统状态变量分为趋近运动和滑模运动两个阶段，形如式（5-116）的滑模面设计保证了其在滑模运动阶段良好的收敛性能，趋近律的设计将会影响趋近运动阶段的性能，良好的趋近律将会缩短系统状态变量从初始任意值运动至滑模面的时间，本节设计一种改进多幂次趋近律，该趋近律的表达式可写为

$$\dot{s}=-\lambda_1|s|^{\gamma_1}\text{sign}(s)-\lambda_2|s|^{\gamma_2}\text{sign}(s) \tag{5-117}$$

式中，$\lambda_1>0$；$\lambda_2>0$；$\gamma_1>1$；$0<\gamma_2<1$。

这种形式的趋近律使得系统状态在进入滑模面前的趋近运动阶段 $|s|\geqslant 1$ 时，式中的 $-\lambda_1|s|^{\gamma_1}\text{sign}(s)$ 起主导作用，在 $|s|<1$ 时，$-\lambda_2|s|^{\gamma_2}\text{sign}(s)$ 起主导作用，保证了两个阶段均有较快的收敛速度。

5.4.5 降阶慢子系统控制器设计

经过柔性补偿后，利用奇异摄动法得到的降阶子系统的动力学方程可重新写为

$$\boldsymbol{D}_0(\boldsymbol{q})\ddot{\boldsymbol{q}}+\boldsymbol{C}_0(\boldsymbol{q},\dot{\boldsymbol{q}})\dot{\boldsymbol{q}}+\boldsymbol{g}_0(\boldsymbol{q})=\boldsymbol{u}_{as}+\boldsymbol{f} \tag{5-118}$$

式中，$\boldsymbol{f}=-\Delta\boldsymbol{D}(\boldsymbol{q})\ddot{\boldsymbol{q}}-\Delta\boldsymbol{C}(\boldsymbol{q},\dot{\boldsymbol{q}})\dot{\boldsymbol{q}}-\Delta\boldsymbol{g}(\boldsymbol{q})+\boldsymbol{d}$ 为系统集总扰动。由式（5-118）可得

$$\ddot{\boldsymbol{q}}=\boldsymbol{D}_0^{-1}(\boldsymbol{q})[-\boldsymbol{C}_0(\boldsymbol{q},\dot{\boldsymbol{q}})\dot{\boldsymbol{q}}-\boldsymbol{g}_0(\boldsymbol{q})+\boldsymbol{u}_{as}+\boldsymbol{f}] \tag{5-119}$$

对轨迹跟踪误差二次求导并代入式（5-119）可得

$$\ddot{\boldsymbol{e}}=\ddot{\boldsymbol{q}}-\ddot{\boldsymbol{q}}_d=\boldsymbol{D}_0^{-1}(\boldsymbol{q})[-\boldsymbol{C}_0(\boldsymbol{q},\dot{\boldsymbol{q}})\dot{\boldsymbol{q}}-\boldsymbol{g}_0(\boldsymbol{q})+\boldsymbol{u}_{as}+\boldsymbol{f}]-\ddot{\boldsymbol{q}}_d \tag{5-120}$$

得益于良好的收敛特性，本节采用非奇异快速终端滑模控制实现降阶子系统对参考轨迹的跟踪。在设计滑模面前，对于任意向量 $\boldsymbol{a}=[a_1a_2\cdots a_n]^{\mathrm{T}}\in\mathbb{R}^n$ 和常数 b。

首先定义如下

$$\begin{cases}\boldsymbol{a}^b=[a_1^b \quad a_2^b \quad \cdots \quad a_n^b]^{\mathrm{T}}\\ \mathrm{diag}(|\boldsymbol{a}|^b)=\mathrm{diag}(|a_1|^b,|a_2|^b,\cdots,|a_n|^b)\\ \mathrm{sign}(\boldsymbol{a})=[\mathrm{sign}(a_1) \quad \mathrm{sign}(a_2) \quad \cdots \quad \mathrm{sign}(a_n)]^{\mathrm{T}}\end{cases} \tag{5-121}$$

参考式（5-116）的形式，并做出改进满足控制器形式，设计非奇异快速终端滑模面为

$$\boldsymbol{s}=\boldsymbol{e}+\boldsymbol{\alpha}\mathrm{diag}(|\boldsymbol{e}|^l)\mathrm{sign}(\boldsymbol{e})+\boldsymbol{\beta}\mathrm{diag}(|\dot{\boldsymbol{e}}|^h)\mathrm{sign}(\dot{\boldsymbol{e}}) \tag{5-122}$$

式中，$\boldsymbol{\alpha}=\mathrm{diag}(\alpha_1,\alpha_2,\cdots,\alpha_i,\cdots,\alpha_n)$，$\alpha_i>0$；$\boldsymbol{\beta}=\mathrm{diag}(\beta_1,\beta_2,\cdots,\beta_i,\cdots,\beta_n)$，$\beta_i>0$；常数 l 和 h 满足 $1<h<2$，$l>h$。该滑模面相比式（5-116）可避免在 $\boldsymbol{e}$ 和 $\dot{\boldsymbol{e}}$ 小于 0 时产生复数解导致控制器不稳定。

对该滑模面求导可得

$$\dot{\boldsymbol{s}}=[\boldsymbol{I}+l\boldsymbol{\alpha}\mathrm{diag}(|\boldsymbol{e}|^{l-1})]\dot{\boldsymbol{e}}+h\boldsymbol{\beta}\mathrm{diag}(|\dot{\boldsymbol{e}}|^{h-1})\ddot{\boldsymbol{e}} \tag{5-123}$$

式中，$\boldsymbol{I}$ 为 n 阶单位矩阵。将式（5-120）代入式（5-123）可得

$$\begin{aligned}\dot{\boldsymbol{s}}=&h\boldsymbol{\beta}\mathrm{diag}(|\dot{\boldsymbol{e}}|^{h-1})\{\boldsymbol{D}_0^{-1}(\boldsymbol{q})[-\boldsymbol{C}_0(\boldsymbol{q},\dot{\boldsymbol{q}})\dot{\boldsymbol{q}}-\boldsymbol{g}_0(\boldsymbol{q})+\boldsymbol{u}_{as}+\boldsymbol{f}]-\ddot{\boldsymbol{q}}_d\}+\\&[\boldsymbol{I}+l\boldsymbol{\alpha}\mathrm{diag}(|\boldsymbol{e}|^{l-1})]\dot{\boldsymbol{e}}\end{aligned} \tag{5-124}$$

由于式（5-124）中集总扰动项 $\boldsymbol{f}$ 的存在，在设计滑模控制律之前首先利用 RBF 神经网络对其进行逼近，然后在控制律加入逼近值对其进行补偿。神经网络的输入取为 $\boldsymbol{x}=[\boldsymbol{q},\dot{\boldsymbol{q}},\boldsymbol{q}_d,\dot{\boldsymbol{q}}_d,\ddot{\boldsymbol{q}}_d]^{\mathrm{T}}$，根据神经网络理论，其输出值也就是对误差的逼近值为

$$\hat{\boldsymbol{f}}=\hat{\boldsymbol{W}}^{\mathrm{T}}\cdot\boldsymbol{\varphi} \tag{5-125}$$

令 $\widetilde{\boldsymbol{W}}=\boldsymbol{W}^*-\hat{\boldsymbol{W}}$，$\boldsymbol{\rho}$ 为当神经网络权值矩阵为最优权值时的逼近误差，那么神经网络输出值与集总扰动真实值满足

$$\boldsymbol{f}-\hat{\boldsymbol{f}}=\boldsymbol{W}^{*\mathrm{T}}\boldsymbol{\varphi}(\boldsymbol{x})+\boldsymbol{\rho}-\hat{\boldsymbol{W}}^{\mathrm{T}}\boldsymbol{\varphi}(\boldsymbol{x})=\widetilde{\boldsymbol{W}}^{\mathrm{T}}\boldsymbol{\varphi}(\boldsymbol{x})+\boldsymbol{\rho} \tag{5-126}$$

由（5-124）可设计等效控制律为

$$\boldsymbol{u}_{as\text{-}eq}=\boldsymbol{C}_0(\boldsymbol{q},\dot{\boldsymbol{q}})\dot{\boldsymbol{q}}+\boldsymbol{g}_0(\boldsymbol{q})-\hat{\boldsymbol{f}}+\boldsymbol{D}_0(\boldsymbol{q})\ddot{\boldsymbol{q}}_d-h^{-1}\boldsymbol{D}_0(\boldsymbol{q})\boldsymbol{\beta}^{-1}\mathrm{diag}(|\dot{\boldsymbol{e}}|^{1-h})[\boldsymbol{I}+l\boldsymbol{\alpha}\mathrm{diag}(|\boldsymbol{e}|^{l-1})]\dot{\boldsymbol{e}} \tag{5-127}$$

将式（5-117）的趋近律写成矩阵形式为

$$\dot{\boldsymbol{s}}=-\boldsymbol{\lambda}_1\mathrm{diag}(|\boldsymbol{s}|^{\gamma_1})\mathrm{sign}(\boldsymbol{s})-\boldsymbol{\lambda}_2\mathrm{diag}(|\boldsymbol{s}|^{\gamma_2})\mathrm{sign}(\boldsymbol{s}) \tag{5-128}$$

式中，$\boldsymbol{\lambda}_1=\operatorname{diag}(\lambda_{11},\lambda_{12},\cdots,\lambda_{1n})$；$\boldsymbol{\lambda}_2=\operatorname{diag}(\lambda_{21},\lambda_{22},\cdots,\lambda_{2n})$。根据式（5-128）可设计切换控制律为

$$\boldsymbol{u}_{as\text{-}sw}=\boldsymbol{D}_0(\boldsymbol{q})\left[-\boldsymbol{\lambda}_1\operatorname{diag}(|\boldsymbol{s}|^{\gamma_1})\operatorname{sign}(\boldsymbol{s})-\boldsymbol{\lambda}_2\operatorname{diag}(|\boldsymbol{s}|^{\gamma_2})\operatorname{sign}(\boldsymbol{s})\right]-\eta\operatorname{sign}(\boldsymbol{s}) \tag{5-129}$$

式中，$\eta\operatorname{sign}(\boldsymbol{s})$ 为鲁棒项，用以消除神经网络逼近误差的影响满足 $\eta\geqslant|\boldsymbol{\rho}|$，至此得到降阶子系统的总控制律为

$$\boldsymbol{u}_{as}=\boldsymbol{u}_{as\text{-}eq}+\boldsymbol{u}_{as\text{-}sw} \tag{5-130}$$

定理【5-4】 当系统式（5-118）的控制律 $\boldsymbol{u}_{as}$ 为式（5-130），且神经网络权值的更新律为 $\dot{\hat{\boldsymbol{W}}}=\boldsymbol{\Gamma\varphi}(\boldsymbol{x})\boldsymbol{s}^{\mathrm{T}}h\boldsymbol{\beta}\operatorname{diag}(|\dot{\boldsymbol{e}}|^{h-1})\boldsymbol{D}_0^{-1}$，该系统稳定且轨迹跟踪误差可收敛。

证明：定义 Lyapunov 函数为

$$V=\frac{1}{2}\boldsymbol{s}^{\mathrm{T}}\boldsymbol{s}+\frac{1}{2}\operatorname{tr}(\widetilde{\boldsymbol{W}}^{\mathrm{T}}\boldsymbol{\Gamma}^{-1}\widetilde{\boldsymbol{W}}) \tag{5-131}$$

对其求导得

$$\begin{aligned}\dot{V}&=\boldsymbol{s}^{\mathrm{T}}\dot{\boldsymbol{s}}+\operatorname{tr}(\widetilde{\boldsymbol{W}}^{\mathrm{T}}\boldsymbol{\Gamma}^{-1}\dot{\widetilde{\boldsymbol{W}}})\\&=\boldsymbol{s}^{\mathrm{T}}h\boldsymbol{\beta}\operatorname{diag}(|\dot{\boldsymbol{e}}|^{h-1})\{\boldsymbol{D}_0^{-1}(\boldsymbol{q})[-\boldsymbol{C}_0(\boldsymbol{q},\dot{\boldsymbol{q}})\dot{\boldsymbol{q}}-\boldsymbol{g}_0(\boldsymbol{q})+\boldsymbol{u}_{as}+\boldsymbol{f}]-\ddot{\boldsymbol{q}}_d\}+\\&\quad\boldsymbol{s}^{\mathrm{T}}[\boldsymbol{I}+l\boldsymbol{\alpha}\operatorname{diag}(|\boldsymbol{e}|^{l-1})]\dot{\boldsymbol{e}}+\operatorname{tr}(\widetilde{\boldsymbol{W}}^{\mathrm{T}}\boldsymbol{\Gamma}^{-1}\dot{\widetilde{\boldsymbol{W}}})\end{aligned} \tag{5-132}$$

将控制律式（5-130）代入得

$$\begin{aligned}\dot{V}&=-\boldsymbol{s}^{\mathrm{T}}h\boldsymbol{\beta}\operatorname{diag}(|\dot{\boldsymbol{e}}|^{h-1})[\boldsymbol{\lambda}_1\operatorname{diag}(|\boldsymbol{s}|^{\gamma_1})\operatorname{sign}(\boldsymbol{s})+\boldsymbol{\lambda}_2\operatorname{diag}(|\boldsymbol{s}|^{\gamma_2})\operatorname{sign}(\boldsymbol{s})-\\&\quad\boldsymbol{D}_0^{-1}(\widetilde{\boldsymbol{W}}^{\mathrm{T}}\boldsymbol{\varphi}(\boldsymbol{x})+\boldsymbol{\rho})+\boldsymbol{D}_0^{-1}\eta\operatorname{sign}(\boldsymbol{s})]+\operatorname{tr}(\widetilde{\boldsymbol{W}}^{\mathrm{T}}\boldsymbol{\Gamma}^{-1}\dot{\widetilde{\boldsymbol{W}}})\\&=-\boldsymbol{s}^{\mathrm{T}}h\boldsymbol{\beta}\operatorname{diag}(|\dot{\boldsymbol{e}}|^{h-1})[\boldsymbol{\lambda}_1\operatorname{diag}(|\boldsymbol{s}|^{\gamma_1})\operatorname{sign}(\boldsymbol{s})+\boldsymbol{\lambda}_2\operatorname{diag}(|\boldsymbol{s}|^{\gamma_2})\operatorname{sign}(\boldsymbol{s})-\boldsymbol{D}_0^{-1}\boldsymbol{\rho}+\\&\quad\boldsymbol{D}_0^{-1}\eta\operatorname{sign}(\boldsymbol{s})]+\boldsymbol{s}^{\mathrm{T}}h\boldsymbol{\beta}\operatorname{diag}(|\dot{\boldsymbol{e}}|^{h-1})\boldsymbol{D}_0^{-1}\widetilde{\boldsymbol{W}}^{\mathrm{T}}\boldsymbol{\varphi}(\boldsymbol{x})-\operatorname{tr}(\widetilde{\boldsymbol{W}}^{\mathrm{T}}\boldsymbol{\Gamma}^{-1}\dot{\hat{\boldsymbol{W}}})\\&=-\boldsymbol{s}^{\mathrm{T}}h\boldsymbol{\beta}\operatorname{diag}(|\dot{\boldsymbol{e}}|^{h-1})[\boldsymbol{\lambda}_1\operatorname{diag}(|\boldsymbol{s}|^{\gamma_1})\operatorname{sign}(\boldsymbol{s})+\boldsymbol{\lambda}_2\operatorname{diag}(|\boldsymbol{s}|^{\gamma_2})\operatorname{sign}(\boldsymbol{s})-\boldsymbol{D}_0^{-1}\boldsymbol{\rho}+\\&\quad\boldsymbol{D}_0^{-1}\eta\operatorname{sign}(\boldsymbol{s})]+\operatorname{tr}[\widetilde{\boldsymbol{W}}^{\mathrm{T}}\boldsymbol{\varphi}(\boldsymbol{x})\boldsymbol{s}^{\mathrm{T}}h\boldsymbol{\beta}\operatorname{diag}(|\dot{\boldsymbol{e}}|^{h-1})\boldsymbol{D}_0^{-1}]-\operatorname{tr}(\widetilde{\boldsymbol{W}}^{\mathrm{T}}\boldsymbol{\Gamma}^{-1}\dot{\hat{\boldsymbol{W}}})\end{aligned} \tag{5-133}$$

将神经网络权值更新律代入得

$$\begin{aligned}\dot{V}&=-\boldsymbol{s}^{\mathrm{T}}h\boldsymbol{\beta}\operatorname{diag}(|\dot{\boldsymbol{e}}|^{h-1})[\boldsymbol{\lambda}_1\operatorname{diag}(|\boldsymbol{s}|^{\gamma_1})\operatorname{sign}(\boldsymbol{s})+\boldsymbol{\lambda}_2\operatorname{diag}(|\boldsymbol{s}|^{\gamma_2})\operatorname{sign}(\boldsymbol{s})-\\&\quad\boldsymbol{D}_0^{-1}\boldsymbol{\rho}+\boldsymbol{D}_0^{-1}\eta\operatorname{sign}(\boldsymbol{s})]\\&\leqslant-\boldsymbol{s}^{\mathrm{T}}h\boldsymbol{\beta}\operatorname{diag}(|\dot{\boldsymbol{e}}|^{h-1})[\boldsymbol{\lambda}_1\operatorname{diag}(|\boldsymbol{s}|^{\gamma_1})\operatorname{sign}(\boldsymbol{s})+\boldsymbol{\lambda}_2\operatorname{diag}(|\boldsymbol{s}|^{\gamma_2})\operatorname{sign}(\boldsymbol{s})]+\\&\quad\|\boldsymbol{s}^{\mathrm{T}}h\boldsymbol{\beta}\operatorname{diag}(|\dot{\boldsymbol{e}}|^{h-1})\boldsymbol{D}_0^{-1}\|\cdot\|\boldsymbol{\rho}\|-\|\boldsymbol{s}^{\mathrm{T}}h\boldsymbol{\beta}\operatorname{diag}(|\dot{\boldsymbol{e}}|^{h-1})\boldsymbol{D}_0^{-1}\|\eta\\&\leqslant-\boldsymbol{s}^{\mathrm{T}}h\boldsymbol{\beta}\operatorname{diag}(|\dot{\boldsymbol{e}}|^{h-1})[\boldsymbol{\lambda}_1\operatorname{diag}(|\boldsymbol{s}|^{\gamma_1})\operatorname{sign}(\boldsymbol{s})+\boldsymbol{\lambda}_2\operatorname{diag}(|\boldsymbol{s}|^{\gamma_2})\operatorname{sign}(\boldsymbol{s})]\\&\leqslant-\lambda_{\min}[h\boldsymbol{\beta}\operatorname{diag}(|\dot{\boldsymbol{e}}|^{h-1})\boldsymbol{\lambda}_1]\sum_{i=1}^{n}|s_i|^{\gamma_1+1}\end{aligned} \tag{5-134}$$

由式（5-134）可得选择合适的增益矩阵 $\boldsymbol{\lambda}_1$ 可使 $\dot{V}\leqslant0$，则降阶子系统可运动至所设计的新型非奇异终端滑模面上，然后在滑模面上轨迹跟踪误差快速收敛至 0。证毕。

第 5.3 节中，利用奇异摄动法得到降阶慢子系统后，通过对降阶慢子系统设计控制律使其稳定并且边界层系统是指数稳定的，则降阶子系统的慢变量与原系统对应的输出值仅相差

很小的值，可得到整体原系统就是稳定的，进而可实现柔性关节机械臂的轨迹跟踪控制，所以本节的边界层控制律设计的方法与第 5.3 节保持相同，这里不再赘述。

5.4.6　仿真分析

以表 5-1 所示的双连杆柔性关节机械臂为被控对象。关节刚度矩阵和电动机惯量矩阵设置为

$$\boldsymbol{K}=\begin{bmatrix}100 & 0\\ 0 & 100\end{bmatrix},\boldsymbol{J}=\begin{bmatrix}1.3 & 0\\ 0 & 1.3\end{bmatrix} \tag{5-135}$$

柔性补偿矩阵取 $\boldsymbol{K}_c$ 为 diag(10,10)，滑模面中的系数矩阵 $\boldsymbol{\alpha}$ 和 $\boldsymbol{\beta}$ 分别设置为 diag(8,8) 和 diag(15,15)，趋近律中的矩阵 $\boldsymbol{\lambda}_1$ 和 $\boldsymbol{\lambda}_2$ 分别设置为 diag(10,10) 和 diag(16,16)，参数 l 和 h 分别为 2.6 和 1.6，参数 γ_1 和 γ_2 分别为 1.5 和 0.5，$\boldsymbol{\Gamma}$ 设置为 diag(15,15)，设置系统的建模误差 $\Delta\boldsymbol{D}(\boldsymbol{q})=0.2\boldsymbol{D}(\boldsymbol{q})$，$\Delta\boldsymbol{C}(\boldsymbol{q},\dot{\boldsymbol{q}})=0.5\boldsymbol{C}(\boldsymbol{q},\dot{\boldsymbol{q}})$，$\Delta\boldsymbol{g}(\boldsymbol{q})=0.9\boldsymbol{g}(\boldsymbol{q})$，加入外界扰动为 $\boldsymbol{d}=[3q_1+2\dot{q}_1 \quad 3q_2+2\dot{q}_2]^{\mathrm{T}}$，快子系统控制律与第 5.3 节控制律保持一致。

采用 RBF 神经网络对集总扰动进行逼近，首先设计神经网络的结构为 5-7-2，隐含层结点个数设置为 7，b_i 的值设置为 3，高斯基函数中心矩阵 $\boldsymbol{c}$ 设置为

$$\boldsymbol{c}=\begin{bmatrix}-2 & -1.5 & -0.5 & 0 & 0.5 & 1.5 & 2\\ -2 & -1.5 & -0.5 & 0 & 0.5 & 1.5 & 2\\ -2 & -1.5 & -0.5 & 0 & 0.5 & 1.5 & 2\\ -2 & -1.5 & -0.5 & 0 & 0.5 & 1.5 & 2\\ -2 & -1.5 & -0.5 & 0 & 0.5 & 1.5 & 2\end{bmatrix} \tag{5-136}$$

由于本节设计了一种新型趋近律加快了系统状态运动至滑模面的速度，并且利用 RBF 神经网络对集总扰动进行逼近，为验证本节所设计控制律的优越性，在仿真实验时与慢子系统采用传统趋近律的终端滑模控制方案作出对比，传统的趋近律为

$$\dot{\boldsymbol{s}}=-\boldsymbol{\lambda}_1\boldsymbol{s}-\boldsymbol{\lambda}_2\mathrm{diag}(|\boldsymbol{s}|^{a})\mathrm{sign}(\boldsymbol{s}) \tag{5-137}$$

式中，a 是一个正常数，其值设置为 0.7，该项保证了趋近律在 $|\boldsymbol{s}|\leqslant 1$ 时的收敛速度，然而在 $|\boldsymbol{s}|\geqslant 1$ 时收敛速度较慢。采用传统趋近律的控制方案的慢子系统的切换控制律为

$$\boldsymbol{u}_{as\text{-}sw}=\boldsymbol{D}_0(\boldsymbol{q})[-\boldsymbol{\lambda}_1\boldsymbol{s}-\boldsymbol{\lambda}_2\mathrm{diag}(|\boldsymbol{s}|^{a})\mathrm{sign}(\boldsymbol{s})]+\eta\mathrm{sign}(\boldsymbol{s}) \tag{5-138}$$

控制律中的其余部分和参数与本节所设计的控制方案保持一致。

为验证本节所设计柔性补偿器对关节刚度不足的双连杆柔性关节机械臂轨迹跟踪效果，同时在仿真时添加不加柔性补偿器的控制器，该控制器除了不加柔性补偿器以外，其余控制器中快子系统和慢子系统的控制器设计方式和参数与本节保持一致。

首先取波形轨迹跟踪信号连杆 1 的参考轨迹取信号为 $q_{1d}=5\sin(t)+4\cos(2t)$，连杆 2 的参考轨迹信号为 $q_{2d}=4\sin(2t)+5\cos(t)$，分别采用本节控制方案，未加柔性补偿器控制方案和传统趋近律方案对于双连杆柔性关节机械臂的轨迹跟踪和跟踪误差效果如图 5-10 和图 5-11 所示。

根据图 5-11 和图 5-12 所示的仿真结果，由于本章的被控对象柔性关节机械的关节刚度比较小，关节刚度矩阵中元素的倒数就会比较大，当未加柔性补偿时，明显出现了较大的轨迹跟踪误差，且控制系统不能够稳定，所以本节所设计的柔性补偿器拓宽了奇异摄动法在柔

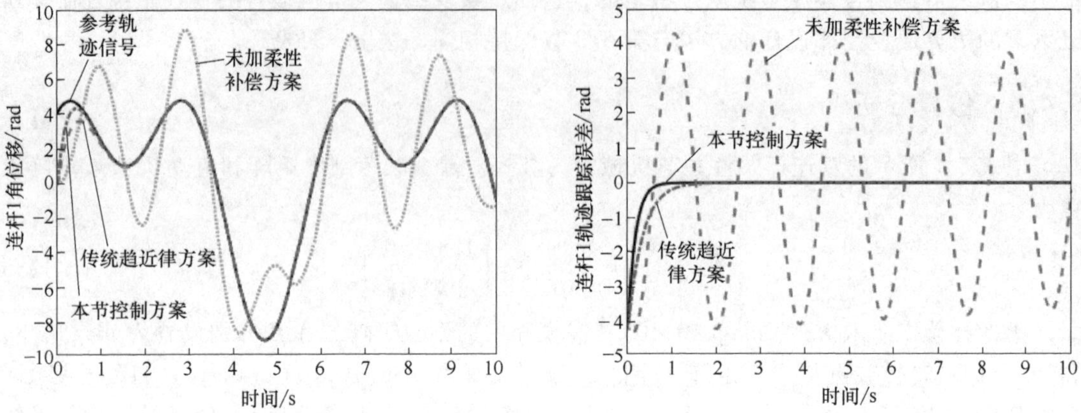

a) 连杆1跟踪效果　　b) 连杆1跟踪误差

图 5-11　连杆 1 轨迹跟踪及误差效果图

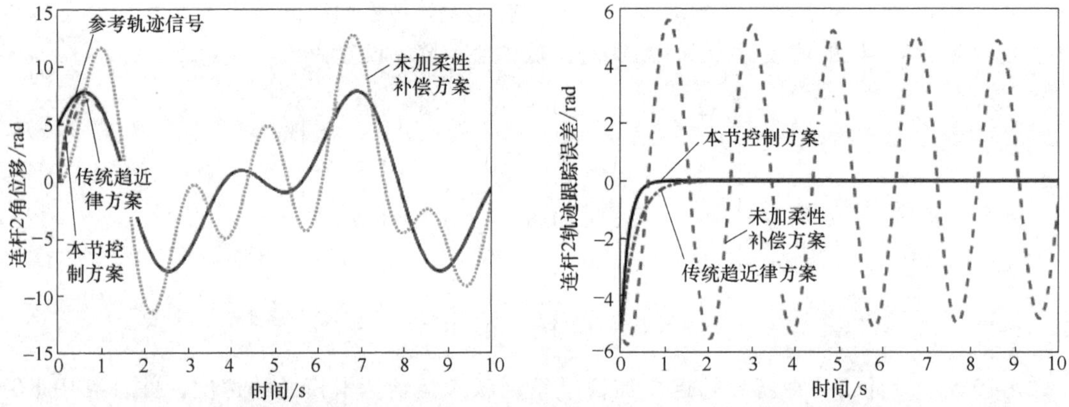

a) 连杆2跟踪效果　　b) 连杆2跟踪误差

图 5-12　连杆 2 轨迹跟踪及误差效果图

性关节机械臂的轨迹跟踪控制的应用范围。

当参考连杆轨迹信号为曲线波形信号时，本节由于提出了新型的趋近律，这种新型趋近律为变幂次趋近律，保证了全程快速收敛特性，相比传统的双幂次趋近律非奇异终端滑模控制，本节提出的新型趋近律有着明显更快速收敛的特性，而传统趋近律的上升速度明显慢于本节新型趋近律，本节所提出的控制律也具有更好的稳态特性。为更加直观比较本节所提出的新型趋近律的优越性，计算出采用每一种趋近律的控制系统在连杆 1 和连杆 2 轨迹跟踪的平均误差调节时间（输出角位移上升并保持与参考轨迹角位移误差小于 0. 1rad 的时间）和平均跟踪误差 E，E 的定义与第 5. 2. 3 节仿真分析中的式（5-44）保持一致，采样次数认为是 1000 次，轨迹跟踪性能指标见表 5-6。

表 5-6　轨迹跟踪性能对比

控制方案	误差调节时间/s	平均跟踪误差/rad
传统趋近律方案	1. 23	0. 0137
本节控制方案	0. 62	0. 0001

5.5 本章小结

奇异摄动法适用于一些具有二时间尺度特性的系统，这些系统中一些称之为快变量的状态变量在向平衡点运动时的变化速率远远高于其他变量，这种特性反映在系统的标准奇异摄动模型中即为奇异摄动参数的值非常小，奇异摄动法利用这种特性对快变量的运动作出近似，忽略其运动过程，假设其直接运动至平衡点，即令奇异摄动参数为0得到快变量的准稳态，进而得到降阶慢子系统，实现对原系统的降阶，简化了分析。

某些柔性关节机械臂关节刚度过低，导致应用奇异摄动法进行降阶处理后稳态误差过大，可通过关节柔性补偿器提升机械臂系统的等效关节刚度，进而仍可采用奇异摄动法。

第6章　超空泡航行体的控制

超空泡航行体在空泡包裹下高速运行，其动态方程是一个弱阻尼且各变量之间强耦合的系统，由于空泡的内径有限，当航行体受到扰动后，尾部还会与空泡壁碰撞产生航行体重力十几倍的滑行力扰动，在这个如此大的扰动力作用下，要使航行体在有限内径的空泡中稳定运行，要求控制设计具有良好的稳定性能和对扰动的抑制能力。并且，航行体的尾翼和空化器执行机构的偏转角还不能超出实际工作的范围，这是超空泡航行体控制设计的两个特殊性能要求。

本章分析了高速超空泡航行体纵向平面上空化器、尾翼控制面的动力及其尾部滑行力，根据纵平面基本动力学方程，进行超空泡航行体的控制设计。

6.1　超空泡航行体的数学模型与分析

在设计控制系统的过程中，动力学模型的选择和计算将严重影响控制系统的性能。对于特定的被控对象，既要充分考虑其内部工作过程和物理原理以提高动力学模型的完整精确度，又要在不影响控制系统性能的前提下，忽略影响动态性能的次要因素来作出简化和近似，可以有效降低控制器的设计难度和计算量。

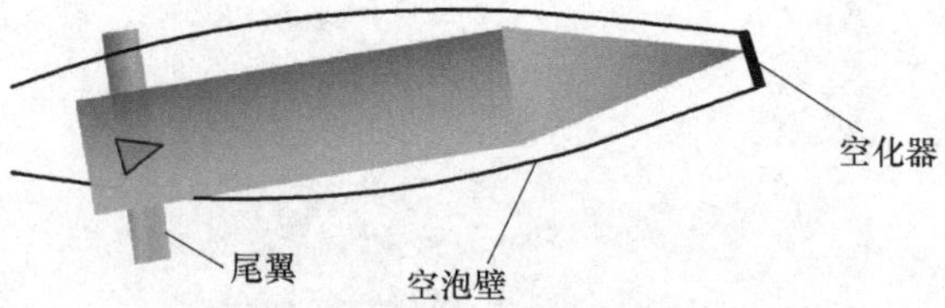

图 6-1　标准超空泡航行体的示意图

如图 6-1 所示，标准的超空泡航行体设计成长度为 1∶2 的圆锥段和圆柱段组成的梭形，航行体在空泡的包裹下在水中高速前行。此标准航行体的总长度为 L，半径为 R。密度为 $\rho_v = m\rho$，其中 ρ 表示水的密度，m 为航行体与水的密度之比。按照 1∶2 的圆锥和圆柱形状设计的标准航行体质量 m_v 为

$$m_v = \frac{7}{9}(m\rho\pi)R^2L \tag{6-1}$$

质心 x_g 位于距离航行体的 17/28 处。即

$$x_g = -\frac{17}{28}L \tag{6-2}$$

航行体的头部有一圆盘形空化器，空化器不但能够用以产生和维持超空泡，还能与水接

触产生一定的流体动力，可通过调整空化器的偏转角改变空化器所受的水动力来控制航行体的运动稳定。航行体尾部有横纵四个尾翼，尾翼距离航行体头部的距离为 L_f，假设尾翼位于航行体的尾部的边缘即 $L_f=L$，航行过程中尾翼的部分穿透空泡壁与水相接触也产生一定的流体动力，可以通过尾翼的偏转与空化器联合控制航行体的力矩平衡和运动稳定。除空化器和尾翼的部分与水接触外，超空泡航行体的大部分在空泡的包裹下高速运行，但当受到扰动后，航行体的尾部也会与空泡壁碰撞产生滑行力。

6.1.1　超空泡航行体的体坐标系和模型基本参数

为研究问题方便，在此按照右手定则，并规定沿逆时针方向为正方向，建立大地坐标系 $O-xyz$ 和航行体体坐标系 $B-x_by_bz_b$。$O-xyz$ 属于惯性坐标系，而 $B-x_by_bz_b$ 属于非惯性坐标系。如图 6-2 所示，体坐标的原点 B 与超空泡航行体的头部重合并与超空泡航行体的头部固连在一起，原点 B 在地面系的坐标为（x，y，z）。

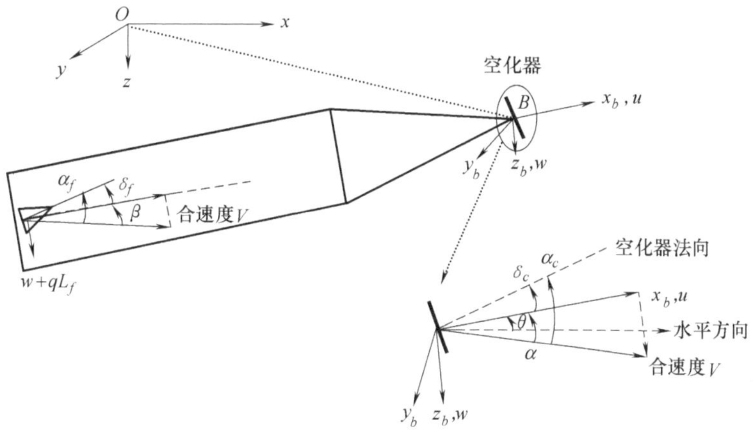

图 6-2　体坐标系下的超空泡航行体参数示意图

在大地坐标系下 $O-xyz$，航行体头部的深度记为 z。沿航形体中心线方向的水平速度记为 u，沿航行体垂直方向的速度记为 w，航行体的合速度即前进速度为

$$V=\sqrt{u^2+w^2} \tag{6-3}$$

由于垂向速度 w 相对较小，所以可以认为 $V\approx u$。

航行体头部的前进方向与航行体中心线的夹角为

$$\alpha=\arctan\frac{w}{V}\approx\frac{w}{V} \tag{6-4}$$

航行过程中，航行体的俯仰角记为 θ，旋转角速度记为 q，则航行体尾部的垂向速度为

$$\widetilde{w}=w+qL \tag{6-5}$$

航行体尾翼的前进方向与航行体中心线的夹角为

$$\beta=\arctan\frac{w+qL}{V}\approx\frac{w+qL}{V} \tag{6-6}$$

图 6-2 中的 δ_c 代表空化器的偏转角，δ_f 为尾翼的偏转角，α_c 为空化器的攻角，α_f 为尾翼的攻角。定义空化器和尾翼逆时针方向旋转为正，则攻角与偏转角的关系如下：

$$\alpha_c = \alpha + \delta_c = \frac{w}{V} + \delta_c \tag{6-7}$$

$$\alpha_f = \beta + \delta_f \approx \beta + \frac{w+qL}{V} \tag{6-8}$$

在建模中采用的其他参数符号和参数值见表 6-1。

表 6-1 标准超空泡航行体的模型参数

参数符号	参数名称	参数值
R_n	空化器半径	0.0191m
L	航行体长度	1.8m
R_c	空泡半径	0.09m
$\dot{R}_c$	空泡半径变化率	−3.2965m/s
R	航行体半径	0.0508m
g	重力加速度	9.81m/s^{-2}
ρ_v	航行体密度	2000kg/m^3
m	密度比	2
n	尾翼效率	0.5
V	前进速度	75m/s
C_{x0}	升力系数	0.82
σ	空化数	0.03

6.1.2 超空泡航行体纵向平面流体动力分析

6.1.2.1 空化器流体动力分析

空化器的作用除了用来产生和维持超空泡外，还作为一个控制面来控制超空泡航行体头部的流体动力。如图 6-3 所示，空化器在纵平面内旋转而与来流形成一定攻角 α_c，随着空化器攻角的变化可以提供不同的控制力来平衡航行体，作用在空化器法线方向的力为 F_{cav}。

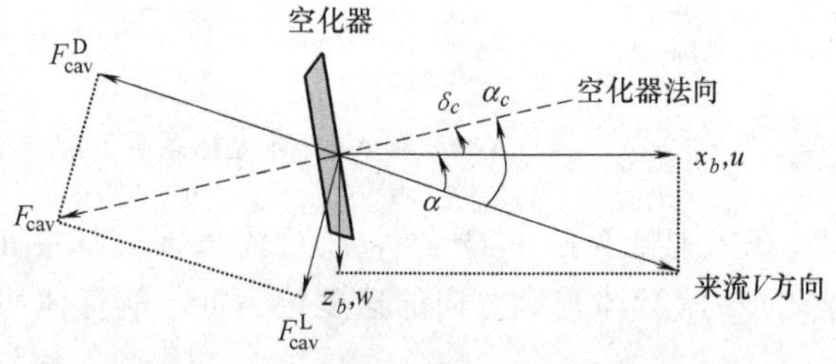

图 6-3 作用在空化器上的流体动力分析

$$F_{\text{cav}} = \frac{1}{2}\rho V^2 \pi R_n^2 c_x \cos\alpha_c = C_x \cos(\alpha+\delta_c) \tag{6-9}$$

$$C_x = \frac{1}{2}\rho V^2 \pi R_n^2 c_x \tag{6-10}$$

式中，c_x 是圆盘形空化器与来流垂直时的阻力系数，$c_x = c_{x0}(1+\sigma)$；σ 是空化数。

图 6-3 中，将流体动力 F_{cav} 沿着航行体前进方向分解，由于攻角 α_c 很小，所以可近似 $\cos\alpha_c \approx 1$、$\sin\alpha_c \approx \alpha_c$，故可得作用于空化器上流体动力的阻力和升力分量为

$$F_{\text{cav}}^{\text{D}} = C_x \cos^2\alpha_c \approx C_x \tag{6-11}$$

$$F_{\text{cav}}^{\text{L}} = C_x \cos\alpha_c \sin\alpha_c \approx C_x(\alpha+\delta_c) \tag{6-12}$$

这里的分量 $F_{\text{cav}}^{\text{L}}$ 并不是真正沿航行体垂向 z_b 方向的升力 $F_{\text{cav}}^{z_b}$，不过由于航行体沿垂向速度

很小，即前进方向与航行体中心线的夹角 α 很小，也可以近似地将 $F_{\mathrm{cav}}^{\mathrm{L}}$ 认为是沿航行体垂向的流体动力。

实际上，式（6-12）中的攻角 $\alpha_c=\alpha+\delta_c$ 中的 α 对航行体是起阻力作用的，因此可修正建模时用的升力 $F_{\mathrm{cav}}^{\mathrm{L}}$，将 α 从 α_c 中减去，修正后得到空化器沿航行体垂向所产生的升力为

$$F_{\mathrm{cav}}^{z_b}=C_x\delta_c \tag{6-13}$$

6.1.2.2 尾翼流体动力分析

为了产生足够的力和力矩来稳定和控制超空泡鱼雷，尾翼也提供一定的流体动力来产生控制力矩。目前对于超空泡鱼雷尾翼流体动力还没有太成熟的研究成果，当鱼雷以超空泡状态航行时，在纵平面内，尾翼可以看做特殊形状的楔形空化器，尾翼流体动力分析与空化器的分析方法类似。

尾翼的流体动力在航行体垂向的分量为

$$F_{\mathrm{fin}}^{z_b}=C_f\alpha_f=-nsC_x\left(\frac{w+qL}{V}+\delta_f\right) \tag{6-14}$$

式中，n 为尾翼效率；s 为尾翼面积与空化器面积比。

6.1.2.3 滑行力

尾部与空泡壁接触时产生了与航行体垂直的滑行力和平行的摩擦阻力，此时尾部和空泡内壁的相互作用过程可以当作细长体浸入液体，其大小与尾部浸入水中深度 h，及航行体与空泡壁夹角 α 相关。根据 Logvinovich 的滑行力计算方法，滑行力的计算公式为

$$F_p=-V^2\left[1-\left(\frac{R'}{h'+R'}\right)^2\right]\cdot\left(\frac{1+h'}{1+2h'}\right)\alpha \tag{6-15}$$

注：这里的滑行力是除以 $M_p=m\rho\pi R^2L$ 标幺以后的滑行力公式，其量纲为 $\mathrm{m^2/s^2}$。式中，$R'=(R_c-R)/R$，$h'=h/R$，其中 R_c 为空泡半径。

$$h'=\begin{cases}0, & |w|\leqslant w_{\mathrm{th}}=\dfrac{V(R_c-R)}{L}\\[2ex] L\left|\dfrac{w}{V}\right|-(R_c-R), & |w|>w_{\mathrm{th}}\end{cases} \tag{6-16}$$

$$\alpha=\begin{cases}\dfrac{w}{V}-\dfrac{\dot{R}_c}{V}, & w>0\\[2ex] \dfrac{w}{V}+\dfrac{\dot{R}_c}{V}, & w\leqslant 0\end{cases} \tag{6-17}$$

式中，$\dot{R}_c$ 为空泡半径变化率。

式（6-15）~式（6-17）表明，滑行力与航行体的垂向速度 w 相关，当航行体的垂向速度 $|w|$ 小于 $w_{\mathrm{th}}=1.64$ 这个阈值时，滑行力 F_p 为零，相当于存在一个死区，此时航行体在空泡内部运行不产生滑行力，是一个理想的运动状态。一旦受到扰动使垂向速度超出阈值，航行体就会与空泡壁碰撞产生滑行力，相对航行体的重力，这个滑行力是很大的，航行体在受到这个滑行力扰动后会在空泡上下壁间来回碰撞直至运动失稳。根据式（6-15）~式（6-17）仿真计算得到滑行力与垂向速度 w 之间的关系如图 6-4 所示。

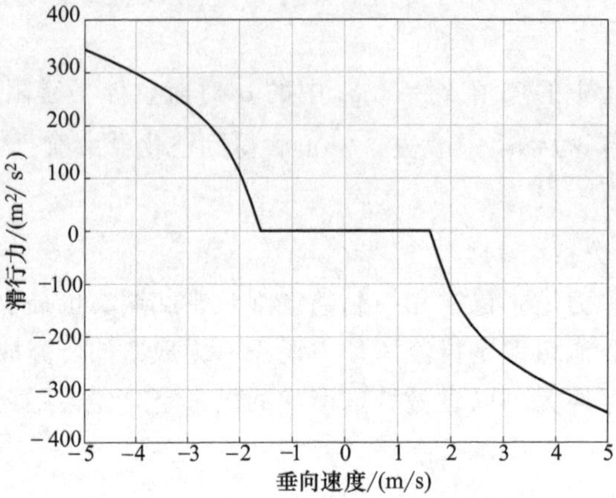

图 6-4　滑行力与垂向速度关系

6.1.3　超空泡航行体控制模型

现考虑超空泡航行体在纵向平面 $o-xz$ 的运动，假设俯仰角 θ 是小量，超空泡航行体的动力学方程为

$$[I]\begin{pmatrix}\dot{w}\\ \dot{q}\end{pmatrix}=Vm_v\begin{bmatrix}0 & 1\\ 0 & -x_g\end{bmatrix}\begin{pmatrix}w\\ q\end{pmatrix}+\begin{bmatrix}F_{z_b}\\ M_{y_b}\end{bmatrix} \tag{6-18}$$

方程中的 x_g 为航行体的重心的横坐标，$[I]$ 为惯性矩阵

$$x_g=-\frac{11}{27}L \tag{6-19}$$

$$[I]=\begin{bmatrix}m_v & -m_v x_g\\ -m_v x_g & J_{y_b}\end{bmatrix} \tag{6-20}$$

式中，J_{y_b} 为超空泡航行体对体坐标系 By_b 轴的转动惯量；F_{z_b} 为航行体 z_b 方向的流体动力；M_{y_b} 为外力对体坐标系原点的质心力矩。根据式（6-13）~式（6-15）计算得 F_{z_b} 和 M_{y_b} 为

$$J_{y_b}=\frac{11}{60}(m\rho\pi)R^4L+(m\rho\pi)R^2L^3 \tag{6-21}$$

$$F_{z_b}=F_{\text{cav}}^{z_b}+F_{\text{fin}}^{z_b}+G_{x_b}+F_pM_p=C_x\delta_c-nC_x\left(\frac{w+qL}{V}+\delta_f\right)+G_{x_b}+F_pM_p \tag{6-22}$$

$$M_{y_b}=F_{\text{fin}}^{z_b}L-G_{x_b}x_g+F_pM_pL \tag{6-23}$$

式中，G_{x_b} 为航行体所受到的重力。将式（6-19）~式（6-23）代入式（6-18），并将方程式（6-18）左右同时除以 $M_p=m\rho\pi R^2L$ 得到方程式（6-18）的标准化方程式

$$\hat{I}\begin{pmatrix}\dot{w}\\ \dot{q}\end{pmatrix}=\frac{CV}{mL}\begin{bmatrix}-n & -nL\\ -nL & -nL^2\end{bmatrix}\begin{bmatrix}w\\ q\end{bmatrix}+V\begin{bmatrix}0 & \frac{7}{9}\\ 0 & \frac{17L}{36}\end{bmatrix}\begin{bmatrix}w\\ q\end{bmatrix}+\frac{CV^2}{mL}\begin{bmatrix}-n & 1\\ -nL_f & 0\end{bmatrix}\begin{bmatrix}\delta_f\\ \delta_c\end{bmatrix}+\begin{bmatrix}\frac{7}{9}\\ \frac{17L}{36}\end{bmatrix}g+F_p\begin{bmatrix}\frac{1}{mL}\\ \frac{1}{m}\end{bmatrix} \tag{6-24}$$

式中，

$$\hat{I}=\begin{bmatrix}\dfrac{7}{9} & \dfrac{17L}{36}\\ \dfrac{17L}{36} & \dfrac{11}{16}R^2+\dfrac{133}{405}L^2\end{bmatrix} \tag{6-25}$$

$$C=\frac{1}{2}c_x\left(\frac{R_n}{R}\right)^2 \tag{6-26}$$

除了式（6-24）的动力学方程外，超空泡航行体的控制模型还应加上其运动学方程

$$\begin{cases}\dot{\theta}=q\\ \dot{z}=w\cos\theta-u\sin\theta\approx w-V\theta\end{cases} \tag{6-27}$$

根据式（6-24）、式（6-27），取控制输入 $\boldsymbol{u}=[\delta_f \quad \delta_c]^{\mathrm{T}}$，状态变量 $\boldsymbol{x}=[z \quad w \quad \theta \quad q]^{\mathrm{T}}$，经过整理后，得到如下一组超空泡航行体纵向平面的四阶运动方程：

$$\begin{bmatrix}\dot{z}\\ \dot{w}\\ \dot{\theta}\\ \dot{q}\end{bmatrix}=\begin{bmatrix}0 & 1 & -V & 0\\ 0 & a_{22} & 0 & a_{24}\\ 0 & 0 & 0 & 1\\ 0 & a_{42} & 0 & a_{44}\end{bmatrix}\begin{bmatrix}z\\ w\\ \theta\\ q\end{bmatrix}+\begin{bmatrix}0 & 0\\ b_{21} & b_{22}\\ 0 & 0\\ b_{41} & b_{42}\end{bmatrix}\begin{bmatrix}\delta_f\\ \delta_c\end{bmatrix}+\begin{bmatrix}0\\ g\\ 0\\ 0\end{bmatrix}+\begin{bmatrix}0\\ d_2\\ 0\\ d_4\end{bmatrix}F_p \tag{6-28}$$

式（6-28）中的各项系数如下：

$$a_{22}=\frac{CVT}{m}\left(\frac{-nS}{L}+\frac{17}{36}nL\right) \tag{6-29}$$

$$a_{24}=-VT\left(\frac{-nC}{m}+\frac{17}{36}\right)\frac{17}{36}L^2+VTS\left(-\frac{nC}{m}+\frac{7}{9}\right) \tag{6-30}$$

$$a_{42}=-\frac{11nCVT}{36m} \tag{6-31}$$

$$a_{44}=-\frac{11}{36}\frac{nCVT}{m} \tag{6-32}$$

$$b_{21}=\frac{nCV^2T}{m}\left(\frac{-S}{L}+\frac{17}{36}L\right) \tag{6-33}$$

$$b_{22}=\frac{CV^2TS}{mL} \tag{6-34}$$

$$b_{41}=-\frac{11nCV^2T}{36m} \tag{6-35}$$

$$b_{42}=-\frac{17nCV^2T}{36m} \tag{6-36}$$

$$d_2=\frac{T}{m}\left(\frac{S}{L}-\frac{17}{36}L\right) \tag{6-37}$$

$$d_4=\frac{11T}{36m} \tag{6-38}$$

式（6-29）~式（6-38）中的 C、S、T 分别为

$$C=\frac{1}{2}C_x\frac{R_n^2}{R^2} \tag{6-39}$$

$$S=\frac{11}{16}R^2+\frac{113}{405}L^2 \tag{6-40}$$

$$T=\left(\frac{7}{9}S-\frac{289}{1296}L^2\right)^{-1} \tag{6-41}$$

超空泡航行体的运动方程式（6-28）可以写成标准形式：

$$\dot{\boldsymbol{x}}=\boldsymbol{Ax}+\boldsymbol{Bu}+\boldsymbol{C}+\boldsymbol{DF}_p \tag{6-42}$$

根据表 6-1 中的基本参数和式（6-29）~式（6-41），可算得式（6-42）中的各系数为

$$\boldsymbol{A}=\begin{bmatrix}0 & 1 & -75 & 0\\ 0 & 2.7460 & 0 & 79.9428\\ 0 & 0 & 0 & 1\\ 0 & -3.2442 & 0 & -5.8396\end{bmatrix},\boldsymbol{C}=\begin{bmatrix}0\\ 9.81\\ 0\\ 0\end{bmatrix}$$
$$\boldsymbol{B}=\begin{bmatrix}0 & 0\\ 205.9480 & 941.8409\\ 0 & 0\\ -243.3187 & -752.0761\end{bmatrix},\boldsymbol{D}=\begin{bmatrix}0\\ -1.2266\\ 0\\ 1.4492\end{bmatrix} \tag{6-43}$$

6.1.4 超空泡航行体运动分析与仿真

从最终的运动方程式（6-28）可见，若将最后一项的非线性滑行力项看成系统的外扰动力，超空泡航行体的运行方程是一个线性系统，在开环情况下，系统的线性部分框图如图 6-5 所示。

从超空泡航行体的运行方程式（6-28）可见，$\dot{w}$ 和 $\dot{q}$ 的方程式中的 a_{22}、a_{24} 和 a_{42}、a_{44} 表示两个速度变量 w 和 q 之间存在着动态耦合，图 6-5 中可以清楚地看到 w 和 q 之间存在耦合关系。将式（6-43）的参数代入，可以得到这个线性耦合系统的线性部分的极点为 $-1.5468\pm15.5218\mathrm{j}$，这表明这两个速度变量具有弱阻尼的振荡特性。方程式（6-28）中另外两个变量 z 和 θ 与速度变量 w 和 q 之间又存在积分关系，而且系统中还受到重力加速度 g 的作用。由此可见，超空泡航行体不可能有一个稳定的平衡点，必须配有控制才能工作。

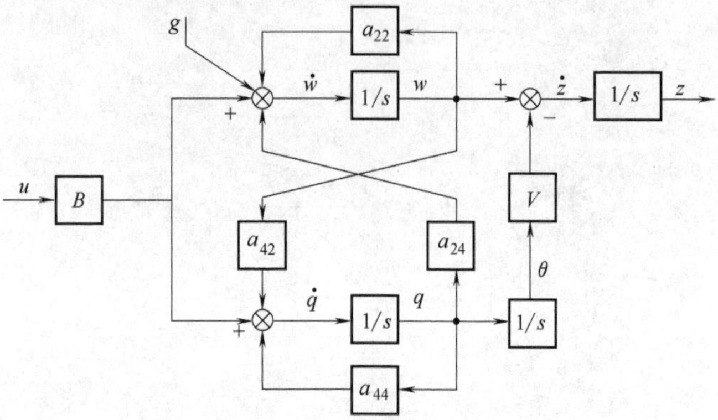

图 6-5　超空泡航行体的开环框图

图 6-6 为不加控制的情况下，超空泡航行体的运动仿真图。从图中可见，状态变量 z 和 θ 不断偏离原点，此时俯仰角 θ 为负，且绝对值不断增大，深度 z 为正（注：坐标系向下为正）也是不断增大的。即在开环情况下，航行体在重力的作用下，会头部向下倾斜，深度不断下降直至沉入水底。

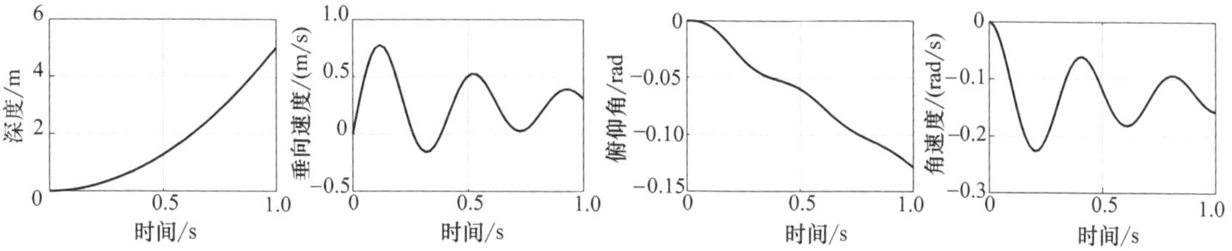

图 6-6　超空泡航行体的开环仿真图

除了有弱阻尼强耦合的动力学特性外，超空泡航行体还存在着动力学和运动学之间的耦合，即使加入反馈控制依然是容易起振的，这种容易起振的特性，在一般鱼雷的深度控制中也都是存在的。只是常规鱼雷和超空泡航行体不同，常规鱼雷直接与水相接触，所以其动力学方程是不同的，但同样也有动力学和运动学之间的耦合问题。早期的常规鱼雷，会因为深度控制时上下沉浮的幅度过大而从目标舰下面穿过而没有击中目标，当然早期的控制问题中传感器的灵敏度不高也是导致沉浮过大的一个主要原因，但是动力学与运动学之间的耦合使深度控制容易起振是一个根本的原因。这种容易起伏的振荡特性会使水下武器和目标“擦肩而过”，无法击中目标。这也给控制设计带来不小的挑战。

6.2　超空泡航行体的状态反馈控制设计

对于超空泡航行体来说，滑行力是一个很大的外扰动力（参见图 6-4），这个反馈控制设计的特殊性还在于空泡的内径是有限的，如果控制设计的稳定性欠佳，会导致航行体与空泡壁来回碰撞直至失去稳定，反馈控制设计的主要问题就是要保证系统在这种脉冲型的外力作用下不来回碰撞空泡壁，并具有良好的稳定性能。

6.2.1　反馈控制设计

本节讨论的超空泡航行体的状态反馈是一个经典的控制方案，曾被多篇文献引用，但从未给出是如何设计的。本节用内外两个回路解耦的思想来处理状态反馈的设计问题，将动力学特性和运动学特性解耦的设计既能保证姿态回路的稳定性，又能保证航行体的深度回路具有合适的带宽，保证航行体在空泡内稳定运行。

6.2.1.1　超空泡航行体反馈控制性能的特殊要求

在正常情况下，超空泡航行体是位于空泡内部运行的，但当受到扰动时，一旦垂向速度 w 超过滑行力产生的阈值，航行体的尾部就会与空泡壁碰撞产生滑行力。当 w 超过 1.64m/s 这个阈值后，滑行力迅速增长，达到重力加速度 g 的 10 余倍（参见图 6-4），所以垂向速度一旦超过滑行力产生的阈值就会引发一个很大的反推力将航行体推回空泡内部，航行体被滑行力推回空泡内部后滑行力消失，此时航行体受到重力的作用会下沉再次碰撞空泡壁，碰撞所产生的滑行力又将航行体推回空泡内，如此反复形成周期性的拍打现象。超空泡航行体在水中就是以这样的方式，尾部周期性滑水并高速前行的。但是，空泡半径很小，在很大的滑行力外脉冲扰动作用下，如果控制系统设计不当或者稳定性欠佳，就会导致航行体反方向冲向空泡壁的另一侧，从而又受到反向的滑行力脉冲，如此反复上下碰撞形成恶性循环，直至运动发散。所以要求控制系统的设计应不仅仅是满足一般的稳定性要求，还应保证在一两次的冲撞后能回到正常工作状态，这样航行体尾部仅周期性碰撞空泡下壁，产生向上的滑行力，这个滑行力的平均值应与航行体的重力相平衡，此时超空泡航行体是尾部周期性拍打空泡下壁，以极限环的稳态运行模式高速滑行前进。

超空泡航行体的本身就具有一种弱阻尼的振荡特性，要使这样一个容易起振的航行体在有限内径的空泡内运行，并保证受到扰动后碰撞几次后即稳定下来就是这个控制设计需要解决的特殊性问题，超空泡航行体设计的主要问题就是要保证在脉冲型的外力作用下，在有限的空间内系统具有良好的稳定性能。此外，航行体执行机构空化器和尾翼的偏转角不能过大，控制设计应该保证执行机构在正常的工作范围内，也是超空泡航行体控制设计的一个主要的性能要求。

6.2.1.2 反馈控制设计思想

因为滑行力存在着死区（参见图 6-4），航行体在空泡内运动时是没有滑行力的，所以控制设计时将滑行力成外扰动，当不考虑滑行力这个外力扰动时，超空泡航行体的运动方程式（6-42）就是一个线性方程。

注意到方程式（6-42）所表示的系统为空化器转角 δ_c 和尾翼的转角 δ_f 双输入的控制系统，但从输入阵的系数$[0 \quad b_{21} \quad 0 \quad b_{41}]^{\mathrm{T}}$和$[0 \quad b_{22} \quad 0 \quad b_{42}]^{\mathrm{T}}$来看，两者对应的正负号均相同，且数值之间存在相似的倍数关系。虽然尾翼对航行体的稳定性有重大作用，但对于控制系统设计，这两者只是一个增益分配的问题，即不要使其中的一个过早地进入饱和。为了能更清楚地说明此航行体的控制设计中的特殊性以及本节的设计思想，所以将尾翼偏转固定为 0rad，即不参与控制，这样方便采用传递函数和零极点的观点来分析和讨论。而且这也是超空泡航行体的一种典型的运行模式。

超空泡航行体的运动方程式（6-28）中的重力加速度为常数项，不考虑常数项，图 6-7 为系统方程式（6-42）线性部分所对应的信号流图，图中，空化器的偏转角 δ_c 为控制输入。

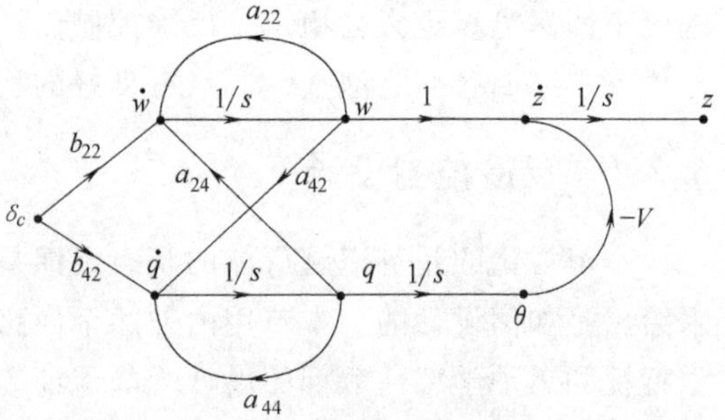

图 6-7　系统的信号流图

从信号流图 6-7 可以发现，状态变量 z 需要通过一个积分环节才能得到，所以系统中 z 的变化相对于其他变量是比较慢的，故控制设计中可以将系统设想为快慢两个回路。先用一个快速的内回路将具有动态耦合的姿态回路先镇定住，再用一个较慢的外回路对以运动学方程为主的主回路进行设计。将系统分为内外两个回路设计，相当于将系统的动力学和运动学进行了解耦，这种内外回路的设计思想，无论是对设计还是对系统调试都是方便的，并且有明确的物理概念。

内回路是姿态回路，即用俯仰角反馈来对弱阻尼的动态特性进行稳定控制，内回路是一个二阶系统，一般取 PD 控制就能使其稳定。而 PD 控制中的微分项 $\dot{\theta}$ 其实就是图 6-7 中的

状态变量 q，故内回路的控制输入就是由 θ 和 q 这两个状态变量所构成

$$v=k_\theta\theta+k_q q=k_\theta(\theta+T_d\dot{\theta}) \tag{6-44}$$

式中，k_θ 为内回路增益；T_d 为阻尼系数。

$$T_d=k_q/k_\theta \tag{6-45}$$

从图 6-7 可以看到，在这个内回路中，从 δ_c 到 θ 有如下两个通道：

$$\delta_c\rightarrow b_{22}\rightarrow w\rightarrow a_{42}\rightarrow q\rightarrow\theta \tag{6-46}$$

$$\delta_c\rightarrow b_{42}\rightarrow q\rightarrow\theta \tag{6-47}$$

这两个通道中均有一个系数 a_{42} 和 b_{42} 为负，因此，要构成负反馈的控制，内回路增益 k_θ 的值应该为正。

外回路是以运动学方程为主的主回路，为使控制器结构尽可能简单，外回路只取航行体的深度信号 z 作为输出，并采取比例控制。即外回路的控制律为

$$u=-k_z z \tag{6-48}$$

式中，k_z 为待设计的外回路增益，增益 k_z 的值取正，此处的负号表示负反馈。

根据上述内外回路的设计思想，故这个反馈控制系统的控制框图如图 6-8 所示。

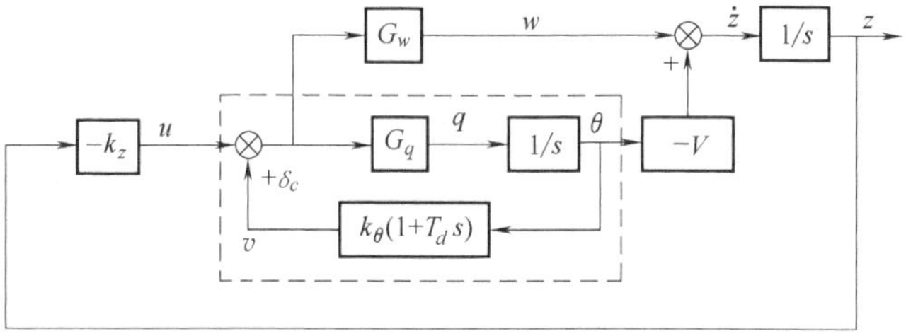

图 6-8　反馈控制系统框图

设 G_z、G_w、G_θ、G_q 分别为图 6-8 中开环情况下从输入 δ_c 到 4 个状态变量的传递函数，根据式（6-43）的参数可算得

$$\begin{aligned}
G_z&=\frac{941.84(s^2+1.893s+78.86)}{s^2(s^2+3.094s+243.3)}\\
G_w&=\frac{941.84(s-58)}{(s^2+3.094s+243.3)}\\
G_\theta&=\frac{-752.08(s+1.317)}{s(s^2+3.094s+243.3)}\\
G_q&=\frac{-752.08(s+1.317)}{(s^2+3.094s+243.3)}
\end{aligned} \tag{6-49}$$

图 6-8 中的虚线框里是系统的内回路，最终的空化器偏转角 δ_c 的运动由两部分组成：内回路的控制输入 v 和外回路的控制输入 u。

6.2.1.3　反馈增益设计

接下来按照内外回路的顺序来分别说明这两个回路的增益设计，最终结合内、外回路的设计结果，给出超空泡航行体的一个反馈控制律。

1. 内回路增益设计

内回路的开环传递函数为

$$G_{\theta\delta_c}(s)=\frac{-752.08k_\theta(s+1.317)(s+1/T_d)}{s(s^2+3.094s+243.3)} \tag{6-50}$$

传递函数式（6-50）的极点为 0、-1.547±15.521i，零点为-1.317 和 $-1/T_{\mathrm{d}}$。

根据内回路开环传递函数式（6-50）的零点和极点可以知道，内回路应有一个实数极点位于开环极点 0 到开环零点-1.317 之间，这是内回路的低频模态。内回路还应有一对极点位于另外一对开环极点-1.547±15.521i 出发的根轨迹上，这一对极点就是内回路动态部分的主导极点。

因为内回路是姿态控制回路，主要是将具有动态耦合的俯仰角 θ 回路镇定住，该回路设计为快变回路，其具有较宽的带宽，主要对系统中的高频模态起镇定作用，使其具有较好的低频段特性，为外回路设计提供保障。所以这里以 100rad/s 的量级来作为其主导极点，取 $T_d=0.01$s。因为主导极点的数量级为 100rad/s，所以内回路的根轨迹近似是以负实轴上 $s=-1/T_d$ 为圆心的，从复数极点-1.547±15.521i 出发的一个圆，如图 6-9 所示。

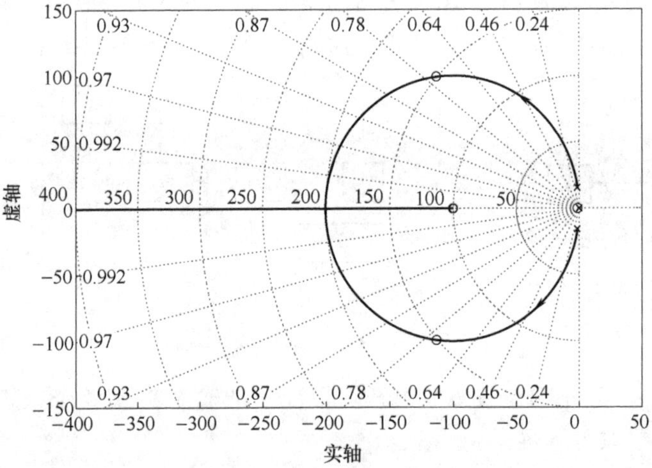

图 6-9　内回路根轨迹图

根据内回路的根轨迹图 6-9，当取内回路增益 $k_\theta=30$ 时，内回路的主导极点为-113.7±99.41i（根轨迹图 6-9 中的圆形标记点）。这对极点具有足够的阻尼，可以满足系统的稳定性要求。故内回路的控制输入为

$$v=k_\theta(\theta+T_d\dot{\theta})=k_\theta\theta+k_q q=30\theta+0.3q \tag{6-51}$$

2. 外回路增益设计

外回路的控制对象就是图 6-8 中所示的从 u 到 z 的所有环节，将上面设计的内回路增益 $k_\theta=30$ 代入，可得外回路的传递函数为

$$G_0(s)=\frac{941.84k_z(s^2+1.893s+78.86)}{s(s+1.303)(s^2+227.4s+22810)} \tag{6-52}$$

传递函数式（6-52）的极点为 0、-1.303、-113.7±99.41i，零点为-0.9465±8.8297i。外回路的根轨迹如图 6-10 所示。

根据传递函数式（6-52）的零点和极点可知，外回路有四条根轨迹，其中两条是分别从实数极点 0、-1.303 到复数零点-0.9465±8.8297i，另外两条为从复数极点-113.7±99.41i

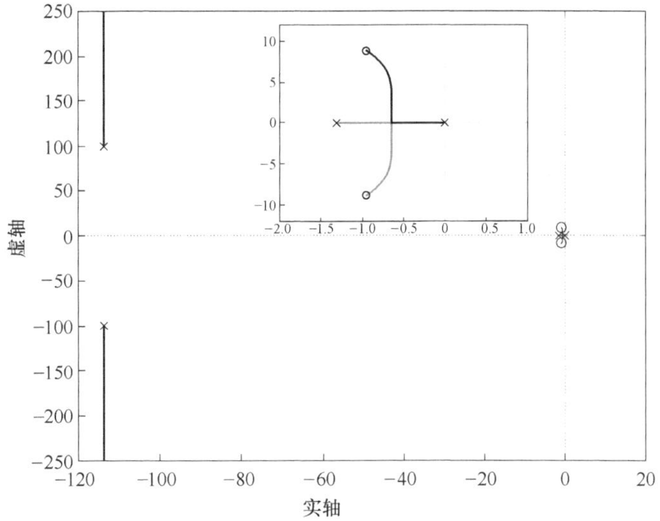

图 6-10 外回路根轨迹图

到无穷远，由于外回路的这四个极点数量级相差较大，所以图 6-10 中两条较小极点出发的根轨迹缩成很小的点。

传递函数式（6-52）的极点 $s=-1.303$ 是内回路的一个实数极点，代表了内回路的低频特性，式（6-52）的复数极点 $s=-113.7\pm99.41\text{i}$ 是内回路的高频模态。因为外回路是慢回路，其带宽在 10rad/s 的量级，所以当定性考虑外回路的设计时，可以忽略内回路的高频模态，只保留其低频模态。在对式（6-52）作降阶处理时，保持系统的低频段增益不变，降阶后的外回路特性为

$$\overline{G}_0(s)=\frac{0.0413(s^2+1.893s+78.86)}{s(s+1.303)} \tag{6-53}$$

图 6-11 为根据降阶后 $k_z\overline{G}_0(s)$ 所得的外回路根轨迹（图中标记的圆形点和方形点分别是外回路增益取 15 和 30 时相对应的点）。由于根轨迹是从极点出发到零点的曲线，所以这两条根轨迹的起点就是外回路的开环极点 0 和 -1.303，终点就是式（6-53）的复数零点 $-0.9465\pm8.8297\text{i}$。

由于这对零点 $-0.9465\pm8.8297\text{i}$ 的阻尼很小，所以不管外回路的增益取多大，该系统都不可避免有一对极点靠近虚轴且小于 $-0.9465\pm8.8297\text{i}$，而这对靠近虚轴的极点就是外回路的主导极点，决定了系统的特性，即外回路本质上是一个容易起振的系统。

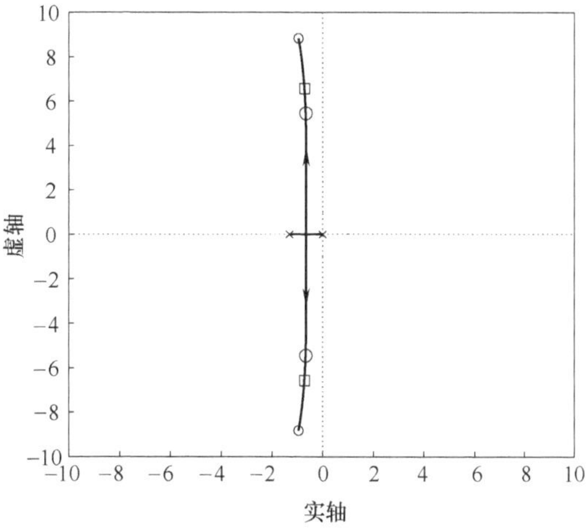

图 6-11 降阶后的外回路根轨迹图

注意到，这对阻尼很小的复数零点 $-0.9465\pm8.8297\text{i}$ 也即内回路前向通道的零点，其是系统本身所决定的，与内回路 PD 控制律的选取无关。因为图 6-8 的前向通道可整理成图 6-12，

图中的传函 n_w 和 n_q 为 G_w 和 G_q 的分子部分，$d(s)$ 为 G_w 和 G_q 相同的分母。

$$n_w = 941.84(s-58) \tag{6-54}$$

$$n_q = -752.08(s+1.317) \tag{6-55}$$

$$d(s) = (s^2+3.094s+243.3) \tag{6-56}$$

注意到，此处的 n_w 和 n_q 只是多项式，决定了从 δ_c 到 $\dot{z}$ 通道的零点，即外回路的零点。所以外回路传函即 $\delta_c \to \dot{z}$ 传函的零点由前向通道的零点所决定，即只和控制对象本身有关，与内回路的 PD 控制律无关。即超空泡航行体本身就有弱阻尼易振荡的特性。

上面采用低频模型的分析是为了说明外回路容易起振的本质，现在来具体确定外回路的增益。对于一般系统来说，增益越小，系统的稳定性能会更好，但是超空泡航行体是处在空化器升力、滑行力及重力平衡的状态下运行的，力平衡下的比例控制存在误差，如果增益变小，相应的深度的静差就会增大，有可能超出空泡的内径使航行体脱离空泡运行，所以 k_z 应该大一些为好。但是这个 k_z 也不能太大。

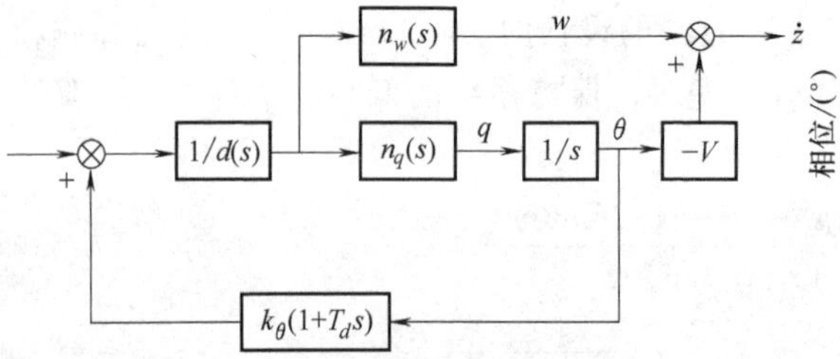

图 6-12　内回路控制框图

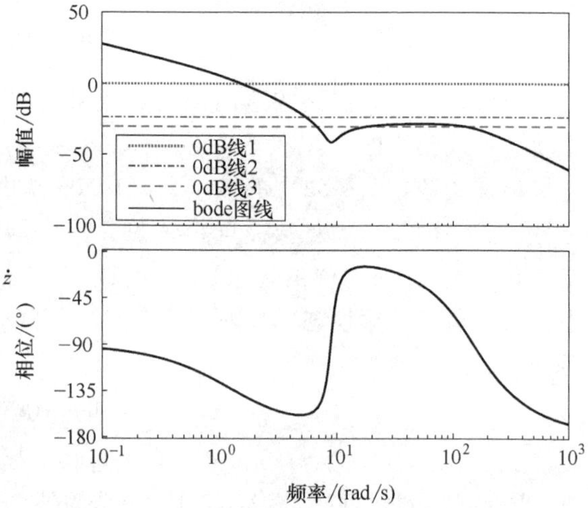

图 6-13　外回路 Bode 图

图 6-13 为 $k_z=1$ 时系统的 Bode 图，当 k_z 增加时，幅频特性曲线将向上移动，或者说图中的 0dB 线（线 1）相应的往下移，当增大到 $k_z=15$，相应的 0dB 线将移至线 2 的位置，此时系统还能将 0dB 线以上的低频特性和 0dB 线以下的高频特性分隔开，即在频域上是解耦的，便于保证外回路的稳定性能。若 k_z 继续增加至 $k_z=30$，0dB 线继续下移至线 3 的位置，外回路（深度控制回路）不再具有明显的频域解耦特性，而且由于增益增大，会要求执行机构更大的行程。

故从保证航行体能够在空泡内运行和在 Bode 图上的分析来看，$k_z=15$ 为较为合适的值。即外回路的控制输入为

$$u = -k_z z = -15z \tag{6-57}$$

3. 超空泡航行体的反馈控制律

将上面设计的外回路控制律式（6-57）与内回路控制律式（6-51）合在一起，根据图 6-8 可以得到，最终的控制输入为

$$
\begin{aligned}
\delta_c &= u+v \\
&= -k_z z+k_\theta(\theta+T_d\dot{\theta}) \\
&= -k_z z+k_\theta\theta+k_q q \\
&= -15z+30\theta+0.3q \\
&= \boldsymbol{K}\boldsymbol{x}
\end{aligned}
\tag{6-58}
$$

式中，$\boldsymbol{x}=[z \quad w \quad \theta \quad q]^{\mathrm{T}}$。

$$
\boldsymbol{K}=[15 \quad 0 \quad -30 \quad -0.3] \tag{6-59}
$$

从最终的控制律式（6-58）看，这就是一种状态反馈，只是状态反馈控制律的增益是通过内外回路分别设计得到的，这种内外回路的设计思想将系统中各状态变量之间的强耦合以及动力学与运动学之间的耦合分隔开来处理。虽然最终系统主导极点的阻尼较低，但这是运动学与动力学之间的耦合所造成的固有特性，与控制设计无关。本节的设计是将其在频域上进行解耦，使深度控制回路只具有运动学上的低频耦合模态，便于保证在空泡内的运动稳定性。如果用一般的状态反馈设计，或者说换掉式（6-58）中的各项增益系数，系统的动力学与运动学之间就会交叉影响，使原本就容易起振的系统特性更趋恶化。

6.2.2　反馈控制的稳定性分析

上面用回路和带宽的思想分开进行反馈控制设计，现在用 Nyquist 的方法对所设计的反馈控制稳定性进行分析。图 6-14 为设计的反馈控制律式（6-58）作用下系统的 Nyquist 图。

图 6-14 中圆形所标记的点是 Nyquist 曲线穿越单位圆时的频率，此时的频率为 $\omega_c=5.55\text{rad/s}$。从图中可见，$\omega_c$ 之前的特性是一种典型的具有良好性能的二阶系统的特性，而俯仰角姿态回路的动态特性在本节的设计思路下已被压缩到单位圆内，不再影响外回路的特性。由此可见，本节给出的这种用回路和带宽来确定反馈增益的设计方法可以保证整个系统是稳定的，而且使深度控制回路相当于是一种低频的二阶系统，保证了空泡内的稳定工作。这是因为空泡内的碰撞主要反映了姿态运动的特性，而运动学上的耦合反映的是低频的深度上的起伏。

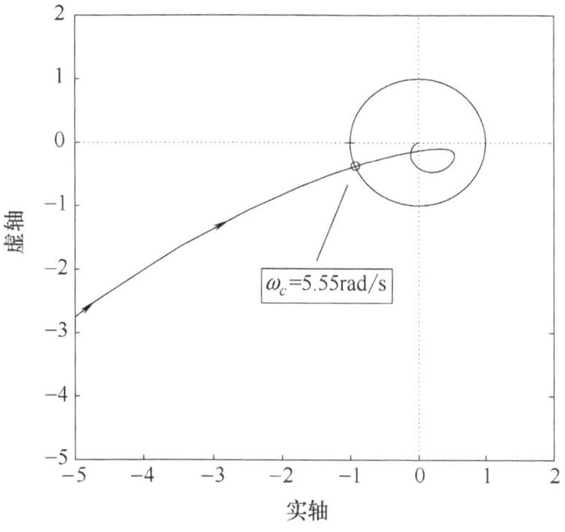

图 6-14　外回路 Nyquist 图

6.2.3　超空泡航行体的实际运行性能分析

第 6.2.1 节是从提高回路稳定性的角度，将超空泡航行体的外力当作外扰动来从理论上设计反馈控制的增益，在实际工作中，航行体还受到重力和滑行力的作用。这一节是用 MATLAB 进行仿真分析，验证超空泡航行体在滑行力作用下系统的稳定性能。

6.2.3.1　零初始条件下的稳定性能分析

设初始状态为零，在控制律式（6-58）的作用下，各个状态变量的响应曲线如图 6-15 所示，相对应的空化器偏转角及滑行力如图 6-16 所示。

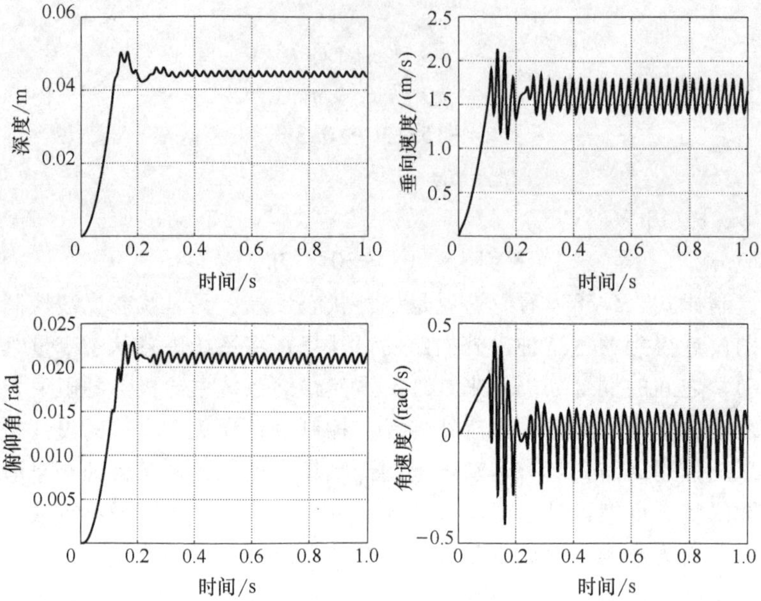

图 6-15　控制律式（6-58）作用下系统各状态变量的响应曲线

从图 6-15 中可见，在反馈控制式（6-58）作用下，航行体很快进入了小振幅的稳态运动状态。当达到稳态后，航行体的平均深度 z 为 0.045m，垂向速度 w 平均为 1.64m/s，俯仰角 θ 平均为 0.022rad，深度变化率 $\dot{z}$ 维持为零。此时航行体是微微的抬着头，尾部不断拍打空泡下壁高速前行，这犹如在水面滑行的快艇，艇首略微抬起，拍打着水面，快速滑行前进。

图 6-15 中平均的 $\Delta z=0.045\mathrm{m}$，这就是超空泡航行体在力平衡下的静偏差，在本设计中，空泡的半径为 0.09m，故这个 Δz 的值刚过空泡壁的边缘，航行体是贴着空泡壁在拍打。

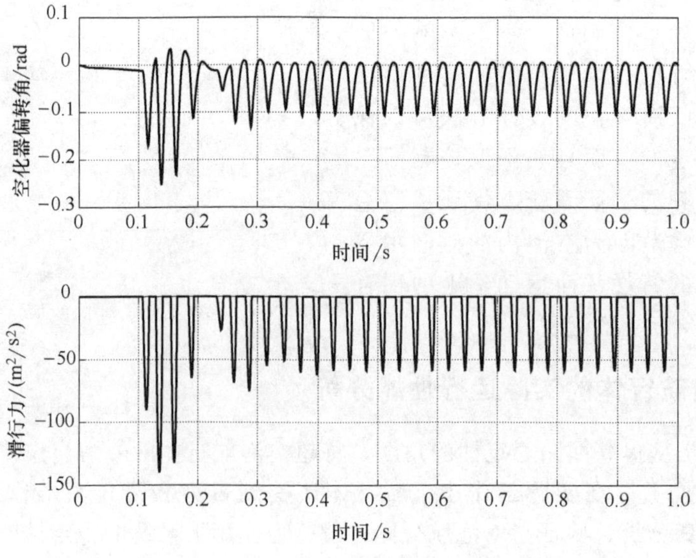

图 6-16　控制律式（6-58）作用下的空化器偏转角和滑行力

上述仿真和分析验证了所设计的控制律式（6-58）能够保证系统的运行稳定满足设计的

性能要求。下面来验证增益改变后的性能。

在第 6.2.1 节外回路增益的设计中指出如果外回路增益变小，静差就会变大，尾部更多地浸入水中增大航行的阻力，甚至会使航行体脱离空泡。为了验证这个结论，现保持内回路的增益不变，将外回路的增益减小至 $k_z=8$ 来仿真验证。此时各个状态变量的响应曲线如图 6-17 所示，相对应的空化器偏转角及滑行力如图 6-18 所示。

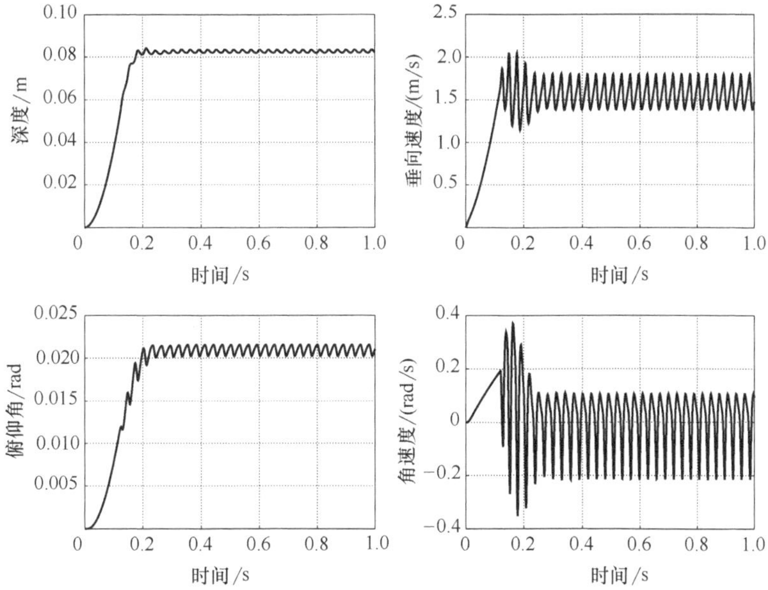

图 6-17 $k_z=8$ 时系统各个状态变量的响应曲线

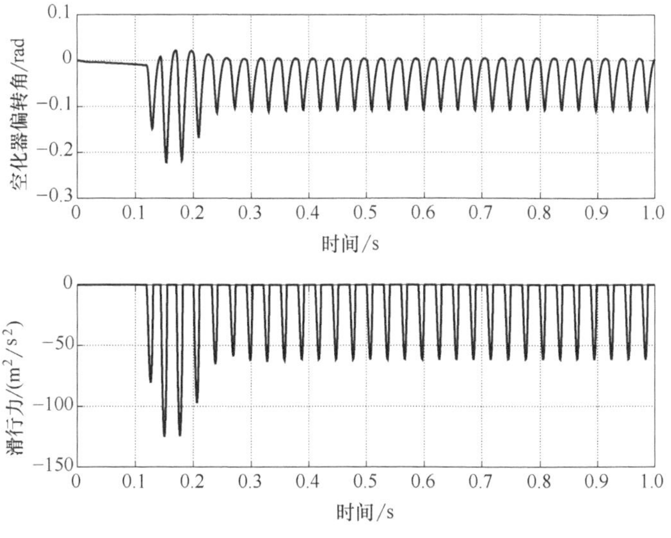

图 6-18 $k_z=8$ 时的空化器偏转角和滑行力

从图 6-17 可见，$k_z=8$ 时系统的静差为 $\Delta z=0.083\text{m}$，即航行体的大部分已经都在空泡壁外部。故在实际情况下，外回路的增益不能比 15 再小了，否则航行体就会脱离空泡运行。

若外回路增益再大，就会增大执行机构的行程，使执行机构进入饱和，增大外回路增益

$k_z=30$ 的情况将在下一节进行验证。

综上，增益 $k_z=15$ 是较为合适的，即反馈控制律式（6-58）是较为理想的设计，若换掉式（6-58）中的各项增益的系数，则不能保证航行体在空泡内运行的特殊性能要求，或者无法保证系统的运动学的低频特性和动力学的高频特性之间是解耦的，以上的仿真分析和第6.2.1节的理论设计的结果相统一。

6.2.3.2 扰动条件下的恢复性能分析

设某种扰动的情况下，航行体的垂向速度出现了一脉冲型的波动 Δw。如图6-19所示，这个的脉冲幅度为3m/s，延续时间为0.2s。

图6-20为这个脉冲扰动下航行体在控制律式（6-58）作用下的响应过程。图6-21为相应的空化器转角及滑行力。

从图6-20中可见，在所设计的控制律式（6-58）的作用下，航行体经一次来回反冲后系统就恢复了原来的稳态的运动状态，航行体不会与空泡上下壁来回碰撞，这说明了设计的控制律具有良好的稳定性能，从图6-21所示的空化器的偏转角曲线可见，此时在调节过程中的执行机构偏转角接近0.5rad，执行机构的动作在超空泡航行体正常的工作范围内，满足第6.2.1.1节提出的超空泡航行体控制设计的特殊要求。

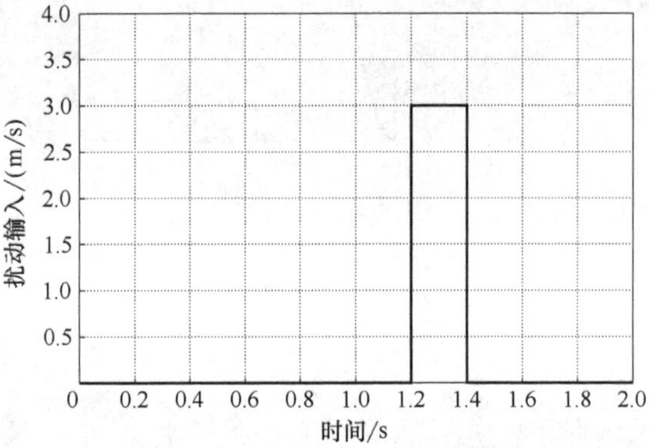

图6-19 垂向速度的扰动输入曲线

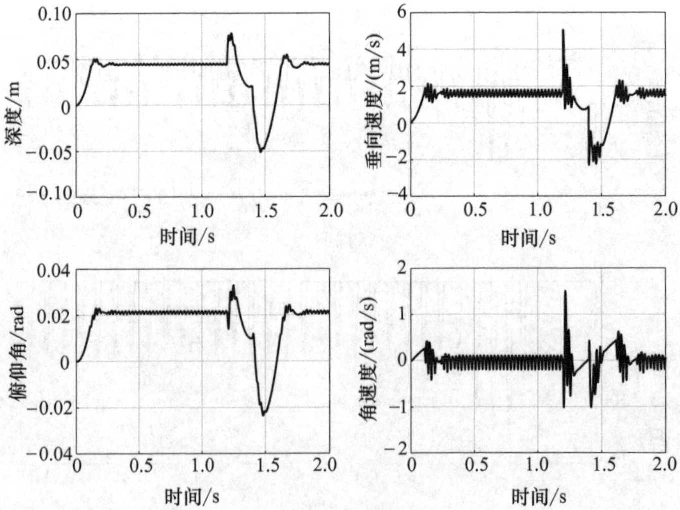

图6-20 控制律式（6-58）作用下系统的扰动响应

若增大外回路的增益，执行机构就会很容易进入饱和区，现保持内回路的增益不变，增大外回路增益至 $k_z=30$ 进行验证。图6-22为脉冲扰动图6-19下 $k_z=30$ 时的响应过程，图6-23为相应的空化器转角和滑行力。从图6-22中可见当增大外回路增益为 $k_z=30$ 时，空化器偏转角

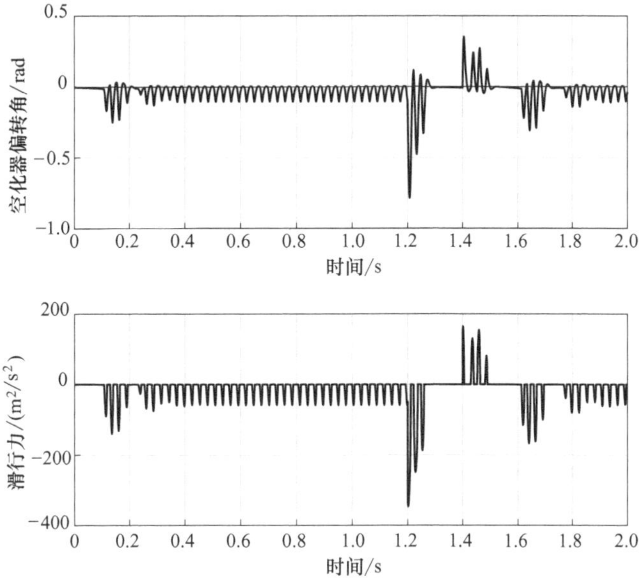

图 6-21　扰动作用下控制律式（6-58）的空化器偏转角和滑行力

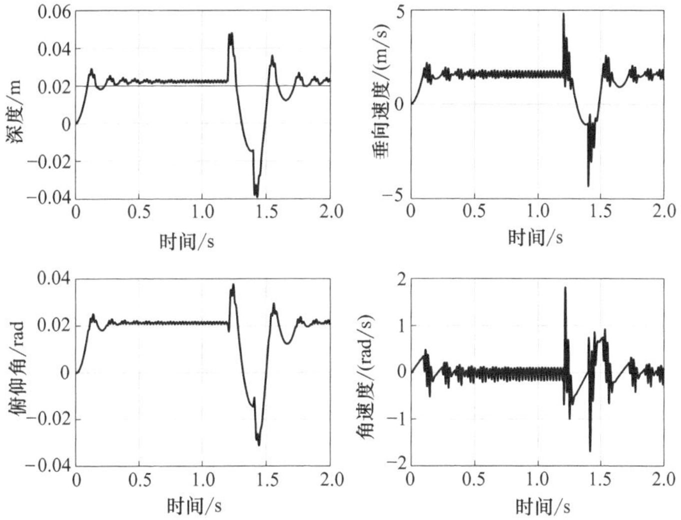

图 6-22　$k_z=30$ 时扰动作用下系统的扰动响应

的正反向的峰值都会超过 0.5rad，所以增益过大时容易进入饱和，实际上也达不到理想的效果。这里的仿真分析又一次证明了前面用 Bode 图来处理所得到的反馈增益式（6-58）是较为理想的选择。

超空泡航行体的沉浮和俯仰运动之间存在着较强的动态耦合，而且航行体的动力学与运动学之间还存在着耦合。为要保证航行体在有限内径的空泡内运行，当受到扰动后不会来回碰撞空泡壁是超空泡航行体反馈控制设计特殊的要求。所以控制设计不单单是稳定与否的问题，而是要使这样一个强耦合且弱阻尼易起振的系统在有限内径的空泡内稳定运行。此外还要确保执行机构不进入饱和。

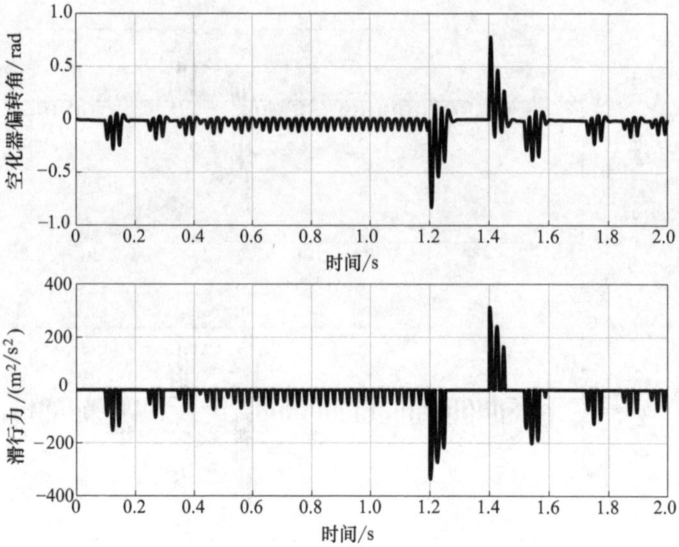

图 6-23　$k_z=30$ 时扰动作用下的空化器偏转角和滑行力

超空泡航行体的控制传统上是一种状态反馈控制，可用回路解耦的思想来处理状态反馈设计，这是因为一般情况下系统动力学方面的响应是比较快的，所以控制设计时动态耦合引起的稳定性问题可以先用一个较快的内回路即姿态回路来镇定。又因为运动学方面的耦合关系一般是比较慢的，故采用低频模型来处理较慢的外回路的设计问题。这样的设计处理物理概念清楚，而且每个回路设计时的阶次又比较低，便于设计。这里的每一个状态反馈增益的选取都有明确的物理含义，为复杂系统的状态反馈设计提供一种新的设计思路。

6.3　超空泡航行体的 H_∞ 控制

超空泡航行体的运动方程是一个含有强耦合的四阶方程，并且其尾部与空泡碰撞会产生一个很大的外扰动（滑行力），航行体是在这个持续的扰动力作用下运行的，所以这一节是进一步将滑行力这个外输入的影响考虑在设计内，采用 H_∞ 控制。H_∞ 设计是在保证稳定性的前提下综合考虑在外扰作用下系统性能要求的控制设计。

根据第 2.4 节的研究可知，H_∞ 状态反馈的 Riccati 方程的求解已有标准的 MATLAB 函数，所以 H_∞ 状态反馈设计的主要问题就是根据系统的综合性能要求的加权系数的选择问题。对于超空泡航行体来说，权系数的确定不但要综合考虑系统的带宽要求、低频特性要求等基本性能要求，还要考虑执行机构不能行程过大进入饱和、深度起伏不能超出狭小的空泡半径等超空泡航行体的特殊性能要求。

本节设计了超空泡航行体的 H_∞ 状态反馈，从 Riccati 方程的病态问题，系统低频特性的要求、带宽要求、姿态稳定性、执行机构行程、深度回路的输出等多方面综合考虑，采用 LQR 优化设计中的频率理论结果进行分析，给出了一个 H_∞ 加权系数的选择方案，并最终得到一个满足多方面性能要求的 H_∞ 状态反馈控制律。

这里首先要将超空泡航行体的设计问题转化为 H_∞ 状态反馈问题，再进行权系数设计和控制律的求取。

6.3.1 H_∞ 状态反馈设计

根据第 6.1 节的建模，超空泡航行体的运动方程从本质上来讲是一个非线性的方程，这个非线性主要是由尾部与空泡壁碰撞而产生的滑行力引起的，由于滑行力具有死区特性，当航行体位于空泡内运行时，滑行力为零，只有当航行体受到扰动后，垂向速度达到一定的阈值才会产生滑行力，所产生的滑行力又将航行体再弹回到空泡内，这时滑行力就消失了。所以这里将滑行力看作是航行体的外扰动输入，即 H_∞ 状态反馈问题的系统方程式（2-38）中的扰动输入 $\boldsymbol{w}=F_p$ [注意，与式（2-38）相同，为统一扰动输入的符号，这里仍使用 $\boldsymbol{w}$ 表示扰动，但与航行体垂直方向的速度记为 w 不同的是，这里使用了黑体]，H_∞ 控制设计的要求就是在滑行力这个外扰动力的作用下有良好的输出性能。所以，在 H_∞ 问题的标准符号下，超空泡航行体的标准运动方程可写为

$$\dot{\boldsymbol{x}}=\boldsymbol{A}\boldsymbol{x}+\boldsymbol{B}_1\boldsymbol{w}+\boldsymbol{B}_2\boldsymbol{u}+\boldsymbol{C} \tag{6-60}$$

式中输入矩阵与模型式（6-42）中的符号对应为 $\boldsymbol{B}_1=\boldsymbol{D}$，$\boldsymbol{B}_2=\boldsymbol{B}$。

超空泡航行体的系统方程式（6-60）为全量方程式，不过这里的平衡点为 $\boldsymbol{x}_0=0$，除去其中的常数项 $\boldsymbol{C}$ 后就是系统的增量方程式。$\boldsymbol{C}$ 项是重力加速度，主要影响系统稳态时的静差。稳态时重力与滑行力（平均值），以及空化器和尾翼产生的升力相平衡，使各个变量出现一定的稳态偏差。不过这些变量的稳态偏差是比较小的，例如深度 z 的稳态平均值约为 2×10^{-3}m。而 H_∞ 研究的是系统的动态性能，故 H_∞ 状态反馈设计中可以采用去掉 $\boldsymbol{C}$ 项后的方程式。去掉常数项 $\boldsymbol{C}$ 后的超空泡航行体方程式与 H_∞ 状态反馈问题标准方程式（2-38）形式上相一致。(关于常数项的进一步叙述见本章第 6.5 节)

本例中性能输出 [见式（2-39）] 中加权矩阵 $\boldsymbol{C}_1$ 和 $\boldsymbol{D}_{12}$ 可表示为如下形式：

$$\boldsymbol{C}_1=\begin{bmatrix}\beta_1 & 0 & 0 & 0\\ 0 & \beta_2 & 0 & 0\\ 0 & 0 & \beta_3 & 0\\ 0 & 0 & 0 & \beta_4\\ 0 & 0 & 0 & 0\\ 0 & 0 & 0 & 0\end{bmatrix},\boldsymbol{D}_{12}=\begin{bmatrix}0 & 0\\ 0 & 0\\ 0 & 0\\ 0 & 0\\ w_{21} & 0\\ 0 & w_{22}\end{bmatrix} \tag{6-61}$$

式（6-61）中 β_1、β_2、β_3、β_4、w_{21}、w_{22} 为待定的加权系数。当确定这些加权系数后，通过求解 Riccati 方程式（2-41）即可得到超空泡航行体的状态反馈控制律式（2-42）。超空泡航行体的 H_∞ 状态反馈的控制框图如图 6-24 所示。

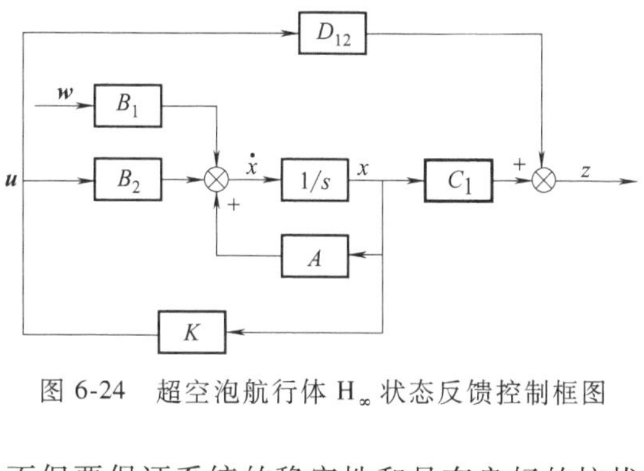

图 6-24 超空泡航行体 H_∞ 状态反馈控制框图

6.3.1.1 总体设计思路

第 2 章的 H_∞ 设计已经表明，H_∞ 控制是保证稳定性的前提下，对持续扰动下的系统求加权性能输出最优的一种综合控制设计。不但要保证系统的稳定性和具有良好的抗扰动性能，同时还要考虑到系统的带宽约束和频率特性要满足实际系统的要求。对于超空泡航行

体来说，还要考虑执行机构的行程不能达到饱和状态，并且深度回路起伏不能超出空泡内径等特殊控制性能要求。上述几个方面的要求均和加权系数的选取相关，所以如何选择合适的加权系数使综合性能输出满足诸多的性能要求，也是超空泡航行体 H_∞ 状态反馈控制设计的关键问题。

超空泡航行体的 H_∞ 状态反馈设计中有 6 个加权系数 β_1、β_2、β_3、β_4、w_{21}、w_{22} 待定，要根据综合性能要求相互协调统一考虑。

首先，要避免 Riccati 方程式（2-41）的计算中出现病态问题，而 Riccati 方程与权系数 w_{21}、w_{22} 相关，所以可根据 Riccati 方程各项的系数关系首先将这两个权系数确定下来。

其次，系统中的运动学回路（深度回路和垂向速度回路）是慢变回路，主要关系到系统的低频特性，所以可以在带宽基本确定下来后，再来确定与深度回路垂向速度回路相关的权系数 β_1 和 β_2，以保证深度回路的性能输出满足空泡半径的限制。

最后，系统中的动态特性回路（俯仰角 θ 回路和旋转角速度 q 回路）是相对快变回路，关系到系统的带宽，并且 q 项和 θ 项是一种微分关系，q 项起到一种 PD 控制的作用，β_3 和 β_4 是 q 和 θ 的加权，这两项的加权相加即是对 PD 控制的加权，所以这两个加权系数应该根据系统的带宽要求相互协调统一考虑。

综上分析，在权系数选择时，可根据带宽要求和避免 Riccati 方程的病态问题入手，先将加权系数 w_{21}、w_{22}、β_3、β_4 确定，再根据系统的低频性能要求和深度回路的输出要求来初步选定 β_1 和 β_2。

这里需要指出的是在初步选取了权系数后，还要考虑到空泡和尾翼的偏转角都不能过大而进入饱和，所以初步选定后还要对权系数进行调整才能最终确定。因为系统的高低频特性以及带宽均反应在系统的奇异值曲线上，而 LQR 优化问题的频率特性理论成熟，所以本节的权系数选取方案是采用 LQR 优化问题中的频域性质来作为分析的理论依据。下文的第 6.3.1.2 节即结合了超空泡航行体的 H_∞ 状态反馈控制问题给出 LQR 优化问题中的频域特性，以便根据频率性质来具体考虑权系数的选取；第 6.3.1.3 节是根据频率特性、带宽要求、深度回路性能输出等性能要求具体给出了一组满足多方面性能要求的加权系数，并给出了这组加权系数下相对应的 H_∞ 状态反馈控制律；第 6.3.1.4 节分析了在这个控制设计中存在的求解病态问题。

6.3.1.2 LQR 优化解的频率特性

结合第 2.4.2 节给出奇异值求取公式，以便根据频率性质和带宽要求分析和给出 H_∞ 状态反馈控制设计的加权系数选择。

LQR 问题的代价函数式（2-45）中 $\boldsymbol{Q}=\boldsymbol{H}^{\mathrm{T}}\boldsymbol{H}\geqslant 0$，$\boldsymbol{R}=\boldsymbol{R}^{\mathrm{T}}$。为方便计算，这里设 $\boldsymbol{R}=\rho\boldsymbol{I}$。对于超空泡航行体的 H_∞ 状态反馈设计来说

$$\rho=w_{21}^2=w_{22}^2 \tag{6-62}$$

$$\boldsymbol{H}=\begin{bmatrix}\beta_1 & 0 & 0 & 0\\ 0 & \beta_2 & 0 & 0\\ 0 & 0 & \beta_3 & 0\\ 0 & 0 & 0 & \beta_4\end{bmatrix} \tag{6-63}$$

用 $\boldsymbol{L}(\mathrm{j}\omega)$ 来表示系统的开环传递函数，那么

$$L(\mathrm{j}\omega)=K(sI-A)^{-1}B_2=K\Phi(\mathrm{j}\omega)B_2 \tag{6-64}$$

式中，K 如式（2-43）所示，$\Phi(\mathrm{j}\omega)$ 为对象的传递函数

$$\Phi(\mathrm{j}\omega)=(sI-A)^{-1} \tag{6-65}$$

参照式（2-56），可得

$$\sigma_i[I+L(\mathrm{j}\omega)]=\sqrt{1+\frac{1}{\rho}\sigma_i^2[H\Phi(\mathrm{j}\omega)B_2]} \tag{6-66}$$

式（6-66）即给出了系统的奇异值的计算公式。从式中可见，系统的奇异值和加权矩阵相关，所以可以通过加权系数的选择来调整系统的奇异值而满足设计的性能要求。

6.3.1.3 H_∞ 状态反馈权系数的选取

从 Riccati 方程式（2-41）及航行体的参数式（6-43）中可见，Riccati 方程中的二次项 $(\gamma^{-2}B_1B_1^{\mathrm{T}}-B_2\rho^{-1}B_2^{\mathrm{T}})$ 中的 B_1 相对 B_2 的数量级相差很大，一般情况下性能指标应该是个位数，而 ρ 的值较小时，这个 Riccati 方程就会是一个病态方程，所以 ρ 应该取较大的值才能使 Riccati 方程中的 B_1 和 B_2 两项相匹配。因为权系数中的 w_{21}、w_{22} 构成了性能输出中的 D_{12}，也就是 Riccati 方程中的 ρ，故先确定一个方便计算的相等的 w_{21} 和 w_{22}，使 Riccati 方程的二次项中 B_1 和 B_2 的这两个分量能相匹配，另外，w_{21} 和 w_{22} 还与系统的带宽有关，在初步设计中先取

$$w_{21}=w_{22}=150 \tag{6-67}$$

因为 β_3 和 β_4 是状态变量 q 和 θ 的加权，这两项的加权相加即是对 PD 控制的加权，所以

$$\beta_3G_\theta(s)+\beta_4G_q(s)=\beta_3\left(1+\frac{\beta_4}{\beta_3}s\right)G_\theta(s)=\beta_3(1+T_ds)G_\theta(s) \tag{6-68}$$

这个 PD 控制主要是对俯仰角 θ 的姿态回路起稳定作用，数值上与系统的带宽相关。这里取系统的带宽在 200rad/s 的频段上，故取 $T_d=0.005\mathrm{s}$，即

$$\beta_3=200\beta_4 \tag{6-69}$$

初步设计中，选 $\beta_4=1$，则

$$\beta_3=200\beta_4=200 \tag{6-70}$$

在带宽基本确定后，再来分析系统的频率特性，因为单输入系统的奇异值特性只有一条，可以直接根据频率特性的概念来进行讨论，为了简化计算，现在用单输入系统来估算和分析讨论，假设在计算中设系统只有一个输入 δ_c，而 $\delta_f=0$ 即尾翼保持水平不参与控制，这种尾翼不参与控制，只控制空化器偏转，也是超空泡航行体一种典型的工作模式。

因为我们主要关注的是系统的低频特性，一般情况下开环增益在低频段上是较大的，即 $\sigma_i[L(\mathrm{j}\omega)]\gg1$，参照式（2-57）可由式（6-66）获得系统的低频近似特性

$$L(\mathrm{j}\omega)\approx\frac{H\Phi(\mathrm{j}\omega)B_2}{\sqrt{\rho}} \tag{6-71}$$

式中，$\Phi(\mathrm{j}\omega)B_2=(\mathrm{j}\omega I-A)^{-1}B_2$ 就是从控制输入 δ_c 到四个状态变量的频率特性 $G_z(\mathrm{j}\omega)$、$G_w(\mathrm{j}\omega)$、$G_\theta(\mathrm{j}\omega)$、$G_q(\mathrm{j}\omega)$ 组成的矩阵，那么

$$L(\mathrm{j}\omega)\approx\frac{H\Phi(\mathrm{j}\omega)B_2}{\sqrt{\rho}}\approx\frac{1}{w_{22}}\begin{bmatrix}G_z(\omega)\beta_1\\G_w(\mathrm{j}\omega)\beta_2\\G_\theta(\mathrm{j}\omega)\beta_3\\G_q(\mathrm{j}\omega)\beta_4\end{bmatrix} \tag{6-72}$$

由于现在考虑的是低频特性，所以略去系统中的高频分量，$G_z(j\omega)$、$G_w(j\omega)$、$G_\theta(j\omega)$、$G_q(j\omega)$ 这四个传递函数的低频特性近似为

$$\begin{cases} G_z(j\omega)=\dfrac{305.27}{(j\omega)^2}, & G_w(j\omega)=-224.49 \\ G_\theta(j\omega)=-\dfrac{3.091(j\omega+1.317)}{j\omega}, & G_q(j\omega)=-3.091(j\omega+1.317) \end{cases} \tag{6-73}$$

将式（6-73）代入式（6-72）得略去高频分量 $L(j\omega)$ 的低频近似表达式为

$$L(j\omega)\approx\frac{H\Phi(j\omega)B_2}{\sqrt{\rho}}\approx\begin{bmatrix} \dfrac{305.27\beta_1}{(j\omega)^2 w_{22}} \\ \dfrac{-224.49\beta_2}{w_{22}} \\ -\dfrac{3.091(j\omega+1.317)\beta_3}{j\omega w_{22}} \\ -\dfrac{3.091(j\omega+1.317)\beta_4}{w_{22}} \end{bmatrix} \tag{6-74}$$

从式（6-74）中可以看到：系统的低频特性中第一项为最大，但随着 ω 很快衰减。以 $\omega=10\text{rad/s}$ 为例，此时 G_z 的幅值即为个位数了，相较第二项完全被淹没掉了，由于第一项的深度 z 是超空泡航行体的主要输出，低频部分应以这一项为主，而 β_2 对应的 G_w 为常数项，只起到拓展带宽的作用，为避免第二项的常数项淹没第一项深度回路的主要输出，式中的 β_1 应取较大的值，同时 β_2 应取较小的值。

另外，从式（6-74）中可知：系统开环频率特性矩阵 $L(j\omega)$ 中的第一项 G_z 所乘的系数 β_1/w_{22} 就相当于对状态变量 z 所加的反馈增益，β_1 越大对 z 的压制就越强，即可得到较大的反馈增益值，根据上述分析，现取

$$\beta_1=2300,\beta_2=0.01 \tag{6-75}$$

当 $\beta_1=2300$ 时，$\beta_1/w_{22}\approx15.33$，这个增益是一个在系统设计中可以接受的数据。

综合考虑到系统的带宽要求和低频特性要求，初步选取各个权系数为

$$\begin{cases}\beta_1=2300,\beta_2=0.01,\beta_3=200 \\ \beta_4=1,w_{21}=150,w_{22}=150\end{cases} \tag{6-76}$$

但这里要说明的是，上文的加权系数的初步选取，只是提供了一个设计思路，最后还要通过设计后的仿真验证来最后确定。

根据初步选定的加权系数式（6-76），用 MATLAB 中的 hinffi( ) 函数算得状态反馈律为

$$K_1=\begin{bmatrix}-2.38 & 0.72 & -53.04 & 0.94 \\ -15.34 & -0.22 & 16.20 & -0.05\end{bmatrix} \tag{6-77}$$

从控制律式（6-77）可见，第一行的增益值-53.04 偏大，这样大的增益值会使尾翼执行机构的动作过快，当航行体有初值扰动时，就有可能导致尾翼的偏转角 δ_f 瞬间过大，而进入饱和。

现假设超空泡航行体受到某种扰动后的初始状态 $x_0=[0\quad 2\quad 0\quad 0]^T$。在该初始状态和控制律式（6-77）的作用下，各个状态变量的响应曲线如图 6-25 所示，相应的控制输入和

滑行力如图 6-26 所示。从图 6-25 中可见，此时，超空泡航行体周期性地拍打空泡下壁稳定前行；但图 6-26 显示，尾翼偏转角已经达到了 1.5rad，这个动作的幅度过大，已经超出了实际工作的范围。

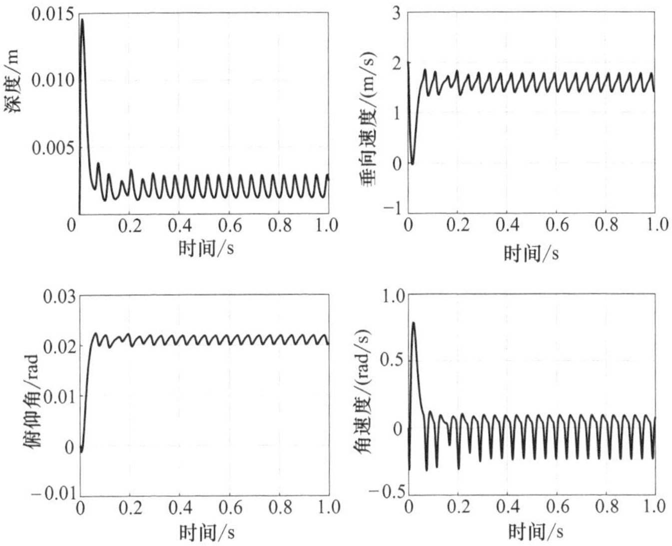

图 6-25　控制律式（6-77）作用下的状态响应

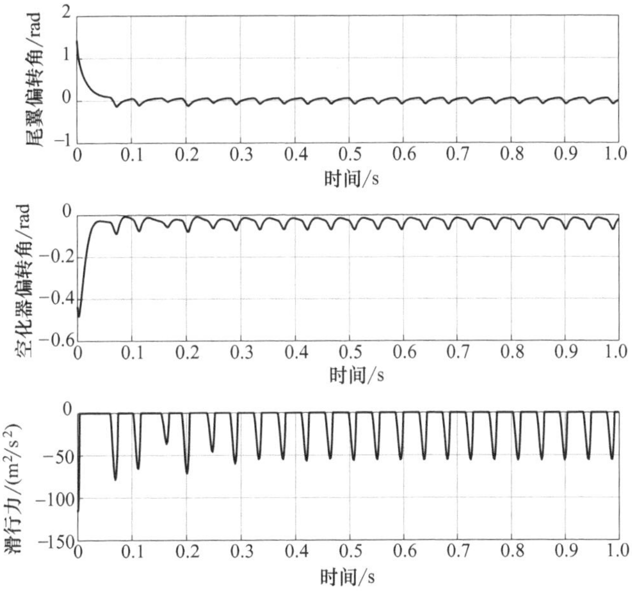

图 6-26　控制律式（6-77）作用下的控制输入和滑行力

为避免尾翼过早地进入饱和，可增加 δ_f 的加权系数，根据初步选定的加权系数式（6-76），加大 δ_f 的加权系数 w_{21}，最终选取加权系数为

$$\begin{cases}\beta_1 = 2300, \beta_2 = 0.01, \beta_3 = 200 \\ \beta_4 = 1, w_{21} = 300, w_{22} = 150\end{cases} \tag{6-78}$$

根据调整后的加权系数式（6-78），用 MATLAB 中的 hinffi( ) 函数算得状态反馈控制律为

$$\boldsymbol{K}_2=\begin{bmatrix}-0.59 & 0.18 & -13.52 & 0.24\\ -15.34 & -0.22 & 16.20 & -0.05\end{bmatrix} \tag{6-79}$$

对应的 H_∞ 范数指标为

$$\gamma_1=1.6969 \tag{6-80}$$

在初始状态 $\boldsymbol{x}_0=[0\quad 2\quad 0\quad 0]^{\mathrm{T}}$ 下，经调整加权系数为式（6-78）所得到的状态反馈控制律式（6-79）的作用下，各个状态变量的响应曲线如图 6-27 所示，相应的控制输入和滑行力如图 6-28 所示。从图中 6-28 可见，此时的空化器和尾翼偏转角均小于 0.5rad，执行机构的行程满足航行体实际工作的范围，故调整加权系数后所得的控制律式（6-79）避免了尾翼过早进入饱和，所以最终确定加权系数为式（6-78），H_∞ 状态反馈控制律为式（6-79）。

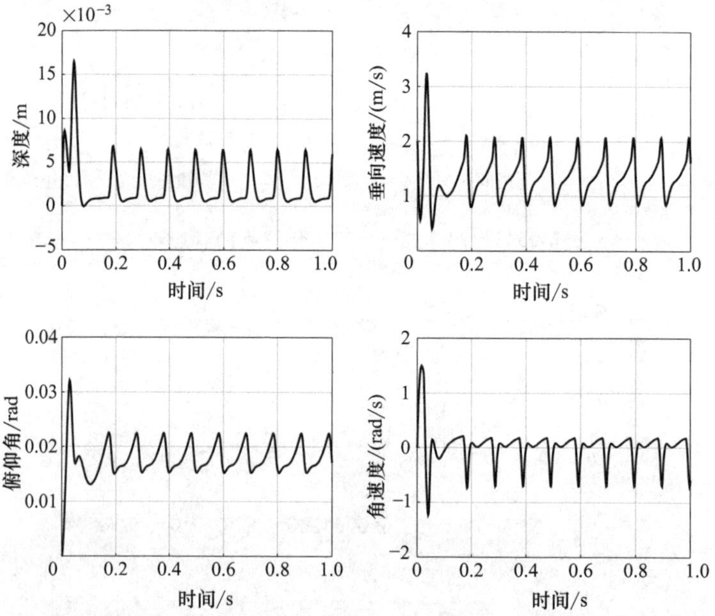

图 6-27　控制律式（6-79）作用下的状态响应

从图 6-27 中可见，在最终算得的 H_∞ 状态反馈控制律式（6-79）作用下，超空泡航行体的深度 z 和俯仰角 θ 的值均为正，此时，航行体是位于空泡中心线偏下，头部微抬，尾部周期性地拍打着空泡下壁平稳前进的。这种周期性拍打是超空泡航行体一种典型的运行模式，本章第 6.2 节设计的常规反馈控制下，航行体也是以这种周期性拍打空泡壁的运行模式稳定前行的，这种周期性的拍打主要是由于航行体受到重力的作用而产生的（本章的第 6.5 节将着重讨论和解决这个拍打问题，在此不作详细分析）。实际的运行中，空化器和尾翼偏转产生的向上控制力与滑行力一起来平衡航行体的重力，保证航行过程中的力矩平衡。从图 6-27 中还可以观察到，稳态后航行体的深度沉浮的平均值约为 0.007m，远远小于空泡的内径 0.09m，能够保证超空泡航行体在空泡内运行的特殊控制要求。

图 6-27 和图 6-28 中稳定后的性能反映了扰动输入 $\boldsymbol{w}$ 下输出各分量的稳态响应，这也就是 H_∞ 设计下的性能。在此作粗略估算，姑且认为图 6-27 和图 6-28 中的波形为正弦波形。

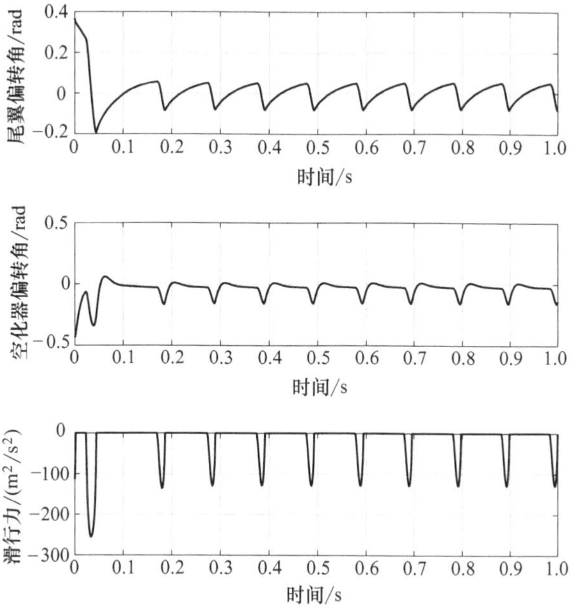

图 6-28 控制律式（6-79）作用下的控制输入和滑行力

从图中可读出：深度 z 的峰-峰值为 0.007m；尾翼控制偏转角 δ_f 的峰-峰值为 0.1rad；空化器控制偏转角 δ_c 的峰-峰值为 0.2rad。由于状态变量的加权系数 β_1 为最大，为突出主要问题，故估算中只取 β_1 这一项。这样根据式（2-39）可得性能输出 z 为

$$z=\begin{bmatrix}\beta_1 z_{p-p}\\ w_{21}\delta_f\\ w_{22}\delta_c\end{bmatrix}=\begin{bmatrix}2300\times 0.007\\ 300\times 0.1\\ 150\times 0.2\end{bmatrix}=\begin{bmatrix}16.1\\ 30\\ 30\end{bmatrix} \tag{6-81}$$

则$\sqrt{|z|^2}\approx 45.4$（注：这里只是估算，输出的计算中有多项已被略去，故得到的性能输出值只是近似值），而本例中外扰（滑行力）的输入的峰-峰值为 $130\mathrm{m}^2/\mathrm{s}^2$（参见图 6-28），输出值与输入值的比值小于 H_∞ 范数指标 $\gamma_1=1.6969$。从上面的估算过程可以清楚看出各加权系数对 H_∞ 性能指标的贡献。式（6-81）也可以作为加权系数修改的依据，在其他的 H_∞ 设计中也均可借鉴。

6.3.1.4 H_∞ 状态反馈设计中数值求解的病态问题

H_∞ 设计中有大量的矩阵运算，包括求解 Riccati 方程，尤其是矩阵求逆的计算，都可能带来大的数值计算误差。在第 6.3.1.3 节设计中，有用 Riccati 方程求解得到的 H_∞ 范数指标 γ_1，这个性能指标数值上应该与从扰动输入 $\boldsymbol{w}$ 到加权性能输出 z 闭环传递函数的奇异值曲线上的最大奇异值相等，可以以此来分析和验证求解过程中的数值病态问题。

从扰动输入 $\boldsymbol{w}$ 到加权性能输出 z 闭环传递函数为

$$T_{zw}=(C_1+D_{12}K_2)[s\boldsymbol{I}-(A+\boldsymbol{B}_2\boldsymbol{K}_2)]^{-1}\boldsymbol{B}_1 \tag{6-82}$$

从式（6-82）可见，传递函数的计算中有一个矩阵的求逆问题，即对矩阵 $\boldsymbol{\varphi}(s)$ 求逆

$$\boldsymbol{\varphi}(s)=s\boldsymbol{I}-(A+\boldsymbol{B}_2\boldsymbol{K}_2) \tag{6-83}$$

图 6-29 是矩阵 $\boldsymbol{\varphi}(s)$ 的奇异值曲线。

从图 6-29 中可见，在低频部分 $\varphi(s)$ 的最大奇异值和最小奇异值相差约 2×10^4 倍，$\varphi(s)$ 的最大奇异值 $\sigma_{\max}$ 与最小奇异值 $\sigma_{\min}$ 的比值很大，即矩阵 $\varphi(s)$ 的条件数 $\sigma_{\max}/\sigma_{\min}$ 很大，所以在 $\varphi(s)$ 求逆的时候是存在着病态问题的。

针对这一问题，本节设计的计算中采用的是 MATLAB 中的全信息函数 hinffi( )，这个函数的运算实际上是采用的 DGKF 算法，DGKF 算法对这种病态问题进行了特殊处理，避免了数值上的误差。传函 T_{zw} 的奇异值曲线如图 6-30 所示，其最大奇异值为 4.6dB ≈ 1.6765。而 Riccati 方程计算得到的范数指标 $\gamma_1=1.6769$，满足式（2-40），并不存在数值上的病态问题。但本例中的对象是存在病态的，需要指出的是如果手工求解 H_∞ 问题或者直接求解 Riccati 方程来得到状态反馈控制律，就会导致计算结果有很大的数据偏差。

从上面分析可见，从控制的角度来说，超空泡航行体是一个很严重的病态对象，除了要选用正确的算法来避免矩阵求逆中的问题外，本节在权系数选取中的分析和设计也起到了很重要的作用。如果在权系数的选择上偏离了上文的设计思路，这个超空泡航行体就很可能不能在空泡内运行了，见第 6.3.3 节。

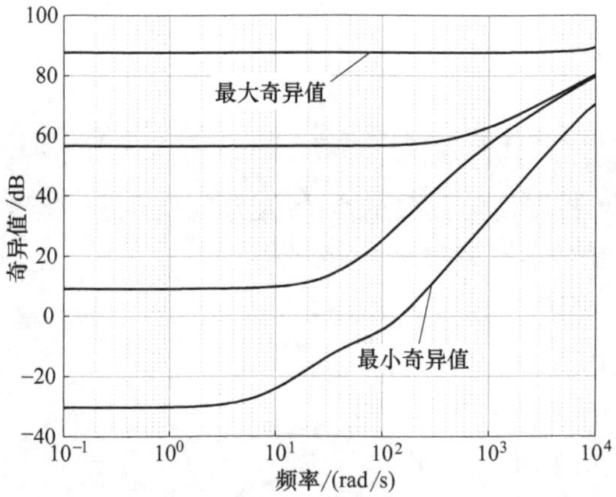

图 6-29 $\varphi(s)$ 的奇异值曲线

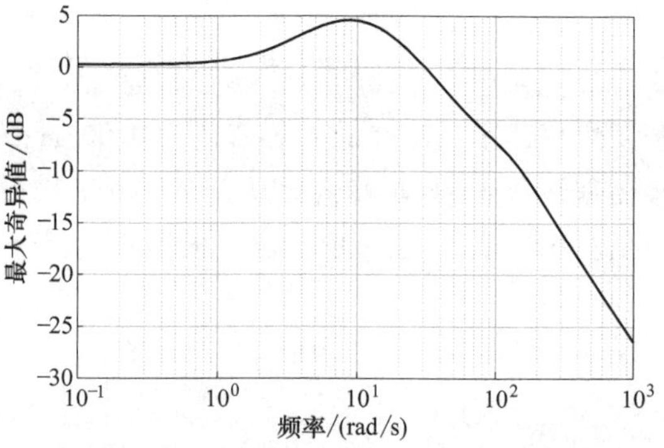

图 6-30 扰动输入到加权性能输出的最大奇异值特性

6.3.2 超空泡航行体 H_∞ 状态反馈下的性能

假设航行体在 1.2s 时受到某种扰动，使航行体的垂向速度出现一脉冲型的波动，该脉冲的幅度为 2m/s，延续时间为 0.2s。在 H_∞ 状态反馈控制律式（6-79）的作用下，各个状态变量的响应曲线如图 6-31 所示，对应的控制输入及滑行力扰动输入如图 6-32 所示。

从图中可见，当给速度一个方波扰动后，航行体虽然受到较大的滑行力的反推作用，但能很快地稳定下来。图中没有出现反向的滑行力脉冲，表明航行体在受到扰动后并没有来回冲撞空泡壁，本例中甚至一次都没有反向撞击空泡壁，说明上面的设计是成功的。

6.3.3 对比分析

第 6.3.1 节的 H_∞ 控制设计的加权系数选取是多方面考虑了系统的综合性能要求，比如系统的低频特性、带宽要求、深度回路输出和执行机构饱和等特殊性能要求。有些文献中的 H_∞ 控制设计直接选择单位矩阵加权，对超空泡航行体这样一个特殊的控制对象来说有可能是不成功的。

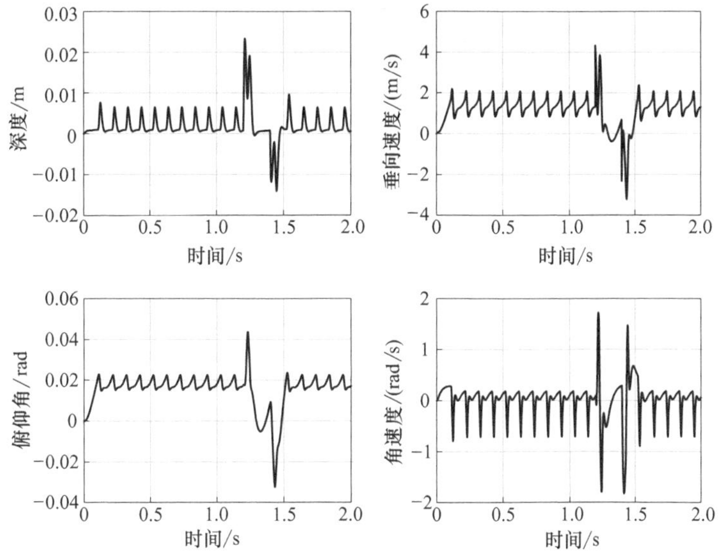

图 6-31　控制律式（6-79）作用下的状态响应

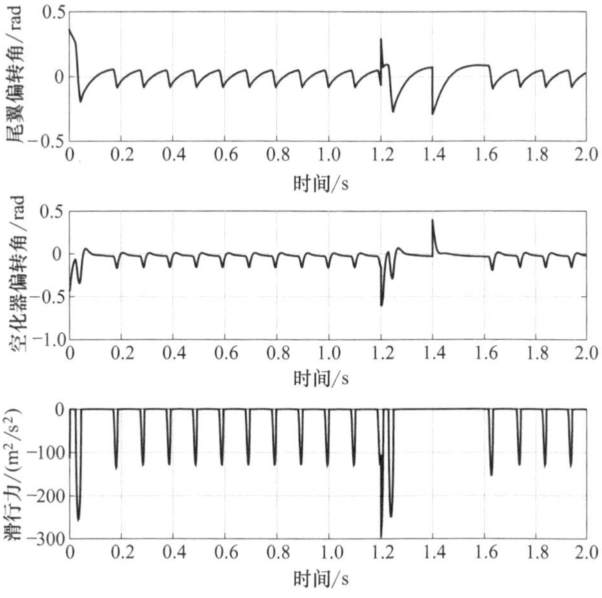

图 6-32　控制律式（6-79）作用下的控制输入和滑行力

为了进一步说明对加权系数设计的必要性，本节将把正常设计和选择单位加权两种设计的性能进行对比分析。第 6.3.3.1 节给出单位矩阵加权的 H_∞ 控制设计，第 6.3.3.2 节是对稳定性的对比，第 6.3.3.3 节是在有扰动的情况下的性能对比。分析结果显示，仅仅是选择单位矩阵加权的设计，会有系统带宽过高，深度回路的输出起伏过大等问题。当航行体有扰动时，系统恢复过程的执行机构动作过快，并且，当滑行力有一个小的扰动，航行体就会超出空泡而浸入水中。

6.3.3.1 权矩阵为单位阵的 H_∞ 状态反馈

若取权系数为单位阵，即选取加权系数为

$$\begin{cases}\beta_1=1,\beta_2=1,\beta_3=1,\beta_4=1\\ w_{21}=1,w_{22}=1\end{cases}\tag{6-84}$$

用 MATLAB 中的全信息函数 hinffi( ) 算得状态反馈控制律为

$$\boldsymbol{K}_3=\begin{bmatrix}-0.38 & 0.83 & 6.49 & 1.45\\ -0.93 & -0.54 & 12.27 & 0.84\end{bmatrix}\tag{6-85}$$

相对应的范数指标为

$$\gamma_2=0.006\tag{6-86}$$

在控制律式（6-85）下，扰动输入到加权性能输出的奇异值特性如图 6-33 所示，图中的最大奇异值约为 −44.5dB ≈ 0.006。从最终得到的范数指标上来看，选取单位矩阵加权的范数指标 γ_2 要远小于式（6-80）正常设计下得到的范数指标 γ_1，但单位矩阵加权得到的反馈控制形式上是保证了输入输出比值最小，没有综合考虑到系统的其他性能要求，对各个变量平均加权，相当于设计中没有提出性能要求。

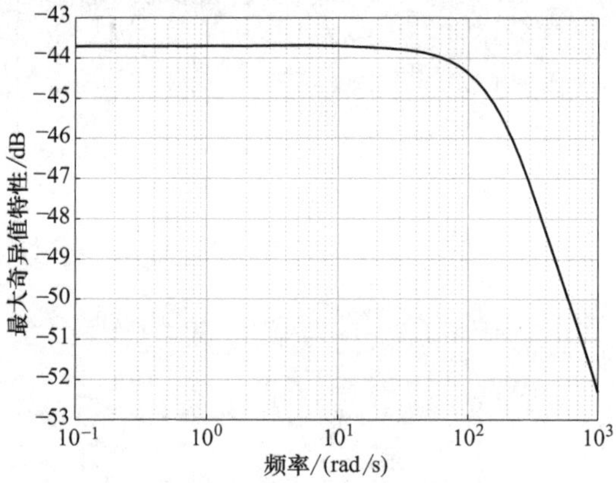

图 6-33 权系数为单位矩阵的最大奇异值特性

6.3.3.2 稳定性的对比

单位矩阵加权所得的控制律式（6-85）下的系统极点为

$$\widetilde{p}_{1,2}=-4.9\pm4.1\text{j},\widetilde{p}_3=-225.6,\widetilde{p}_4=-1309.9\tag{6-87}$$

而第 6.3.1 节加权设计得到的 H_∞ 状态反馈控制式（6-79）的闭环极点为

$$p_{1,2}=-85.74\pm85.47\text{j},p_3=-6.83,p_4=-13.96\tag{6-88}$$

从最终的极点来看，显然单位矩阵加权的设计稳定性较好。但单位加权并没有考虑到系统的带宽限制，极点 $\widetilde{p}_3$、$\widetilde{p}_4$ 明显过大，这样高的带宽超出了执行机构的数学模型的带宽，实际的机械系统（尾翼和空化器）无法实现如此快速的响应。

为了方便对比分析，在此仍然假设航行体受到扰动后的初始状态为 $\boldsymbol{x}_0=[0\quad 2\quad 0\quad 0]^{\mathrm{T}}$，图 6-34 为控制律式（6-85）作用下，各个状态变量的响应曲线，相应的控制输入和滑行力如图 6-35 所示。从图 6-34 中可见：仅经过 0.01s 的过渡过程后，航行体垂向速度和旋转角速度即迅速回零，经过 0.4s 后深度和俯仰角也逐渐平稳。从图 6-35 中可见：此时的过渡过程要求尾翼的偏转角在 0.01s 内的动作就超过 4rad，空化器的偏转角也达到了 1rad，这样快速的动作实际中是无法实现的，并且执行机构的行程也大大超过了饱和的上限。

从图 6-34 还可以看到，此时的深度回路的稳态值接近 0.05m，这个深度起伏已经接近了航行体和空泡的半径差，航行体是在空泡的边缘运行的，一旦稍有扰动就可能超出空泡浸入水中。

下面将系统的 w、θ、q 回路闭环，深度 z 回路在点 a 处断开（如图 6-36 所示），从 z 回路的开环传递函数的奇异值特性曲线上，来进一步讨论两种加权系数下深度回路的性能。

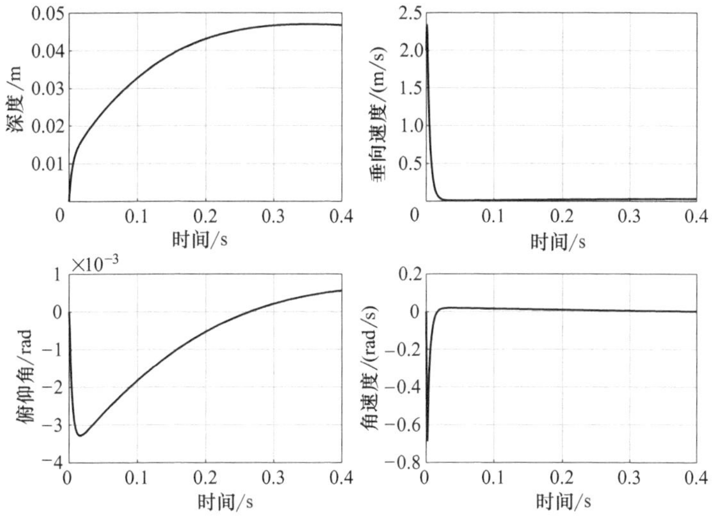

图 6-34　控制律式（6-85）作用下的状态响应

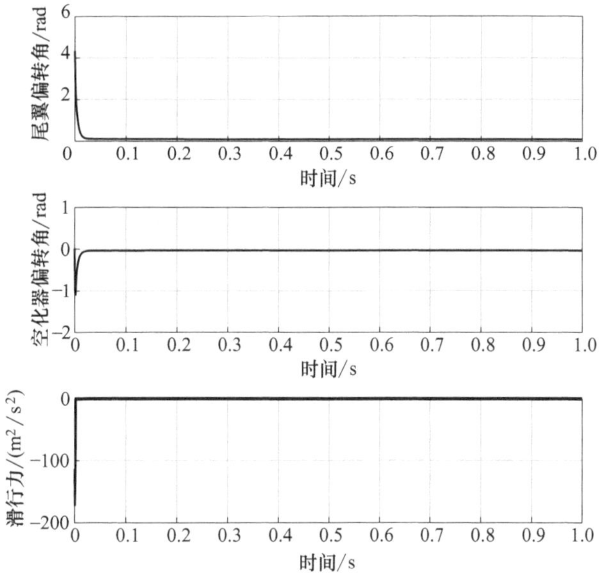

图 6-35　控制律式（6-85）作用下的控制输入和滑行力

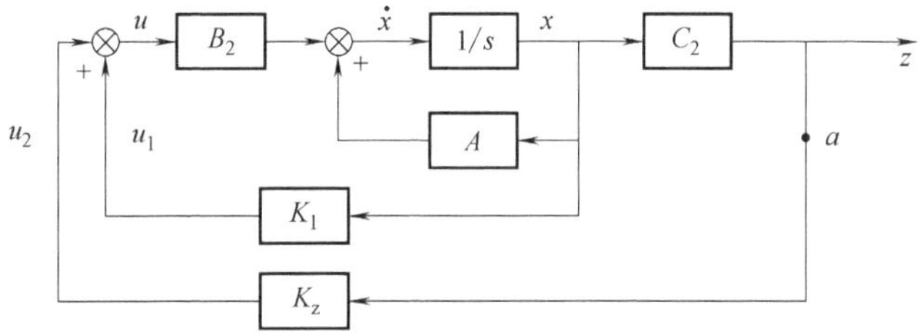

图 6-36　深度回路断开后的控制框图

图 6-36 中的

$$C_2=[1\quad 0\quad 0\quad 0],\ K_1=K\begin{bmatrix}0&0&0&0\\0&1&0&0\\0&0&1&0\\0&0&0&1\end{bmatrix},\ K_Z=K\begin{bmatrix}1&0&0&0\\0&0&0&0\\0&0&0&0\\0&0&0&0\end{bmatrix} \tag{6-89}$$

式中，$\boldsymbol{K}$ 为 H_∞ 状态反馈控制律。从控制输入 u 到深度输出 z 的开环传递函数为

$$\boldsymbol{T}_{uz}=\boldsymbol{C}_2[s\boldsymbol{I}-(\boldsymbol{A}+\boldsymbol{B}_2\boldsymbol{K}_1)]^{-1}\boldsymbol{B}_2\boldsymbol{K}_Z \tag{6-90}$$

传递函数式（6-90）的奇异值曲线如图 6-37 所示，图中的实线为正常设计时所选的权系数式（6-79）的情况，虚线为单位矩阵加权的情况。

从图 6-37 中可见，单位矩阵加权的穿越频率 ω_c 约为 4rad/s，而正常设计的加权约为 80rad/s，这表明由于单位矩阵加权的设计实际上对性能没有提出要求，设计的结果除系统带宽过宽外，主要的深度回路的带宽又过窄，会导致深度起伏过大，航行体会浸入水中，破坏在空泡内拍打着空泡壁前进的条件。

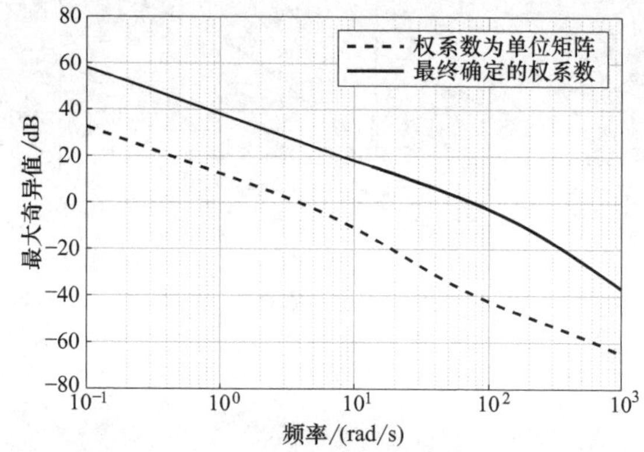

图 6-37　传递函数式（6-90）奇异值曲线

6.3.3.3　扰动抑制性能的对比

从扰动输入 $\boldsymbol{w}$ 到状态输出 $\boldsymbol{x}$ 的闭环函数为

$$\boldsymbol{T}_{xw}=\boldsymbol{I}[s\boldsymbol{I}-(\boldsymbol{A}+\boldsymbol{B}_2\boldsymbol{K})]^{-1}\boldsymbol{B}_1 \tag{6-91}$$

式中，$\boldsymbol{I}$ 为单位矩阵；扰动输入 $\boldsymbol{w}$ 到四个状态变量 z、w、θ、q 的 Bode 图依次如图 6-38a～图 6-38d 所示。图 6-38 中的实线为 H_∞ 状态反馈控制律为式（6-79）下的 Bode 图，而虚线为单位矩阵加权所得的控制律式（6-85）下的 Bode 图。

从图 6-38 中可见，除深度回路以外，w、θ、q 回路中，单位矩阵加权的闭环输出均小于式（6-79）确定的权系数情况。所以从状态输出来看，单位矩阵加权的扰动抑制性能更优，这一点从最终得到的范数指标也可以预见。但对超空泡航行体来说，深度回路的输出是主要输出，一旦深度回路的起伏超过航行体和空泡的半径差，航行体就会浸入水中，甚至脱离空泡运行，这就失去了超空泡的减阻作用，也就不是超空泡航行体了。而式（6-79）的加权系数取了较大的权系数 β_1，保证了深度回路的低频特性要求。

现在假设超空泡航行体的滑行力有一个扰动 ΔF，相当于滑行力计算的数学模型中有一个误差，加上这个扰动力后，超空泡航行体的基本方程式如下

$$\dot{x}=\boldsymbol{A}\boldsymbol{x}+\boldsymbol{B}\boldsymbol{u}+\boldsymbol{C}+\boldsymbol{D}(F_p+\Delta F) \tag{6-92}$$

设 $\Delta F=30$，这里的扰动 ΔF 的量纲是 m^2/s^2，在这个量纲下 30 的这个扰动值是很小的一个扰动，只是垂向速度有一个 0.1m/s 的计算误差，就会使滑行力出现这个数值上的一个常值扰动，参见图 6-4。

存在扰动 $\Delta F=30$ 时，控制律式（6-85）的各个状态响应曲线如图 6-39 所示，相应的控制输入和滑行力如图 6-40 所示。控制律式（6-79）的各个状态响应曲线如图 6-41 所示，相

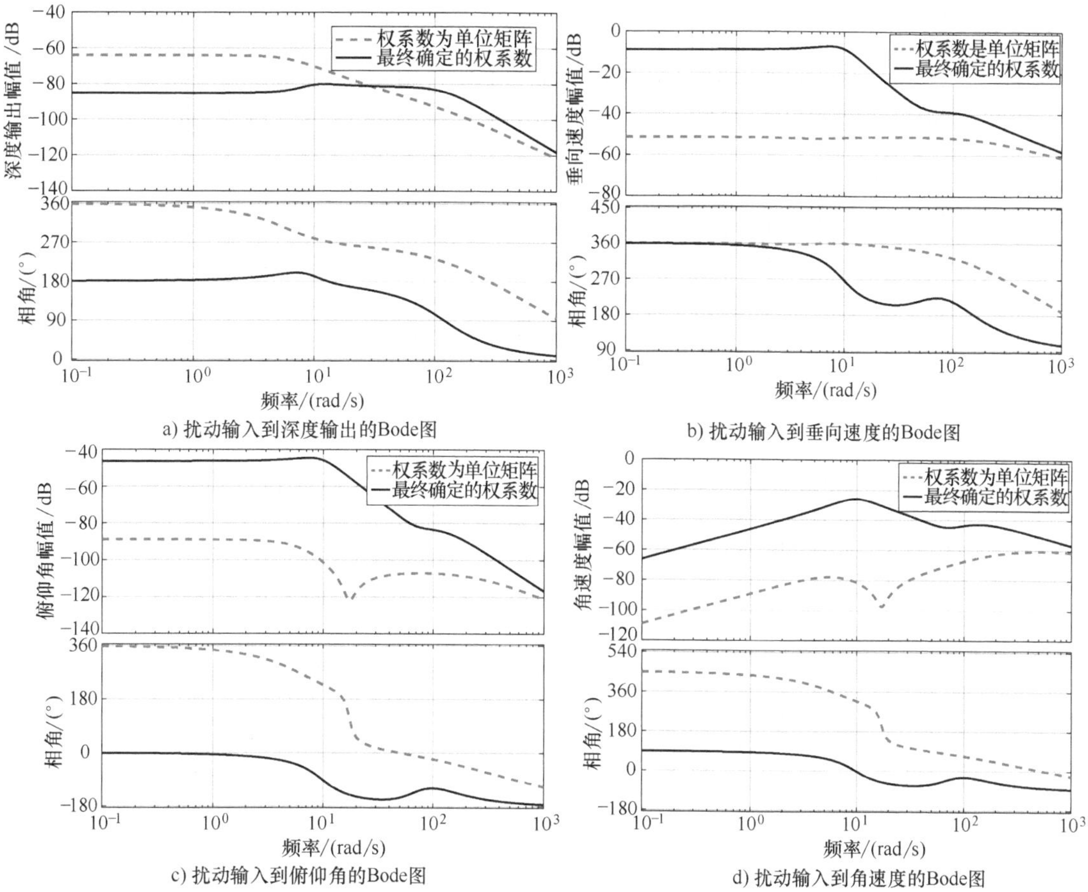

图 6-38　四个状态变量的 Bode 图

应的控制输入和滑行力如图 6-42 所示。从图 6-39 中可见，单位矩阵加权的情况下，航行体的深度起伏达到了 0.06m，而空泡半径和航行体的半径差只有 0.05m，所以此时航行体超出空泡内径，进入水中增加了运行的阻力。当加大扰动时，航行体甚至会脱离空泡（图略）。

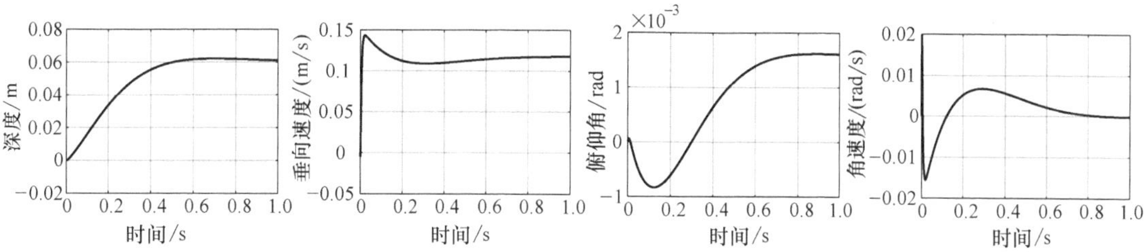

图 6-39　扰动作用下控制律式（6-85）作用下的状态响应

因此，存在扰动时，仿真结果和 Bode 图的理论分析都显示单位矩阵加权的设计对于超空泡航行体来说是不成功的。而图 6-41 显示，同样扰动情况下，正常设计式（6-79）下的深度起伏仅在 0.006m 左右，此时航行体是周期性拍打空泡下壁在空泡的内部稳定前行的，与无扰动时的图 6-27 基本上一致，说明前面的设计是成功的，对扰动或参数变化还具有一定的鲁棒性。

超空泡航行体是在滑行力持续外扰作用下运行的，所以采用 H_∞ 控制来处理外扰作用下的性能设计问题。而且由于空泡空间狭小，受到扰动后的调节过程很容易因为航行体与空泡壁上下碰撞而失稳。加上超空泡航行体空泡内径很小，深度起伏不能过大以及空化器和尾翼偏转角有饱和限制等这些特殊的稳定性要求，就导致有大量加权系数需要设计处理。

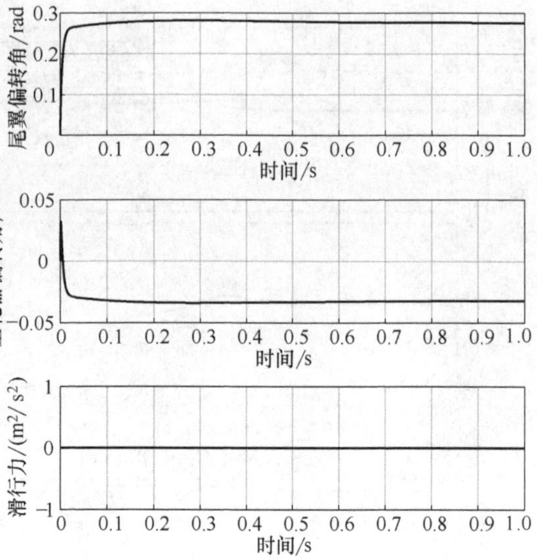

图 6-40　扰动作用下控制律式（6-85）下的控制输入和滑行力

本例中的加权系数一共有 6 个，如果盲目选取，工作量是非常大的。本节首先从 H_∞ 的性能要求出发，对系统的低频特性、带宽要求等多方面进行综合考虑，有效解决了 H_∞ 设计中众多加权系数的设计选择问题，缩小了加权系数的搜索范围。从最终选取得到的加权系数式（6-78）中可见，本例中的加权从 0.01 到 2300，数值上跨度非常大。如果按照一般理论上设定的加权矩阵 $\boldsymbol{Q}=\boldsymbol{I}$，$\boldsymbol{R}=\boldsymbol{I}$，$\boldsymbol{D}=\boldsymbol{I}$，在这类特殊的实际问题上会导致带宽过高、执行机构动作过快、执行机构进入饱和、深度回路起伏过大超出空泡内径等问题。

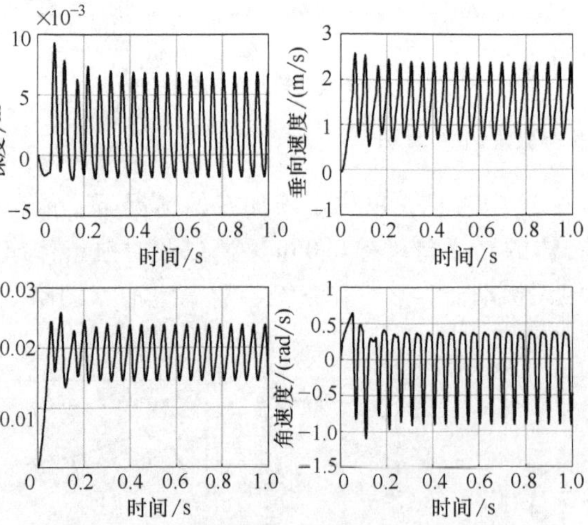

图 6-41　扰动作用下控制律式（6-79）下的状态响应

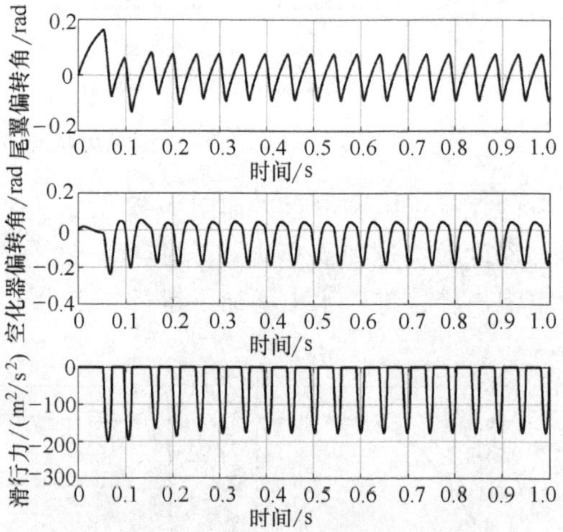

图 6-42　扰动作用下控制律式（6-79）下的控制输入和滑行力

6.4　超空泡航行体的时滞特性分析

实验研究证实超空泡具有记忆效应，这种记忆效应关系到超空泡航行体与空泡的相对位置，影响到航行体滑行力的计算。若考虑到空泡的记忆效应，超空泡航行体的滑行力不仅仅是和航行体的垂向速度相关，还与航行体的深度等变量相关，是含有多个输入的非线性时滞函数。由于超空泡航行体的运行主要是受到滑行力这个外力的影响，许多学者对超空泡航行体滑行力的时滞影响展开了研究。

对于时滞问题的研究中一般都是将超空泡航行体的非线性时滞模型转化为 LPV 模型来进行研究，其研究思路是将超空泡航行体时滞模型中的参数限制在一个线性凸多胞体内，将航行体的模型处理成凸多胞体的顶点而用线性来表示。Vanek 首先推导了超空泡航行体的时滞模型，Mao 等在 Vanek 文献的研究基础上，用线性矩阵不等式的方法推导了时滞依赖的鲁棒 H_∞ 控制律[17]。不过这样的研究是将各变量的范围扩大才能显出等效参数的变化。这使得滑行力的死区特性处于相对可忽略的程度。本节从由于死区特性造成的拍打的典型工况出发，来分析时滞的影响，给出航行体控制设计的思路。

6.4.1　超空泡的时滞效应及考虑时滞的滑行力

超空泡的形态和运行可以看作是空泡的各个截面独立膨胀的过程，超空泡的各个截面是以空泡中心线（空泡的对称轴称为空泡中心线）为圆心按一定规律膨胀的，这就是空泡的膨胀独立性原理。根据空泡的膨胀独立性原理，空泡在某一个截面的形态只与空化器经过该截面的速度、深度、空化数等参数相关。由于超空泡航行体的空化器位于航行体的头部，建模时坐标系与空化器固连在一起，并且超空泡航行体以速度 V 在水中高速前进，所以包裹着超空泡航行体的超空泡某一截面的中心线位置、空泡半径等参数，是由这一时刻之前空化器通过该截面某时刻的状态参数和位置决定的，这就好似空泡对空化器的运动状态有记忆一样，空泡的形态不由当前时刻的空化器参数决定，而是要根据过去时刻的参数来计算的现象就是超空泡的记忆效应。

图 6-43 为空泡的运行轨迹，记当前时刻为 t，空化器运动到图 6-43 中所示的 O 点的位置。根据空泡膨胀独立性原理，形成的该时刻整个空泡形状是由空化器 t 时刻之前的运动参数决定的。假设图中的空化器在（$t-\tau$）时刻经过图中 t 时刻的空泡的各个截面，空化器中心在 t 时刻的深度记为 $z(t)$，则空化器在经过空泡截面时的中心深度可表示为 $z(t-\tau)$，则 t 时刻的空泡中心线坐标为 $z(t-\tau)$。O'点和 O 点之间的距离可近似计算为 $V\tau$，以航行体尾部这个截面为例，因为航行体的长度为 L，则位于航行体头部的空化器经过航行体尾部的时滞为 $\tau=L/V$。

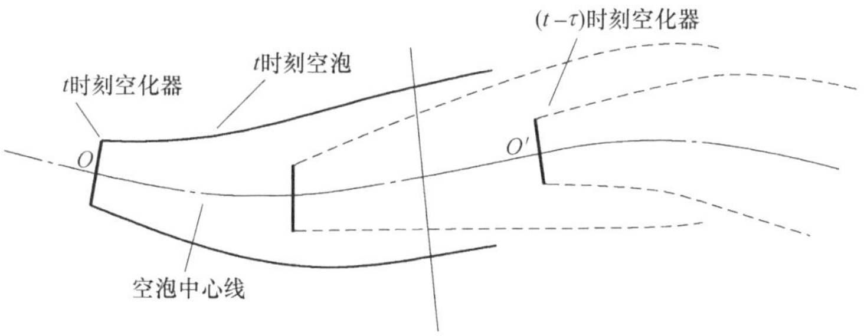

图 6-43　空泡的运行轨迹

若考虑到超空泡的记忆效应，则空泡和航行体的相对位置关系有所变化，空泡与航行体的相对位置关系影响到航行体尾部与空泡壁碰撞时的浸水深度 h_0 及入水角 Φ 的计算，即影响到尾部滑行力的计算（参见图 6-44）。

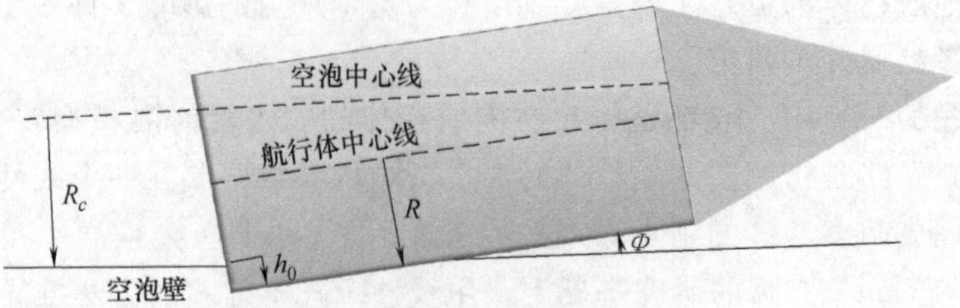

图 6-44　航行体尾部入水示意图

根据 Logvinovich 的滑行力计算公式，考虑了空泡记忆效应的滑行力表示为

$$\widetilde{F}_p=-V^2\left[1-\left(\frac{R'}{h'+R'}\right)^2\right]\cdot\left(\frac{1+h'}{1+2h'}\right)\Phi \tag{6-93}$$

这里的滑行力符号采用 $\widetilde{F}_p$ 表示，是为了与不考虑记忆效应的滑行力式（6-15）中的 F_p 区别开，其中 h_0 为考虑了空泡记忆效应的浸水深度，Φ 为考虑了空泡记忆效应的入水角，$h'=h_0/R$，$R'=(R_c-R)/R$，R_c 为空泡半径。

从式（6-93）中可见，滑行力的计算主要与浸水深度 h_0 及入水角 Φ 相关，当不考虑空泡的时滞效应时，浸水深度及入水角由式（6-16）和式（6-17）给出，此时滑行力是只与垂向速度相关的函数，当考虑了空泡的时滞效应后，尾部的浸水深度 h_0 就不能简单地用空泡半径和航行体半径差来计算，并且水角 Φ 也与时滞相关，所以考虑了空泡记忆效应的滑行力计算公式更加复杂。下面是考虑了空泡时滞效应的浸水深度及入水角计算公式。

因为超空泡航行体的俯仰角记为 θ，所以 t 时刻航行体尾部中心线的深度为 $z(t)+\theta L$，考虑了空泡记忆效应的 t 时刻空泡中心线坐标为 $z(t-\tau)$，所以航行体尾部的中心线与空泡的中心线距离为 $|z(t)+\theta L-z(t-\tau)|$，如图 6-45 所示，航行体尾部与空泡的关系分为三种情况。

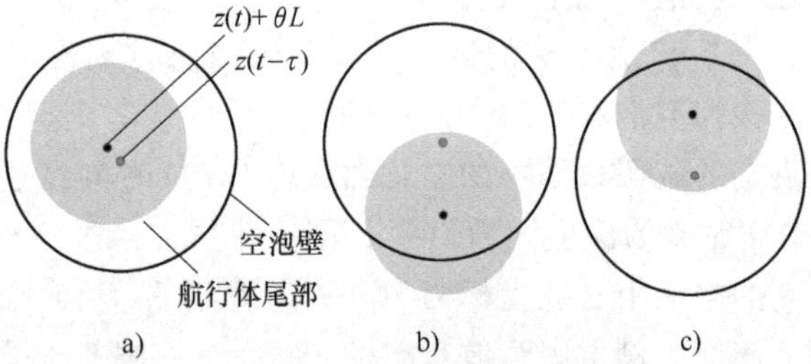

图 6-45　航行体尾部入水示意图

图 6-45a 为航行体尾部的中心线与空泡的中心线距离小于航行体与空泡的半径差时，即 $|z(t)+\theta L-z(t-\tau)|<|R_c-R|$，此时航行体位于空泡内部，不与空泡接触。入水深度及入水角均为零。

图 6-45b 为 $z(t)+\theta L-z(t-\tau)>R_c-R$ 的情况，此时航行体的尾部与空泡下壁接触

$$\begin{cases}h_0=z(t)+\theta L-z(t-\tau)-R_c+R\\ \Phi=\theta(t)-\theta(t-\tau)+\dfrac{w(t-\tau)-\dot{R}_c}{V}\end{cases} \tag{6-94}$$

图 6-45c 为 $z(t-\tau)-z(t)-\theta L>R_c-R$ 的情况，此时航行体尾部与空泡上壁接触

$$\begin{cases}h_0=-z(t)-\theta L+z(t-\tau)-R_c+R\\ \Phi=\theta(t)-\theta(t-\tau)+\dfrac{w(t-\tau)+\dot{R}_c}{V}\end{cases} \tag{6-95}$$

将式（6-94）、式（6-95）代入滑行力计算式（6-93）即可得到考虑空泡记忆效应的滑行力计算公式。

从式（6-94）、式（6-95）可见，当考虑空泡的记忆效应后，滑行力是多个状态变量的时滞非线性函数，即可表示成$\widetilde{F}_p(z(t)\quad z(t-\tau)\quad \theta(t)\quad \theta(t-\tau))$的形式，将含有时滞的滑行力代入超空泡航行体的基准模型式（6-42）中，就可以得到超空泡航行体的时滞模型形见式（6-96）

$$\dot{\boldsymbol{x}}=\boldsymbol{A}\boldsymbol{x}+\boldsymbol{B}\boldsymbol{u}+\boldsymbol{C}+\boldsymbol{D}\widetilde{F}_p \tag{6-96}$$

超空泡航行体的时滞模型式（6-96）中的参数 $\boldsymbol{A}$、$\boldsymbol{B}$、$\boldsymbol{C}$、$\boldsymbol{D}$ 参见式（6-43）。

6.4.2 常规状态反馈下的性能对比

为了对比分析两种模型下的稳定性和扰动作用下的恢复性能，假设航行体在 1.2s 后受到扰动与第 6.3.2 节相同。在这个扰动输入和第 6.2 节单输入的常规状态反馈控制律作用下，航行体的状态变量深度、垂向速度、俯仰角和角速度的响应曲线依次如图 6-46～图 6-49 所示，相应的空化器偏转角如图 6-50 所示，滑行力如图 6-51。为了方便对比分析，图中用点画线表示时滞模型的响应曲线，用实线表示基准模型的响应。

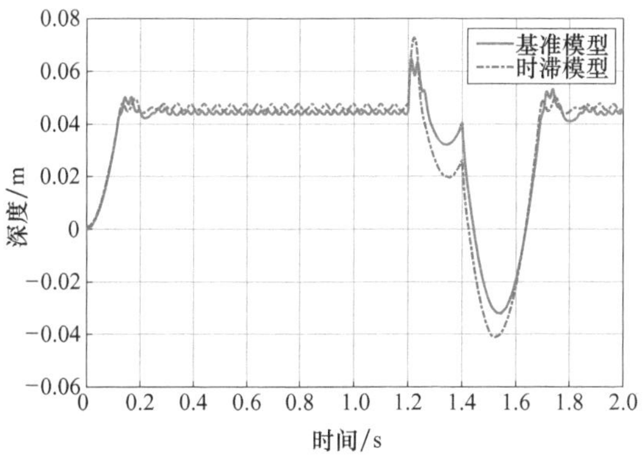

图 6-46 常规状态反馈下考虑时滞后的深度响应对比

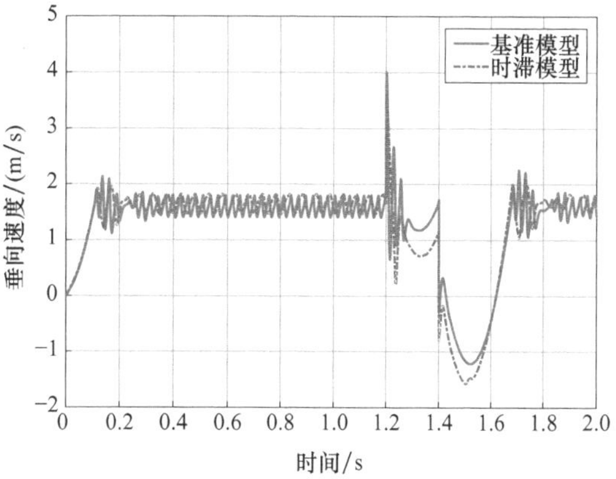

图 6-47 常规状态反馈下考虑时滞后的垂向速度响应对比

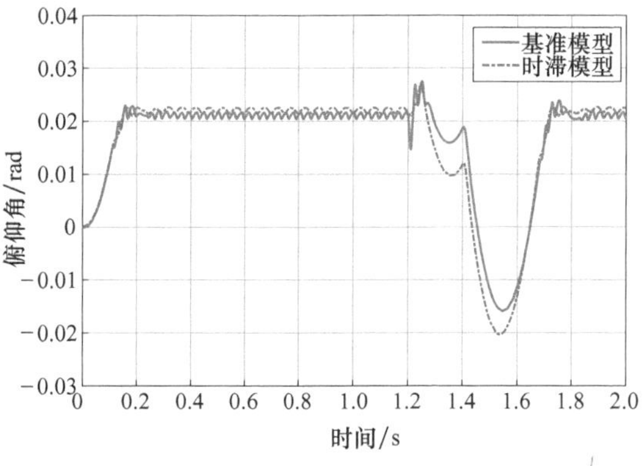

图 6-48 常规状态反馈下考虑时滞后的俯仰角响应对比

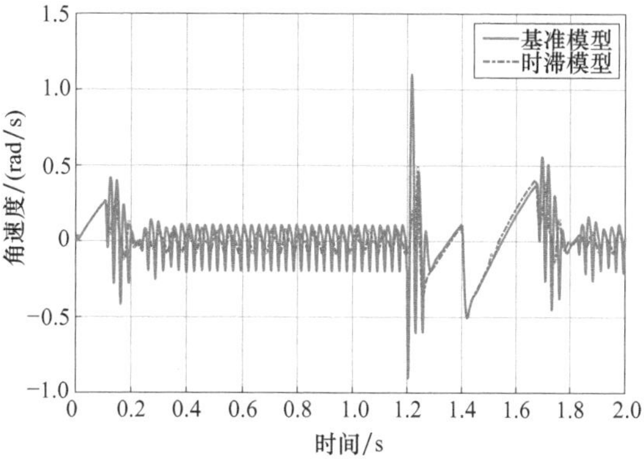

图 6-49 常规状态反馈下考虑时滞后的角速度响应对比

从图 6-51 中可见，时滞的滑行力小于基准模型中计算得到的滑行力，考虑空泡记忆效应后，在第 6.2 节设计的常规反馈控制作用下，稳态时的滑行力的峰值仅约为 $20\mathrm{m}^2/\mathrm{s}^2$，在这个更小的时滞滑行力作用下，该反馈控制律依然能够保证航行体的运动稳定性。从图 6-46～

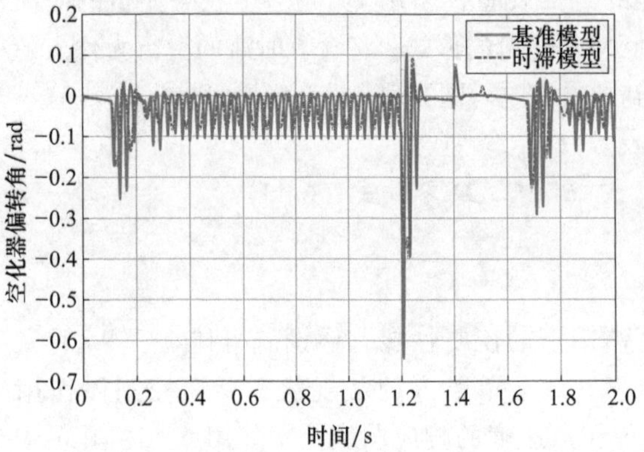

图 6-50　常规状态反馈下考虑时滞后的空化器偏转角对比

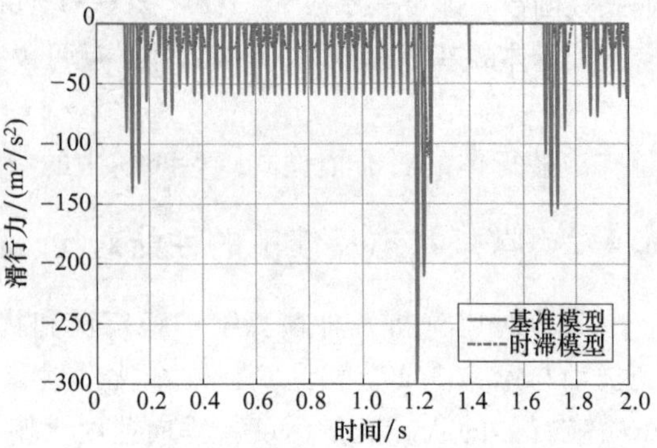

图 6-51　常规状态反馈下考虑时滞后的滑行力对比

图 6-49 中可见，在第一秒没有扰动的稳态过程中，考虑了空泡的记忆效应后，超空泡航行体依然是周期性地拍打着空泡下壁以典型的工况稳定前行的，控制的性能没有质的变化。此时的航行体的深度起伏约为 0.05m，略高于基准模型时的深度起伏，但还是小于航行体和空泡的半径差，能够保证航行体在空泡内运行（参见图 6-46）。稳态后空化器的偏转角的最大值约 0.1rad，执行机构的行程略小于基准模型。

当 1.2s 后航行体受到扰动后，从图 6-50 中可见，扰动恢复过程中的空化器的偏转角小于 0.5rad，没有超过饱和上限，满足实际情况下的性能要求。此外，从响应曲线图 6-46～图 6-49 中可见，无论是前 1s 的稳定过程还是 1.2s 后的扰动过渡过程，从控制的角度来讲，时滞效应对常规反馈控制的性能输出没有质的影响，并且，两种模型的性能曲线在量上也相差甚微。

6.4.3　H_∞ 控制下的性能对比

现在来分析空化器和尾翼都参与控制的双输入情况下的性能。依然假设航行体在 1.2s 后受到扰动与第 6.3.2 节相同。在这个扰动输入和本章第 6.3 节双输入的 H_∞ 控制作用下，航行体的状态变量深度、垂向速度、俯仰角、角速度的响应曲线依次如图 6-52～图 6-55 所示，相应的空化器偏转角如图 6-56 所示，尾翼偏转角如图 6-57 所示，滑行力如图 6-58 所示。

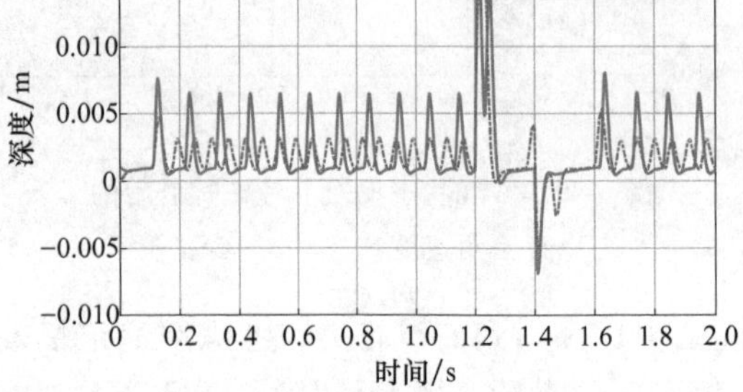

图 6-52　H_∞ 控制下考虑时滞后的深度响应对比

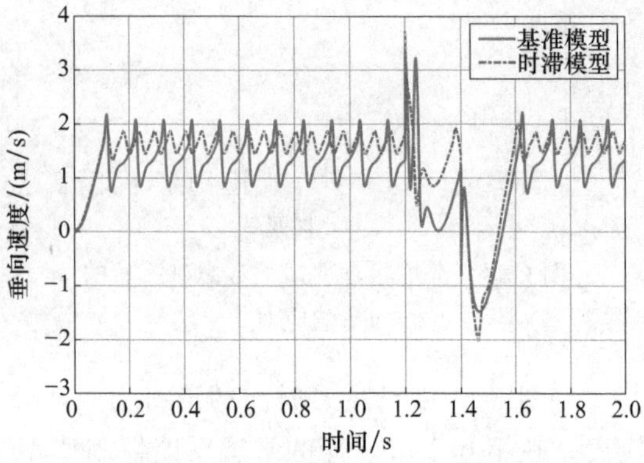

图 6-53　H_∞ 控制下考虑时滞后的垂向速度响应对比

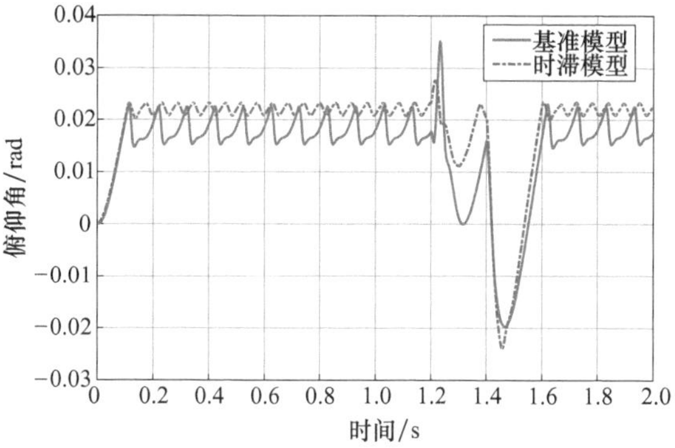

图 6-54　H_∞ 控制下考虑时滞后的俯仰角响应对比

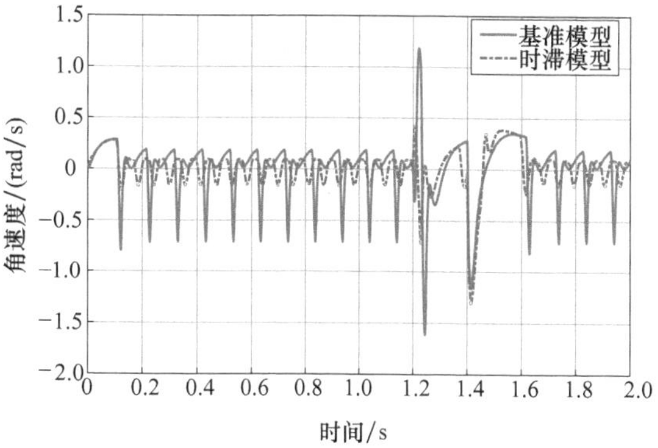

图 6-55　H_∞ 控制下考虑时滞后的角速度响应对比

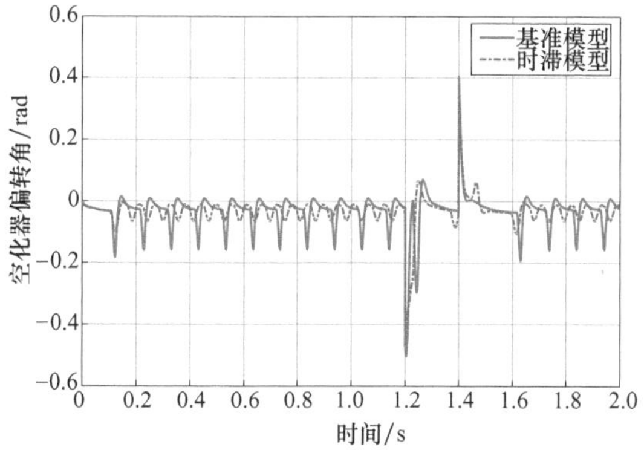

图 6-56　H_∞ 控制下考虑时滞后的空化器偏转角对比

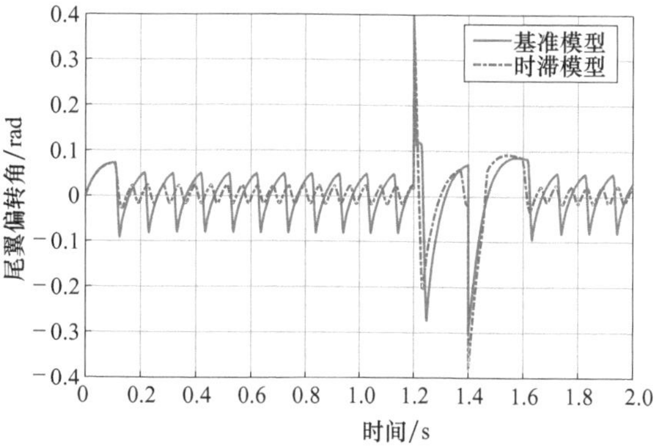

图 6-57　H_∞ 控制下考虑时滞后的尾翼偏转角对比

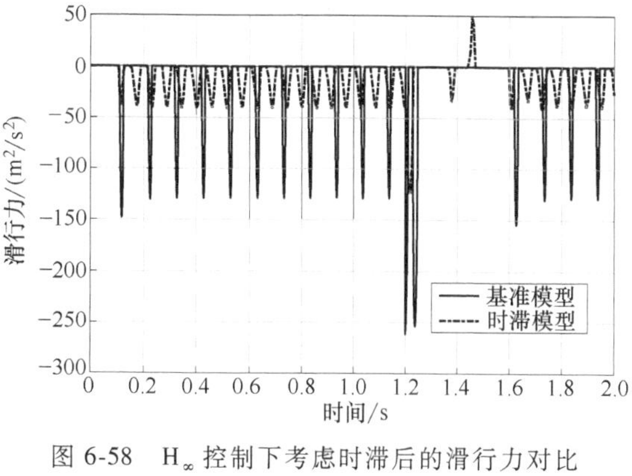

图 6-58　H_∞ 控制下考虑时滞后的滑行力对比

从图 6-58 中可见，在这个时滞滑行力作用下，本章第 6.3 节设计的 H_∞ 控制律依然能够保证航行体的运动稳定性，从图 6-52～图 6-55 的状态响应中可见，考虑了空泡的记忆效应后，H_∞ 状态反馈控制下，超空泡航行体依然是以周期性拍打的典型工况工作，控制的性能输出也没有质的变化。从图 6-52～图 6-55 中还可以看见，时滞模型的各个状态变量的起伏均小于基准模型的情况，此时的航行体的深度起伏仅约 0.003m 左右，远小于航行体和空泡的半径差，能够保证航行体在空泡内运行（参见图 6-52）。稳态过程中滑行力的峰值约为 $40\text{m}^2/\text{s}^2$，空化器偏转角峰值约为−0.05rad，尾翼偏转角的峰值约为±0.025rad，也均小于基准模型的情况。当受到扰动后，恢复过程中的空化器和尾翼偏转角均小于 0.5rad，没有超过饱和上限满足实际情况下的性能要求（参见图 6-54、图 6-55）。

超空泡航行体在空泡的包裹下高速运行，其尾部与空泡碰撞产生滑行力，当考虑了空泡的时滞效应，滑行力的计算公式中即含有了时滞。不过这种时滞效应并不影响到超空泡航行体定性方面的性能，对本例的超空泡航行体来说，$\tau=L/V=1.8/75=0.024\text{s}$，这个时滞 τ 是比较小的，所以在同样的控制作用下，两者的性能特征基本上是一致的。由于时滞的滑行力是一个多变量的非线性函数，不便于解析分析。所以，本节表明在航行体控制设计阶段可以采用只有单个输入变量的滑行力计算公式，设计后进行仿真验证时再采用带时滞的滑行力计算公式。这样既便于设计计算，又没有忽视空泡的时滞效应。

6.5 超空泡航行体的观测器设计和补偿

周期性拍打空泡壁的运行模式，航行体与空泡壁频繁的碰撞会产生阻力，消耗能量，不但影响前进速度，还有可能破坏空泡的稳定性，故设法消除超空泡航行体这种周期性滑水现象也是控制设计需要解决的一个重要问题。本节采用扰动观测器补偿的方法来消除超空泡航行体的重力影响，避免超空泡航行体的周期性滑水现象。

6.5.1 超空泡航行体的常值扰动分析

方程式（6-42）所代表的控制问题只是超空泡航行体的姿态镇定问题，实际上，航行体的控制首先是一个航行轨迹控制，即要按照要求导向目标。航行体的航迹控制是一种外回路的概念，而式（6-42）所代表的系统属于超空泡航行体控制设计中的内回路。外回路的航迹控制中所要求的各个姿态信息需要一个能对姿态进行镇定的内回路来保证，外回路要求的姿态值就是内回路的设定值，即内回路的平衡点 $\boldsymbol{x}_{eq}$（参见图 6-59）。

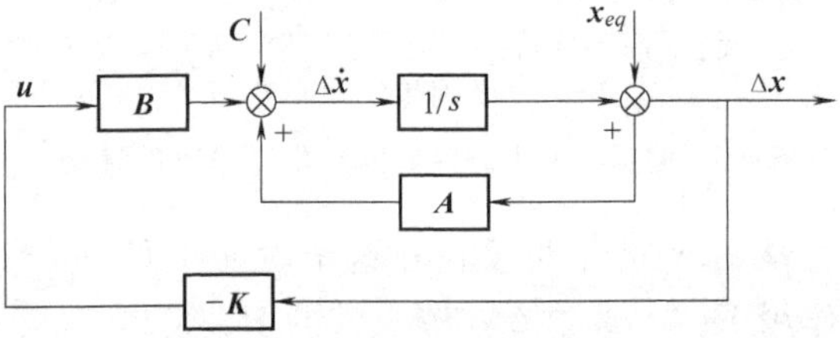

图 6-59　外干扰作用下的系统框图

从运动方程式（6-42）和系统参数矩阵式（6-43）中可以看到，状态变量中的 z 是 w 的积分，q 又与 w 相关，并且第二个方程式 $\mathrm{d}w/\mathrm{d}t$ 的 C 项不等于零，即 $\mathrm{d}w/\mathrm{d}t$ 是不可能等于零的，故该系统是没有平衡点的。只有抵消重力项，并加上反馈后，才可能建立一个平衡点 $\boldsymbol{x}_{eq}$。这个平衡点的值是随着航行体航迹的要求而变化的，不过相对来说是一种缓慢的变化，在动态分析中 $\boldsymbol{x}_{eq}$ 可以视为一个常数。

超空泡航行体的运动方程式（6-42）实际上是状态变量 $\boldsymbol{x}$ 全量的方程，而动态分析中所用的是相对平衡点的增量方程式，二者的关系是

$$\boldsymbol{x}=\boldsymbol{x}_{eq}+\Delta\boldsymbol{x} \tag{6-97}$$

将式（6-97）代入式（6-42）中可得超空泡航行体的增量方程式为

$$\begin{aligned}\frac{\mathrm{d}}{\mathrm{d}t}(\Delta\boldsymbol{x})=\dot{\boldsymbol{x}}&=\boldsymbol{A}(\boldsymbol{x}_{eq}+\Delta\boldsymbol{x})+\boldsymbol{B}\boldsymbol{u}+\boldsymbol{C}+\boldsymbol{D}F_p \\ &=\boldsymbol{A}(\Delta\boldsymbol{x})+\boldsymbol{B}\boldsymbol{u}+(\boldsymbol{C}+\boldsymbol{A}\boldsymbol{x}_{eq})+\boldsymbol{D}F_p\end{aligned} \tag{6-98}$$

图 6-59 就是与式（6-98）对应的考虑了增量的系统框图（图中未表示滑行力 F_p）。图中的 $\boldsymbol{x}_{eq}$ 就是航迹控制外回路中对航行体的姿态要求，也就是下文要提到的姿态 $\boldsymbol{x}$ 的设定值。

从方程式（6-98）可见，增量方程中的 $\boldsymbol{A}$ 阵和 $\boldsymbol{B}$ 阵并没有变化，只是由于平衡点的不

同，$\boldsymbol{C}$ 阵有所变化，相当于给系统上加了一个常值扰动。对于本例中的超空泡航行体来说，姿态的设定值与重力加速度 g 所起的作用是相似的，与 g 合在一起使航行体偏向一侧撞击空泡壁，产生拍打的现象。故要消除重力的影响，确切地说，是要在实际的运行中补偿一个未知的常值扰动 $\boldsymbol{C}+\boldsymbol{A}\boldsymbol{x}_{eq}$。

6.5.2 超空泡航行体的扰动观测器设计

一般的扰动补偿是在计算机控制系统上来实现的，所以扰动观测器多是将系统离散化之后进行推导的，而本节的扰动观测器需要用到前面连续系统设计所得到的控制器，所以需要重新来推导一个连续的扰动观测器方程。

6.5.2.1 扰动观测器方程

当平衡点 $\boldsymbol{x}_{eq}=0$ 时，超空泡航行体的增量方程式（6-98）也就是全量方程式（6-42），此时系统的常值扰动就是重力加速度。因为对重力加速度进行估计和补偿与对 $\boldsymbol{C}+\boldsymbol{A}\boldsymbol{x}_{eq}$ 进行估计补偿在原理上是相同的，所以这里以 $\boldsymbol{x}_{eq}=0$ 时的式（6-42）作为对象来推导观测器方程。

因为需要观测的重力加速度 g 为常值。故可将此扰动看作是由一阶的模型所产生的

$$\dot{x}_s=0 \tag{6-99}$$

式（6-99）中的 x_s 是观测器输出，代替实际系统中的 g。根据式（6-99）的模型，可将扰动观测器的方程写为

$$\dot{\hat{x}}_s=L(y-\hat{x}_s) \tag{6-100}$$

式（6-100）中 y 为观测输出 x_s 的期望值，$\hat{x}_s$ 为 x_s 的估计值，L 为观测器增益。

从对象方程式（6-42）的第二个方程中可知，观测输出与其他各个变量之间的关系

$$x_s=\dot{w}-a_{22}w-a_{24}q-b_{21}\delta_f-b_{22}\delta_c-d_2F_p \tag{6-101}$$

这个 x_s 可作为方程式（6-100）的观测输出的期望值 y，将式（6-101）代入式（6-100）中可得

$$\dot{\hat{x}}_s=L(\dot{w}-a_{22}w-a_{24}q-b_{21}\delta_f-b_{22}\delta_c-d_2F_p-\hat{x}_s) \tag{6-102}$$

因为式（6-102）的右项中含有导数项，故这里引入观测器变量

$$\eta=\hat{x}_s-Lw \tag{6-103}$$

则扰动估计值

$$\hat{x}_s=\eta+Lw \tag{6-104}$$

整理式（6-102）可得观测器方程

$$\begin{aligned}\dot{\eta}&=-L\eta-(a_{22}L+L^2)w-a_{24}Lq-b_{21}L\delta_f-b_{22}L\delta_c-d_2LF_p\\&=-L\eta-F_0x-B_0u-D_0F_p\end{aligned} \tag{6-105}$$

式中，$F_0=a_{22}L+L^2$；$B_0=[b_{21}L \quad b_{22}L]$；$D_0=d_2L$。从观测器方程式（6-100）来看，增益 L 过大，会使控制面动作过快，超出实际工作的范围，这里取观测增益 $L=10$ 是一个较为合适的值。

6.5.2.2 超空泡航行体的扰动补偿

根据观测器方程式（6-104）和式（6-105），可得扰动观测器的框图如图 6-60 所示。图 6-60 中的 $\hat{x}_s$ 就是外干扰的估计值。将这个 $\hat{x}_s$ 从图 6-59 的控制输入 $\boldsymbol{u}$ 中减去，就可补偿

常值扰动以消除外干扰对系统的影响。

注意到图 6-60 的观测器结构与原系统的控制设计无关，故这个观测器可以直接加入到已设计好的状态反馈控制器上。

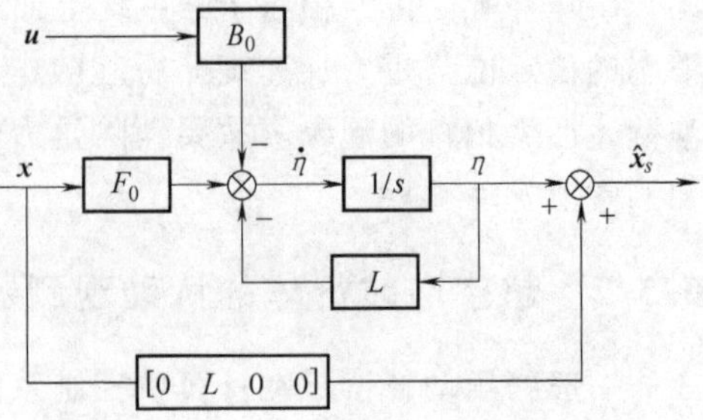

图 6-60　扰动观测器框图

本例中这个补偿作用可以通过空化器的偏转 δ_c 来实现。超空泡航行体的运动方程式（6-42）中的控制输入矩阵 B 中与空化器偏转角 δ_c 对应的增益为 b_{22}，故具体实现的时候需要先将 $\hat{\boldsymbol{x}}_s$ 除以 b_{22}，再与从控制器得来的控制输入加到一起得到加入补偿后的控制输入，加入观测器补偿的超空泡航行体的控制方程可表示如下

$$\dot{\boldsymbol{x}}=\boldsymbol{Ax}+\boldsymbol{Bu}+\boldsymbol{B}\begin{bmatrix}\boldsymbol{0}\\-\hat{\boldsymbol{x}}_s/b_{22}\end{bmatrix}+\boldsymbol{C}+\boldsymbol{DF}_p \tag{6-106}$$

最终控制输入 $\widetilde{\boldsymbol{u}}$ 由两部分组成

$$\widetilde{\boldsymbol{u}}=\begin{bmatrix}\delta_f\\\delta_c\end{bmatrix}=\boldsymbol{u}+\boldsymbol{u}_b \tag{6-107}$$

式中，$\boldsymbol{u}$ 是系统控制器的控制输入；$\boldsymbol{u}_b$ 是观测器输入。

$$\boldsymbol{u}_b=\begin{bmatrix}0\\-\hat{x}_s/b_{22}\end{bmatrix} \tag{6-108}$$

补偿后的系统框图如图 6-61 所示。

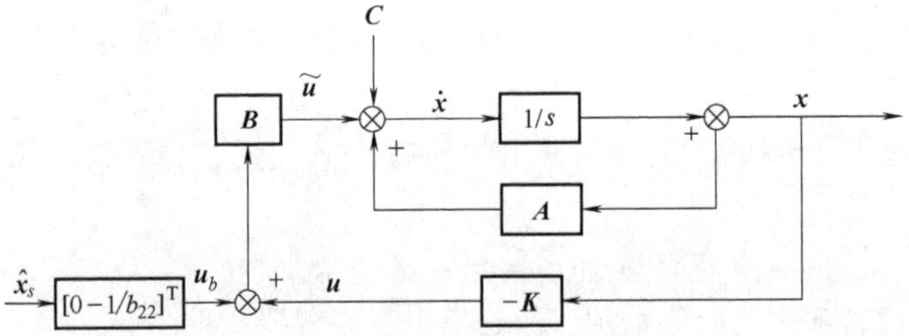

图 6-61　加上补偿的系统框图

6.5.2.3　扰动观测器的性能分析

因为上文推导的扰动观测器可以直接加到设计好的控制器中，这一小节就以第 6.3 节设计的 H_∞ 状态反馈控制器式（6-79）为例，来分析此扰动观测器的补偿效果。即现令式（6-107）中的系统控制器为

$$\boldsymbol{u}=\boldsymbol{K}_2\boldsymbol{x} \tag{6-109}$$

超空泡航行体在控制器式（6-109）的作用下是周期性的拍打着空泡壁前进的，为说明扰动观测器式（6-108）的补偿效果，仿真时先使航行体的第一秒只在控制器式（6-109）的作用下运行，一秒后再接入扰动观测器式（6-108）并进行补偿来看补偿的效果。在此，给定航行体的初始下沉速度 $w(0)=0$，航迹输入 $\boldsymbol{x}_{\mathrm{eq}}=0$。此时各个状态变量的响应曲线如图 6-62 所示，对应的控制输入及滑行力如图 6-63 所示。

从图 6-62 中可见，接入观测器补偿前的第一秒，航行体是周期性的拍打着空泡下壁高

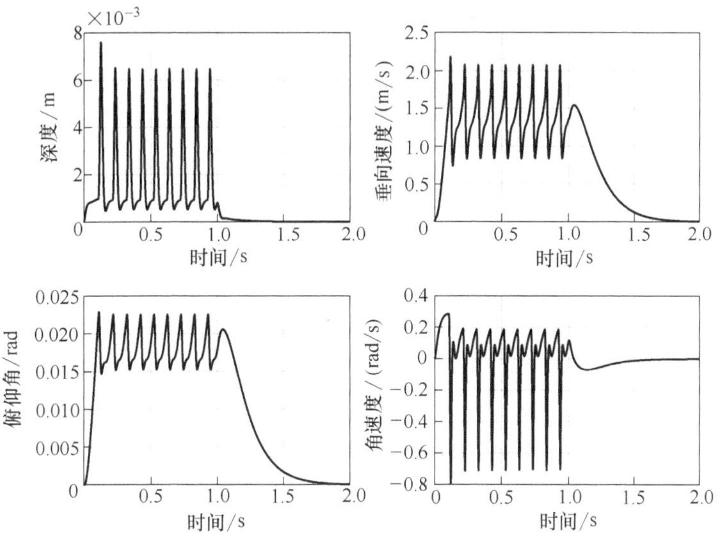

图 6-62　接入扰动观测器的状态响应

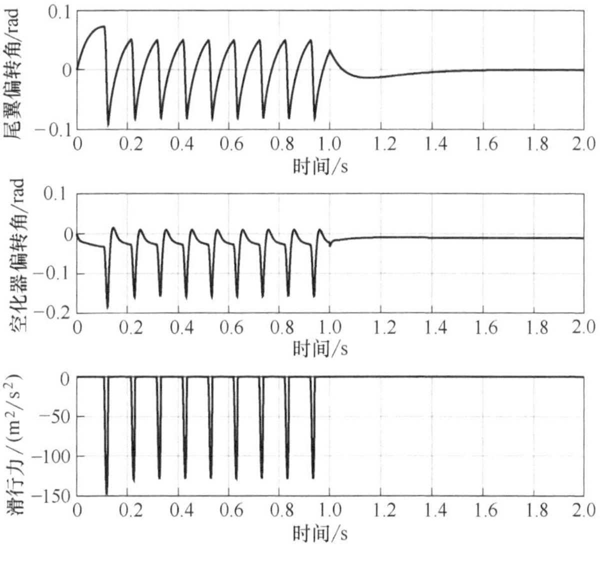

图 6-63　接入扰动观测器的控制输入和滑行力

速前进的，接入观测器式（6-108）补偿后，航行体仅经过 0.4s 左右就很快的在空泡内平稳下来，补偿后航行体的拍打的现象消除。从图 6-62 中可见，接入扰动观测补偿的过程中，空化器和尾翼的偏转角均小于 0.2rad，满足正常工作的范围。

下面分析航行体按照航迹要求航行的情况，给定航行体的初始下沉速度 $w(0)=0$，要求的航迹深度变化和垂向速度变化如图 6-64 所示。

图 6-64 中预定的航行体航迹输入是先以−0.1m/s 的速度向上爬坡 10s，爬升至−1m 后（向下为正方向），保持在−1m 处运行 5s 后，再以 0.1m/s 的速度下降 10s 回到原来的深度。在这个航迹输入下，各个状态变量的响应曲线如图 6-65 所示，对应的控制输入及滑行力如图 6-66 所示。

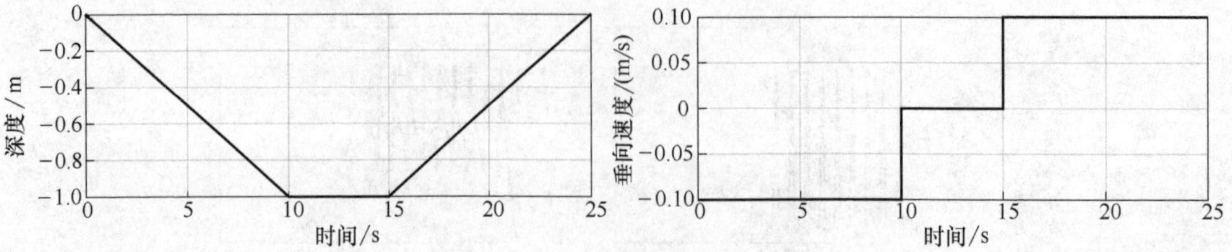

图 6-64　期望的状态变化

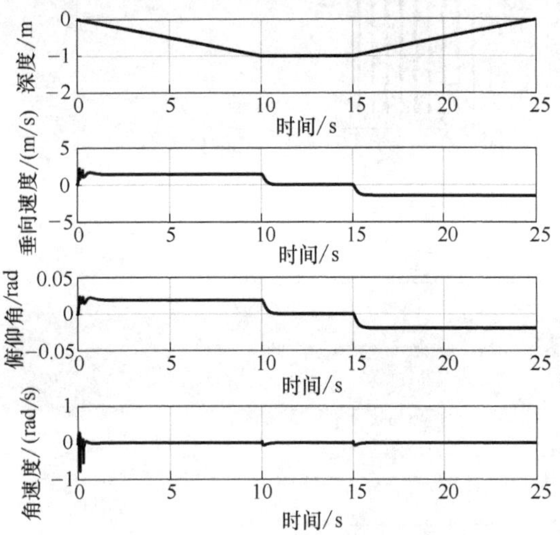

图 6-65　给定航迹要求的航行体响应曲线

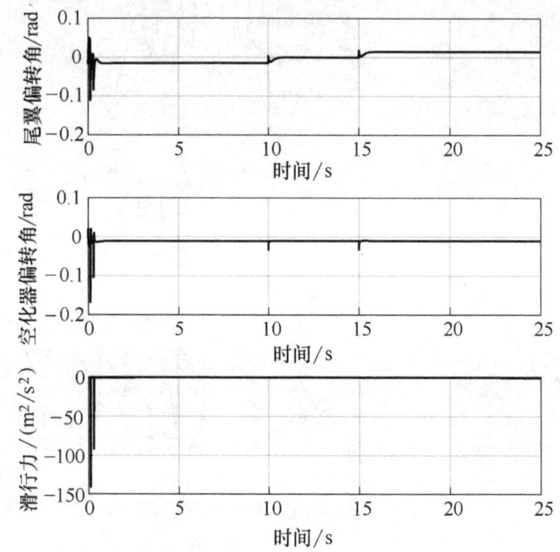

图 6-66　给定航迹要求的控制输入和滑行力

从图中 6-65 中可见，响应的深度曲线与图 6-6 给定的轨迹输入相一致，即航行体能够按照预定的深度航迹平稳运行。从图 6-65 中的垂向速度响应曲线和图 6-66 中的滑行力曲线可见，在这个过程中除了前 0.4s 左右的过渡过程外，航行体不与空泡壁碰撞，此过程不产生周期拍打的滑水现象，并且，控制面偏转角均小于 0.2rad，满足实际工作要求（参见图 6-66）。

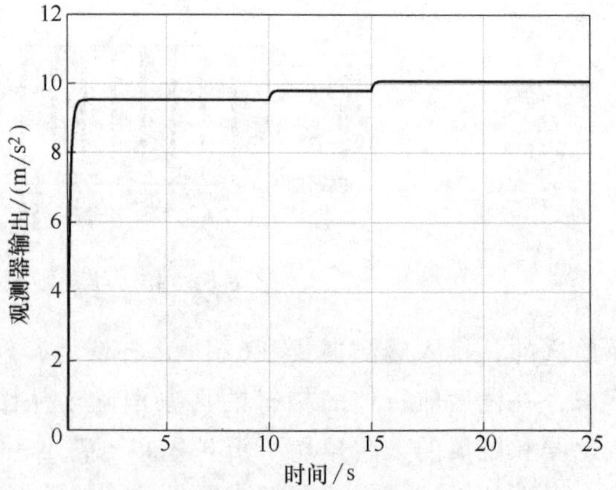

图 6-67　观测器的输出响应

这个爬坡过程中的观测器输出如图 6-67 所示。从图中可见，曲线在 10s 和 15s 附近均有一个明显的上升变化，这是由于航迹输入中的垂向速度 w_{eq} 有一个相应的阶跃变化（参见图 6-64），估计器是随航迹要求给出了不同的扰动估计值，图 6-67 中的观测输出 x_s 的上升幅度与 $\boldsymbol{Ax}_{eq}$ 的变化值相对应。

上面的仿真说明本节设计的观测器能够实现对航行体常值扰动的观测和补偿，消除重力的影响，从而改变航行体原本的周期性拍打空泡壁的运行模式，并且还能对航行体的航迹变化进行估计，使航行体能够准确按照预定的航线前行。应该要说的是，控制器设计对补偿的效果也是有影响的，上面的仿真采用的 H_∞ 控制器设计时综合考虑到了多方面的性能要求，具有良好的稳定性和频域性质，保证了接入扰动观测器补偿后的性能输出。关于补偿与原有控制器设计的关系将在下一节详细分析和讨论。

6.5.3 补偿与系统设计的关系

从前文的分析中可见，观测器补偿可以达到消除航行体尾部与空泡周期拍打的效果，但这和系统的设计仍是有关系的。

为了避免滑行力的产生，消除超空泡航行体周期拍打空泡壁的滑水现象，Lin 等在参考文献［18］中也研究了减掉常数干扰后的超空泡航行体的控制问题，文献中并未提及是如何减掉的，但给出了一系列的减掉常数项后的设计和仿真结果。

Lin 在参考文献［18］中研究了以下 3 种极点配置的设计。第一，系统的极点在-2、-3、-4、-5 时，在这样的控制器作用下，系统在原点是稳定的，但若初始扰动超出滑行力的死区，当产生滑行力后，系统是发散的。第二，该文作者加大了极点为-20、-30、-40、-50，此种情况下，当初始扰动的速度为 $w(0)=1.8$ 时，航行体还能够在空泡内运行不与空泡壁碰撞产生滑行力，而且执行机构的行程也在饱和范围内，但若初始扰动速度大到 $w(0)=3$ 时，航行体就与空泡壁上下碰撞产生了周期性的大幅度起伏。第三，进一步加大系统的极点为-40、-60、-80、-100，图 6-68 就是参考文献［18］中给出的 $w(0)=3$ 下的响应曲线，图 6-69 为对应的空化器和尾翼偏转角，从图 6-68 中可见，虽然航行体不拍打空泡壁，能够在空泡内稳定运行，并且深度起伏也小于空泡内径，但这时的空化器和尾翼的偏转角已经达到了 2.5rad 以上，远远超出了执行机构的饱和范围。

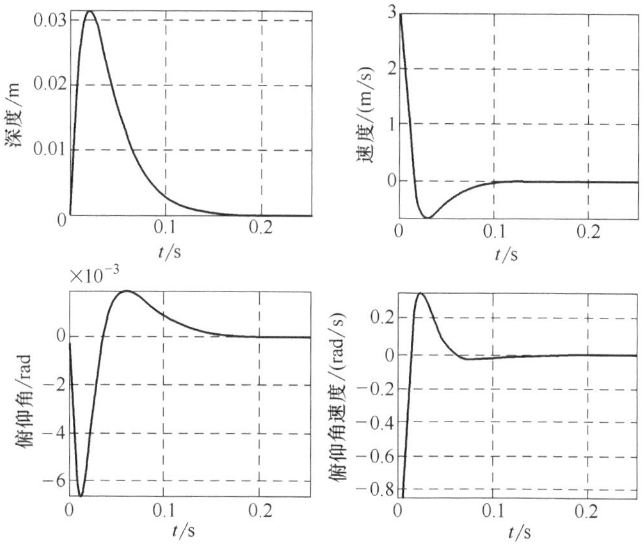

图 6-68 参考文献［18］中的状态响应

经过上面三种尝试失败后，Lin 认为补偿的做法是不可取的，所以就放弃了这种直接补

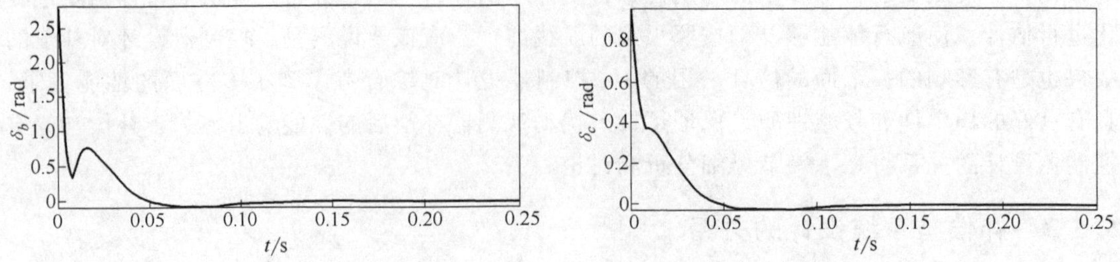

图 6-69　参考文献［18］中的控制输入

偿的思路。实际上，这和设计的方法有关，仅是简单进行极点配置而不考虑系统的特殊性能要求将无法获得较好的补偿效果。

本节在扰动补偿时所用的 H_∞ 控制器的设计时，在低频特性、带宽要求等多方面都作了全面的考虑，所以即使在补偿掉外扰的情况下也具有良好的性能。为了说明这一点，现同参考文献［18］中给航行体一个足够大的初始扰动 $w(0)=3$，在 H_∞ 控制器式（6-79）作用下，并接入扰动观测器式（6-108）补偿后，各个状态变量的响应曲线如图 6-70 所示，对应的控制输入及滑行力如图 6-71 所示，观测器输出如图 6-72 所示。

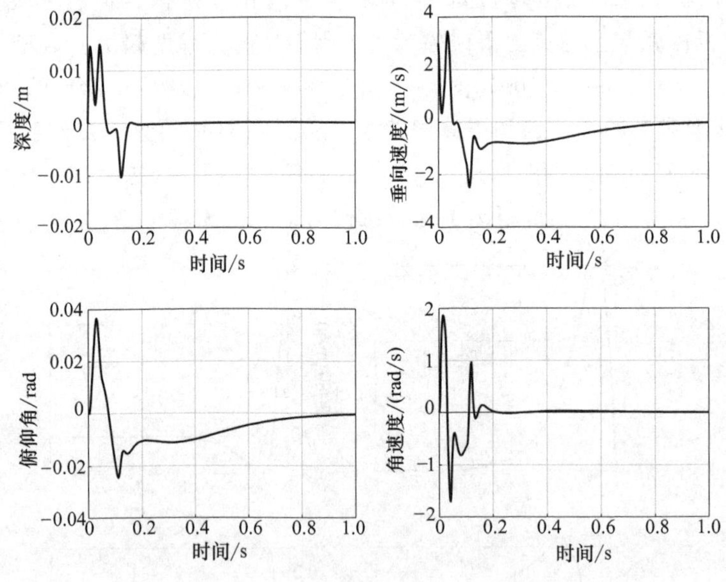

图 6-70　有初始扰动下的状态响应

从图 6-70 中可见，航行体仅与空泡壁碰撞一次，经过一个波的振荡后就逐渐收敛到平衡点，大约经过 0.4s 航行体就恢复了稳定运行状态。并且此时的深度起伏远远小于空泡的内径。空化器和尾翼的偏转角也均小于 0.5rad（参见图 6-71），在其实际工作能达到的饱和范围内。从图 6-72 中可见，大约 0.4s 后，观测器输出也趋于稳定值。

若换掉经过加权设计的控制器 H_∞ 控制器式（6-79），而是采用不加选择的单位矩阵加权得到的 H_∞ 控制器式（6-85），就会出现同参考文献［18］中类似的问题。

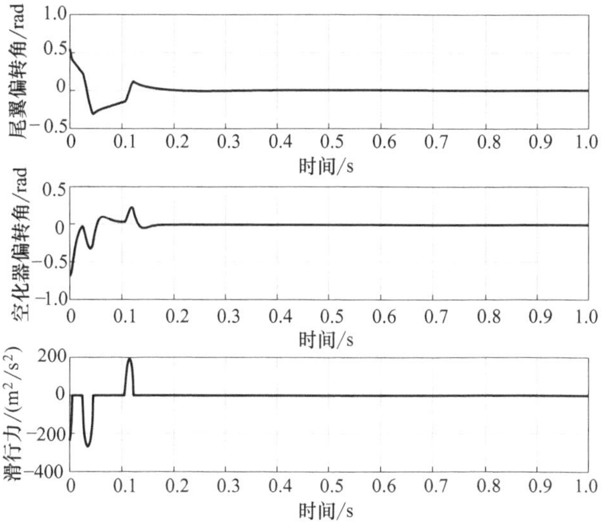

图 6-71 有初始扰动下的控制输入和滑行力

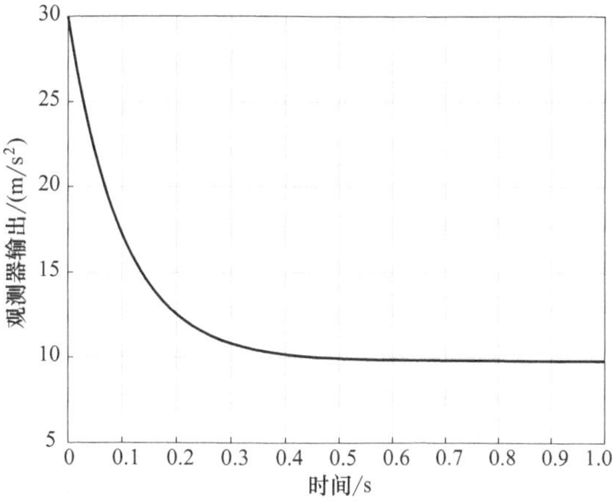

图 6-72 有初始扰动下的观测器输出

在初始扰动为 $w(0)=3$，单位矩阵加权下的 H_∞ 控制器式（6-85）作用下，并接入扰动观测器式（6-108）补偿后，各个状态变量的响应曲线如图 6-73 所示，对应的控制输入及滑行力如图 6-74 所示。从图 6-73 中可见，在这个控制器的作用下，经过补偿后航行体也能够在空泡内稳定运行，不与空泡壁碰撞产生滑行力，这说明观测器补偿重力后消除了周期性的拍打现象，大约经过 0.4s 后航行体就迅速恢复了稳定运行状态。但此时的尾翼偏转角超过了 2rad，空化器的偏转角也接近 2rad，这远远超出实际工作的饱和范围，并且尾翼和空化器的偏转角在 0.01s 左右的变化值就达到了 2rad（参见图 6-74），这样快速的动作实际上的机械系统也是难以达到的。这是由于单位矩阵加权下的 H_∞ 控制器式（6-85）在设计时没有考虑到系统的带宽，由此可见，补偿后系统的性能与控制器的设计也是有关的。

超空泡航行体典型的工作模式是周期性拍打空泡壁高速前行的。这种周期性滑水现象产生的根源是重力的作用，如果在控制设计中补偿了重力，即可以避免航行体下沉与空泡壁碰撞产生滑行力。对于超空泡航行体来说，常值扰动并不仅是简单的重力，还包含轨迹控制回路中的平衡点变化问题，所以这个扰动是一个未知的慢变扰动。本节提出的采用扰动估计来补偿系统的常值扰动，可以避免滑行力的产生，从而消除周期性滑水的运行模式。

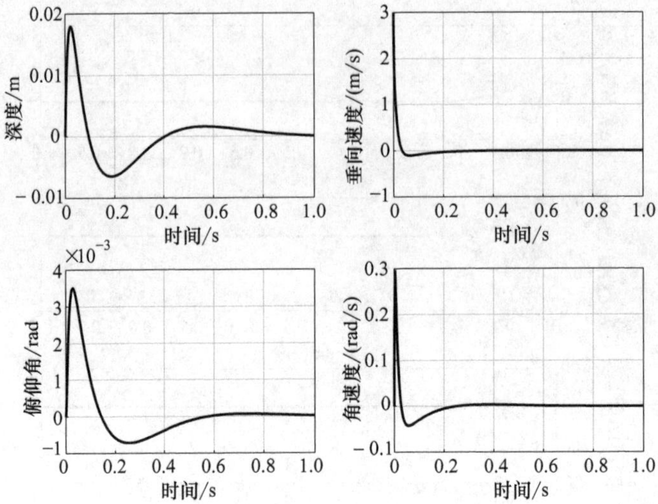

图 6-73 单位加权控制器下的状态响应

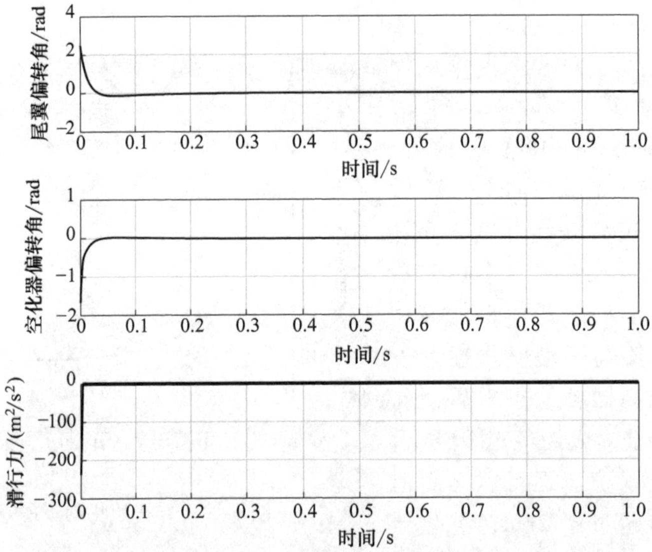

图 6-74 单位加权控制器下的控制输入和滑行力

6.6 本章小结

超空泡航行体具有弱阻尼和强耦合特性，可采用内外回路的思想来处理状态反馈的问题。设计时先用俯仰角反馈来对弱阻尼的动态特性进行镇定，并与运动学进行解耦。再根据深度信号作为输出，对以运动学方程为主的主回路进行设计。对所设计的系统用 Nyquist 法进行了理论分析，说明用回路和带宽来确定反馈增益的做法，既能满足深度控制的良好性能要求，又能保证姿态回路的稳定性。设计过程中的每一步都有明确的物理解释，为状态反馈设计提供了一种新的思路，也为超空泡航行体经典控制律给出了完美的注释。

超空泡航形体尾部与空泡壁碰撞会产生扰动，采用 H_∞ 控制的方法，将对象的滑行力通道也考虑到控制设计中，保证航行体在持续的滑行力扰动下具有良好的性能。结合空化器偏转和尾翼的两输入特性，并根据超空泡航行体的特殊稳定性要求，从 Riccati 方程的病态问题、低频特性的要求和姿态稳定性等多方面综合考虑，对 H_∞ 加权系数的选择作出了详尽的分析讨论，给出了满足多方面要求的 H_∞ 状态反馈控制器。

分析滑行力的时滞特性，对比研究时滞特性对超空泡航行体控制性能的影响，表面时滞特性对超空泡航行体的控制性能没有根本性的影响。注意到带时滞的滑行力是一个多变量的非线性函数，为简化分析，控制设计时可先采用非时滞的标准模型进行设计，然后再采用时滞模型进行仿真验证。

对于超空泡航行体尾部与空泡壁周期性碰撞的典型运行模式，采用扰动观测器来补偿和消除常值扰动的影响。不但消除了航行体前进中周期性拍打空泡壁的现象，并避免执行机构行程过大的问题。本章分析已有研究中的，在直接补偿问题上的不成功的案例，为今后超空泡航行体消除拍打的控制设计提供可行的方案。

第7章　非线性系统的SOS法分析和设计

第 2.6.2 节中非线性 H_∞ 设计是以级数展开为基础，在 H_∞ 设计的线性控制律基础上增加非线性控制规律的作用，这是在已有线性解后的完善。但对于无法线性化或者说难以解析求出工作点的非线性系统来说，就需要找到一种系统性的，又便于处理的综合方法。仿射非线性系统可以表示成一种多项式的描述形式，而近年来兴起的 SOS（Sum of Squares）法也叫平方和法，正是一种基于多项式的数值求解方法，使一些不容易解析求解的非线性方程式或不等式可以求解，所以 SOS 法为非线性系统设计提供了一条新途径。

7.1　SOS 相关概念

近些年，许多研究人员对 Parrilo 在博士论文中介绍的 SOS 法感兴趣。因为 SOS 法可以解决复杂多项式的计算和求解问题。而非线性系统里的分析和设计问题往往也与多项式是密切相关的。

在下面的定义中，实数集合和非负整数集合分别用$\mathbb{R}$ 和$\mathbb{Z}_+$表示。

$m(x)=x_1^{a_1}x_2^{a_2}\cdots x_n^{a_n}$，是一含有 n 个变量的单项式，其中 $a_i\in\mathbb{Z}_+$。其阶次为 $\sum_{i=1}^{n}a_i$ ，记为 $\deg m(x)$。

$p(x)=\sum_j c_j m_j(x)$ ，是一含有 n 个变量的多项式，其中 $c_j\in\mathbb{R}$ 。其阶次为 $\max\deg m_j(x)$。多项式是有限的单项式的线性组合，比如多项式（7-1）是两个变量的五个单项式的组合构成

$$p(x_1,x_2):=x_1^2+2x_1^4+2x_1^3x_2-x_1^2x_2^2+5x_2^4 \tag{7-1}$$

本章研究的多项式系统是定义在时域上，其状态微分方程可以表达成多项式形式的一类仿射非线性系统，所以也叫仿射多项式系统。多项式系统在非线性系统领域更具有普遍性。一般来说，非线性系统都可以表示成多项式的描述形式，即使不能直接表示也可以通过级数展开来近似，而线性系统就是多项式系统中最为特殊的形式。所以多项式系统是非线性系统中非常重要的一部分。

7.1.1　SOS 多项式

对一个多项式 $p(x_1, L, x_n)\triangleq p(\boldsymbol{x})$ 来说，如果存在多项式 $f_1(\boldsymbol{x})$，…，$f_m(\boldsymbol{x})$ 可以使 $p(\boldsymbol{x})$ 写成平方和的形式，即

$$p(\boldsymbol{x}) = \sum_{i=1}^{m} f_i^2(\boldsymbol{x}) \tag{7-2}$$

那么这样的多项式就称为 SOS 多项式。显然，每一个 SOS 多项式都是非负的，或写成 $p(\boldsymbol{x}) \geqslant 0$。SOS 多项式的集合用 $\Sigma[\boldsymbol{x}]$ 来表示，如果一个多项式是 SOS 的，就写成

$$p(\boldsymbol{x}) \in \Sigma[\boldsymbol{x}] \tag{7-3}$$

但要注意的是，$p(\boldsymbol{x}) \geqslant 0$ 并不意味着 $p(\boldsymbol{x})$ 就是 SOS 多项式。$p(\boldsymbol{x})$ 是 SOS 要比非负保守。实践经验表明，在多数情况下，用 SOS 代替非负可以得到精确解。

7.1.2　SOS 多项式分解

式（7-1）的多项式就是一个 SOS 多项式，因为它可写成

$$p(x_1, x_2) = x_1^2 + \frac{1}{2}(2x_1^2 - 3x_2^2 + x_1 x_2)^2 + \frac{1}{2}(x_2^2 + 3x_1 x_2)^2 \tag{7-4}$$

很多非线性控制问题中需要求解具有数个实数变量的多项式的全局非负的问题，这一般是不好求解的。但是如果是按 SOS 来求解，那一定是非负的。虽然 SOS 是多项式非负的充分条件，但却可以用凸优化的方法来求解了。式（7-4）乘出来很容易验证，但是如何获得这个形式，就不那么简单。为了自动地寻找到这样的平方和形式，我们需要介绍如何将 SOS 多项式和半正定阵联系起来。

引理【7-1】 对于 $2d$ 次多项式 p 和不大于 d 次的向量 $z(x)$ 如下语句是等效的：

1）p 是 SOS 多项式；

2）存在半正定矩阵 $\boldsymbol{Q}$，对于所有的实数 x 可以将 p 写成

$$p(x) = z^{\mathrm{T}}(x)\boldsymbol{Q}z(x)$$

为了证明引理【7-1】，定义所有的多项式是 R_n 上的有 n 个变量。如果 $p \in \mathbb{R}_n$，$f \in \mathbb{R}_n$，那么 $p(x)$ 和 $f(x)$ 是有相同独立变量的函数。此外，定义一个$\mathbb{R}_n$的子集$\mathbb{R}_{n,d}$，是带有 n 个变量的最大阶次为 d 的多项式集合。

证明：$p \in \mathbb{R}_{n,2d}$，定义一个多项式向量 $z_{n,d}(x) \in \mathbb{R}_{n,d}$，将 $f_i(x)$ 改写为 $f_i(x) = q_i^{\mathrm{T}} z_{n,d}(x)$，其中 q_i 是一个相应维数的实数向量。若 p 是 SOS 多项式，那么可写成

$$p(x) = \sum_{i=1}^{k} (q_i^{\mathrm{T}} z_{n,d}(x))^2 = \sum_{i=1}^{k} z_{n,d}^{\mathrm{T}}(x) q_i q_i^{\mathrm{T}} z_{n,d}(x)$$

$$= z_{n,d}^{\mathrm{T}}(x)\left(\sum_{i=1}^{k} q_i q_i^{\mathrm{T}}\right) z_{n,d}(x) = z_{n,d}^{\mathrm{T}}(x)\boldsymbol{Q} z_{n,d}(x)$$

令 $z(x) = z_{n,d}(x)$，则有 $p(x) = z^{\mathrm{T}}(x)\boldsymbol{Q}z(x)$，其中 $\boldsymbol{Q} \geqslant 0$。

证明过程也就是说，判断 p 是否是 SOS 多项式，等于利用 SDP（Semi-Definite Programming）搜索对应的半正定阵 $\boldsymbol{Q} \geqslant 0$。但 $z(x)$ 是一个关于单项式 x 的向量，一般不是唯一的，所以矩阵 $\boldsymbol{Q}$ 也不是唯一的。

比如控制问题中经常遇到是一种二次型多项式 $x^{\mathrm{T}}\boldsymbol{Q}x$，其中 $\boldsymbol{Q}$ 是一对称阵。这种表示方式可推广到高阶的多项式 $p(x)$，即将多项式表示成

$$p(x) = z^{\mathrm{T}}(x)\boldsymbol{Q}z(x) \tag{7-5}$$

这里 $z(x)$ 是一个由单项式构成的向量，而 $\boldsymbol{Q}$ 则是一对称阵，例如对式（7-1）的多项式来说，

$$z(x):=\begin{bmatrix} x_1 \\ x_1^2 \\ x_1x_2 \\ x_2^2 \end{bmatrix},\ Q=\begin{bmatrix} 1 & 0 & 0 & 0 \\ 0 & 2 & 1 & -0.5 \\ 0 & 1 & 0 & 0 \\ 0 & -0.5 & 0 & 5 \end{bmatrix} \tag{7-6}$$

设向量 $z(x)$ 中单项式的阶数小于或等于 d，那么多项式 $p(x)$ 的阶次就是小于或等于 $2d$。式 (7-5) 这种表示法中的 Q 阵被称为 Gram 阵。这里的 Q 阵并不是唯一的，与 $z(x)$ 中的单项式有关，例如本例中 $x_1^2x_2^2$ 可表示成 $(x_1x_2)(x_1x_2)$ 或表示成 $(x_1^2)(x_2^2)$。所以如果有一个 N 阵

$$N=\begin{bmatrix} 0 & 0 & 0 & 0 \\ 0 & 0 & 0 & -0.5 \\ 0 & 0 & 1 & 0 \\ 0 & -0.5 & 0 & 0 \end{bmatrix}$$

对所有的 x 都有 $z^{\mathrm{T}}(x)Nz(x)=0$。那么 $\boldsymbol{Q}+\lambda N$ 也同样是 Gram 阵，即对于每一个 $\lambda\in\mathbb{R}$，$Q+\lambda N$ 都是这个多项式的 Gram 阵。

上面的引理说的是多项式 p 是 SOS 多项式：当且仅当存在 $Q\geqslant 0$ 对于任意 x 使 $p(x)=z^{\mathrm{T}}(x)Qz(x)$，其中 $z(x)$ 是 d 次单项式组成的向量，$Q\geqslant 0$ 表示 Q 是半正定的。Gram 阵 Q 与多项式 p 的关系也可写成映射的关系，即 $L(Q)=p$。上面已经知道，Q 也可写 $Q_0+\sum_{i=1}^{M}\lambda_iN_i$，这里 N_1，…，N_M 阵的线性组合构成了映射 L 的零空间。由此可见，多项式 p 是 SOS 的充要条件就是存在 λ_1，…，λ_M 使

$$\boldsymbol{Q}_0+\sum_{i=1}^{M}\lambda_iN_i\geqslant 0 \tag{7-7}$$

这样，这个求解问题就变成了线性矩阵不等式（LMI）的可行性问题了，而 λ_i 就是这个可行性问题中的决策变量。

7.1.3 SOS 约束

从上面的说明中可以知道，SOS 问题的求解是先要将多项式 $p(x)$ 转换成式（7-5）的形式，这一步称为 SOS 分解（SOS decomposition)，然后是解式（7-7）的 LMI 可行性问题。LMI 求解后，再将这个解变换回原多项式问题的解。这个变换和求解过程，现在都有现成的软件可供使用，软件的名称是 SOSTOOLS，可从网上下载[19]。

SOSTOOLS 的术语中把要求解的 SOS 问题称为 SOS 程序（Sum of Squares Program, SOSP)。SOSTOOLS 可求解两类 SOS 程序，即可行性问题和优化问题。作为例子，下面是一个优化问题的 SOS 程序。

最小化线性目标函数

$$\boldsymbol{w}^{\mathrm{T}}\boldsymbol{c} \tag{7-8}$$

并满足下列约束

$$\begin{cases} a_{0,1}(x)+p_1(x)a_{1,1}(x)+\cdots+p_m(x)a_{m,1}(x) & \in\Sigma[x] \\ \vdots & \\ a_{0,N}(x)+p_1(x)a_{1,N}(x)+\cdots+p_m(x)a_{m,N}(x) & \in\Sigma[x] \end{cases} \tag{7-9}$$

式中 $p_i(x)$ 是一些待定的多项式，称为 SOS 程序的变量，而 $a_{ij}(x)$ 是常系数多项式。线性

目标函数中的 $\boldsymbol{c}$ 就是 $p_i(x)$ 中未知系数所构成的向量，$\boldsymbol{w}$ 为权系数向量。

上述优化程序中的约束式（7-9）就是 SOS 约束，每一个 SOS 约束都对应一个 LMI 的可行性约束，式（7-8）中的 c 以及式（7-7）的 Gram 阵中 λ_1，…，λ_M 就是求解这些可行性问题和优化问题中的决策变量。

上述的优化问题中如果不提优化的目标函数，只是要求解多项式 $p_i(x)$，那就是可行性问题。

由于 SOS 问题已经有 SOSTOOLS 可以求解，所以非线性系统的分析和设计的主要问题是如何将所求解的问题形成式（7-8）和式（7-9）所示的优化要求和可行性约束。尤其是一些设计问题中的约束集常是一种包含的关系，正确地处理好这种集合包含（set containment）的约束，将是用好 SOS 方法的一个关键。

7.2　非线性系统的 SOS 法分析

非线性控制系统设计中的 SOS 问题，并不是简单的一个多项式是否非负的问题，而是需要将设计问题转换为 SOS 问题。因为 SOS 求解的是非负的问题，而控制系统设计常要求正定性，另外还可能附带有其他要求，例如 Lyapunov 函数和它的导数，还存在互相有关联的一些不等式约束，即集合的包含问题。本节将给出如何将非线性控制系统的设计和分析问题转换成 SOS 问题，以及如何采用 S-方法（S-procedure）来处理好 SOS 设计中的集合包含（Set Containment）问题。本节结合吸引域估计来说明 SOS 设计中对于这些问题的处理方法。

7.2.1　SOS 稳定域分析

线性系统中渐近收敛是全局性的，但是在非线性控制中则是局部稳定的，对应的是“吸引域”（Region Of Attraction，ROA）的概念。非线性系统吸引域的分析是非线性系统理论的重要内容，而已有的吸引域估计方法大多依靠牺牲计算效率来获得尽可能大的范围。本节将采用 SOS 法来进行寻找一个最佳的内部估计，同时通过吸引域的分析来说明 SOS 问题的形成和集合包含约束的求解。

设一自治非线性动态系统

$$\dot{x}(t)=f(x(t)) \tag{7-10}$$

式中，$x(t)\in\mathbb{R}^n$为状态向量，$f:\mathbb{R}^n\to\mathbb{R}^n$为局部 Lipschitz 映射（比通常连续更强的光滑性条件）。这里设$f(0)=0$，即式（7-10）的原点为平衡点。设 $\phi(\xi,t)$ 表示式（7-10）在初始条件 $\phi(\xi,0)=\xi$ 下 t 时刻的解，那么对应于式（7-10）系统平衡点 $x=0$ 的吸引区是指 $\{\xi\in\mathbb{R}^n:\lim\limits_{t\to\infty}\phi(\xi,t)=0\}$。如果式（7-10）的解 $\phi(\xi,t)\in M$，$\forall t\geqslant 0$，而且 $\xi\in M$，则称集合 M 为系统式（7-10）的不变集。

引理【7-2】 设 $\gamma>0$ 并设存在一连续可微的函数 $V:\mathbb{R}^n\to\mathbb{R}$ 满足

$$\Omega_{V,\gamma}:=\{x\in\mathbb{R}^n: V(x)\leqslant\gamma\}\text{有界，} \tag{7-11}$$

$$V(0)=0,V(x)>0,x\neq 0 \tag{7-12}$$

$$\Omega_{V,\gamma}\setminus\{0\}\subset\{x\in\mathbb{R}^n:\ \nabla V(x)f(x)<0\}\text{。} \tag{7-13}$$

则对所有 $\xi\in\Omega_{V,\gamma}$，式（7-10）的解存在并满足 $\phi(\xi,t)\in\Omega_{V,\gamma}$，$\forall t\geqslant 0$，且 $\lim\limits_{t\to\infty}\phi(\xi,t)=0$，

即 $\Omega_{V,\gamma}$ 是系统式（7-10）的 ROA 的一个不变子集。

注意到要精确计算系统的 ROA，甚至对 ROA 进行估计都是不容易做到的。对有两个或三个状态的系统，可以借助许多初始条件在相平面图上绘制轨线来形象的模拟出系统的吸引区，然而对于高阶系统来说想要的是一种解析的方法。

式（7-11）中 $V(x)\leqslant\gamma$ 说明径向有界，找到尽可能大的 γ，就找到了更准确的吸引域。这里是通过式（7-13）求解 ROA 内的最大不变子集 $\Omega_{V,\gamma}$ 来作为对 ROA（内接的）最大估计。而求解式（7-13）的约束要用到下面的引理【7-3】。

在鲁棒控制问题中常会遇到这样的约束，即在其他约束都满足时的一种约束要求。例如当下列约束都满足时

$$g_1(x)\geqslant 0,\cdots,g_m(x)\geqslant 0 \tag{7-14}$$

要求

$$g_0(x)\geqslant 0 \tag{7-15}$$

这里 g_0，g_1，…，g_m：$\mathbb{R}^n\to\mathbb{R}$。式（7-14）和式（7-15）可写成如下的集合包含的约束（set-containment constraint）：

$$\{x\in\mathbb{R}^n:g_1(x)\geqslant 0,\cdots,g_m(x)\geqslant 0\}\subseteq\{x\in\mathbb{R}^n:g_0(x)\geqslant 0\} \tag{7-16}$$

也等价于

$$\Omega=\{x\in\mathbb{R}^n:g_1(x)\geqslant 0,\ \cdots,\ g_m(x)\geqslant 0,-g_0(x)\geqslant 0,\ g_0(x)\neq 0\}=\phi$$

如果式（7-16）中的 $g_i(x)$ 是二次型函数，这个集合包含约束常是用 S 方法来求解的。这里将这个 S 方法推广到一般的多项式，并以下列的引理来给出。

引理【7-3】 如果存在多项式

$$s_1(x),\cdots,s_m(x)\in\Sigma[x]$$

满足

$$g_0(x)-\sum_{i=1}^{m}s_i(x)g_i(x)\in\Sigma[x] \tag{7-17}$$

则式（7-16）的集合包含约束成立。

引理【7-3】是用式（7-17）来代替式（7-16）中的多个不等式要求。虽然这是一个充分条件，但往往可以使原来分开来解不好求解的问题得以解决。这种采用 S 方法的求解，在控制问题中已得到了普遍的应用。式（7-17）中的 $\{s_k\}_{i=1}^{m}$ 常称之为 SOS 乘子。

将引理【7-3】应用于式（7-11）、式（7-12）和式（7-13）就可写得引理【7-2】中不变子集的求解条件是

$$-(l(x)+\nabla V(x)f(x))+s(x)(V(x)-\gamma)\in\Sigma[x] \tag{7-18}$$

式中，$l(x)$ 是一个确定性的微小的正定多项式，例如 $l(x)=10^{-6}x^{\mathrm{T}}x$。

对式（7-18）的条件来说，设 x 点是满足 $V(x)\leqslant\gamma$ 的，因为 $s(x)\geqslant 0$，那么从式（7-18）可知，$\nabla V(x)f(x)\leqslant -l(x)<0$。当然，式（7-18）只是一个充分条件。如果现在这个问题中的 $V(x)$ 是已知的，那么式（7-18）就可用来求解这个系统 ROA 的最大不变子集 $\Omega_{V,\gamma}$。这时 SOS 优化问题的程序为

$$\max_{\gamma\in\mathbb{R},\ s\in S}\ \gamma \tag{7-19}$$

并满足

$$s(x) \in \Sigma[x] \tag{7-20}$$

$$-(l(x)+\nabla V(x)f(x))+s(x)(V(x)-\gamma) \in \Sigma[x] \tag{7-21}$$

式（7-19）中 S 是一个给定的多项式子空间，例如所有的二次型或四次型多项式。

应该要说明的是，式（7-19）只是将引理【7-3】应用于优化问题的一个简单例子。实际求取系统 ROA 最大不变子集时的 Lyapunov 函数 V（x）是一个待定的多项式，而且待求的不变子集 $\Omega_{V,\gamma}$ 也应该反映在优化设计的要求上。为此，在 $\Omega_{V,\gamma}$ 内还要定义一个区域 $\Omega_{h,\beta}$

$$\Omega_{h,\beta} \subseteq \Omega_{V,\gamma} \tag{7-22}$$

$$\Omega_{h,\beta}:=\{x \in \mathbb{R}^n \mid h(x) \leqslant \beta\} \tag{7-23}$$

式中，$h(x)$ 取为已知的二次型多项式，$h(x)=x^{\mathrm{T}}Rx$。

式（7-22）和式（7-23）的作用是用已知的二次型来定义一个内接于 $\Omega_{V,\gamma}$ 的区域 $\Omega_{h,\beta}$，求解时使 β 值最大，以得到一个尽可能大的 ROA 的不变子集。

现在的这个 SOS 优化问题是：

$$\max_{V \in v,\beta,s_i \in S_i} \beta \tag{7-24}$$

并满足下列约束

$$V(0)=0, \quad s_i \in \Sigma[x] \tag{7-25}$$

$$V-\ell_1 \in \Sigma[x] \tag{7-26}$$

$$-[(\beta-h)s_1+(V-\gamma)] \in \Sigma[x] \tag{7-27}$$

$$-(\ell_2+\nabla Vf)+s_2(V-\gamma) \in \Sigma[x] \tag{7-28}$$

式中，ℓ_1 和 ℓ_2 是给定的正定多项式，s_i 则是给定的多项式子空间。式（7-26）用以保证 $V(x)$ 是正定的，式（7-27）即是式（7-22）的集合包含约束，而式（7-28）对应于式（7-21）的约束。式（7-24）中的 v 表示 Lyapunov 函数 V 的候选集，一般取固定阶次的多项式。式（7-24）~式（7-28）中的 V 和乘子 s_1、s_2 都是这 SOS 问题中的决策变量。SOS 求解中的重要一步就是要正确设定 SOS 的决策变量。

7.2.2　SOS 的决策变量

在线性矩阵不等式（Linear Matrix Inequality，LMI）中，决策变量是指优化求解中的各待求系数。但是在 SOS 问题中，每一个待求的多项式中［参见式（7-9）］都有自己的系数，这些众多的系数作为决策变量来说，手工编程将是非常繁琐的，SOSTOOLS 就承担了这部分工作，使用时只要给出多项式的类型就可以了。所以 SOSTOOLS 中将这些待求的多项式称为决策变量。例如可以用函数 `sospolyvar` 来给出一个多项式变量，其调用格式如下：

```
>>[prog,v]=sospolyvar(prog,[x^2;x* y;y^2])        (7-29)
```

按惯例，用 Calibri 字体（打字机字体）来表示 SOSTOOLS 中的函数和命令，以区别于文中说明时用的公式和符号。式（7-29）函数中的 sos 表示是 SOS 程序，`poly` 和 `var` 为 `polynomial` 和 `variable` 的几个首字母。式（7-29）中的 prog 是本次程序的名称，方括号内的三项是代表二次型多项式，式（7-29）左侧的 `v` 是这个多项式变量的名称。运行式（7-29）的命令，将给出

```
v=coeff_1* x^2+ coeff_2* x* y+coeff_3* y^2        (7-30)
```

由此可见，只要给出多项式的类型（例如二次型），sospolyvar 会自动生成决策变量，这些未

知系数的名称统一用 coeff_nnn 表示，并不需要人的参与。这里 nnn 是依次的编号。

如果在 SOS 问题的求解中要求这个多项式是非负的，那么在 SOS 程序中要加上一个相应的约束，见式（7-20）。不过如果只是对单一的多项式的约束，如式（7-20）和式（7-25）所示，那么可以用函数 sossosvar 直接将该多项式指定为 SOS 变量（Sum of Squares Variable）。函数的调用格式都是类似的，例如

```
[prog,p] = sossosvar(prog,[x;y])
```
（7-31）

将给出对应于下式的多项式 p

$$p(x,y)=\begin{bmatrix}x\\y\end{bmatrix}^{\mathrm{T}}\boldsymbol{Q}\begin{bmatrix}x\\y\end{bmatrix} \tag{7-32}$$

式中，$\boldsymbol{Q}$ 阵的系数（决策变量）是自动生成的。运行结果为

```
p=coeff_4* y^2+(coeff_2+coeff_3)* x* y+coeff_1* x^2
```

sossosvar 直接指定了该多项式是 SOS 的，即已含有约束，可以省去 SOS 程序中单独列为约束的要求，简化了程序。

可以通过函数 soseq 将一个约束加入到 SOSP 中，如果是不等式约束，可以参照式（7-33）执行

```
prog=sosineq(prog,diff(p,x)-x^2)
```
（7-33）

其中不等式为

$$\frac{\partial p}{\partial x}-x^2\geqslant 0$$

式（7-33）命令中，可指定第三个参数来限制变量的范围。注意这个函数中的约束是大于或等于零的。

在优化问题中，用函数 sossetobj 来设置目标函数。目标函数必须是决策变量的线性函数，并且通过规划来求解其最小值。例如，如果 a 和 b 是 SOSP 中 prog 的符号决策变量

```
prog=sossetobj(prog,a-b)
```
（7-34）

那么式（7-34）执行的是将 minimize（a−b）作为 prog 的目标函数。

7.2.3 算例及分析

现在用 SOS 法来分析一个非线性系统的稳定域。这是一个时间上逆转的范德堡（van der pol）系统，其方程式为

$$f:\begin{cases}\dot{x}_1=-x_2\\ \dot{x}_2=x_1+(x_1^2-1)x_2\end{cases} \tag{7-35}$$

如式（7-35）所示的一类系统，在无任何外力作用的情况下，出现的等幅振荡称之为极限环，这是非线性系统所特有的。这与系统受外力而产生的等幅振荡是不同的，极限环属于非线性系统的一种固有特性，与系统的输入无关。

图 7-1 是系统式（7-35）的相平面图，可以看出这个系统有一个不稳定的极限环和在原点上的一个稳定的平衡点。

系统式（7-35）的吸引域估计被广泛地研究，本节用 SOS 规划和 Lyapunov 多项式函数来估计 ROA。该系统的 ROA 就是其极限环所包含的区域，这个 ROA 也可根据系统的微分方程式（7-35），用数值方法来求解。这里是作为 SOS 方法的例子来对此 ROA 进行估计。首

先将非线性方程式（7-35）线性化，得到系统矩阵

$$A=\partial f/\partial x\big|_{x=0}=\begin{bmatrix}0 & -1\\1 & -1\end{bmatrix}$$

因为 A 是 Hurwitz 矩阵（即所有特征值具有负实部），那么对于每个 $\boldsymbol{Q}>0$，存在 $\boldsymbol{P}>0$ 满足 Lyapunov 等式 $\boldsymbol{A}^{\mathrm{T}}\boldsymbol{P}+\boldsymbol{PA}=-\boldsymbol{Q}$。因此若定义 Lyapunov 函数

$$V(x):=x^{\mathrm{T}}\boldsymbol{P}x$$

则对大于零的 γ，$V(x)$ 均满足式（7-19）~式（7-21）的约束要求。这样对于给定的 $V(x)$，则可运用 γ 的二分法，通过使式（7-21）约束有可行解进而寻找 γ 的最大值。

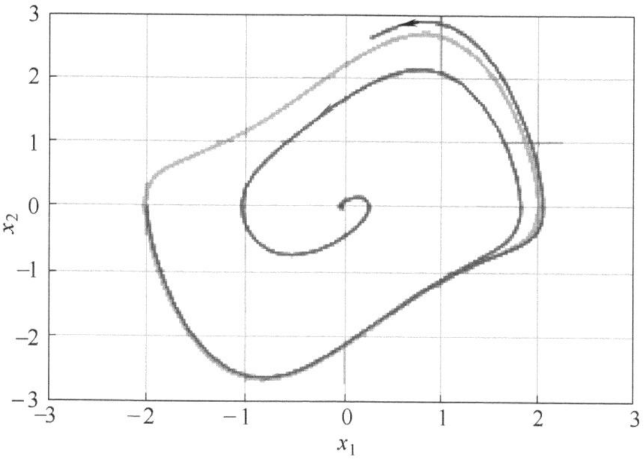

图 7-1 系统的相平面图

首先取 $\boldsymbol{Q}=1$，则 $\boldsymbol{P}=\begin{bmatrix}1.5 & -0.5\\-0.5 & 1\end{bmatrix}$。调整 γ 值，2.3 为 γ 所能达到的最大值，当超过这个值，可行性问题将返回一个空值。此时对应的存储函数为

$$V_1(x)=1.5x_1{}^2-x_1x_2+x_2{}^2,$$

则最大吸引域估计是 $\Omega_{V,2.3}=\{x\in\mathbb{R}^n:V_1(x)\leqslant 2.3\}$，$\gamma=2.3$。同样若取 $\boldsymbol{Q}=\begin{bmatrix}1 & 0\\0 & 2\end{bmatrix}$ 或 $\boldsymbol{Q}=\begin{bmatrix}5 & 0\\0 & 2\end{bmatrix}$，对应的存储函数函数分别为

$$V_2(x)=2x_1{}^2-x_1x_2+1.5x_2{}^2$$

$$V_3(x)=6x_1{}^2-5x_1x_2+3.5x_2{}^2$$

得到的最大的 γ 分别为 3.1 和 7。这样得到的 3 个吸引域估计如图 7-2 所示。

这也是最一般的吸引域估计方法，后出现的一些研究，也是基于这个基础之上，通过不同算法来寻找一个尽可能好的 Lyapunov 函数，然后再利用 LMI 方法来求解一个可行性问题的边界。而本节研究的是用 SOS 法，可以将 Lyapunov 函数纳入到优化的程序之中。

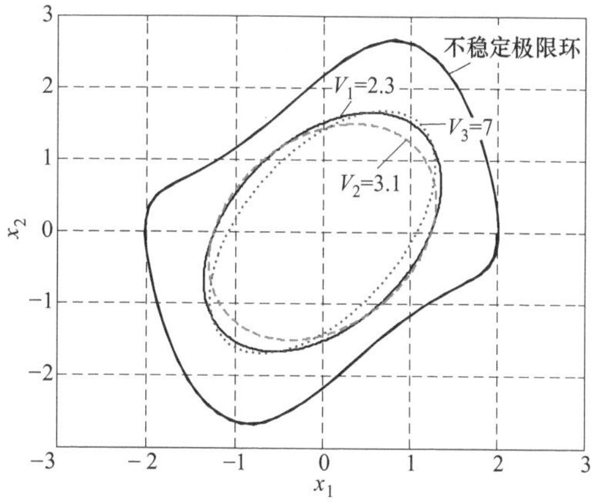

图 7-2 系统的不同吸引域估计

从图 7-2 中可见，选择不同的 Q 导致不同的内部估计，虽然这些估计是类似的，但是可以看出沿着状态空间的一些方向上哪一个估计比其余估计更好，看到这些差异，就想到了利用 h 函数的形状，通过选择更好的 $V(x)$ 去优化估计。所以才有了式（7-22）和式（7-23）及其式（7-25）~式（7-28）约束下的优化问题。

第 7.2.1 节已经指出 ROA 的估计问题就是式（7-25）~式（7-28）约束下的优化问题。

注意到式（7-28）中有决策变量的相乘项 s_2V，所以这是一个双线性问题。双线性问题的求解要求有专门的软件，在 SOS 法中这里提出采取分别固定一个变量的交替迭代的办法来求解。另外，还注意到式（7-11）中 γ 值与 $V(x)$ 之间是一种相对的关系。这是因为组成 $V(x)$ 的各项都还有相应的系数，所以 γ 与 $V(x)$ 之间存在着一种倍数关系。因此在式（7-24）~式（7-28）的优化问题中可以取 $\gamma=1$。

式（7-25）的约束中有要求多项式 s_i 为 SOS 的约束，SOSTOOLS 中可以用 sossosvar 直接将该多项式指定为 SOS 变量。所以实际的程序中只要列出式（7-26）~式（7-28）三个约束。这三个不等式约束所对应的命令依次如下：

prog = sosineq(prog, V-l1);　　(7-36)

prog = sosineq(prog, -((beta-h) * s1+V-1));　　(7-37)

prog = sosineq(prog, -(l2+DVf) +s2 * (V-1));　　(7-38)

本例中取 $l1 = l2 = 10^{-6}x^{\mathrm{T}}x$，$h(x) = x^{\mathrm{T}}x$，Lyapunov 函数 $V(x)$ 取成 6 阶的多项式，乘子 s1 和 s2 则分别为 2 阶和 4 阶的多项式。

给出了约束以后，一般还需要在程序中设定目标函数，这在 SOSTOOLS 中是调用函数式（7-34）。对本例来说，就是

prog = sossetobj(prog, -beta)　　(7-39)

注意到 SOS 程序中求解的优化问题是最小化问题［见式（7-8）］，而本例中要求解的是 β 的最大值［见式（7-24）］，故式（7-39）的 beta 前要加一负号。

考虑到本例的式（7-27）中出现 β 和 s_1 的相乘项，这也是一种双线性关系，所以本例在具体求解时并没有采用优化程序式（7-39），而是借鉴了上面的 γ 二分法，在一个给定的 β 值下求解 SOS 的可行性问题，在每次求得 V、s_1、s_2 的基础上，再求加大 β 值后的可行解。这样迭代求解，直至 β 的最大值。具体求解步骤如下：

步骤 1　先设定一个初始的 $V(x)$，记为 V_0，求解 SOS 不等式（7-37）和式（7-38）的可行性问题，使 β 值为最大，设为 β_1，对应的 SOS 乘子为 $s_{1,1}$ 和 $s_{2,1}$。

步骤 2　将 SOS 不等式中的乘子 s_1 和 s_2 固定为 $s_{1,1}$ 和 $s_{2,1}$，求解不等式（7-36）、式（7-37）和式（7-38），使 β 值为最大，得此可行性问题的解 $V(x)$，记为 V_1。

步骤 3　设定 $V(x)$ 为 V_1，重复 Step1。这样迭代运算直到 β 趋近一个稳定的最大值，输出 $V(x)$。这个 $V(x)=1$ 的区域就是用 SOS 法求得的系统稳定域（ROA）的最大估计。

这里要说明的是，初始的 $V(x)$（即 V_0）可以取用常规求得的二次型 Lyapunov 函数，例如本例中取为

$$V_0(x) = 0.65217x_1^2 - 0.43478x_1x_2 + 0.43478x_2^2 \tag{7-40}$$

进行迭代。执行步骤 1，二分法得到的最大 β 值为 1.27，对应的乘子分别为

$$\begin{aligned} s_{1,1} = {} & 0.21036x_1^2 + 0.06134x_1x_2 + 0.23963{x_2}^2 + 0.54289 - \\ & 1.1142\times10^{-7}x_1 - 1.8397\times10^{-7}x_2 \\ s_{1,2} = {} & 0.24395{x_1}^4 + 0.03522{x_1}^3x_2 - 0.028952{x_1}^2{x_2}^2 - 0.11067x_1{x_2}^3 + 0.19093{x_2}^4 + \\ & 0.25413{x_1}^2 - 0.070439x_1x_2 + 0.23683{x_2}^2 + 2.8974\times10^{-7}{x_1}^3 - 3.0989\times10^{-7}{x_2}^3 + \\ & 4.8851\times10^{-7}{x_1}^2x_2 - 9.051210^{-8}x_1{x_2}^2 + 1.2473\times10^{-13}x_1 - 4.7436\times10^{-14}x_2 + 2.9087\times10^{-13} \end{aligned} \tag{7-41}$$

将式（7-41）结果代入步骤 2，二分法得到的最大 β 值为 1.60，可行性问题的解为一个 6 阶的多项式，忽略 10^{-7} 以下的微小项，近似为

$$V_{1,1}=0.054158x_1^{\ 4}+0.015772x_1^{\ 3}x_2+0.13201x_1^{\ 2}x_2^{\ 2}-0.049766x_1x_2^{\ 3}+0.04214x_2^{\ 4}+0.37616x_1^{\ 2}+0.31523x_1x_2+0.28644x_2^{\ 2} \tag{7-42}$$

这样循环往复，直至经 11 次迭代之后，β 值已趋于稳定，$\beta=\beta_{\max}=2.13$。迭代过程中 β 值见表 7-1 所示。但是在迭代求解的过程中，V_i 并没有被近似处理。

表 7-1　迭代数据表

迭代次数(N)	β(步骤 1)	β(步骤 2)	V_N
1	1.27	1.60	V_1
2	1.66	1.82	V_2
3	1.83	1.95	V_3
4	1.95	2.02	V_4
5	2.02	2.06	V_5
6	2.06	2.08	V_6
7	2.08	2.09	V_7
8	2.09	2.10	V_8
9	2.10	2.11	V_9
10	2.11	2.12	V_{10}
11	2.12	2.13	V_{11}

由于存储函数表示过于复杂就不一一列出。表 7-1 的迭代过程对应的吸引域估计如图 7-3 所示。图中的箭头表示 β 迭代增加的方向，也表示迭代次数的增加。从图中可以看出，随着迭代次数的增加，估计的吸引域逐渐扩大接近极限环。可见 SOS 可行性迭代求解适用有效。

图 7-4 所示即为本例中所得的 ROA 的最大估计。图中的外圈就是系统的不稳定极限环，也就是本例中的实际的 ROA。内圈就是 $h(x)=x^{\mathrm{T}}x=2.13$ 的 $\Omega_{h,\beta}$。最终求得的 $V(x)$ 为 6 阶的多项式，共有 25 项。为了说明这个 $V(x)$ 的基本特点，忽略这 25 项中系数小于 10^{-9} 的各项，可得到一个近似的表达式如下式所示。

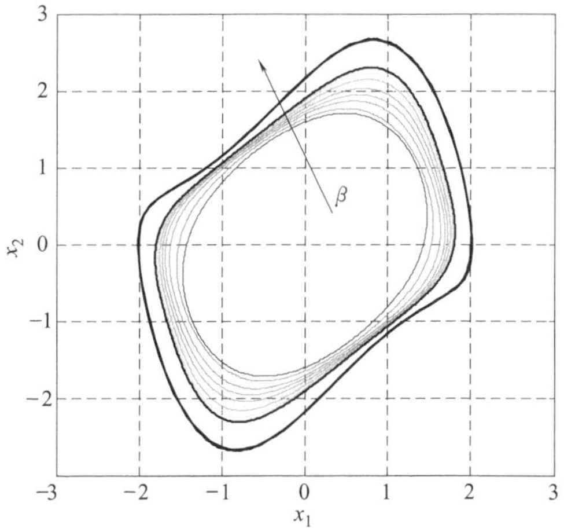

图 7-3　迭代时的吸引域估计

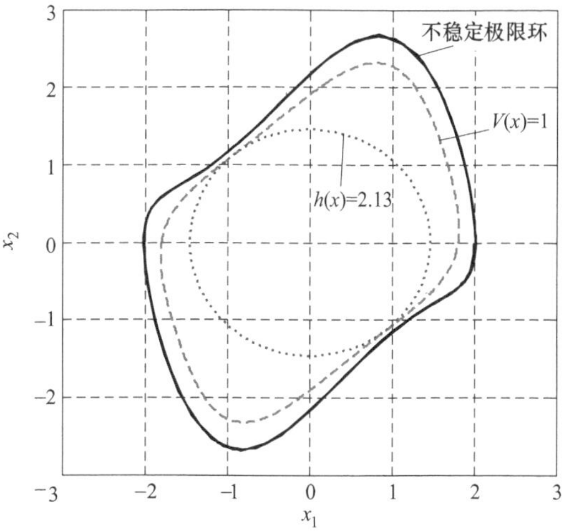

图 7-4　系统的稳定域

$$V(x) \approx 0.012859x_1^4+0.073696x_1^3x_2+0.10135x_1^2x_2^2+ 0.2664x_1^2-0.070049x_1x_2^3-0.33623x_1x_2+ 0.025356x_2^4+0.18181x_2^2 \tag{7-43}$$

由式（7-43）可以看出，通过 SOS 法可以得到高阶次的 Lyapunov 函数。这是解析求解方法难以做到的。

从图 7-4 可见，SOS 法所得的 ROA 估计略小于实际的 ROA。这是因为 SOS 求解中用的 S 方法是一种充分性条件，即具有一定的保守性。图 7-2 为减小这种保守性，提供了一个参考，现将 $h(x)$ 图形的长短轴拧一个方向，即适当选取 $h(x)=x^{\mathrm{T}}\boldsymbol{R}x$ 中的 $\boldsymbol{R}$ 阵，使其顺向理论上的 ROA 图形，取

$$h(x)=V_2(x)=2x_1^2-x_1x_2+1.5x_2^2$$

迭代过程如表 7-2 所示。

表 7-2　迭代数据表

迭代次数(N)	β(步骤 1)	β(步骤 2)	V_N
1	2.93	3.64	V_1
2	3.76	4.05	V_2
3	4.06	4.20	V_3
4	4.20	4.31	V_4
5	4.31	4.40	V_5
6	4.40	4.45	V_6
7	4.45	4.49	V_7
8	4.49	4.52	V_8
9	4.52	4.54	V_9

从表 7-2 中可以看到，当选择合适的 $h(x)$，收敛速度提高了。由原来的迭代 11 次变成了迭代 9 次就收敛了。对于复杂的系统，如果找到更合适的 $h(x)$，那么估计的过程带来的收敛效果将更加明显。

图 7-5 所示即为调整 $h(x)=2x_1{}^2-x_1x_2+1.5x_2{}^2=4.54$ 所得的 ROA 的最大估计。图中的外圈 1 仍是系统的不稳定极限环，也就是本例中的实际的 ROA。内圈细的虚线 2 是 $h(x)=x^{\mathrm{T}}x=2.13$ 的 $\Omega_{h,\beta}$，细实线 4 为 $h(x)=2x_1^2-x_1x_2+1.5x_2^2=4.54$。粗虚线 3 是图 7-4 中 ROA 的最大估计。粗实线 5 为调整后的 ROA 的最大估计。

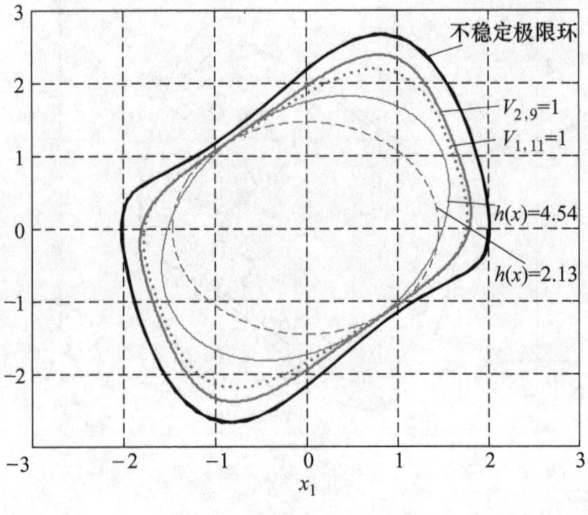

图 7-5　系统的稳定域

可见通过对 $h(x)$ 的调整，所估计的吸引域范围在调整的方向上有所扩大（即减少保守性）。

吸引域估计在很多实际问题中有着重要的意义，尤其是对系统的控制设计方面，分析的目的是设计。众所周知，

可以通过控制作用来扩大系统的吸引域，这样才有可能将系统的某一指标定在期望的位置上。本节的吸引域估计例子就可以说明 SOS 法的这一点用处。考虑下面这样的一个仿射系统，

$$f_1:\begin{cases}\dot{x}_1=x_1+u\\ \dot{x}_2=2x_1+x_1^2x_2+u\end{cases} \tag{7-44}$$

寻找一个状态反馈控制律 $u=k_1x_1+k_2x_2$，使得闭环系统有更大的吸引域。当取 $k_1=k_2=-1$ 时，这就是本节中式（7-35）的吸引域估计问题了。为此我们可以看出，SOS 法是可以用于控制器设计的。

7.3　非线性系统的 SOS 法设计

由于 SOS 法还是一个新的数值方法，介绍 SOS 法的文献大多数也是原理性的，设计方面的应用实例还较少，所以在满足设计要求时如何处理数值计算问题、以及如何正确认识数值方法设计出的控制律都有待于深入研究。本节将在 Lyapunov 函数的框架下将设计问题转换成 SOS 问题来进行求解。结合卫星大角度姿态机动控制来说明 SOS 法的设计结果都是可以解释的，可以理解的。本节设计将表明，只要处置适当，SOS 法求解可直接给出系统的 Lyapunov 函数和所要求的非线性控制律，所以从系统的设计方法来说，SOS 法实际上是一个很实用的非线性控制系统的综合工具。

7.3.1　双线性矩阵不等式

考虑一个带有多项式向量的非线性系统 $\dot{x}=f(x)$，$f(0)=0$。SOS 法设计中一般是找到一个函数 $V(x)$，满足

$$V(x)-\phi(x) \tag{7-45}$$

$$-\frac{\partial V}{\partial x}f(x) \tag{7-46}$$

均是 SOS 多项式。其中 $\phi(x)$ 是一正定多项式。要求 SOS 法的条件是保证 $V(x)-\phi(x)$ 和 $-\frac{\partial V}{\partial x}f(x)$ 是非负的。因此 $V(x)$ 实际上是能使零平衡点稳定的 Lyapunov 函数。满足式（7-45）和式（7-46）条件的 $V(x)$ 是一凸多项式。可以通过 SDP 问题来寻找满足式（7-45）和式（7-46）要求的 $V(x)$ 的系数。因此，对这样问题的计算是容易的。

然而对于系统 $\dot{x}=f(x)+g(x)u$，其中 $f(x)$ 和 $g(x)$ 是多项式，此时需要找到一个多项式状态反馈律 $u=K(x)x$ 和一个多项式 Lyapunov 函数 $V(x)$，来满足

$$-\frac{\partial V}{\partial x}[f(x)+g(x)K(x)x] \tag{7-47}$$

是 SOS 多项式。但是式（7-47）中与 $V(x)$ 有关的项与 $K(x)$ 是相乘的，故能满足式（7-47）条件的解（$V(x)$，$K(x)$）并不构成凸集。这就是第 7.2 节中所说的双线性项，但如果 $f(x)$ 和 $g(x)$ 是多项式矩阵，那么这里构成双线性矩阵不等式（Bilinear Matrix Inequalities，BMIs）。因此同时计算求得 $V(x)$ 和 $K(x)$ 这是很困难的。SOS 法在处理这样的设计问题时有两种做法。第一种做法，也是现在大多数文献中采用的方法，是采用 Lyapunov 函数，将

设计问题转换成适合于 SOS 求解的凸优化问题。第二种做法是不用 Lyapunov 函数，而改用密度函数（density function）$r(x)$，使与式（7-3）对应的不等式条件的解的集合（ρ，$K\rho$）是一个凸集。参考文献［20］的姿态控制的 SOS 法中就是用这种方法来综合控制律的。但是密度函数法中的主要多项式需要设计者事先指定。例如参考文献［20］中姿态控制中的密度函数取 $\rho(x)=a(x)/b(x)^{\alpha}$。其中多项式 $a(x)$ 是靠 SOS 来解算的，而分母的 $b(x)^{\alpha}$ 却需要事先指定，文献中

$$b(x)^{\alpha}=(\|\omega\|^2+\|\psi\|^2)^{\alpha} \tag{7-48}$$

式（7-48）中 $\omega\in\mathbb{R}^3$ 是空间飞行器的 3 个轴的角速度，$\psi\in\mathbb{R}^3$是代表姿态的 3 个 Rodrigues 参数，而 $\alpha=6$。设计中这个关键的高阶次多项式 $b(x)^{\alpha}$ 要由设计者指定。也就是说，设计的成败将取决于设计者的个人因素。此外，密度函数 ρ 仅适用于处理式（7-47）的镇定问题。因为这并不是 Lyapunov 函数，是否能进一步扩展为研究扰动抑制等性能问题的前景尚不明朗。本节将采用第一种做法来研究姿态机动问题，即在 Lyapunov 函数的框架下将设计问题转换成 SOS 法问题。下面在提到 SOS 法时都是指的这种设计方法。这第一种设计方法虽然具有通用性，有进一步扩展的空间，但关键点是如何将设计问题转换为适合于 SOS 法的凸优化问题。

由于 SOS 法还是一个新的方法，介绍 SOS 法的文献大多数是原理性的，一些算例主要集中在非线性系统吸引域估计和镇定问题，姿态控制方面的应用实例还较少。参考文献［21］是 SOS 法卫星大角度姿态控制上的一个应用，不过参考文献［21］在方程式和数据方面都存在一些基本性的错误，在给出的控制律中还存在明显的缺失项。尤其是参考文献［21］给出的每一通道的控制律，包含的项数都高达 20 项以上（尚不计及缺失项），参考文献［20］中的各控制律的项数也高达 16 项。给人的印象是 SOS 方法的解（多项式）似乎只是各种组合的单项式的堆砌，看不出其中的物理含义，又不好实现。再加上一些新的概念和术语，使人对 SOS 法产生一种讳莫如深的感觉。本节将结合卫星大角度姿态机动来研究如何在非线性系统设计中使用 SOS 法将双线性求解问题转化为非凸优化问题。

7.3.2 状态依赖 LMIs 与 SOS 法分解

本节所采用的设计方法都是以多变量多项式 SOS 法分解为基础的。如果存在多项式 $f_1(x)$，…，$f_m(x)$ 满足 $f(x)=\sum_{i=1}^{m}f_i^2(x)$，那么这个多变量多项式 $f(x)$（$x\in R^n$）是 SOS 多项式，即等价于，当且仅当存在一个半正定的矩阵 $\boldsymbol{Q}$，满足

$$f(x)=z^{\mathrm{T}}(x)\boldsymbol{Q}z(x) \tag{7-49}$$

则 $f(x)$ 是 SOS 多项式。见引理【7-1】。

SOS 法之所以可以在控制中使用，是由于虽然 $f(x)$ 是不完全确定的，但其系数可以以未知数的形式来仿射参数化，就可以使用半定规划来搜索将 $f(x)$ 表达为平方和的系数值。例如为非线性系统构造 Lyapunov 函数的算法。即，实系数 c_1，c_2，…，c_m 是一组待选 Lyapunov 函数的仿射形式的参数表示

$$V=\left\{V(x):v(x)=v_0(x)+\sum_{i=1}^{i=m}c_iv_i(x)\right\} \tag{7-50}$$

式中，$v_i(x)$ 是关于 x 的单项式。那么搜索一个 $V(x)\in V$，或等效系数 c_i，通过半定规划使式（7-45）和式（7-46）成立。例如式（7-51）所示的系统

$$\begin{bmatrix} \dot{x}_1 \\ \dot{x}_2 \\ \dot{x}_3 \end{bmatrix} = \begin{bmatrix} -x_1^3-x_1x_3^2 \\ -x_2-x_1^2x_2 \\ -x_3-3x_3/(x_3^2+1)+3x_1^2x_3 \end{bmatrix} \tag{7-51}$$

用 SOS 法进行稳定性判定，我们可以得到两个对应的 SOS 约束

$$V(x)-\varepsilon(x_1{}^2+x_2{}^2+x_3{}^2) \in \Sigma[x] \tag{7-52}$$

$$(x_3{}^2+1)\left(-\frac{\partial V}{\partial x_1}\dot{x}_1-\frac{\partial V}{\partial x_2}\dot{x}_2-\frac{\partial V}{\partial x_3}\dot{x}_3\right) \in \Sigma[x] \tag{7-53}$$

则借助 SOSTOOLS 调用半定规划进行的搜索，可求解得到 Lyapunov 函数

$$V(x)=6.6592x_1^2+4.5988x_2^2+2.0748x_3^2 \tag{7-54}$$

式（7-54）中的 $V(x)$ 显然是正定，在判断其导数是否负定时，用到的也是一个等效系数的搜索过程，令式（7-53）中的多项式为 DV，可执行

$$[\boldsymbol{Q},\boldsymbol{Z}] = \text{findsos}(DV)$$

如果 DV 不是 SOS 多项式，那么该命令返回空的 $\boldsymbol{Q}$ 和 $\boldsymbol{Z}$。否则存在 $\boldsymbol{Q}$ 和 $\boldsymbol{Z}$，则说明 DV 是 SOS 的，即 $V(x)$ 的倒数是负定的。这里将得到一个十维正定阵 $\boldsymbol{Q}$ 和如下形式：

$$\boldsymbol{Z}=[x_3 \quad x_3^2 \quad x_2 \quad x_2x_3 \quad x_1x_3 \quad x_1x_3^2 \quad x_1x_2 \quad x_1x_2x_3 \quad x_1^2 \quad x_1^2x_3]^{\mathrm{T}}。$$

此外，如果需要，也可以优化一个 c_i 的仿射目标函数，这相当于设计中引入性能指标，这是密度函数方法无法做到的。

上述方法也可用来求解状态依赖的线性矩阵不等式。状态依赖的线性矩阵不等式是一个无限维空间凸优化问题

$$\text{最小化} \sum_{i=1}^{i=m} a_ic_i \tag{7-55}$$

$$\text{受约束于 } F_0(x) + \sum_{i=1}^{i=m} c_iF_i(x) \geqslant 0 \tag{7-56}$$

式中，a_i 是确定的实系数，c_i 是决策变量，$F_i(x)$ 是不确定的对称矩阵。矩阵不等式（7-56）的左边意味着，对于所有的 x 不等式是半正定的。求解上述优化问题等于求解一个无限维线性矩阵不等式，因此计算上是很困难的。但是，当 $F_i(x)$ 是关于 x 的对称矩阵多项式时，平方和分解可以为式（7-56）提供一个计算松弛。下面这个引理中将阐明这个松弛。

引理【7-4】 设 $F(x)$ 是一个 $N\times N$ 的 $2d$ 阶的对称多项式矩阵，此外，$z(x)$ 是一个阶次不大于 d 的列向量，考虑到下面的条件：

1）$F(x)\geqslant 0$ 对于所有的 $x\in\mathbb{R}^n$；

2）是 SOS 多项式，其中 $v\in\mathbb{R}^N$；

3）存在一个半正定阵 $\boldsymbol{Q}$ 满足 $v^{\mathrm{T}}F(x)v=(v\otimes Z(x))^{\mathrm{T}}\boldsymbol{Q}(v\otimes Z(x))$，其中$\otimes$表示克罗内克（Kronecker）乘法。

那么（2）$\Rightarrow$（1），（2）$\Leftrightarrow$（3）。

证明：（2）$\Rightarrow$（1）。$v^{\mathrm{T}}F(x)v$ 是 SOS 多项式，意味着对于所有的（v，x）$\in\mathbb{R}^{N+n}$都有 $v^{\mathrm{T}}F(x)v\geqslant 0$，这就相当于 $F(x)\geqslant 0$ 对于所有的 $x\in\mathbb{R}^n$。逆向反推一般是不成立的，当 $n=1$ 是一特例。

（2）$\Leftrightarrow$（3）。这是引理【7-1】中的特殊例子。单项式矢量可以选择 $v\otimes Z(x)$ 的形式，其特点是可以表现成式（7-49）的二次型的形式。

同样，对称多项式 $F(x)$ 满足 $v^{\mathrm{T}}F(x)v$ 是 SOS 多项式，则称 $F(x)$ 为平方和矩阵。引理【7-4】实质上是引理【7-1】的一个扩展。通过引理【7-4】，我们可以将求状态依赖 LMIs 的问题式（7-55）和式（7-56）转化为一个 SOS 优化问题

$$\text{Minimize} \sum_{i=1}^{i=m} a_i c_i \tag{7-57}$$

$$\text{subject to } v^{\mathrm{T}}\left(F_0(x) + \sum_{i=1}^{i=m} c_i F_i(x)\right) v \text{ is SOS} \tag{7-58}$$

从计算的角度看，解式（7-57）和式（7-58）比式（7-55）和式（7-56）更容易。因为半定规划就是用于求解式（7-57）和式（7-58），比如利用 SOSTOOLS 工具箱[22]。以式（7-15）所示的这样一个简单的多项式矩阵为例

$$F(x) = \begin{bmatrix} x^2+2 & x \\ x & x^2 \end{bmatrix} \tag{7-59}$$

判定这个多项式矩阵是否大于或等于零是不很容易的，因为求取行列式时存在一个减法运算。如果应用引理【7-4】，选取一个 $v=[x \quad 1]^{\mathrm{T}}$，那么看（7-58）的表达形式

$$v^{\mathrm{T}}F(x)v = x^4+5x^2 \tag{7-60}$$

从式（7-60）能看出对于所有的 x，$v^{\mathrm{T}}F(x)v$ 是非负的，所以 $F(x)$ 是 SOS 多项式矩阵。

7.3.3 SOS 法设计

SOS 法设计主要难点在于如何将式（7-47）中设计问题转换成 SOS 约束求解问题，尤其是双线性矩阵不等式带来的非凸问题。本节给出的就是这一转化过程。

考虑系统 $\dot{x}=f(x)+g(x)u$，写成下面状态依赖线性形式的描述

$$\dot{x} = A(x)Z(x)+B(x)u \tag{7-61}$$

式中，$A(x)$、$B(x)$ 是关于 x 的多项式矩阵；$Z(x)$ 是 x 的单项式向量，且满足 $Z(x)=0$ 当且仅当 $x=0$。

定义一个 $N\times n$ 的多项式矩阵 $M(x)$，其中第（i，j）个单元为

$$M_{ij}(x) = \frac{\partial Z_i}{\partial x_j}(x)$$

式中，$i=1$，…，N，$j=1$，…，n。

再设 $A_j(x)$ 表示 A（x）第 j 行，$J=\{j_1, j_2, \cdots, j_m\}$ 表示 $B(x)$ 等于 0 的各行的标号，定义 $\tilde{x}=\{x_{j1}, x_{j2}, \cdots, x_{jm}\}$，即

$$\begin{aligned} \dot{x}_{j1} &= A_{j1}(x)Z(x) \\ \dot{x}_{j2} &= A_{j2}(x)Z(x) \\ &\vdots \end{aligned} \tag{7-62}$$

目标是找到一个状态控制器 $u=k(x)=F(x)Z(x)$，使 $x=0$ 平衡点稳定。在综合里我们还没有考虑任何性能目标。在继续求解综合问题之前，我们先给出下面这个引理，这将有助于我们后面的证明。

引理【7-5】 对于任意的 x，若对称多项式矩阵 $P(x)$ 是非奇异的，那么

$$\frac{\partial P}{\partial x_i}(x) = -P(x)\frac{\partial P^{-1}}{\partial x_i}(x)P(x) \tag{7-63}$$

证明：若 $P(x)$ 是非奇异，则 $P(x)P^{-1}(x)=I$，两侧对 x_i 求导，则

$$\frac{\partial P}{\partial x_i}(x)P^{-1}(x)+P(x)\frac{\partial P^{-1}}{\partial x_i}(x)=0$$

整理则可得到式（7-63）。

定理【7-1】 对于系统式（7-61），若存在一个 $N\times N$ 的对称多项式矩阵 $P(\tilde{x})$，一个 $n\times N$ 的多项式矩阵 $K(x)$，一个常数 $\varepsilon_1>0$，一个平方和多项式 $\varepsilon_2(x)$，满足下面两个表达式

$$v^{\mathrm{T}}(P(\tilde{x})-\varepsilon_1 I)v \tag{7-64}$$

$$-v^{\mathrm{T}}(P(\tilde{x})A^{\mathrm{T}}(x)M^{\mathrm{T}}(x)+M(x)A(x)P(\tilde{x})+K^{\mathrm{T}}(x)B^{\mathrm{T}}(x)M^{\mathrm{T}}(x)+ M(x)B(x)K(x)-\sum_{j\in J}\frac{\partial P}{\partial x_j}(\tilde{x})(A_j(x)Z(x)+\varepsilon_2(x)I))v \tag{7-65}$$

是 SOS 多项式，其中 $v\in\mathbb{R}^N$，ε_1 和 $\varepsilon_2(x)$ 为给定的。那么状态反馈稳定性问题就是可解的，且稳定系统的控制器为

$$u=K(x)P^{-1}(\tilde{x})Z(x) \tag{7-66}$$

此外，如果对于 $x\neq0$ 的 $\varepsilon_2>0$，式（7-65）成立，那么零平衡点是渐近稳定的，如果 $P(\tilde{x})$ 是一个常数矩阵，那么就是全局稳定的。要说明的是，为了将设计问题式（7-47）转换成 SOS 可以处理的凸问题，这里采用了早年 LMI 法中的标准做法，在求解中取 P 矩阵的逆阵。将设计中的非凸问题转化为凸问题。

证明：假设存在 $P(\tilde{x})$ 和 $K(x)$ 满足式（7-64）和式（7-65），定义存储函数 $V(x)$ 为

$$V(x)=Z(x)^{\mathrm{T}}P^{-1}(\tilde{x})Z(x) \tag{7-67}$$

这样定义的 $V(x)$ 在求导时，不会出现对控制律 u 的导数。能够证明 $V(x)$ 是闭环系统的 Lyapunov 函数。

将式（7-66）的控制律带入系统式（7-61）

$$\dot{x}=[A(x)+B(x)K(x)P^{-1}(\tilde{x})]Z(x) \tag{7-68}$$

定理【7-1】中，条件式（7-64）意味着 $P(\tilde{x})$ 和 $P^{-1}(\tilde{x})$ 对于任意的 x 都是正定的，所以式（7-67）定义的 $V(x)$ 是一个关于 x 的正定函数。那么沿着闭环轨线 $V(x)$ 的导数是

$$\frac{\mathrm{d}V}{\mathrm{d}t}[x(t)]=Z^{\mathrm{T}}(x)\left[\sum_{j\in J}\frac{\partial P^{-1}}{\partial x_j}(\tilde{x})[A_j(x)Z(x)]+[A(x)+B(x)K(x)P^{-1}(\tilde{x})]^{\mathrm{T}} M^{\mathrm{T}}(x)P^{-1}(\tilde{x})+P^{-1}(\tilde{x})M(x)\;[A(x)+B(x)K(x)P^{-1}(\tilde{x})]\right]Z(x) \tag{7-69}$$

式（7-65）意味着

$$P(\tilde{x})A^{\mathrm{T}}(x)M^{\mathrm{T}}(x)+M(x)A(x)P(\tilde{x})+K^{\mathrm{T}}(x)B^{\mathrm{T}}(x)M^{\mathrm{T}}(x)+ M(x)B(x)K(x)-\sum_{j\in J}\frac{\partial P}{\partial x_j}(\tilde{x})(A_j(x)Z(x)) \tag{7-70}$$

对于任意的 x 是负半定的。考虑引理【7-5】，式（7-70）左右乘上 $P^{-1}(\tilde{x})$，可知式（7-69）的方括号内对于任意的 x 是负半定的，因此 $\frac{\mathrm{d}V}{\mathrm{d}t}[x(t)]$ 是非正的。即可证明闭环系统的稳定性。以上的证明过程不失一般性。

由于 SOS 问题已经有 SOSTOOLS 可以求解，所以 SOS 设计主要是将所求解的问题转换

成如式（7-64）和式（7-65）的 SOS 约束。然后便是调用 SOSTOOLS 中的 sosineq 函数来求解这两个 SOS 不等式约束，并给出式（7-66）的控制律。

7.3.4 卫星大角度姿态机动的 SOS 法设计

在卫星姿态控制中，一般可选择 $Z(x)=x$，那么系统的状态依赖形式为

$$\dot{x}=A(x)x+B(x)u \tag{7-71}$$

式中，$A(x)$ 和 $B(x)$ 都是 x 的多项式矩阵，$x\in\mathbb{R}^n$，$u\in\mathbb{R}^m$。当采用 Lyapunov 方法来研究时，为了方便起见，设 Lyapunov 函数为二次型多项式，则式（7-67）设为

$$V(x)=x^{\mathrm{T}}Qx \tag{7-72}$$

式中，Q 应该为大于零的常数阵，那么如果这个问题有解，则 $V(x)$ 径向无界，也就是说设计的系统式（7-71）是全局稳定的。故非线性的状态反馈控制律可写成

$$u=K(x)Qx \tag{7-73}$$

此时，根据式（7-71）、式（7-72）和式（7-73），可得

$$\frac{\mathrm{d}V}{\mathrm{d}t}[x(t)]=x^{\mathrm{T}}\{Q[A(x)+B(x)K(x)Q]+[A(x)+B(x)K(x)Q]^{\mathrm{T}}Q\}x \tag{7-74}$$

渐近稳定要求$\frac{\mathrm{d}V}{\mathrm{d}t}(x(t))<0$，故式（7-74）右侧方括号内部为负定的，即

$$QA(x)+A^{\mathrm{T}}(x)Q+Q[B(x)K(x)+K^{\mathrm{T}}(x)B^{\mathrm{T}}(x)]Q<0 \tag{7-75}$$

取 $P=Q^{-1}$，注意式（7-72）中 Q 是正定的，则 P 也是正定的。对式（7-75）中各项左乘和右乘一个 P 矩阵，可有

$$A(x)P+PA^{\mathrm{T}}(x)+B(x)K(x)+K^{\mathrm{T}}(x)B^{\mathrm{T}}(x)<0 \tag{7-76}$$

现在的这个不等式中，待求的 P 阵和 $K(x)$ 阵都呈仿射关系，故式（7-76）就可以用 SOS 法来求解了。此时，对应的约束式（7-64）和式（7-65）为

$$v^{\mathrm{T}}(P-\varepsilon_1 I)v\in\Sigma[x] \tag{7-77}$$

$$-v^{\mathrm{T}}[A(x)P+PA^{\mathrm{T}}(x)+B(x)K(x)+K^{\mathrm{T}}(x)B^{\mathrm{T}}(x)]v\in\Sigma[x] \tag{7-78}$$

若这个问题有解，则可通过 SOSTOOLS 中的 sosineq 函数来获得 P 和 $K(x)$，进而得到控制律

$$u=K(x)P^{-1}x \tag{7-79}$$

7.3.4.1 卫星大角度姿态机动模型

在研究由惯导系统构成的方程时，经常需要引入若干个正交的笛卡尔坐标系，这些坐标系之间做相互的旋转，一个坐标系做一次或多次的旋转后，得到另一个坐标系，它们之间的这种旋转关系可以用一方向余弦阵来表示。用方向余弦阵来描述方程时，存在 9 个方向余弦，而其中仅有 3 个是独立的，使用起来不方便。而欧拉角描述仅有 3 个变量，但这种描述比较适合小角度运动，因为小角度时正余弦可近似处理，并且欧拉角描述对应的是三角函数，而不是多项式，所以这种描述不适合于大角度姿态机动的 SOS 法设计。要注意的是根据绕轴的顺序，方向余弦阵可以有 12 种组合方式。因此卫星的姿态一般是用四元数式（7-80）来描述

$$q=q_1\circ\bar{\mathrm{i}}+q_2\circ\bar{\mathrm{j}}+q_3\circ\bar{\mathrm{k}}+q_4\circ 1 \tag{7-80}$$

式中，包括实数单位 1 和三个虚数单位 $\bar{\mathrm{i}}$、$\bar{\mathrm{j}}$、$\bar{\mathrm{k}}$ 组成。通常省略写成如下形式 $q=q_1\bar{\mathrm{i}}+q_2\bar{\mathrm{j}}+$

$q_3\bar{k}+q_4$。式中 q_1、q_2、q_3、q_4 代表实数，$\bar{i}$、$\bar{j}$、$\bar{k}$ 也可看做是三维空间的单位矢量。$q_1\bar{i}+q_2\bar{j}+q_3\bar{k}$ 为四元数的矢量部分，q_4 为四元数的标量部分。

采用四元数法时，运动微分方程式为

$$\dot{q}=\frac{1}{2}qw \tag{7-81}$$

式中，w 为动坐标系相对定坐标系的旋转角速度，在式（7-81）中可写成四元数的形式为

$$w=w_x\bar{i}+w_y\bar{j}+w_z\bar{k}+0$$

这样按照四元数运算规则展开式（7-81），有

$$\begin{cases}2\dot{q}_1=q_4w_x-q_3w_y+q_2w_z\\2\dot{q}_2=q_3w_x+q_4w_y-q_1w_z\\2\dot{q}_3=-q_2w_x+q_1w_y+q_4w_z\\2\dot{q}_4=-q_1w_x-q_2w_y-q_3w_z\end{cases} \tag{7-82}$$

这样只需解4个一阶微分方程式组就可以，比矩阵微分方程式计算量明显减少。

式（7-82）可整理成状态方程的形式

$$\begin{bmatrix}\dot{q}_1\\\dot{q}_2\\\dot{q}_3\\\dot{q}_4\end{bmatrix}=\frac{1}{2}\begin{bmatrix}-q_4&-q_3&q_2\\-q_3&q_4&-q_1\\-q_2&q_1&q_4\\-q_1&-q_2&-q_3\end{bmatrix}\begin{bmatrix}w_x\\w_y\\w_z\end{bmatrix} \tag{7-83}$$

将式（7-83）可简记为

$$\dot{q}=\frac{1}{2}\Omega(q)w \tag{7-84}$$

式中的 $w=[w_x\quad w_y\quad w_z]^{\mathrm{T}}$。

但四元数4个变量之间只有3个是独立的，故不便于采用状态空间法的控制设计。采用Rodrigues参数来表示卫星的姿态时，卫星绕特征轴的转动不能超过180°，故这里采用修正的Rodriguez参数（Modified Rodriguez Parameters，MRPs）可适用于（特征轴）转动到360°。

根据欧拉定理，刚体绕固定点的任一位移可绕通过此点的某一轴转动一个角度而得到。这个轴称瞬时转轴，在姿态控制中也称特征轴，用 $\boldsymbol{k}$ 表示，$\boldsymbol{k}=[n_1,\ n_2,\ n_3]^{\mathrm{T}}$，并用 $\boldsymbol{\Phi}$ 表示转动的角度。

MRP参数（向量）与（$\boldsymbol{k}$，$\boldsymbol{\Phi}$）的关系为

$$\boldsymbol{\sigma}=k\tan\frac{\boldsymbol{\Phi}}{4} \tag{7-85}$$

MRP向量 $\boldsymbol{\sigma}=[\sigma_1\quad\sigma_2\quad\sigma_3]^{\mathrm{T}}$ 只有三个分量，其与四元数（q_1，q_2，q_3，q_4）的关系为

$$\boldsymbol{\sigma}=\begin{bmatrix}q_1/(1+q_4)\\q_2/(1+q_4)\\q_3/(1+q_4)\end{bmatrix} \tag{7-86}$$

从式（7-86）可以看出，MRP表示在 $\boldsymbol{\Phi}=\pm360°$，即 $q_4=-1$ 处有奇点。但是卫星一般不做这样的机动。

对式（7-86）两侧求导数，并将式（7-83）代入整理，可得如下运动微分方程形式

$$\dot{\boldsymbol{\sigma}}=\Omega(\sigma)w \tag{7-87}$$

$$\boldsymbol{\Omega}(\sigma)=\frac{1}{4}\begin{bmatrix}1-\sigma^2+2\sigma_1^2 & 2(\sigma_1\sigma_2-\sigma_3) & 2(\sigma_1\sigma_3+\sigma_2)\\ 2(\sigma_2\sigma_1+\sigma_3) & 1-\sigma^2+2\sigma_2^2 & 2(\sigma_2\sigma_3-\sigma_1)\\ 2(\sigma_3\sigma_1-\sigma_2) & 2(\sigma_3\sigma_2+\sigma_1) & 1-\sigma^2+2\sigma_3^2\end{bmatrix}$$

$$w=[w_x\quad w_y\quad w_z]^{\mathrm{T}}$$

$$\sigma^2=\sigma_1^2+\sigma_2^2+\sigma_3^2$$

这个 MRP 表示在本章中将用于卫星姿态的描述。

卫星的运动方程式包括动力学方程和运动学的微分方程。以上部分已经给出运动微分方程。设卫星为刚体，其动力学方程为

$$\begin{aligned}\boldsymbol{I}_x\dot{w}_x+(\boldsymbol{I}_z-\boldsymbol{I}_y)w_yw_z&=\boldsymbol{T}_x\\ \boldsymbol{I}_y\dot{w}_y+(\boldsymbol{I}_x-\boldsymbol{I}_z)w_zw_x&=\boldsymbol{T}_y\\ \boldsymbol{I}_z\dot{w}_z+(\boldsymbol{I}_y-\boldsymbol{I}_x)w_xw_y&=\boldsymbol{T}_z\end{aligned} \tag{7-88}$$

式中，$\boldsymbol{I}_x$、$\boldsymbol{I}_y$、$\boldsymbol{I}_z$ 为相应轴的转动惯量；w_x、w_y、w_z 为绕相应轴的角速度分量；$\boldsymbol{T}_x$、$\boldsymbol{T}_y$、$\boldsymbol{T}_z$ 为相应轴的控制力矩。

式（7-87）和式（7-88）构成了卫星姿态运动的微分方程。设状态向量 $\boldsymbol{x}=[w_x\quad w_y\quad w_z\quad \sigma_1\quad \sigma_2\quad \sigma_3]^{\mathrm{T}}$，则可将式（7-87）和式（7-88）整理成动力学方程（7-89）的形式

$$\dot{\boldsymbol{x}}=f(x)+g(x)u \tag{7-89}$$

即

$$\begin{bmatrix}\dot{w}_x\\ \dot{w}_y\\ \dot{w}_z\\ \dot{\sigma}_1\\ \dot{\sigma}_2\\ \dot{\sigma}_3\end{bmatrix}=\begin{bmatrix}f_1\\ f_2\\ f_3\\ f_4\\ f_5\\ f_6\end{bmatrix}+\begin{bmatrix}1/\boldsymbol{I}_x & 0 & 0\\ 0 & 1/\boldsymbol{I}_y & 0\\ 0 & 0 & 1/\boldsymbol{I}_z\\ 0&0&0\\ 0&0&0\\ 0&0&0\end{bmatrix}\begin{bmatrix}\boldsymbol{T}_x\\ \boldsymbol{T}_y\\ \boldsymbol{T}_z\end{bmatrix}$$

由式（7-88）可知

$$\begin{aligned}f_1&=[(\boldsymbol{I}_y-\boldsymbol{I}_z)/\boldsymbol{I}_x]\omega_y\omega_z\\ f_2&=[(\boldsymbol{I}_z-\boldsymbol{I}_x)/\boldsymbol{I}_y]\omega_z\omega_x\\ f_3&=[(\boldsymbol{I}_x-\boldsymbol{I}_y)/\boldsymbol{I}_z]\omega_x\omega_y\end{aligned}$$

由式（7-87）可知

$$f_4=\frac{1}{4}[1-\sigma^2+2\sigma_1^2]w_x+\frac{1}{4}[2(\sigma_1\sigma_2-\sigma_3)]w_y+\frac{1}{4}[2(\sigma_1\sigma_3+\sigma_2)]w_z$$

$$f_5=\frac{1}{4}[2(\sigma_2\sigma_1+\sigma_3)]w_x+\frac{1}{4}[1-\sigma^2+2\sigma_2^2]w_y+\frac{1}{4}[2(\sigma_2\sigma_3-\sigma_1)]w_z$$

$$f_6=\frac{1}{4}[2(\sigma_3\sigma_1-\sigma_2)]w_x+\frac{1}{4}[2(\sigma_3\sigma_2+\sigma_1)]w_y+\frac{1}{4}[1-\sigma^2+2\sigma_3^2]w_z$$

则可将式（7-89）整理成状态依赖的类线性方程式（7-61）。即

$$\dot{x}=\boldsymbol{A}(x)x+\boldsymbol{B}(x)\boldsymbol{u} \tag{7-90}$$

式（7-90）中的 $\boldsymbol{A}(x)$、$\boldsymbol{B}(x)$ 和控制量 $\boldsymbol{u}$ 分别为

$$\boldsymbol{A}(x)=\begin{bmatrix} 0 & a_{12} & 0 & 0 & 0 & 0 \\ 0 & 0 & a_{23} & 0 & 0 & 0 \\ a_{31} & 0 & 0 & 0 & 0 & 0 \\ a_{41} & a_{42} & a_{43} & 0 & 0 & 0 \\ a_{51} & a_{52} & a_{53} & 0 & 0 & 0 \\ a_{61} & a_{62} & a_{63} & 0 & 0 & 0 \end{bmatrix},\ \boldsymbol{B}(x)=\begin{bmatrix} 1/\boldsymbol{I}_x & 0 & 0 \\ 0 & 1/\boldsymbol{I}_y & 0 \\ 0 & 0 & 1/\boldsymbol{I}_z \\ 0 & 0 & 0 \\ 0 & 0 & 0 \\ 0 & 0 & 0 \end{bmatrix},\ \boldsymbol{u}=\begin{bmatrix} \boldsymbol{T}_x \\ \boldsymbol{T}_y \\ \boldsymbol{T}_z \end{bmatrix}$$

参数

$$a_{12}=[(I_y-I_z)/I_x]x_3,\quad a_{23}=[(I_z-I_x)/I_y]x_1$$

$$a_{31}=[(I_x-I_y)/I_z]x_2\quad a_{41}=\frac{1}{4}[1+x_4^2-x_5^2-x_6^2]$$

$$a_{42}=\frac{1}{4}[2(x_4x_5-x_6)]\quad a_{43}=\frac{1}{4}[2(x_4x_6+x_5)]$$

$$a_{51}=\frac{1}{4}[2(x_5x_4+x_6)],\quad a_{52}=\frac{1}{4}[1-x_4^2+x_5^2-x_6^2]$$

$$a_{53}=\frac{1}{4}[2(x_5x_6-x_4)],\quad a_{61}=\frac{1}{4}[2(x_6x_4-x_5)]$$

$$a_{62}=\frac{1}{4}[2(x_6x_5+x_4)],\quad a_{63}=\frac{1}{4}[1-x_4^2-x_5^2+x_6^2]$$

7.3.4.2 实例仿真

设刚体卫星的惯性阵 $\boldsymbol{I}=\text{diag}$（15，16，12.5），将 $\boldsymbol{I}$ 代入式（7-90）中有

$$\boldsymbol{A}(x)=\begin{bmatrix} 0 & 0.2333x_3 & 0 & 0 & 0 & 0 \\ 0 & 0 & -0.1563x_1 & 0 & 0 & 0 \\ -0.0800x_2 & 0 & 0 & 0 & 0 & 0 \\ (1+x_4^2-x_5^2-x_6^2)/4 & (x_4x_5-x_6)/2 & (x_4x_6+x_5)/2 & 0 & 0 & 0 \\ (x_5x_4+x_6)/2 & (1-x_4^2+x_5^2-x_6^2)/4 & (x_5x_6-x_4)/2 & 0 & 0 & 0 \\ (x_6x_4-x_5)/2 & (x_6x_5+x_4)/2 & (1-x_4^2-x_5^2+x_6^2)/4 & 0 & 0 & 0 \end{bmatrix}$$

$$\boldsymbol{B}(x)=\begin{bmatrix} 1/15 & 0 & 0 \\ 0 & 1/16 & 0 \\ 0 & 0 & 1/12.5 \\ 0 & 0 & 0 \\ 0 & 0 & 0 \\ 0 & 0 & 0 \end{bmatrix}$$

这样就可根据定理【7-1】，调用 SOSTOOLS 中的 sosineq 函数来求解这两个 SOS 不等式约束式（7-77）和式（7-78），得到状态反馈控制律式（7-79）。这样所得的 3 个轴的控制输入分别为

$$u_1=-3.8982x_1-1.1492x_2x_3-3.0331x_4-3.0325x_4(x_4^2+x_5^2+x_6^2) \tag{7-91}$$

$$u_2=-0.61048x_1x_3-2.7422x_2-3.2208x_5-3.2204x_5(x_4^2+x_5^2+x_6^2) \tag{7-92}$$

$$u_3=1.4787x_1x_2-2.1356x_3-2.5208x_6-2.5207x_6(x_4^2+x_5^2+x_6^2) \tag{7-93}$$

接下来看设计的控制律的作用效果。初始角速度为零，初始时刻的姿态对应于绕特征轴 $\boldsymbol{k}$ 转为一个角度 $\Phi=200°$，$\boldsymbol{k}=[0.5028,\ -0.6693,\ 0.5469]^{\mathrm{T}}$。将之带入式（7-85），则对应的姿态参数 MRP 为 $\boldsymbol{\sigma}(0)=[0.5992,\ -0.7976,\ 0.6517]^{\mathrm{T}}$。图 7-6~图 7-8 所示就是在所求控制律作用下的姿态、角速度和控制输入从此初始姿态角归零的调节过程。

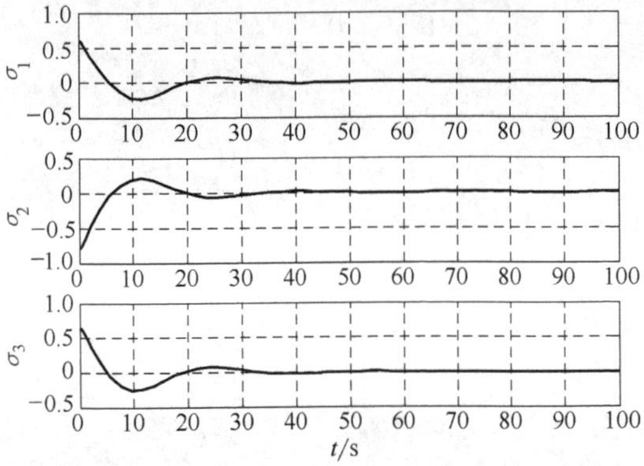

图 7-6　$\Phi=200°$ 时姿态参数 $\boldsymbol{\sigma}$ 的时间响应曲线

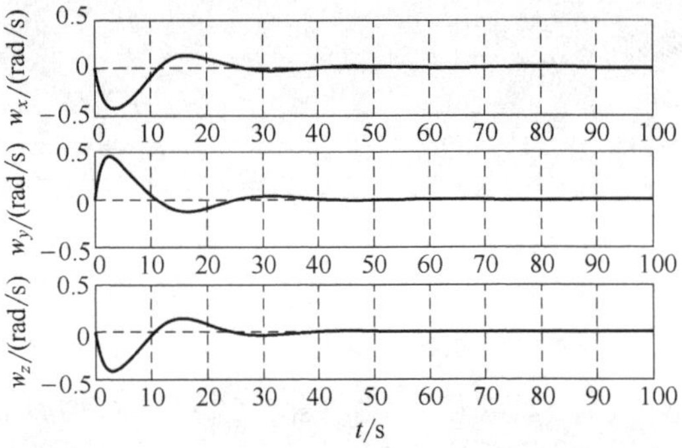

图 7-7　$\Phi=200°$ 时角速度 w 的时间响应曲线

图 7-6 至图 7-8 表明所设计的控制律在大角度（200°）下具有良好的调节性能，似乎这个设计已可告一段落。事实上，一些有关姿态控制的文献[21] 也都在给出这些响应曲线后就结束了。不过从大角度机动的姿态控制的实际来说，这个设计并没有结束。

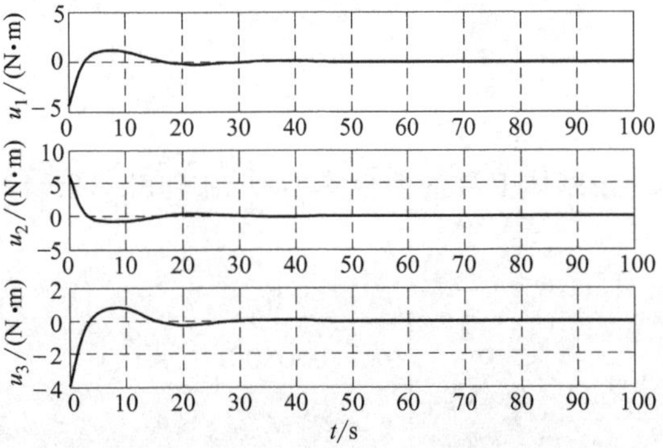

图 7-8　$\Phi=200°$ 时控制输入 $\boldsymbol{u}$ 的时间响应曲线

从式（7-85）可以看到，当所要求转动的角度 Φ 大的时候，$\boldsymbol{\sigma}$ 就会很大，要求的控制输入 $\boldsymbol{u}=[u_1\quad u_2\quad u_3]^{\mathrm{T}}$ 就会非常大。作为例子，图 7-9~图 7-11 就是当 $\Phi=300°$

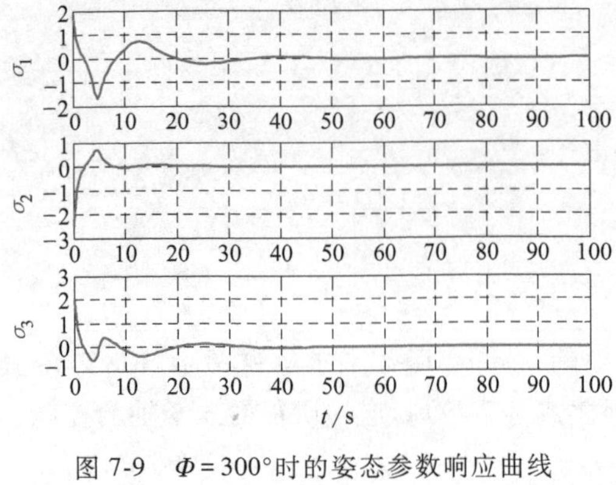

图 7-9　$\Phi=300°$ 时的姿态参数响应曲线

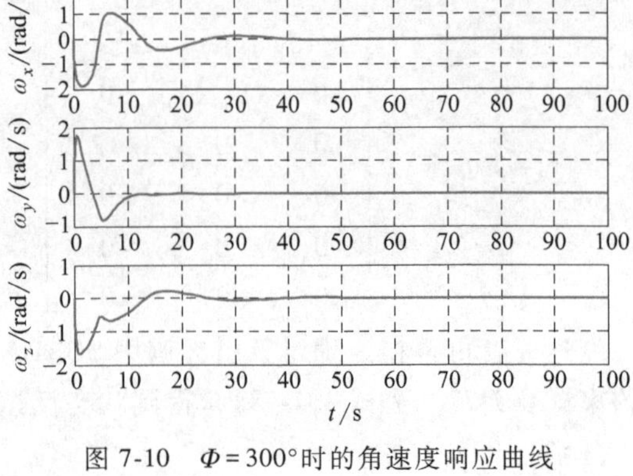

图 7-10　$\Phi=300°$ 时的角速度响应曲线

时（同样的特征轴 $\boldsymbol{k}$）的调节过程。从图 7-11 可以看到，所需要的控制输入已接近或超过 100N · m。如果 Φ 角再大，要求的控制输入就会非常大。

因此可以在 $\boldsymbol{u}$ 的输出端加饱和环节，而且这也符合卫星控制的实际情况：执行机构的力矩是有限的。本例中饱和值取为±5N · m。这样做的理论依据是，姿态控制中的对象方程式（7-87）和式（7-88）都是无源的。当出现饱和限幅时，系统的负反馈联系就中断了，相当于开环，而两个无源环节的开环连接则总是稳定的。所以即使 $\boldsymbol{\sigma}(0)$ 很大，$\boldsymbol{\sigma}(t)$ 还是会收敛的。当进入到限幅值以内时，就恢复到连续的负反馈工作状态。图 7-12～图 7-14 所示，就是上面算例中加上饱和环节后 $\Phi=300°$时的调节波形。大偏差饱和下系统依然是收敛的，各参数都在正常的工作范围内。

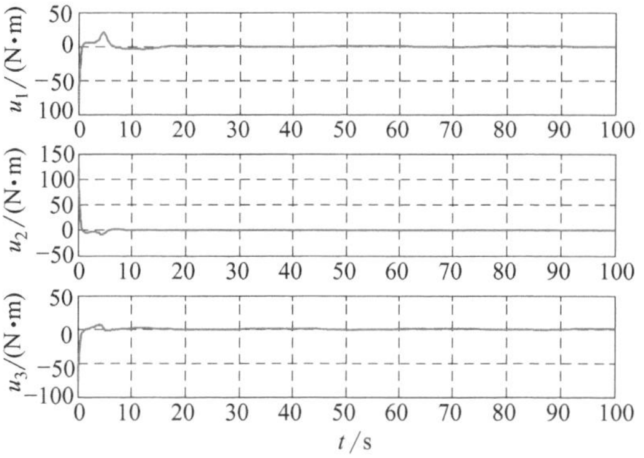

图 7-11　$\Phi=300°$时的控制输入响应曲线

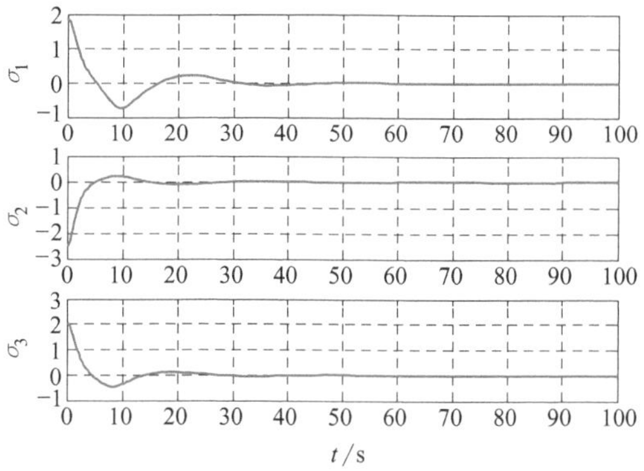

图 7-12　加饱和后姿态参数响应曲线

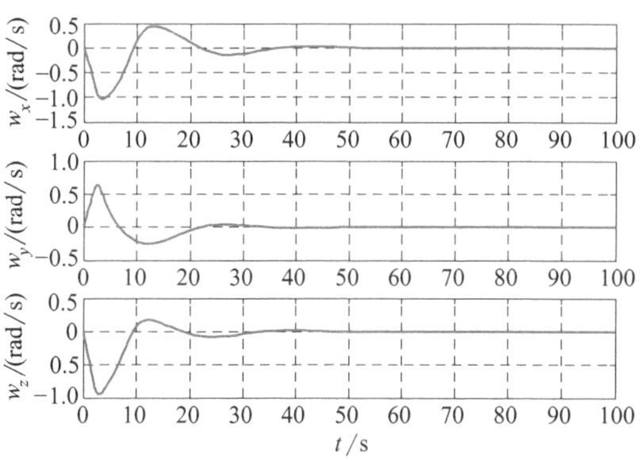

图 7-13　加饱和后角速度响应曲线

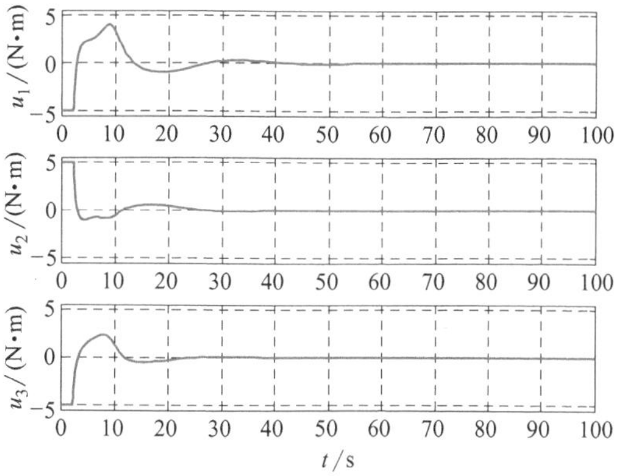

图 7-14　加饱和后控制输入响应曲线

7.3.5　设计中的两个问题

用 SOSTOOLS 中的 sosineq 函数来求解式（7-77）和式（7-78）是一种数值求解的方法，直接给出各决策变量的解，即矩阵中的各元素，以及各多项式和相应的系数。对本例来说，$\boldsymbol{P}$ 矩阵的解是一个 6×6 的矩阵，共 36 个元素。不过这些数据中除对角元以外，其他各元的数值都小于 10^{-7}，见式（7-94）。

$$P=\begin{bmatrix} 152.2131 & 2.4455e-8 & -2.2812e-8 & -4.0659e-7 & 2.4627e-9 & 8.1129e-8 \\ 2.4455e-8 & 151.7637 & 9.1183e-8 & 5.0011e-8 & -4.1435e-7 & 2.319e-8 \\ -2.2812e-8 & 9.1183e-8 & 152.0443 & 1.2013e-8 & 7.6458e-8 & -3.4397e-8 \\ -4.0659e-7 & 5.0011e-8 & 1.2013e-8 & 188.2291 & 2.0801e-10 & 7.9411e-12 \\ 2.4627e-9 & -4.1435e-7 & 7.6458e-8 & 2.0801e-10 & 188.2291 & -7.9858e-11 \\ 8.1129e-8 & 2.319e-8 & -3.4397e-8 & 7.9411e-12 & -7.9858e-11 & 188.2291 \end{bmatrix} \tag{7-94}$$

所以在提取这些数据时非对角线上都取为零，这样实际上所得的 $\boldsymbol{P}$ 矩阵是一个对角阵，为

$$\boldsymbol{P}=\mathrm{diag}(152.2131 \quad 151.7637 \quad 152.0443 \quad 188.2291 \quad 188.2291 \quad 188.2291) \tag{7-95}$$

本例中变量的维数较高，数值解算中会包含由所有这些变量不同组合而构成的多项式，这些多项式中项的数目是很庞大的，但并不是所有的项都是有效的。这些项的系数之间相差是很悬殊的，摒弃那些系数非常小的项后才是所要求的结果。所求的控制律式（7-79）中除 $\boldsymbol{P}$ 阵外，还有一个优化的多式 $K(x)$。$K(x)$ 则是一个 6×6 的多项式矩阵。也做同样的摒弃小数处理。

这样，根据 sosineq 所得的解，可得式（7-79）的控制律。式（7-96）所示的是通过 SOSTOOLS 工具箱给出的一个通道结果。

```
u(1,1) =
  8.95e-022*x1^3 - 1.5608e-022*x1^2*x2 + 7.0004e-021*x1^2*x3 + 3.3505e-013*x1^2*x4 + 9.147e-019*x1^2*x5 - 1.1833e-017*x1^2*x6
  + 2.2304e-011*x1^2 + 1.4286e-020*x1*x2^2 + 5.9451e-022*x1*x2*x3 - 4.223e-018*x1*x2*x4 + 2.8218e-012*x1*x2*x5 + 1.051e-017*x1*x2
  *x6 - 4.538e-009*x1*x2 + 3.0935e-020*x1*x3^2 + 5.0563e-016*x1*x3*x4 - 9.0991e-017*x1*x3*x5 - 1.3181e-011*x1*x3*x6 + 3.5518e-010
  *x1*x3 - 8.1012e-009*x1*x4^2 + 9.8129e-011*x1*x4*x5 + 3.2326e-009*x1*x4*x6 + 2.0966e-009*x1*x4 + 8.1561e-009*x1*x5^2 - 7.5492e
  -015*x1*x5*x6 + 2.7185e-009*x1*x5 + 8.0518e-009*x1*x6^2 - 1.436e-009*x1*x6 - 3.8982*x1 - 8.119e-022*x2^3 - 1.9445e-022*x2^2*x3
  + 2.464e-012*x2^2*x4 + 1.2547e-017*x2^2*x5 - 1.2446e-016*x2^2*x6 - 1.5008e-009*x2^2 - 4.1842e-021*x2*x3^2 - 8.8267e-017*x2*x3*x4
  + 8.5227e-017*x2*x3*x5 - 3.362e-017*x2*x3*x6 - 1.1492*x2*x3 + 9.995e-010*x2*x4^2 - 1.6609e-008*x2*x4*x5 + 9.2653e-010*x2*x4*x6
  - 1.9353e-009*x2*x4 - 9.9894e-010*x2*x5^2 - 1.5615e-012*x2*x5*x6 + 5.0309e-010*x2*x5 - 9.9986e-010*x2*x6^2 - 1.1371e-006*x2*x6
  + 3.1695e-005*x2 - 1.0033e-021*x3^3 + 1.2697e-011*x3^2*x4 - 7.4858e-017*x3^2*x5 - 5.4014e-016*x3^2*x6 + 3.5773e-009*x3^2
  + 2.4322e-010*x3*x4^2 + 3.0503e-009*x3*x4*x5 - 1.4598e-009*x3*x4*x6 + 2.7181e-010*x3*x4 - 2.369e-010*x3*x5^2 - 3.5718e-012*x3*x5
  *x6 - 9.1076e-008*x3*x5 - 2.3823e-010*x3*x6^2 + 3.1304e-009*x3*x6 + 0.00022562*x3 - 3.0325*x4^3 - 4.7682e-010*x4^2*x5 + 4.5979e
  -010*x4^2*x6 - 5.5315e-009*x4^2 - 3.0325*x4*x5^2 - 7.0013e-012*x4*x5*x6 - 4.2679e-008*x4*x5 - 3.0325*x4*x6^2 - 2.4959e-008*x4*x6
  - 3.0331*x4 - 4.893e-010*x5^3 + 4.4815e-010*x5^2*x6 - 1.683e-008*x5^2 - 4.9451e-010*x5*x6^2 - 1.7742e-006*x5*x6 + 4.2506e-009*x5
  + 4.574e-010*x6^3 + 4.4614e-008*x6^2 + 6.0504e-008*x6
```

(7-96)

将上面的结果也做摒弃小数处理，这样就得到了式（7-91），同样的处理方法可得式（7-92）和式（7-93）。

7.3.5.1 设计出的控制律

式（7-91）~式（7-93）表明，所得的解有清晰的含义，以 u_1 为例

$$u_1=-3.8982x_1-1.1492x_2x_3-3.0331x_4-3.0325x_4(x_4^2+x_5^2+x_6^2)$$

式中，$-3.8982x_1-3.0331x_4$ 就是一个 PD 控制律，这里 x_4 是代表姿态角的 σ_1，而 x_1 就是速率 w_x。式中的平方项是因为运动学微分方程式（7-87）中的非线性项都是平方项，要对这些非线性起抑制作用。式中的 x_2x_3 是为了抑制式（7-88）中的非线性耦合项。从这些项和系数可以看到，这些项与各非线性项都相对应，又并不是直接去抵消这些非线性。这样的控制律相当于是非线性问题中的 PD 控制，故也具有与 PD 控制相似的鲁棒性。式（7-91）~式（7-93）的控制律虽然简洁明了，但并不能直观就可求得。从式（7-78）可以看到，要求解的是一个 6×6 的多项式矩阵，所谓多项式矩阵，是指矩阵中的每一元都是多项式，都是一些具有 6 个变量的高阶多项式。因此待求的各个系数，即求解中的决策变量的数量是非常大的，这种不等式约束的求解只能靠 SOSTOOLS。从求得的大量数据中删去小于 10^{-7} 的数

（这一点并不难），便可得到如式（7-91）~式（7-93）所示的非线性控制律。由此可见，SOS 并不是引入什么新的控制方面的概念，SOS 只是在解决非线性控制问题时的一个很有力的 synthesis 工具。此外，不难看出，实际上 SOS 法就是非线性 H_∞ 状态反馈在非线性领域的发展。

7.3.5.2 设计中的数值误差

由式（7-90）中 $\boldsymbol{A}(x)$ 阵和 $\boldsymbol{B}(x)$ 的表达式可知，这两个矩阵是稀疏矩阵，其中大多数是等于零的元素，在数值计算的矩阵运算中很容易出现数值误差。尤其是 $\boldsymbol{B}$ 阵，$\boldsymbol{B}$ 阵的上半个阵本是一个对角阵，表明这 3 个输入通道是独立的。但如果转动惯量较大，例如 $\boldsymbol{I}_x=300\text{kg}\cdot\text{m}^2$，那么 $\boldsymbol{B}$ 的系数 $1/\boldsymbol{I}_x$ 就很小，这个 0.0033 的数与 $\boldsymbol{B}$ 阵中的非对角元的零之间相差并不大。这时 $\boldsymbol{B}$ 阵的对角优势就显现不出来，或者说在数值运算中相当于 $\boldsymbol{B}$ 阵的各通道间存在某种程度的耦合。虽然数值解还是可以求得的，但是为了消除这种耦合对稳定性带来的影响，系统的响应就会非常慢。参考文献［23］在评述 SOS 法时，指出 SOS 法的一个缺陷就是收敛慢，而经研究发现其实这是数值误差问题，而非方法本身的问题。本节在处理这个问题时是将 $\boldsymbol{B}$ 阵的系数归入 $\boldsymbol{K}$，将 $\boldsymbol{B}$ 阵的上半个阵取为 $\boldsymbol{I}$ 阵，即 diag（1，1，1）。这是因为在系统中 $\boldsymbol{B}$ 和 $\boldsymbol{K}$ 是直接相乘的［见式（7-76）和式（7-78）］，如果 $\boldsymbol{K}$ 是对角阵，则可先将 $\boldsymbol{B}$ 的系数归入 $\boldsymbol{K}$ 而取 $\boldsymbol{B}$ 为 $\boldsymbol{I}$ 阵，算得解后再将 $\boldsymbol{B}$ 从 $\boldsymbol{BK}$ 分离出来而得 $\boldsymbol{u}$［式（7-79）］。$\boldsymbol{B}$ 取为 $\boldsymbol{I}$ 阵后，$\boldsymbol{B}$ 的对角优势就凸显出来了，减少了可能出现的数值误差。

7.4 本章小结

本章给出了适用于 SOS 问题的广义 S 方法，并结合非线性系统的吸引域分析说明了 SOS 法求解中的特点和处理方法，包括决策变量的确定和集合包含问题的求解。这些都是 SOS 法求解中的基本问题。

虽然 SOS 是一种数值计算的方法，不过本章表明设计的结果却具有清晰的物理意义，所得的控制律可以视为是非线性版本的 PD 控制，是一种实用综合设计方法。对于复杂非线性被控对象的综合问题，计算量非常大，只有通过 SOS 法才能进行求解。相信本章的研究对采用 SOS 的其他设计也可起到一种借鉴的作用。

SOS 法是一种数值求解的方法，使一些不容易解析求解的非线性问题可以容易求解了，如非线性 H_∞ 控制中的 HJI 不等式、无源性控制中互联与阻尼配置（IDA）中的偏微分方程等。所以 SOS 方法相当于线性系统中的线性矩阵不等式（LMI）法，将会在非线性系统中得到广泛的应用。但是，目前 SOS 法尚处在起步阶段，还需要各方面的共同开发。

参考文献

[1] DOYLE J C, STEIN G. Multivariable feedback design: concepts for a classical/modern synthesis [J]. IEEE Transactions on Automatic Control, 1981, 26 (1): 4-16.

[2] SAFONOV M G, LAUB A, HARTMANN G L, Feedback properties of multivariable systems: the role and use of the return difference matrix [J]. IEEE Transactions on Automatic Control, 1981, 26 (1): 47-65.

[3] STEIN G. Respect the unstable [J]. IEEE Control Systems Magazine, 2003, 23 (4): 12-25.

[4] DOYLE J C, GLOVER K, KHARGONEKAR P, et al. State-Space Solutions to Standard H_2 and H_∞ Control Problems [J]. IEEE Transactions on Automatic Control, 1989, 34 (8): 831-847.

[5] 王广雄，何朕. 应用H_∞控制 [M]. 哈尔滨：哈尔滨工业大学出版社，2010.

[6] 任彦硕. 自动控制原理 [M]. 北京：机械工业出版社，2010.

[7] 刘豹，唐万生. 现代控制理论 [M]. 北京：机械工业出版社，2006.

[8] 王广雄，何朕. 控制系统设计 [M]. 北京：清华大学出版社，2008.

[9] SINHA P K, PECHEV A N. Nonlinear H_∞ controllers for electromagnetic suspension systems [J]. IEEE Transactions on Automatic Control, 2004, 49 (4): 563-568.

[10] SAFONOV M G, CHIANG R Y. CACSD using the state-space L_∞ theory-a design example [J]. IEEE Transactions on Automatic Control, 1988, 33 (5): 477-479.

[11] MCFARLANE D C, GLOVER K. Robust controller design using normalized coprime factor plant descriptions [M]. New York: Springer Verlag, 1990.

[12] BALINI H, SCHERE W, WITTE J. Peformance enhancement for AMB systems using unstable H_∞ controller crossovers [J]. IEEE Transactions on Control Systems Technology, 2011, 19 (6): 1479-1492.

[13] LANZON A, TSIOTRAS P. A combined application of H_∞ loop shaping and μ-synthesis to control high-speed flywheels [J]. IEEE Control Systems Technology, 2005, 13 (5): 766-777.

[14] TAWARE A, TAO G. Control of Sandwich Nonlinear Systems [M]. New York: Springer, 2003.

[15] SCHÄFER U, BRANDENBURG G. Position Control for Elastic Pointing and Tracking Systems with Gear Play and Coulomb Friction and Application to Robots [J]. IFAC Proceedings Volumes, 1991, 24 (9): 61-70.

[16] 夏杭，段现银，闵华松，等. 基于奇异摄动理论的机器人关节控制研究 [J]. 武汉科技大学学报，2021, 44 (2): 140-145.

[17] MAO X, WANG Q. Delay-dependent Control Design for a Time-delay Supercavitating Vehicle Model [J]. Journal of Vibration & Control, 2011, 17 (3): 431-448.

[18] LIN G J, BALACHANDRAN B, ABED E H. Dynamics and Control of Supercavitating Vehicle [J]. Journal of Dynamic Systems, Measurement, and Control. 2008, 130 (2): 1-11.

[19] PRAJNA S, PAPACHRISTODOULOU A, PARRILO P A. Introducing SOSTOOLS: A general purpose sum of squares programming solve [C]. Las Vegas, Nevade: Proceeding of the IEEE Conference on Decision and control, 2002: 741-746.

[20] PRAJNA S, PARRILO P A, RANTZER A. Nonlinear control synthesis by convex optimization [J]. IEEE Transactions Automatic Control, 2004, 49 (2): 310-314.

[21] GOLLU N, RODRIGUES L. Control of large angle attitude maneuvers for rigid bodies using sum of squares [C]. New York: Proceeding of the 2007 American Control Conference, 2007: 3156-3161.

[22] PRAJNA S, PAPACHRISTODOULOU A, SEILER P, et al. SOSTOOLS: Sum of squares optimization toolbox for MATLAB [EB/OL]. (2021-9-29) [2022-8-10] 2004. http: //www. cds. caltech. edu/ sostools, http: //www. mit. edu/~parrilo/ sostools.

[23] TONG C, ZHANG H, SUN Y. Control synthesis for polynomial nonlinear systems and application in attitude control [J]. Journal of Zhejiang University Science A, 2008, 9 (6): 833-839.